软件项目开发全程实录

C++项目开发全程实录

（第3版）

明日科技 编著

清華大學出版社
北京

内 容 简 介

本书精选 C++开发方向的 10 个热门应用项目，实用性非常强。这些项目包含：阅界藏书管理系统、软件注册码生成专家、系统优化清理助手、悦看多媒体播放器、FTP 文件管理系统、网络五子棋、坦克动荡游戏、桌面破坏王游戏、一站式文档管家、股票数据抓取分析系统。本书从软件工程的角度出发，按照项目开发的顺序，系统、全面地讲解每一个项目的开发实现过程。体例上，每章一个项目，统一采用"开发背景→系统设计→技术准备→各功能模块实现→项目运行→源码下载"的形式完整呈现项目，给读者明确的成就感，可以让读者快速积累实际项目经验与技巧，早日实现就业目标。

另外，本书配备丰富的 C++在线开发资源库和电子课件，主要内容如下：

- ☑ 技术资源库：236 个核心技术点
- ☑ 技巧资源库：975 个开发技巧
- ☑ 实例资源库：372 个应用实例
- ☑ 项目资源库：9 个精选项目
- ☑ 源码资源库：9 套项目与案例源码
- ☑ 视频资源库：163 集学习视频
- ☑ PPT 电子课件

本书可为 C++入门自学者提供更广泛的项目实战场景，可为计算机专业学生进行项目实训、毕业设计提供项目参考，同时适合计算机专业教师、IT 培训讲师用作教学参考资料，以及适合 C++工程师、IT 求职者、编程爱好者在进行项目开发时作为参考书。

图书在版编目（CIP）数据

C++项目开发全程实录 / 明日科技编著. -- 3 版. 北京 : 清华大学出版社, 2024. 10. -- (软件项目开发全程实录). -- ISBN 978-7-302-67273-9

Ⅰ. TP312.8

中国国家版本馆 CIP 数据核字第 2024SM9266 号

责任编辑：贾小红
封面设计：秦　丽
版式设计：楠竹文化
责任校对：范文芳
责任印制：宋　林

出版发行：清华大学出版社
网　　址：https://www.tup.com.cn，https://www.wqxuetang.com
地　　址：北京清华大学学研大厦 A 座　　**邮　　编：**100084
社 总 机：010-83470000　　**邮　　购：**010-62786544
投稿与读者服务：010-62776969，c-service@tup.tsinghua.edu.cn
质量反馈：010-62772015，zhiliang@tup.tsinghua.edu.cn
印 装 者：三河市天利华印刷装订有限公司
经　　销：全国新华书店
开　　本：203mm×260mm　　**印　　张：**21.5　　**字　　数：**740 千字
版　　次：2013 年 10 月第 1 版　　2024 年 11 月第 3 版　　**印　　次：**2024 年 11 月第 1 次印刷
定　　价：89.80 元

产品编号：107424-01

如何使用本书开发资源库

本书赠送价值 999 元的“C++在线开发资源库”一年的免费使用权限。结合图书和开发资源库，读者可以快速提升编程水平，并增强解决实际问题的能力。

1. VIP 会员注册

C++
开发资源库

读者可以刮开并扫描图书封底的防盗码，按提示绑定手机微信，然后扫描右侧的二维码，打开明日科技账号注册页面。填写完注册信息后，读者将自动获取一年（自注册之日起）的 C++在线开发资源库的 VIP 使用权限。

读者在注册、使用开发资源库时有任何问题，均可通过明日科技官网页面上的客服电话进行咨询。

2. 开发资源库简介

C++开发资源库提供了丰富多样的学习资源，包括技术资源库（236 个核心技术点）、技巧资源库（975 个开发技巧）、实例资源库（372 个应用实例）、项目资源库（9 个精选项目）、源码资源库（9 套项目与案例源码）、视频资源库（163 集学习视频），共计六大类、1764 项学习资源。学会、练熟、用好这些资源，读者可以在最短的时间内快速提升自己的技能，从一名新手晋升为一名专业的软件工程师。

3. 开发资源库的使用方法

在学习本书的各个项目时，读者可以通过 C++在线开发资源库提供的大量技术点、技巧、热点实例、视频等快速回顾或了解相关的知识和技巧，从而提升学习效率。

除此之外，开发资源库还提供了更多的大型实战项目，供读者进一步扩展学习，增强编程兴趣和信心，同时积累丰富的项目经验。

此外，读者还可以使用页面上方的搜索栏，对技术、技巧、实例、项目、源码、视频等资源进行快速搜索和查阅。

当一切准备就绪后，读者可以踏入软件开发的主战场接受实战的洗礼。本书资源包包含了 C 语言/C++的面试真题，这些资料都是求职面试的绝佳指南。读者可以通过扫描图书封底的“文泉云盘”二维码来获取这些资源。

C/C++面试资源库
- 第1部分 C/C++语言基础
- 第2部分 数组、函数和指针
- 第3部分 预处理和内存管理
- 第4部分 数据结构
- 第5部分 常见算法
- 第6部分 企业面试真题汇编

前　言

Preface

丛书说明：“软件项目开发全程实录”丛书第 1 版于 2008 年 6 月出版，因其定位于项目开发案例、面向实际开发应用，并解决了社会需求和高校课程设置相对脱节的痛点，在软件项目开发类图书市场上产生了很大的反响，在全国软件项目开发零售图书排行榜中名列前茅。

“软件项目开发全程实录”丛书第 2 版于 2011 年 1 月出版，第 3 版于 2013 年 10 月出版，第 4 版于 2018 年 5 月出版。经过十六年的锤炼打造，不仅深受广大程序员的喜爱，还被百余所高校选为计算机科学、软件工程等相关专业的教材及教学参考用书，更被广大高校学子用作毕业设计和工作实习的必备参考用书。

“软件项目开发全程实录”丛书第 5 版在继承前 4 版所有优点的基础上，进行了大幅度的改版升级。首先，结合当前技术发展的最新趋势与市场需求，增加了程序员求职急需的新图书品种；其次，对图书内容进行了深度更新、优化，新增了当前热门的流行项目，优化了原有经典项目，将开发环境和工具更新为目前的新版本等，使之更与时代接轨，更适合读者学习；最后，录制了全新的项目精讲视频，并配备了更加丰富的学习资源与服务，可以给读者带来更好的项目学习及使用体验。

C++是一种广泛应用于系统编程、游戏开发、高性能计算和嵌入式系统等领域的通用编程语言。它是一种功能强大且经过多年验证的编程语言，兼具高效的性能和灵活的编程范式，是目前最受欢迎的编程语言之一。C++能够轻松应对大多数复杂的编程任务，从低级别的内存管理到高级别的面向对象编程，几乎不需要额外的优化即可处理大规模和高复杂度的应用程序。本书以中小型项目为载体，带领读者亲身体验软件开发的实际过程，使读者深刻理解 C++核心技术在项目开发中的具体应用。全书内容不是枯燥的语法和晦涩的概念，而是一步一步地引导读者实现一个个实用项目，以此激发读者学习编程的兴趣，将被动学习转变为主动学习。另外，本书的项目开发过程完整，不但可以为 C++自学者提供项目开发参考，而且可以作为大学生毕业设计的项目参考用书。

本书内容

本书提供 C++开发方向的 10 个热门应用项目，涉及管理系统类、音乐播放器类、游戏平台类、系统优化清理类、生成注册码类等 C++开发的多个重点应用方向，具体项目包括：阅界藏书管理系统、软件注册码生成专家、系统优化清理助手、悦看多媒体播放器、FTP 文件管理系统、网络五子棋、坦克动荡游戏、桌面破坏王游戏、一站式文档管家、股票数据抓取分析系统。

本书特点

☑ **项目典型。**本书精选 10 个热点项目。这些项目均是当前实际开发领域常见的热门项目，并且均从实际应用角度出发，进行系统性的讲解。这样的安排可以让读者从项目学习中积累丰富的开发经验。

☑ **流程清晰。**本书项目从软件工程的角度出发，统一采用“开发背景→系统设计→技术准备→各功能模块实现→项目运行→源码下载”的形式呈现内容，这样的结构可以使读者更加清晰地理解项目的完整开发流程，从而赋予读者明确的成就感和信心。

- ☑ **技术新颖。**本书中的所有项目均采用业界目前推荐的最新稳定版本的技术，确保内容与时代俱进，且具有极高的实用性。此外，每个项目都配备“技术准备”一节，该节详细讲解项目中使用的 C++ 基础技术、高级应用技巧以及第三方组件库，这为 C++基础知识与项目开发之间搭建了一座桥梁，帮助仅有 C++基础知识的初级编程人员顺利参与到项目开发中，消除了他们的入门障碍。
- ☑ **精彩栏目。**本书根据项目学习的需要，在每个项目讲解过程的关键位置都添加了“注意”“说明”等特色栏目，皆在点拨项目的开发要点和精华，帮助读者能更快地掌握相关技术的应用技巧。
- ☑ **源码下载。**本书在每个项目的最后都安排了“源码下载”一节，读者可以通过扫描对应的二维码下载对应项目的完整源码，以便于学习和参考。
- ☑ **项目视频。**本书为每个项目都配备了开发及使用微视频，以便读者能够更加轻松地搭建、运行、使用项目，并且可以随时随地进行查看和学习。

读者对象

- ☑ 初学编程的自学者
- ☑ 参与项目实训的学生
- ☑ 做毕业设计的学生
- ☑ 参加实习的初级程序员
- ☑ 高等院校的教师
- ☑ IT 培训机构的教师与学员
- ☑ 程序测试及维护人员
- ☑ 编程爱好者

资源与服务

本书提供了大量的辅助学习资源，同时还提供了专业的知识拓展与答疑服务，旨在帮助读者提高学习效率并解决学习过程中遇到的各种疑难问题。读者需要刮开图书封底的防盗码（刮刮卡），扫描并绑定微信，获取学习权限。

☑ **开发环境搭建视频**

搭建环境对于项目开发非常重要，它确保了项目开发在一致的环境下进行，减少了因环境差异导致的错误和冲突。通过搭建开发环境，可以方便地管理项目依赖，提高开发效率。本书提供了开发环境搭建讲解视频，可以引导读者快速准确地搭建本书项目的开发环境。扫描右侧二维码即可观看学习。

开发环境搭建视频

☑ **项目精讲视频**

本书每个项目均配有对应的项目精讲微视频，主要针对项目的需求背景、应用价值、功能结构、业务流程、实现逻辑以及所用到的核心技术点进行精要讲解，可以帮助读者了解项目概要，把握项目要领，快速进入学习状态。扫描每章首页的对应二维码即可观看学习。

☑ **项目源码**

本书每章一个项目，系统全面地讲解了该项目的设计及实现过程。为了方便读者学习，本书提供了完整的项目源码（包含项目中用到的所有素材，如图片、数据表等）。扫描每章最后的二维码即可下载。

☑ **AI 辅助开发手册**

在人工智能浪潮的席卷之下，AI 大模型工具呈现百花齐放之态，辅助编程开发的代码助手类工具不断涌现，可为开发人员提供技术点问答、代码查错、辅助开发等非常实用的服务，极大地提高了编程学习和开发效率。为了帮助读者快速熟悉并使用这些工具，本书专门精心配备了电子版的《AI 辅助开发手册》，不仅为读者提供各个主流大语言模型的使用指南，而且详细讲解文心快码（Baidu Comate）、通义灵码、腾讯云 AI 代码助手、iFlyCode 等专业的智能代码助手的使用方法。扫描右侧二维码即可阅读学习。

AI 辅助
开发手册

☑　**代码查错器**

为了进一步帮助读者提升学习效率，培养良好的编码习惯，本书配备了由明日科技自主开发的代码查错器。读者可以将本书的项目源码保存为对应的 txt 文件，存放到代码查错器的对应文件夹中，然后自己编写相应的实现代码并与项目源码进行比对，快速找出自己编写的代码与源码不一致或者发生错误的地方。代码查错器配有详细的使用说明文档，扫描右侧二维码即可下载。

代码查错器

☑　**C++开发资源库**

本书配备了强大的线上 C++开发资源库，包括技术资源库、技巧资源库、实例资源库、项目资源库、源码资源库、视频资源库。扫描右侧二维码，可登录明日科技网站，获取 C++开发资源库一年的免费使用权限。

C++
开发资源库

☑　**C/C++面试资源库**

本书配备了 C/C++面试资源库，精心汇编了大量企业面试真题，是求职面试的绝佳指南。扫描本书封底的“文泉云盘”二维码即可获取。

☑　**教学 PPT**

本书配备了精美的教学 PPT，可供高校教师和培训机构讲师备课使用，也可供读者做知识梳理。扫描本书封底的“文泉云盘”二维码即可下载。另外，登录清华大学出版社网站（www.tup.com.cn），可在本书对应页面查阅教学 PPT 的获取方式。

☑　**学习答疑**

在学习过程中，读者难免会遇到各种疑难问题。本书配有完善的新媒体学习矩阵，包括 IT 今日热榜（实时提供最新技术热点）、微信公众号、学习交流群、400 电话等，可为读者提供专业的知识拓展与答疑服务。扫描右侧二维码，根据提示操作，即可享受答疑服务。

学习答疑

致读者

本书由明日科技 C++开发团队组织编写，主要编写人员有王小科、王国辉、张鑫、刘书娟、赵宁、高春艳、赛奎春、田旭、葛忠月、杨丽、李颖、程瑞红、张颖鹤等。明日科技是一家专业从事软件开发、教育培训以及软件开发教育资源整合的高科技公司，其编写的图书非常注重选取软件开发中的必需、常用内容，同时很注重内容的易学性、学习的方便性以及相关知识的拓展性，深受读者喜爱。其编写的图书多次荣获“全行业优秀畅销品种”“全国高校出版社优秀畅销书”等奖项，多个品种长期位居同类图书销售排行榜的前列。

在编写本书的过程中，我们始终本着科学、严谨的态度，力求精益求精，但书中难免存在疏漏和不妥之处，敬请广大读者批评和指正。

感谢您选择本书，希望本书能成为您的良师益友，成为您步入编程高手之路的踏脚石。

宝剑锋从磨砺出，梅花香自苦寒来。

祝读书快乐！

编　者
2024 年 10 月

目 录

Contents

第1章

阅界藏书管理系统

——流程控制＋数组＋面向对象＋指针＋成员函数＋文件操作

随着现代社会的信息量不断增加，图书的种类及信息也越来越多，如何管理数量庞大的图书信息成为了图书管理工作中的一大难题。在计算机信息技术高速发展的今天，人们意识到传统的人工管理方式已经不能适应社会需求，而使用计算机信息系统进行管理才是最为有效的方式。本章采用C++语言进行开发，涉及以下技术：流程控制技术用于实现主窗体的选择功能；数组技术用于添加和删除图书；指针技术用于浏览所有图书。本章结合面向对象编程、文件操作、成员函数等关键技术，开发一个阅界藏书管理系统项目，以达到能够高效管理图书的目的。

本项目的核心功能及实现技术如下：

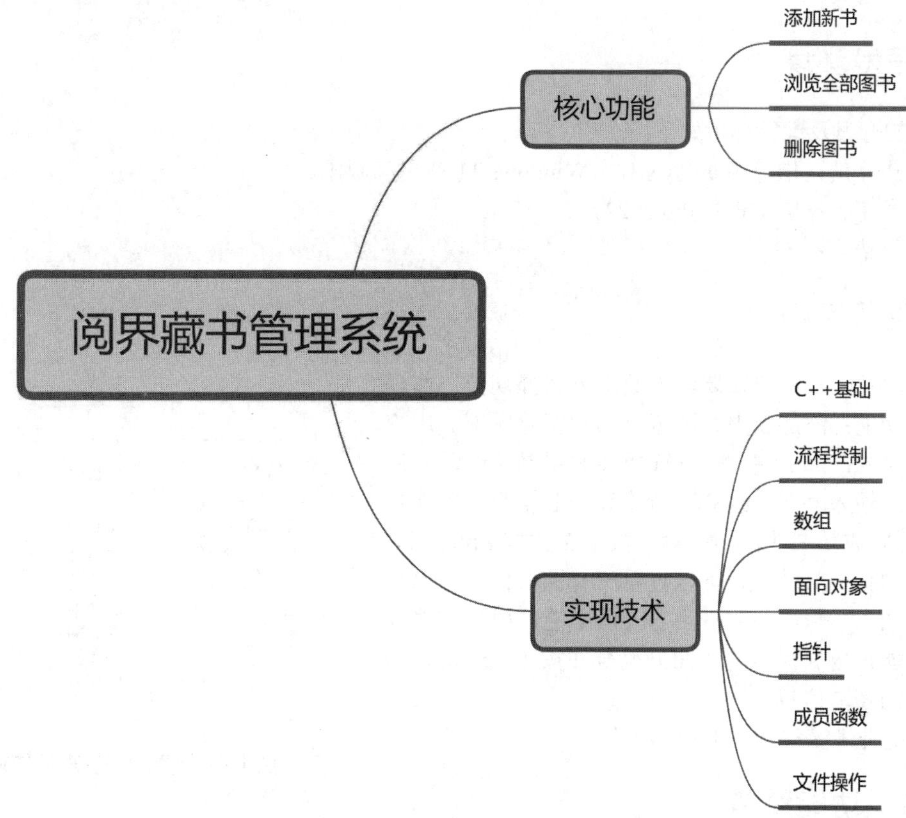

1.1 开发背景

随着现代图书市场竞争的日益激烈，如何采用便捷的管理方式以加快图书流通信息反馈速度、降低库存积压、缩短资金周转周期，并提升工作效率，已成为图书企业能否增强竞争力的核心要素。信息技术的飞速进步为图书企业的管理带来了前所未有的变革。通过采用阅界藏书管理系统对图书企业的经营运作实施全面管理，企业不仅成功摆脱了传统人工管理所带来的诸多问题，还显著提升了管理效率，降低了管理成本，进而增加了企业的经济效益。

阅界藏书管理系统通过对图书企业的发展进行规划，可以收集到大量关键且可靠的数据。企业决策层分析这些数据，作出合理决策，并及时调整策略，以便更好地遵循市场销售规律，适应市场变化，从而确保企业在激烈的行业竞争中占据一席之地。

本项目主要通过对文件进行处理，以实现以下目标：

☑ 采用交互方式录入图书信息。

☑ 提供功能以浏览文件中存储的全部图书。

☑ 确保图书信息在屏幕上的输出遵循固定的格式标准。

☑ 系统设计上力求实现高度的易维护性和易操作性。

☑ 确保系统运行稳定、安全可靠。

1.2 系统设计

1.2.1 开发环境

本项目的开发及运行环境如下：

☑ 操作系统：推荐 Windows 10、Windows 11 或更高版本。

☑ 开发工具：Visual Studio 2022。

☑ 开发语言：C++。

1.2.2 业务流程

在启动项目后，用户需要输入数字来选择功能。本项目共有 3 个功能：添加新书、浏览全部和删除图书。用户输入数字 1 并按 Enter 键，即可选择添加图书功能，随后根据提示依次输入书名、ISBN、价格和作者信息，再次按 Enter 键，便完成新书的添加；输入数字 2 并按 Enter 键，用户将选择浏览全部功能，可以查看所有图书信息，包括刚刚添加的图书；输入数字 3 并按 Enter 键，用户将选择删除图书功能，根据提示输入图书编号并按 Enter 键，即可删除相应的图书信息。

本项目的业务流程如图 1.1 所示。

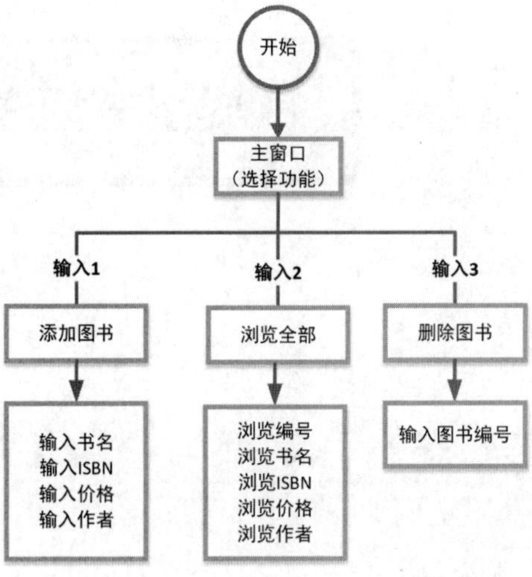

图 1.1 阅界藏书管理系统业务流程

1.2.3 功能结构

本项目的功能结构已经在章首页中给出。本项目实现的具体功能如下：

☑ 添加新书：该模块主要供图书管理者使用。图书管理者可以通过该模块将图书信息录入系统中，系统将图书信息保存到文件中。

☑ 浏览全部：该模块供读者和图书管理者使用。图书管理者可以通过该模块查看图书是否存在，并获取图书的编号，以便于日后进行删除操作。读者可以根据该模块了解图书的价格和作者等信息，以决定是否购买。

☑ 删除图书：该模块主要供图书管理者使用。图书管理者可以通过该模块删除书店中已售罄的图书的信息。

1.3 技术准备

1. 流程控制

C++语言提供了很多流程控制语句。常用的流程控制语句主要包含 if...else、if...else if...else、for、while、switch...case 等。

（1）if…else 语句：用于根据条件执行不同的代码块。其基本语法如下：

```
if (condition) {
    //当 condition 为 true 时执行的代码
} else {
    //当 condition 为 false 时执行的代码
}
```

示例代码如下：

```
#include <iostream>

int main() {
    int number;

    std::cout << "Enter an integer: ";
    std::cin >> number;

    if (number > 0) {
        std::cout << "The number is positive." << std::endl;
    } else if (number < 0) {
        std::cout << "The number is negative." << std::endl;
    } else {
        std::cout << "The number is zero." << std::endl;
    }

    return 0;
}
```

除此之外，还可以进行 if…else 嵌套，示例代码如下：

```
#include <iostream>                                              //包含输入输出流库

int main() {
    int number;                                                  //声明一个整型变量 number

    std::cout << "Enter an integer: ";                           //输出提示信息，要求用户输入一个整数
    std::cin >> number;                                          //从标准输入读取用户输入的整数并将其存储到变量 number 中

    if (number >= 0) {                                           //如果 number 大于或等于 0
        if (number == 0) {                                       //如果 number 等于 0
            std::cout << "The number is zero." << std::endl;     //输出 "The number is zero."
        } else {                                                 //如果 number 不等于 0
            std::cout << "The number is positive." << std::endl; //输出 "The number is positive."
        }
    } else {                                                     //如果 number 小于 0
        std::cout << "The number is negative." << std::endl;     //输出 "The number is negative."
    }

    return 0;                                                    //程序结束，返回 0 表示程序成功执行
}
```

（2）if...else if...else 语句：用于根据多个条件执行不同的代码块。其基本语法如下：

```
if (condition1) {
    //当 condition1 为 true 时执行的代码
} else if (condition2) {
    //当 condition1 为 false 且 condition2 为 true 时执行的代码
} else if (condition3) {
    //当 condition1 和 condition2 都为 false 且 condition3 为 true 时执行的代码
} else {
    //当所有条件都为 false 时执行的代码
}
```

示例代码如下：

```
#include <iostream>

int main() {
    int number;

    std::cout << "Enter an integer: ";
    std::cin >> number;

    if (number > 0) {
        std::cout << "The number is positive." << std::endl;
    } else if (number < 0) {
        std::cout << "The number is negative." << std::endl;
    } else {
        std::cout << "The number is zero." << std::endl;
    }

    return 0;
}
```

（3）for 语句：用于按顺序多次执行代码块。其基本语法如下：

```
for (initialization; condition; increment) {
    //循环体代码
}
```

示例代码如下：

```
#include <iostream>

int main() {
    //打印 1 到 10 的数字
    for (int i = 1; i <= 10; ++i) {
        std::cout << i << " ";
    }

    std::cout << std::endl;                //输出换行符

    return 0;
}
```

（4）while 语句：用于在条件为 true 时反复执行代码块。其基本语法如下：

```
while (condition) {
    //循环体代码
}
```

示例代码如下：

```
#include <iostream>

int main() {
    int count = 1;                //初始化计数器

    //打印 1 到 10 的数字
```

```
    while (count <= 10) {              //循环条件，当 count 小于或等于 10 时继续循环
        std::cout << count << " ";     //输出当前 count 的值，后跟一个空格
        ++count;                       //递增 count
    }

    std::cout << std::endl;            //输出换行符

    return 0;                          //程序结束，返回 0 表示程序成功执行
}
```

（5）switch…case 语句：用于多分支选择的控制结构，可以根据变量的值执行不同的代码块。相比于多个 if...else if...else 语句，switch...case 语句更加简洁且易于阅读。其基本语法如下：

```
switch (expression) {
    case constant1:
        //当 expression 的值等于 constant1 时执行的代码
        break;
    case constant2:
        //当 expression 的值等于 constant2 时执行的代码
        break;
    //你可以添加更多的 case 分支
    default:
        //当 expression 的值不等于任何一个 case 常量时执行的代码
        break;
}
```

示例代码如下：

```
#include <iostream>

int main() {
    char grade;

    std::cout << "Enter your grade (A, B, C, D, or F): ";
    std::cin >> grade;

    switch (grade) {
        case 'A':
            std::cout << "Excellent!" << std::endl;
            break;
        case 'B':
            std::cout << "Good!" << std::endl;
            break;
        case 'C':
            std::cout << "Fair." << std::endl;
            break;
        case 'D':
            std::cout << "Poor." << std::endl;
            break;
        case 'F':
            std::cout << "Fail." << std::endl;
            break;
        default:
            std::cout << "Invalid grade." << std::endl;
            break;
    }

    return 0;
}
```

2. 数组

数组是一个由若干同类型变量组成的集合，这些变量可以通过同一个名字来引用。数组由连续的存储单元组成，其中最低地址对应于数组的第一个元素，最高地址对应于数组的最后一个元素。数组可以是一维的，也可以是多维的，例如定义一个一维数组，代码如下：

```
char cName[NUM1];
```

声明及初始化数组的示例代码如下：

```
#include <iostream>

int main() {
    //声明一个整数数组，包含 5 个元素
    int numbers[5] = {1, 2, 3, 4, 5};

    //输出数组中的每个元素
    for (int i = 0; i < 5; ++i) {
        std::cout << "Element at index " << i << ": " << numbers[i] << std::endl;
    }

    return 0;
}
```

修改数组元素的示例代码如下：

```
#include <iostream>

int main() {
    //声明并初始化一个整数数组
    int numbers[5] = {1, 2, 3, 4, 5};

    //修改数组中的某些元素
    numbers[1] = 10; //将第二个元素修改为 10
    numbers[3] = 20; //将第四个元素修改为 20

    //输出修改后的数组元素
    for (int i = 0; i < 5; ++i) {
        std::cout << "Element at index " << i << ": " << numbers[i] << std::endl;
    }

    return 0;
}
```

3. 面向对象

C++是一种支持面向对象编程的编程语言，它在 C 语言的基础上引入了类和对象的概念，以及其他一些支持面向对象特性的语法。面向对象编程的核心思想是将问题分解为一系列可以相互作用的对象，每个对象都有其属性（数据成员）和行为（成员函数）。定义类和创建对象的示例代码如下：

```
#include <iostream>
#include <string>

//定义一个名为 Person 的类
class Person {
private:
    //私有成员变量
    std::string name;
    int age;

public:
    //构造函数
    Person(const std::string& name, int age) : name(name), age(age) {}

    //公有成员函数，用于访问和修改私有成员变量
    void setName(const std::string& name) {
        this->name = name;
    }

    std::string getName() const {
        return name;
    }
```

```
    void setAge(int age) {
        this->age = age;
    }

    int getAge() const {
        return age;
    }

    //一个成员函数，用于输出对象的信息
    void display() const {
        std::cout << "Name: " << name << ", Age: " << age << std::endl;
    }
};

int main() {
    //创建一个 Person 对象
    Person person("Alice", 30);

    //访问和修改对象的属性
    person.display();
    person.setName("Bob");
    person.setAge(25);
    person.display();

    return 0;
}
```

继承示例的代码如下：

```
#include <iostream>
#include <string>

//基类
class Person {
private:
    std::string name;
    int age;

public:
    Person(const std::string& name, int age) : name(name), age(age) {}

    void setName(const std::string& name) {
        this->name = name;
    }

    std::string getName() const {
        return name;
    }

    void setAge(int age) {
        this->age = age;
    }

    int getAge() const {
        return age;
    }

    void display() const {
        std::cout << "Name: " << name << ", Age: " << age << std::endl;
    }
};

//派生类
class Student : public Person {
private:
    std::string major;

public:
    Student(const std::string& name, int age, const std::string& major)
```

```
        : Person(name, age), major(major) {}

    void setMajor(const std::string& major) {
        this->major = major;
    }

    std::string getMajor() const {
        return major;
    }

    void display() const {
        Person::display();
        std::cout << "Major: " << major << std::endl;
    }
};

int main() {
    Student student("Charlie", 20, "Computer Science");
    student.display();

    return 0;
}
```

4. 指针

C++中的指针是一种非常强大的工具，它们存储了内存地址，从而允许直接访问内存中的数据。指针可以用于管理动态内存分配、实现数据结构，以及在函数之间传递参数。本项目使用指向字符的指针，代码如下：

```
void SetSysCaption(const char* pText)
{
    char sysSetBuf[80];
    sprintf_s(sysSetBuf, "title %s", pText);
    system(sysSetBuf);
}
```

例如，声明和使用指向字符的指针，代码如下：

```
#include <iostream>

int main() {
    //声明一个字符数组
    char str[] = "Hello, World!";

    //声明一个字符指针并指向字符数组的起始位置
    char *ptr = str;

    //使用指针访问字符数组中的元素，并输出每个字符
    while (*ptr != '\0') {          //当指针指向的字符不是字符串结束符 '\0' 时
        std::cout << *ptr;          //输出当前指针指向的字符
        ++ptr;                      //指针向后移动到下一个字符
    }

    return 0;
}
```

在这个示例中，char *ptr = str; 语句声明了一个指向字符的指针 ptr，并将其初始化为字符数组 str 的起始位置。然后，通过 While 循环，指针 ptr 被用来遍历字符数组，并输出字符数组中的每个字符，直到遇到字符串结束符 '\0'。

5. 成员函数

C++ 中的成员函数是定义在类或结构体内部的函数。这些函数能够访问类或结构体的成员变量，并且可以在类的实例上被调用。例如：定义和使用类的成员函数，代码如下：

```
#include <iostream>
#include <string>
```

```
//定义一个名为 Person 的类
class Person {
private:
    std::string name; //姓名
    int age; //年龄

public:
    //构造函数
    Person(const std::string& name, int age) : name(name), age(age) {}

    //成员函数，用于设置姓名
    void setName(const std::string& name) {
        this->name = name;
    }

    //成员函数，用于获取姓名
    std::string getName() const {
        return name;
    }

    //成员函数，用于设置年龄
    void setAge(int age) {
        this->age = age;
    }

    //成员函数，用于获取年龄
    int getAge() const {
        return age;
    }

    //成员函数，用于显示对象的信息
    void display() const {
        std::cout << "Name: " << name << ", Age: " << age << std::endl;
    }
};

int main() {
    //创建一个 Person 对象
    Person person("Alice", 30);

    //使用成员函数设置和获取对象的属性，并显示对象信息
    person.display();
    person.setName("Bob");
    person.setAge(25);
    std::cout << "New name: " << person.getName() << std::endl;
    std::cout << "New age: " << person.getAge() << std::endl;
    person.display();

    return 0;
}
```

在这个示例中，我们定义了一个名为 Person 的类，该类包含了姓名和年龄两个私有成员变量，以及用于设置和获取这些成员变量的公有成员函数。然后，在 main 函数中，我们创建了一个 Person 对象 person，并使用成员函数来设置和获取对象的属性，同时显示对象的信息。

本项目用于将给定的 cIsbn 字符串赋值给 CBook 类的属性，代码如下：

```
void CBook::SetIsbn(char* cIsbn)
```

6. 文件操作

C++文件操作可以把数据保存到文本文件、二进制文件，甚至是.dat 文件中，以实现数据的永久性保存。例如：要打开文件，可以使用 std::ifstream（用于读取文件）和 std::ofstream（用于写入文件）类。示例如下：

```
#include <fstream>
#include <iostream>
```

```
int main() {
    std::ifstream inputFile("input.txt");                           //打开输入文件
    if (!inputFile) {
        std::cerr << "Failed to open input file!" << std::endl;
        return 1;
    }

    std::ofstream outputFile("output.txt");                         //打开输出文件
    if (!outputFile) {
        std::cerr << "Failed to open output file!" << std::endl;
        return 1;
    }

    //文件操作完成后，需要关闭文件
    inputFile.close();
    outputFile.close();

    return 0;
}
```

使用 std::ifstream 类来读取文件内容。示例如下：

```
#include <fstream>
#include <iostream>
#include <string>

int main() {
    std::ifstream inputFile("input.txt");
    if (!inputFile) {
        std::cerr << "Failed to open input file!" << std::endl;
        return 1;
    }

    std::string line;
    while (std::getline(inputFile, line)) {                         //逐行读取文件内容
        std::cout << line << std::endl;                             //输出每一行内容
    }

    inputFile.close();
    return 0;
}
```

使用 std::ofstream 类向文件中写入内容。示例如下：

```
#include <fstream>
#include <iostream>

int main() {
    std::ofstream outputFile("output.txt");
    if (!outputFile) {
        std::cerr << "Failed to open output file!" << std::endl;
        return 1;
    }

    outputFile << "Hello, World!" << std::endl;                     //向文件中写入一行内容

    outputFile.close();
    return 0;
}
```

本项目将添加的数据保存在 book.dat 文件中，代码如下：

```
void CBook::GetBookFromFile(int iCount)
{
    char cName[NUM1];
    char cIsbn[NUM1];
    char cPrice[NUM2];
    char cAuthor[NUM2];
```

```
    ifstream ifile;
    ifile.open("book.dat",ios::binary);
    try
    {
        ifile.seekg(iCount*(NUM1+NUM1+NUM2+NUM2),ios::beg);
        ifile.read(cName,NUM1);
        if(ifile.tellg()>0)
            strncpy_s(m_cName,cName,NUM1);
        ifile.read(cIsbn,NUM1);
        if(ifile.tellg()>0)
            strncpy_s(m_cIsbn,cIsbn,NUM1);
        ifile.read(cPrice,NUM2);
        if(ifile.tellg()>0)
            strncpy_s(m_cIsbn,cIsbn,NUM2);
        ifile.read(cAuthor,NUM2);
        if(ifile.tellg()>0)
            strncpy_s(m_cAuthor,cAuthor,NUM2);
    }
    catch(...)
    {
        throw "file error occurred";
        ifile.close();
    }
    ifile.close();
}
```

《C++从入门到精通（第 6 版）》详细地讲解了流程控制、数组、面向对象、指针、成员函数、文件操作等基础知识，对于这些知识不太熟悉的读者，可以参考该书对应的内容，以确保能够顺利完成本项目。

1.4 公共类设计

开发项目时，编写公共类可以减少重复代码的编写，从而有利于代码的重用和维护。阅界藏书管理系统需要创建 CBook 类，该类可以实现图书记录的写入和删除功能，并允许用户查看每条图书的信息。CBook 类包含 4 个成员变量：m_cName、m_cIsbn、m_cPrice 和 m_cAuthor，它们分别代表图书的名称、ISBN 编号、价格和作者。在设计 CBook 类时，我们可以将这些成员变量视为属性。此外，CBook 类还应包含用于设置属性和获取这些属性的成员函数，其中设置属性的函数以 set 开头，获取属性的函数以 get 开头。CBook 类设计图如图 1.2 所示。

CBook
m_cName m_cIsbn m_cPrice m_cAuthor GetBookFormFile WriteData DeleteData GetName SetName GetIsbn SetIsbn …

图 1.2 CBook 类设计图

CBook 类定义在头文件 Book.h 中，代码如下：

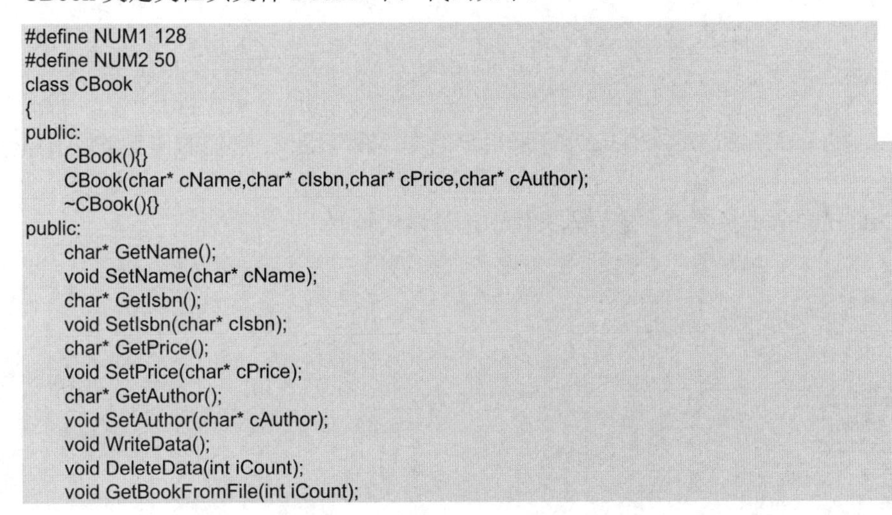

```
#define NUM1 128
#define NUM2 50
class CBook
{
public:
    CBook(){}
    CBook(char* cName,char* cIsbn,char* cPrice,char* cAuthor);
    ~CBook(){}
public:
    char* GetName();
    void SetName(char* cName);
    char* GetIsbn();
    void SetIsbn(char* cIsbn);
    char* GetPrice();
    void SetPrice(char* cPrice);
    char* GetAuthor();
    void SetAuthor(char* cAuthor);
    void WriteData();
    void DeleteData(int iCount);
    void GetBookFromFile(int iCount);
```

```
protected:
    char m_cName[NUM1];
    char m_cIsbn[NUM1];
    char m_cPrice[NUM2];
    char m_cAuthor[NUM2];

};
```

CBook 类成员函数的实现存储在实现文件 Book.cpp 中，具体代码如下：

```
#include "Book.h"
#include <string>
#include <fstream>
#include <iostream>
#include <iomanip>
using namespace std;
CBook::CBook(char* cName,char* cIsbn,char* cPrice,char* cAuthor)
{
    strncpy_s(m_cName,cName,NUM1);
    strncpy_s(m_cIsbn,cIsbn,NUM1);
    strncpy_s(m_cPrice,cPrice,NUM2);
    strncpy_s(m_cAuthor,cAuthor,NUM2);
}
char* CBook::GetName()
{
    return m_cName;
}
void CBook::SetName(char* cName)
{
    strncpy_s(m_cName,cName,NUM1);
}
char* CBook::GetIsbn()
{
    return m_cIsbn;
}
void CBook::SetIsbn(char* cIsbn)
{
    strncpy_s(m_cIsbn,cIsbn,NUM1);
}
char* CBook::GetPrice()
{
    return m_cPrice;
}
void CBook::SetPrice(char* cPrice)
{
    strncpy_s(m_cPrice,cPrice,NUM2);
}
char* CBook::GetAuthor()
{
    return m_cAuthor;
}
void CBook::SetAuthor(char* cAuthor)
{
    strncpy_s(m_cAuthor,cAuthor,NUM2);
}
```

函数 WriteData、GetBookFromFile 和 DeleteData 用于类对象的文件读写操作，它们的作用类似于操作数据库的接口。

（1）成员函数 WriteData 主要负责将图书对象写入文件中，具体代码如下：

```
void CBook::WriteData()
{
    ofstream ofile;
    ofile.open("book.dat",ios::binary|ios::app);
    try
    {
        ofile.write(m_cName,NUM1);
        ofile.write(m_cIsbn,NUM1);
        ofile.write(m_cPrice,NUM2);
        ofile.write(m_cAuthor,NUM2);
    }
```

```
	catch(...)
	{
		throw "file error occurred";
		ofile.close();
	}
	ofile.close();
}
```

（2）成员函数 GetBookFromFile 负责从文件中读取数据以构建对象，具体代码如下：

```
void CBook::GetBookFromFile(int iCount)
{
	char cName[NUM1];
	char cIsbn[NUM1];
	char cPrice[NUM2];
	char cAuthor[NUM2];
	ifstream ifile;
	ifile.open("book.dat",ios::binary);
	try
	{
		ifile.seekg(iCount*(NUM1+NUM1+NUM2+NUM2),ios::beg);
		ifile.read(cName,NUM1);
		if(ifile.tellg()>0)
			strncpy_s(m_cName,cName,NUM1);
		ifile.read(cIsbn,NUM1);
		if(ifile.tellg()>0)
			strncpy_s(m_cIsbn,cIsbn,NUM1);
		ifile.read(cPrice,NUM2);
		if(ifile.tellg()>0)
			strncpy_s(m_cIsbn,cIsbn,NUM2);
		ifile.read(cAuthor,NUM2);
		if(ifile.tellg()>0)
			strncpy_s(m_cAuthor,cAuthor,NUM2);
	}
	catch(...)
	{
		throw "file error occurred";
		ifile.close();
	}
	ifile.close();
}
```

（3）成员函数 DeleteData 负责从文件中删除图书信息，具体代码如下：

```
void CBook::DeleteData(int iCount)
{
	long respos;
	int iDataCount=0;
	fstream file;
	fstream tmpfile;
	ofstream ofile;
	char cTempBuf[NUM1+NUM1+NUM2+NUM2];
	file.open("book.dat",ios::binary|ios::in|ios::out);
	tmpfile.open("temp.dat",ios::binary|ios::in|ios::out|ios::trunc);
	file.seekg(0,ios::end);
	respos=file.tellg();
	iDataCount=respos/(NUM1+NUM1+NUM2+NUM2);
	if(iCount < 0 && iCount > iDataCount)
	{
		throw "Input number error";
	}
	else
	{
		file.seekg((iCount)*(NUM1+NUM1+NUM2+NUM2),ios::beg);
		for(int j=0;j<(iDataCount-iCount);j++)
		{
			memset(cTempBuf,0,NUM1+NUM1+NUM2+NUM2);
			file.read(cTempBuf,NUM1+NUM1+NUM2+NUM2);
			tmpfile.write(cTempBuf,NUM1+NUM1+NUM2+NUM2);
		}
		file.close();
		tmpfile.seekg(0,ios::beg);
```

```
		ofile.open("book.dat");
		ofile.seekp((iCount-1)*(NUM1+NUM1+NUM2+NUM2),ios::beg);
		for(int i=0;i<(iDataCount-iCount);i++)
		{
			memset(cTempBuf,0,NUM1+NUM1+NUM2+NUM2);
			tmpfile.read(cTempBuf,NUM1+NUM1+NUM2+NUM2);
			ofile.write(cTempBuf,NUM1+NUM1+NUM2+NUM2);
		}
	}
	tmpfile.close();
	ofile.close();
	remove("temp.dat");
}void CBook::GetBookFromFile(int iCount)
{
	char cName[NUM1];
	char cIsbn[NUM1];
	char cPrice[NUM2];
	char cAuthor[NUM2];
	ifstream ifile;
	ifile.open("book.dat",ios::binary);
	try
	{
		ifile.seekg(iCount*(NUM1+NUM1+NUM2+NUM2),ios::beg);
		ifile.read(cName,NUM1);
		if(ifile.tellg()>0)
			strncpy_s(m_cName,cName,NUM1);
		ifile.read(cIsbn,NUM1);
		if(ifile.tellg()>0)
			strncpy_s(m_cIsbn,cIsbn,NUM1);
		ifile.read(cPrice,NUM2);
		if(ifile.tellg()>0)
			strncpy_s(m_cIsbn,cIsbn,NUM2);
		ifile.read(cAuthor,NUM2);
		if(ifile.tellg()>0)
			strncpy_s(m_cAuthor,cAuthor,NUM2);
	}
	catch(...)
	{
		throw "file error occurred";
		ifile.close();
	}
	ifile.close();
}
```

1.5 主窗体设计

1.5.1 主窗体模块概述

系统主程序界面是应用程序提供给用户访问其他功能模块的平台。根据实际需要，阅界藏书管理系统的主界面采用了传统的“数字选择功能”风格。用户输入数字 1 即可进入添加新书模块，输入数字 2 可进入浏览全部模块，输入数字 3 则可进入删除图书模块。阅界藏书管理系统的主界面如图 1.3 所示。

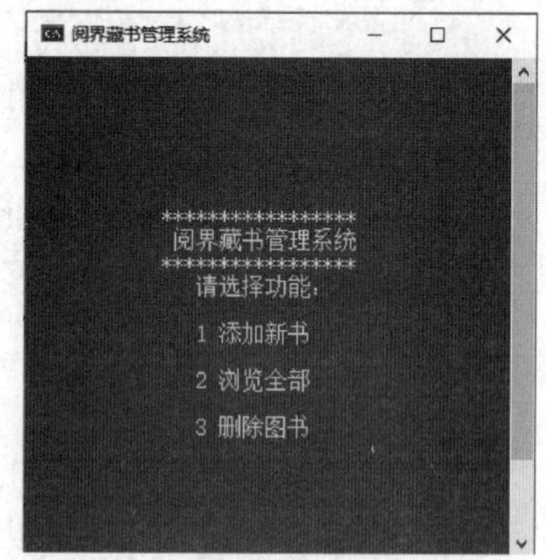

图 1.3　阅界藏书管理系统的主界面

1.5.2 窗口初始化

阅界藏书管理系统的主窗体初始化设计过程如下。

（1）在控制台中输入 mode 命令可以设置控制显示信息的行数、列数和背景颜色等信息。SetScreenGrid 函数主要通过 system 函数来执行 mode

命令，其中CMD_COLS和CMD_LINES是宏定义中的值。实现的代码如下：

```
void SetScreenGrid()
{
    char sysSetBuf[80];
    sprintf_s(sysSetBuf, "mode con cols=%d lines=%d", CMD_COLS, CMD_LINES);
    system(sysSetBuf);
}
```

（2）SetSysCaption函数主要负责在控制台的标题栏上显示Sample信息。控制台的标题栏信息可以通过使用title命令进行设置，而该函数内部则使用system函数来执行title命令。实现的代码如下：

```
void SetSysCaption()
{
    system("title Sample");
}
```

（3）ClearScreen函数主要通过system函数来执行cls命令，完成控制台屏幕信息的清除。实现的代码如下：

```
void ClearScreen()
{
    system("cls");
}
```

1.5.3 设置窗口标题栏

阅界藏书管理系统主窗体的标题栏设计过程如下。

（1）SetSysCaption函数有两个版本，这里展示的是SetSysCaption函数的另一个版本。该版本的函数主要负责在控制台的标题栏上显示指定的字符。实现的代码如下：

```
void SetSysCaption(const char* pText)
{
    char sysSetBuf[80];
    sprintf_s(sysSetBuf, "title %s", pText);
    system(sysSetBuf);
}
```

（2）ShowWelcome函数负责在屏幕上显示“阅界藏书管理系统”字样的欢迎信息，并尝试将该字样尽可能地居中显示在屏幕上。实现的代码如下：

```
void ShowWelcome()
{
    for (int i = 0; i < 7; i++)
    {
        cout << endl;
    }
    cout << setw(40);
    cout << "     *****************" << endl;
    cout << setw(40);
    cout << "      阅界藏书管理系统" << endl;
    cout << setw(40);
    cout << "     *****************" << endl;
}
```

1.5.4 显示系统主菜单

（1）ShowRootMenu函数主要负责显示系统的主菜单，系统包含3个菜单选项，分别是添加新书、浏览全部和删除图书，这3个菜单选项分别对应着进入系统中3个不同功能模块的入口。实现的代码如下：

```
void ShowRootMenu()
```

```
{
    cout << setw(38);
    cout << "请选择功能：" << endl;
    cout << endl;
    cout << setw(36);
    cout << "1  添加新书" << endl;
    cout << endl;
    cout << setw(36);
    cout << "2  浏览全部" << endl;
    cout << endl;
    cout << setw(36);
    cout << "3  删除图书" << endl;
}
```

说明

setw 用于设置输出流中下一个数据的字段宽度，以确保输出的列具有相同的宽度。

（2）WaitUser 函数主要负责当程序进入某一模块后，等待用户进行处理。用户可以选择返回主菜单，也可以直接退出系统。实现的代码如下：

```
void WaitUser()
{
    int iInputPage = 0;
    cout << "enter 返回主菜单，q 退出" << endl;
    char buf[256];
    gets_s(buf);
    if (buf[0] == 'q')
        system("exit");
}
```

说明

在 Visual Studio 2022 环境中，gets 函数被认为是不安全函数，因此用 gets_s 函数来代替 gets 函数。

1.6 功能设计

1.6.1 添加新书功能

在阅界藏书管理系统主窗体中，用户输入数字 1，即可进入添加新书模块。在该模块中，用户需要输入所要添加的图书的书名、ISBN 编码、价格以及作者信息。其运行效果如图 1.4 所示。

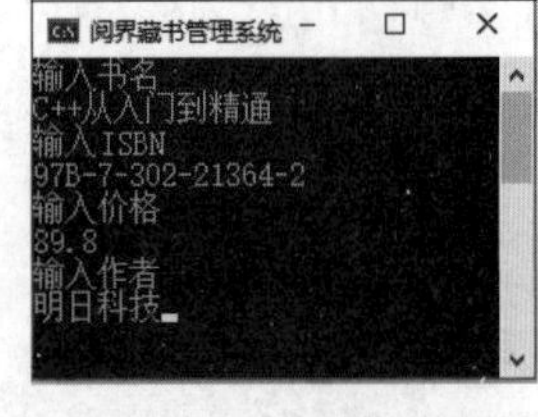
阅界藏书管理系统
输入书名
C++从入门到精通
输入ISBN
97B-7-302-21364-2
输入价格
89.8
输入作者
明日科技

图 1.4　添加新书

阅界藏书管理系统中，添加新书模块的实现代码如下：

```
void GuideInput()
{
    char inName[NUM1];
    char inIsdn[NUM1];
    char inPrice[NUM2];
    char inAuthor[NUM2];

    cout << "输入书名" << endl;
    cin >> inName;
    cout << "输入 ISBN" << endl;
    cin >> inIsdn;
    cout << "输入价格" << endl;
    cin >> inPrice;
    cout << "输入作者" << endl;
```

```
        cin >> inAuthor;
        CBook book(inName, inIsdn, inPrice, inAuthor);
        book.WriteData();
        cout << "Write Finish" << endl;
        WaitUser();
}
```

1.6.2 浏览全部功能

在阅界藏书管理系统主窗体中，用户输入数字 2，即可进入浏览全部模块。该模块能够按页显示图书记录，每页可以展示 20 条记录。该模块的主要功能包括显示所有图书的编号、图书名、ISBN 编码、价格以及作者信息，并记录当前记录中图书的总数量、共有多少页及当前页数。此外，该模块还提供了翻页和返回主菜单的功能。其运行效果如图 1.5 所示。

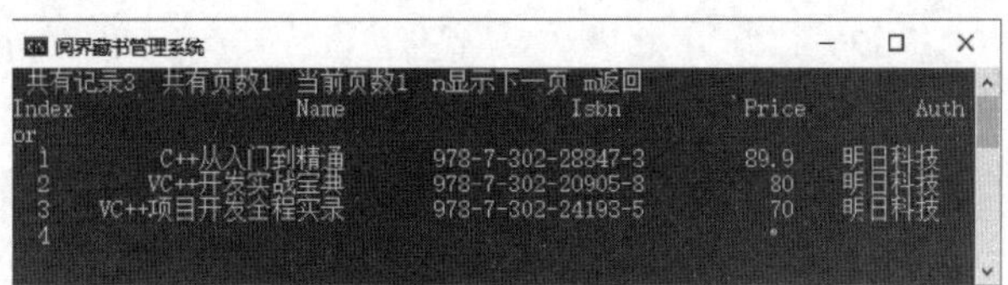

图 1.5 浏览全部

在函数 ViewData 中，直接使用文件流类打开存储图书信息的 book.dat 文件，然后根据页序号读取文件内容，由于每条图书记录的长度相同，因此可以方便地计算出每条记录在文件中的具体位置，最后将文件指针移动到每页第一条图书记录处，顺序地从文件中读取 20 条记录，并将这些信息显示在屏幕上。其代码如下：

```
void ViewData(int iSelPage = 1)
{
        int iPage = 0;
        int iCurPage = 0;
        int iDataCount = 0;
        char inName[NUM1];
        char inIsbn[NUM1];
        char price[NUM2];
        char inAuthor[NUM2];
        bool bIndex = false;
        int iFileLength;
        iCurPage = iSelPage;
        ifstream ifile;
        ifile.open("book.dat", ios::binary);//|ios::nocreate
        iFileLength = GetFileLength(ifile);
        iDataCount = iFileLength / (NUM1 + NUM1 + NUM2 + NUM2);
        if (iDataCount >= 1)
                bIndex = true;
        iPage = iDataCount / 20 + 1; //每页 20 条记录


        ClearScreen();

        cout << " 共有记录" << iDataCount << " ";
        cout << " 共有页数" << iPage << " ";
        cout << " 当前页数" << iCurPage << " ";
        cout << " n 显示下一页 m 返回" << endl;
        cout << setw(5) << "Index";
        cout << setw(22) << "Name" << setw(22) << "Isbn";
        cout << setw(15) << "Price" << setw(15) << "Author";
        cout << endl;
        try
        {
                ifile.seekg((iCurPage - 1) * 20 * (NUM1 + NUM1 + NUM2 + NUM2), ios::beg);
                if (!ifile.fail())
                {
```

```
                for (int i = 1; i < 21; i++)
                {
                    memset(inName, 0, 128);
                    memset(inIsbn, 0, 128);
                    memset(price, 0, 50);
                    memset(inAuthor, 0, 50);
                    if (bIndex)
                        cout << setw(3) << ((iCurPage - 1) * 20 + i);
                    ifile.read(inName, NUM1);
                    cout << setw(24) << inName;
                    ifile.read(inIsbn, NUM1);
                    cout << setw(24) << inIsbn;
                    ifile.read(price, NUM2);
                    cout << setw(12) << price;
                    ifile.read(inAuthor, NUM2);
                    cout << setw(12) << inAuthor;
                    cout << endl;//一条纪录
                    if (ifile.tellg() < 0)
                        bIndex = false;
                    else
                        bIndex = true;
                }
            }
        }
        catch (...)
        {
            cout << "throw file exception" << endl;
            throw "file error occurred";
            ifile.close();
        }
        if (iCurPage < iPage)
        {
            iCurPage = iCurPage + 1;
            WaitView(iCurPage);
        }
        else
        {
            WaitView(iCurPage);
        }
        ifile.close();
}
```

GetFileLength 函数的代码如下：

```
long GetFileLength(ifstream& ifs)
{
    long tmppos;
    long respos;
    tmppos = ifs.tellg();                   //获得当前位置
    ifs.seekg(0, ios::end);
    respos = ifs.tellg();
    ifs.seekg(tmppos, ios::beg);        //恢复当前位置
    return respos;
}
```

1.6.3　删除图书功能

在阅界藏书管理系统的主窗体中，用户输入数字 3，即可进入删除图书模块。在删除图书的模块中，通过输入想要删除的图书的顺序编号即可删除此图书，其效果如图 1.6 所示。

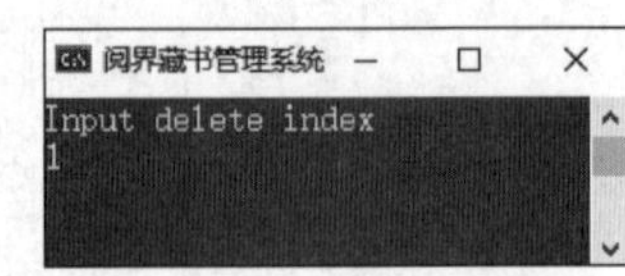

图 1.6　删除图书

在阅界藏书管理系统中，删除图书模块的 DeleteBookFromFile 函数的实现代码如下：

```
void DeleteBookFromFile()
{
    int iDelCount;
    cout << "Input delete index" << endl;
    cin >> iDelCount;
```

```
    CBook tmpbook;
    tmpbook.DeleteData(iDelCount);
    cout << "Delete Finish" << endl;
    WaitUser();
}
void WaitView(int   iCurPage)
{
    char buf[256];
    gets_s(buf);
    if (buf[0] == 'q')
        system("exit");
    if (buf[0] == 'm')
        mainloop();
    if (buf[0] == 'n')
        ViewData(iCurPage);
}
```

1.6.4 项目主函数

在 main.cpp 文件中，添加以下代码以实现全部模块的主函数：

```
void main()
{

    SetScreenGrid();
    SetSysCaption("阅界藏书管理系统");
    mainloop();
}
```

1.7 项目运行

通过前述步骤，我们设计并完成了“阅界藏书管理系统”项目的开发。接下来，我们运行该项目，以检验我们的开发成果。如图 1.7 所示，在 Visual Studio 2022 中打开该项目的项目结构，选择 Debug 和 x86，然后单击“本地 Windows 调试器”，即可成功运行该项目。

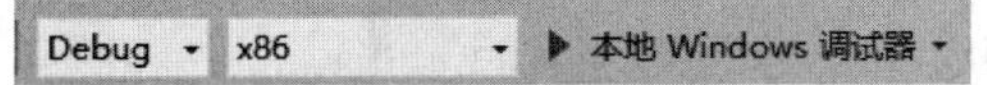

图 1.7 项目运行

图 1.8 成功运行项目后进入主窗体

项目成功运行后，将自动打开项目的主窗体，如图 1.8 所示。用户输入数字 1，就可以进入添加图书功能；用户输入数字 2，就可以进入浏览全部功能；用户输入数字 3，就可以进入删除图书功能。这样，我们就成功地检验了该项目的运行。

在开发“阅界藏书管理系统”项目时，主窗体界面利用流程控制语句，实现了用户通过输入数字来选择对应功能的功能。主窗体负责统一管理项目中的所有功能。这种设计降低了主窗体与各功能模块之间的耦合度，因此，在新增或删除功能时，仅需对少量代码进行修改。

1.8 源码下载

源码下载

本章虽然详细地讲解了如何编码实现“阅界藏书管理系统”的各个功能，但给出的代码都是代码片段，而非完整的源码。为了方便读者学习，本书提供了用于下载源码的二维码。

第2章 软件注册码生成专家

——宏技术 + 剪贴板操作 + 注册表操作+加密算法+系统 API 应用+硬件信息获取

在当今时代，计算机已成为不可或缺的工具，无论是在工作还是生活中，其应用都日益广泛。在众多使用计算机的领域中，安装应用软件已成为常态。随着软件用户群体的不断扩大，盗版软件问题日益严重，成为软件开发商的一大难题。为了防止软件被盗用，软件在安装后通常要求用户进行注册。未注册的用户无法使用软件，从而有效防止软件被盗用。本章采用 C++语言进行开发，其中：注册表操作技术用于生成注册码并限制试用次数；加密算法技术用于对注册码进行加密；系统 API 应用和硬件信息获取技术用于在不同计算机上获取唯一序列号。本章还结合宏技术、剪贴板操作技术等关键技术，开发一个名为“软件注册码生成专家”的项目，旨在防止软件被盗用。

本项目的核心功能及实现技术如下：

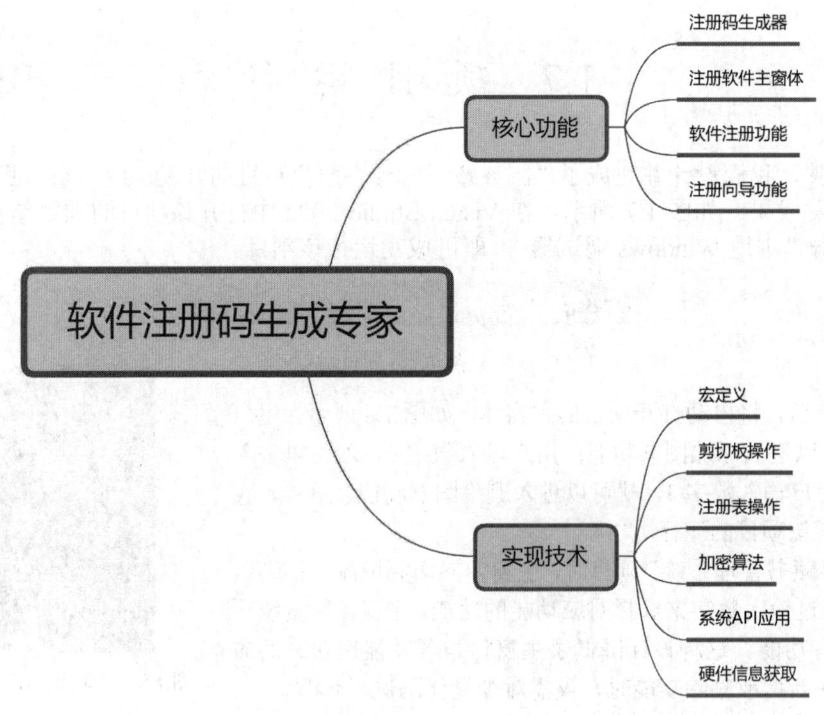

2.1 开发背景

在当今计算机时代，软件已经成为工作和生活中不可或缺的一部分。随着用户群体的不断扩大，盗版软件问题日益严重，成为软件开发商的头号难题。为了保护软件版权，开发者通常会要求用户进行注册并获取注册码后才能正常使用软件，这一举措有效防止了软件的盗用和非法传播。在这样的背景下，开发注册码生成器成为迫切需求，旨在确保软件合法使用，维护软件行业的良性发展。这背后涉及加密技术、用户体验和防盗版策略的综合考量，是软件开发领域中的重要挑战之一。

本项目实现目标如下：

- ☑ 获取 CPU 序列号。
- ☑ 获取网卡地址。
- ☑ 生成注册码。
- ☑ 获取磁盘序列号。
- ☑ 网站后台管理。

2.2 系统设计

2.2.1 开发环境

本项目的开发及运行环境如下：

- ☑ 操作系统：推荐 Windows 10、Windows 11 或更高版本。
- ☑ 开发工具：Visual Studio 2022。
- ☑ 开发语言：C++/Win32API。

2.2.2 业务流程

在启动项目后，首先使用注册码生成器生成一个注册码，然后运行软件注册功能。用户如果已有注册码，则需要输入用户名和注册码进行软件注册，注册成功之后，系统会提示“注册成功”；用户如果没有注册码，可以选择试用（试用次数为 30 次），系统同样会提示“注册成功”。

本项目的业务流程如图 2.1 所示。

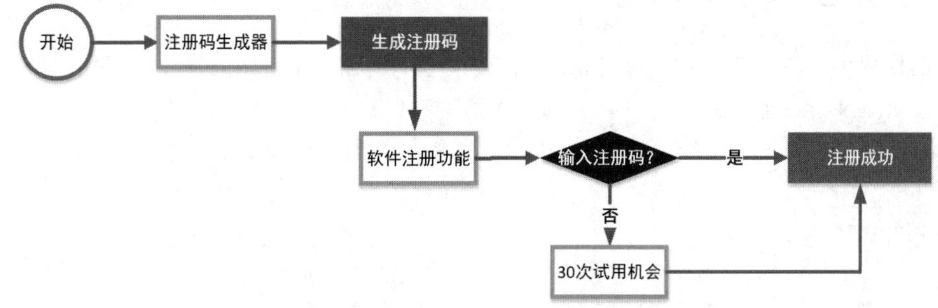

图 2.1　软件注册码生成专家业务流程

2.2.3 功能结构

本项目的功能结构已经在章首页中给出。本项目实现的具体功能如下：

- ☑ 注册码生成器：生成注册码。
- ☑ 注册软件主窗口：判断模块是否经过注册，如果没有注册，则在主窗体显示前显示注册模块。
- ☑ 软件注册功能：在运行软件注册模块时，如果模块没有经过注册，则会显示注册模块，在注册模块中，用户可以选择使用已有的注册码进行注册，也可以选择试用软件。

☑ 注册向导：用户输入用户名和注册码，单击“注册”按钮后，程序会自动检测用户名和注册码是否正确。如果输入正确，程序将允许用户进入主窗体；否则，会弹出提示。

2.3 技术准备

2.3.1 技术概览

☑ 宏技术：宏可以用于定义常量或简单的内联函数，以提高代码的可读性和可维护性。

例如：定义一个宏，代码如下：

```
#define SQUARE(x) ((x) * (x))
```

☑ 剪贴板操作：需要使用操作系统提供的 API 或者通过第三方库来实现。在 Windows 平台下，可以使用 Windows API 来进行剪贴板操作。

☑ 注册表操作：使用注册表来存储和检索应用程序的设置。MFC 提供了一些类和函数来简化注册表操作，这些功能主要是通过 CWinApp 类的成员函数和 CRegKey 类来实现的。

☑ 加密算法：加密算法用于将数据转换为不可读或难以理解的形式，以保护数据的安全性。在 C++中，可以使用各种加密算法来加密和解密数据。

☑ 系统 API 应用：用于与操作系统进行交互和控制系统资源。在 C++中，系统 API 可用于执行多种任务，包括文件操作、进程管理、网络通信等。

☑ 硬件信息获取：获取硬件信息通常涉及与操作系统进行交互以查询系统资源和设备信息。在 Windows 平台下，可以使用系统 API 或 WMI 来获取硬件信息。本项目采用 API 获取硬件信息，获取的信息将会在 2.3.2 节~2.3.4 节中进行介绍。

《Visual C++从入门到精通（第 5 版）》详细地讲解了宏技术、剪贴板操作、注册表操作、加密算法、系统 API 应用等知识，对这些知识不太熟悉的读者，可以参考该书对应的内容。

2.3.2 获取 CPU 序列号

在软件注册模块中，注册码是通过硬件信息生成的，其中包括 CPU 序列号。实现代码如下：

```
CString CCreateRegDlg::GetCPUNum()
{
    //获取 CPU 序列号
    unsigned long s1, s2;

    CString CPUID1, CPUID2;
    __asm{
        mov eax, 01h            //将 eax 寄存器的值设置为 1，用于指定 cpuid 指令的功能码
        xor edx, edx            //将 edx 寄存器的值清零
        cpuid                   //执行 cpuid 指令，获取 CPU 信息
        mov s1, edx             //将 edx 寄存器的值移动到 s1 变量中
        mov s2, eax             //将 eax 寄存器的值移动到 s2 变量中
    }

    CPUID1.Format("%08X%08X", s1, s2);
    __asm{
        mov eax, 03h            //将 eax 寄存器的值设置为 3，用于指定另一个 cpuid 指令的功能码
        xor ecx, ecx            //将 ecx 寄存器的值清零
        xor edx, edx            //将 edx 寄存器的值清零
        cpuid                   //执行 cpuid 指令，获取更多 CPU 信息
        mov s1, edx             //将 edx 寄存器的值移动到 s1 变量中
        mov s2, ecx             //将 ecx 寄存器的值移动到 s2 变量中
    }
```

```
    CPUID2.Format("%08X%08X", s1, s2);

    //拼接结果
    CString CpuID = CPUID1 + CPUID2;
    return CpuID.Mid(5, 3);     //从拼接的结果中取出一段,作为返回结果
}
```

说明

通过使用 cpuid 指令，我们可以获取 CPU 序列号以及处理器的详细信息。cpuid 指令是自 Intel 486 处理器以来就被加入支持的功能。

2.3.3 获得磁盘序列号

在软件注册模块中，注册码是通过硬件信息生成的，其中包括磁盘序列号。通过函数 GetVolumeInformation，我们可以获取磁盘驱动器的磁盘列号。实现代码如下：

```
BOOL GetVolumeInformation(
      LPCTSTR lpRootPathName,
      LPTSTR lpVolumeNameBuffer,
      DWORD nVolumeNameSize,
      LPDWORD lpVolumeSerialNumber,
      LPDWORD lpMaximumComponentLength,
      LPDWORD lpFileSystemFlags,
      LPTSTR lpFileSystemNameBuffer,
      DWORD nFileSystemNameSize
);
```

参数说明如下：

- ☑ lpRootPathName：指定要获取信息的磁盘的根路径。
- ☑ lpVolumeNameBuffer：用于存储磁盘名的字符串缓冲区。
- ☑ nVolumeNameSize：lpVolumeNameBuffer 缓冲区的大小。
- ☑ lpVolumeSerialNumber：用于存储磁盘序列号的变量。
- ☑ lpMaximumComponentLength：用于存储文件名每一部分的长度。
- ☑ lpFileSystemFlags：用于存储一个或多个二进制位标志的变量。
- ☑ lpFileSystemNameBuffer：指定一个缓冲区，用于存储文件系统的名称。
- ☑ nFileSystemNameSize：lpFileSystemNameBuffer 缓冲区的大小。

获得磁盘序列号的实现代码如下：

```
CString CCreateRegDlg::GetDiskNum()
{
    DWORD ser;
    char namebuf[128];
    char filebuf[128];
    //获取 C 盘的序列号
    ::GetVolumeInformation("c:\\",          //指定要获取信息的磁盘的根路径
                            namebuf,        //用于存储磁盘名的字符串缓冲区
                            128,            //namebuf 缓冲区的大小
                            &ser,           //用于存储磁盘序列号的变量
                            0,              //用于存储文件名每一部分的长度
                            0,              //标志位
                            filebuf,        //用于存储文件系统的名称
                            128             //上面缓冲区的大小
                           );
    CString DiskID;
    //格式化成字符串
    DiskID.Format("%08X", ser);
    //返回第 3 个开始的 3 个字符
```

```
    return DiskID.Mid(3, 3);
}
```

2.3.4 获得网卡地址

在软件注册模块中，注册码是通过硬件信息生成的，其中包括网卡地址。为了获得网卡的地址，程序需要调用 Netbios 函数，并在该函数调用时设置 NCBASTAT 命令。Netbios 函数的原型定义如下：

```
UCHAR
APIENTRY
Netbios(
    PNCB pncb
);
```

实现代码如下：

```
CString CCreateRegDlg::GetMacAddress()
{
    NCB nInfo;
    //内容清零
    memset(&nInfo, 0, sizeof(NCB));
    //设置命令
    nInfo.ncb_command   = NCBRESET;
    nInfo.ncb_lana_num = 0;
    //执行
    Netbios(&nInfo);

    ADAPTER_INFO AdaINfo;
    //初始化 NetBIOS
    memset(&nInfo, 0, sizeof(NCB));
    nInfo.ncb_command   = NCBASTAT;
    nInfo.ncb_lana_num = 0;
    nInfo.ncb_buffer     = (unsigned char *)&AdaINfo;
    nInfo.ncb_length     = sizeof(ADAPTER_INFO);
    strncpy((char *)nInfo.ncb_callname, "*", NCBNAMSZ);
    Netbios(&nInfo);

    //格式化为字符串
    CString MacAddr;
    MacAddr.Format("%02X%02X%02X%02X%02X%02X",
                AdaINfo.nStatus.adapter_address[0],
                AdaINfo.nStatus.adapter_address[1],
                AdaINfo.nStatus.adapter_address[2],
                AdaINfo.nStatus.adapter_address[3],
                AdaINfo.nStatus.adapter_address[4],
                AdaINfo.nStatus.adapter_address[5]
              );
    //返回一段字符串
    return MacAddr.Mid(4, 4);
}
```

2.3.5 生成注册码

在获得了各个硬件的数据之后，我们需要利用这些数据来生成注册码。首先，我们声明一个密钥数组。实现代码如下：

```
    //定义一个密钥数组
    CString code[16] = {"ah", "tm", "ib", "nw", "rt", "vx", "zc", "gf",
                        "pn", "xq", "fc", "oj", "wm", "eq", "np", "qw"
                       };
```

然后，我们将硬件数据转换为十六进制数据，并据此从密钥数组中读取相应的密钥。实现代码如下：

```
CString reg, stred;
int num;
stred = GetCPUNum() + GetDiskNum() + GetMacAddress();
stred.MakeLower();
//根据十六进制数字从密钥数组中选择对应的字符串
for(int i = 0; i < 10; i++) {
    char p = stred.GetAt(i);
    if(p >= 'a' && p <= 'f') {
        num = p - 'a' + 10;
    }
    else {
        num = p - '0';
    }
    CString tmp = code[num];
    reg += tmp;
}

//结果转化成大写
reg.MakeUpper();
```

2.3.6 根据注册表中数据限制试用次数

软件注册模块提供了注册和试用两种运行模式供用户选择。如果用户选择试用，系统将首先判断用户是否已经试用过，若用户未曾试用，系统将自动设置允许用户试用 30 次；如果用户已经试用过，系统将读取注册表中的剩余试用次数，并向用户显示他们可用的剩余试用次数。实现代码如下：

```
HKEY key;
char data[4];
DWORD size = 4;
DWORD type = REG_DWORD;

//REG_DWORD = REG_SZ;
CString skey = "Software\\mingrisoft";
LSTATUS iret = RegOpenKeyEx(HKEY_CURRENT_USER, skey,
                            REG_OPTION_NON_VOLATILE, KEY_ALL_ACCESS, &key);
if(iret == 0) {
    CString value;
    //读取试用次数
    iret = RegQueryValueEx(key, "tryout", NULL, &type, (BYTE *)data, &size);
    if(iret == 0) {
        if(data != 0) {
            CString strTime;
            //在界面上显示试用次数
            strTime.Format("你还可以使用%s 次", data);
            GetDlgItem(IDC_STATICTIME)->SetWindowText(strTime);
        }
        else {
            //界面上的控件设置为不可用
            GetDlgItem(IDC_RADIO2)->EnableWindow(FALSE);
            //提示不可以试用软件
            GetDlgItem(IDC_STATICTIME)->SetWindowText("你已经不可以再试用本软件了！ ");
        }
    }
    else {
        //设置试用次数为 30
        RegSetValueEx(key, "tryout", NULL, REG_DWORD, (BYTE *)"30", 2);
        OnCancel();
    }
    RegCloseKey(key);
}
```

选择试用软件以后，系统会将减少后的试用次数写入注册表中。实现代码如下：

```
HKEY key;
CString skey = "Software\\mingrisoft";
long iret = RegOpenKeyEx(HKEY_CURRENT_USER,
```

```
                                    skey,
                                    REG_OPTION_NON_VOLATILE,
                                    KEY_ALL_ACCESS,
                                    &key);
if(iret == 0) {
    //从界面上获得试用次数相关文字
    CString str;
    GetDlgItem(IDC_STATICTIME)->GetWindowText(str);
    CString num;
    //提取试用次数并转换为整型数字
    int run = _ttoi(str.Mid(12, str.GetLength() - 14));
    num.Format("%d", run - 1);
    //写入注册表
    RegSetValueEx(key, "tryout", 0, REG_SZ, (BYTE *)num.GetBuffer(0)
                    , num.GetLength()*sizeof(TCHAR));
    //设置全局标志位
    Flag = TRUE;
    CDialog::OnOK();
    RegCloseKey(key);
}
```

2.3.7 注册快捷键

要为程序设置快捷键，可以使用 RegisterHotKey 函数来根据用户设置的热键组合进行注册。RegisterHotKey 函数的语法格式如下：

```
BOOL RegisterHotKey( HWND hWnd, int id,UINT fsModifiers, UINT vk );
```

参数说明：

☑ hWnd：注册快捷键的窗体句柄。

☑ id：用户的自定义消息 ID 值。

☑ fsModifiers：设置组合键，取值如下：

- MOD_ALT：Alt 键。
- MOD_CONTROL：Ctrl 键。
- lMOD_SHIFT：Shift 键。
- MOD_WIN：Win 键。

☑ vk：快捷键的虚拟键代码。

当程序运行结束时，需要注销已经注册的快捷键，这可以通过 UnregisterHotKey 函数来实现。UnregisterHotKey 函数的语法格式如下：

```
BOOL UnregisterHotKey( HWND hWnd, int id );
```

参数说明：

☑ hWnd：注册快捷键的窗体句柄。

☑ id：用户的自定义消息 ID 值。

注册快捷键的步骤如下。

（1）声明自定义消息。实现代码如下：

```
#define HOTKEY_PASTE            11111
```

（2）添加快捷键消息的函数声明。实现代码如下：

```
afx_msg void OnHotKey(WPARAM wParam,LPARAM lParam);
```

（3）添加消息映射。实现代码如下：

```
ON_MESSAGE(WM_HOTKEY,OnHotKey)
```

（4）添加消息响应函数的实现代码。实现代码如下：

```
void CRegisterNumDlg::OnHotKey(WPARAM wParam,LPARAM lParam)
{
    if(HOTKEY_PASTE == (int)wParam)                              //快捷键消息
    {
        PasteReg();                                              //实现的功能
    }
}
```

2.3.8 一次性粘贴注册码

在使用软件注册模块时，用户可以一次性粘贴注册码，这一功能是通过剪贴板来实现的。在程序中添加两个消息映射宏 ON_WM_CHANGECBCHAIN 和 ON_WM_DRAWCLIPBOARD，用于实时监测剪贴板中的内容。其中，ON_WM_DRAWCLIPBOARD 宏负责显示剪贴板中的内容，而 ON_WM_CHANGECBCHAIN 宏则用于控制是否继续对剪贴板进行监视。随后，使用 OpenClipboard 函数来打开剪贴板。剪贴板打开后，可以通过 GetClipboardData 函数来获取剪贴板中的内容。操作完成后，利用 CloseClipboard 函数关闭剪贴板。

（1）添加消息映射。实现代码如下：

```
ON_WM_CHANGECBCHAIN()
ON_WM_DRAWCLIPBOARD()
```

（2）添加函数声明。实现代码如下：

```
afx_msg void OnDrawClipboard();
afx_msg void OnChangeEdit1();
```

（3）添加 OnChangeCbChain 函数的实现代码，用于停止对剪贴板进行监视。实现代码如下：

```
void CRegisterNumDlg::OnChangeCbChain(HWND hWndRemove, HWND hWndAfter)
{
    if( hwnd==hWndRemove )
        hwnd=hWndAfter;
    ::SendMessage(hwnd,WM_CHANGECBCHAIN,(WPARAM)hWndRemove,(LPARAM)hWndAfter);
}
```

（4）添加 OnDrawClipboard 函数的实现代码，用于获取剪贴板中的数据。实现代码如下：

```
void CRegisterNumDlg::OnDrawClipboard()
{
    CString edit,str;
    OpenClipboard();                                             //打开剪贴板
    if(IsClipboardFormatAvailable(CF_TEXT))                      //判断剪贴板中是否有文本格式数据
    {
        HANDLE hmem = ::GetClipboardData(CF_TEXT);               //获得剪贴板中数据
        char*data    = (char*)GlobalLock(hmem);
        str = data;
        if(m_Once)
            GetDlgItem(IDC_EDIT1)->SetWindowText(str);           //粘贴用户名
        else
        {
            int index = str.Find("-");                           //查找注册码中的"-"
            if(index == -1 || str.GetLength() != 23)             //判断注册码格式是否正确
            {
                MessageBox(_T("注册码格式不正确！"));
                return;
            }
            else
            {
                int i = 0;                                       //用于获取编辑框位置
                while(index != -1)
                {
                    edit = str.Left(5);                          //获得注册码
                    GetDlgItem(IDC_EDIT2+i++)->SetWindowText(edit); //在对应编辑框中显示
                    str = str.Mid(index + 1);
                    index = str.Find("-");
                }
```

```
            edit = str;
            GetDlgItem(IDC_EDIT2+i)->SetWindowText(edit);          //显示最后一组注册码
        }
    }
  }
  CloseClipboard();                                                  //关闭剪贴板
  ::SendMessage(hwnd,WM_DRAWCLIPBOARD,0,0);                          //重新发送剪贴板消息
}
```

（5）添加 PasteReg 方法，用于调用 OnChangeCbChain 函数和 OnDrawClipboard 函数。实现代码如下：

```
void CRegisterNumDlg::PasteReg()
{
  hwnd = SetClipboardViewer();                                       //设置剪贴板查看器
  Sleep(100);                                                        //延时
  ChangeClipboardChain(hwnd);                                        //停止检测剪贴板
}
```

2.4 注册码生成器模块

2.4.1 注册码生成器模块概述

注册码生成器模块通过计算机的 CPU 序列号、C 盘序列号和网卡地址来生成一组注册码，用户在使用软件注册模块时可以通过这组注册码和对应的用户名来填写注册信息，从而完成软件的注册过程，如图 2.2 所示。

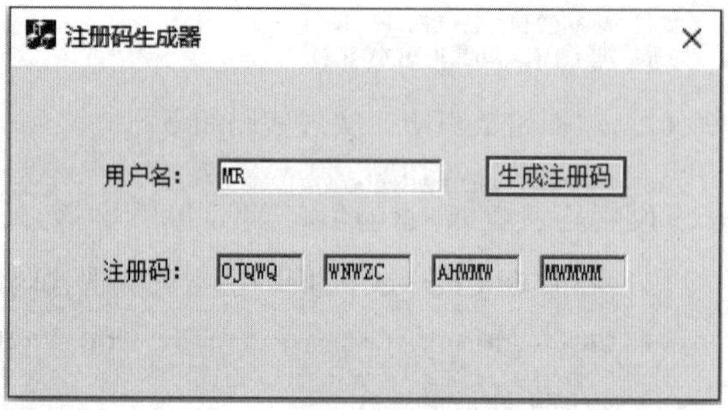

图 2.2　注册码生成器模块

2.4.2 界面设计

注册码生成器模块界面设计过程如下：

（1）创建一个基于对话框的应用程序。

（2）向对话框中添加控件，包括两个静态文本控件、五个编辑框控件和一个按钮控件，控件的属性设置如表 2.1 所示。

表 2.1　注册码生成器模块的控件属性设置表

控件 ID	控件属性	关联变量
IDC_STATIC	Caption：用户名、Simple	无
IDC_STATIC	Caption：密码、Simple	无
IDOK	Bitmap、Flat	无
IDC_EDIT1	选中 Uppercase	无
IDC_EDIT2	选中 read-only	无
IDC_EDIT3	选中 read-only	无
IDC_EDIT4	选中 read-only	无
IDC_EDIT5	选中 read-only	无

2.4.3 获取序列号

注册码生成器模块获取序列号过程如下。

（1）添加 GetCPUNum 方法，用于获取 CPU 序列号中从第 5 个字符起的 3 个字符。实现代码如下：

```
CString CCreateRegDlg::GetCPUNum()
{
    //获取 CPU 序列号
    unsigned long s1, s2;

    CString CPUID1, CPUID2;
    __asm{
        mov eax, 01h          //将 eax 寄存器的值设置为 1，用于指定 cpuid 指令的功能码
        xor edx, edx          //将 edx 寄存器的值清零
        cpuid                 //执行 cpuid 指令，获取 CPU 信息
        mov s1, edx           //将 edx 寄存器的值移动到 s1 变量中
        mov s2, eax           //将 eax 寄存器的值移动到 s2 变量中
    }

    CPUID1.Format("%08X%08X", s1, s2);
    __asm{
        mov eax, 03h          //将 eax 寄存器的值设置为 3，用于指定另一个 cpuid 指令的功能码
        xor ecx, ecx          //将 ecx 寄存器的值清零
        xor edx, edx          //将 edx 寄存器的值清零
        cpuid                 //执行 cpuid 指令，获取更多 CPU 信息
        mov s1, edx           //将 edx 寄存器的值移动到 s1 变量中
        mov s2, ecx           //将 ecx 寄存器的值移动到 s2 变量中
    }
    CPUID2.Format("%08X%08X", s1, s2);

    //拼接结果
    CString CpuID = CPUID1 + CPUID2;
    return CpuID.Mid(5, 3);    //从拼接的结果中取出一段,作为返回结果
}
```

（2）添加 GetDiskNum 方法，用于获取 C 盘序列号中从第 3 个字符起的 3 个字符。实现代码如下：

```
CString CCreateRegDlg::GetDiskNum()
{
    DWORD ser;
    char namebuf[128];
    char filebuf[128];
    //获取 C 盘的序列号
    ::GetVolumeInformation("c:\\",            //欲获取信息的磁盘的根路径
                           namebuf,          //用于存储磁盘名的缓冲区
                           128,              //上面缓冲区的大小
                           &ser,             //用于存储磁盘序列号的变量
                           0,                //用于存储文件名每一部分的长度
                           0,                //标志位
                           filebuf,          //用于存储文件系统的名称
                           128               //上面缓冲区的大小
                          );
    CString DiskID;
    //格式化成字符串
    DiskID.Format("%08X", ser);
    //返回第 3 个开始的 3 个字符
    return DiskID.Mid(3, 3);
```

（3）在工程中引入头文件 nb30.h 和动态链接库 netapi32.lib。实现代码如下：

```
#include "nb30.h"
#pragma comment (lib,"netapi32.lib")
```

（4）声明一个结构 ADAPTER_INFO，用来存储网卡信息。实现代码如下：

```
struct ADAPTER_INFO {
    ADAPTER_STATUS nStatus;
    NAME_BUFFER     nBuffer;
}
```

（5）添加 GetMacAddress 方法，用于获取网卡地址中从第 4 个字符起的 4 个字符。实现代码如下：

```
CString CCreateRegDlg::GetMacAddress()
{
    NCB nInfo;
    //内容清零
    memset(&nInfo, 0, sizeof(NCB));
    //设置命令
```

```
    nInfo.ncb_command    = NCBRESET;
    nInfo.ncb_lana_num = 0;
    //执行
    Netbios(&nInfo);

    ADAPTER_INFO AdaINfo;
    //初始化 NetBIOS
    memset(&nInfo, 0, sizeof(NCB));
    nInfo.ncb_command    = NCBASTAT;
    nInfo.ncb_lana_num = 0;
    nInfo.ncb_buffer      = (unsigned char *)&AdaINfo;
    nInfo.ncb_length      = sizeof(ADAPTER_INFO);
    strncpy((char *)nInfo.ncb_callname, "*", NCBNAMSZ);
    Netbios(&nInfo);

    //格式化成字符串
    CString MacAddr;
    MacAddr.Format("%02X%02X%02X%02X%02X%02X",
                    AdaINfo.nStatus.adapter_address[0],
                    AdaINfo.nStatus.adapter_address[1],
                    AdaINfo.nStatus.adapter_address[2],
                    AdaINfo.nStatus.adapter_address[3],
                    AdaINfo.nStatus.adapter_address[4],
                    AdaINfo.nStatus.adapter_address[5]
                  );
    //返回一段字符串
    return MacAddr.Mid(4, 4);
}
```

2.4.4 实现“生成注册码”按钮功能

处理“生成注册码”按钮的单击事件，根据 CPU 序列号、磁盘序列号和网卡地址生成注册码，并将用户名和注册码写入程序根目录下的 sn.txt 文件中。实现代码如下：

```
void CCreateRegDlg::OnOK()
{
    //TODO: Add extra validation here
    CString name;
    GetDlgItem(IDC_EDIT1)->GetWindowText(name);
    if(name.IsEmpty()) {
        MessageBox("用户名不能为空！");
        return;
    }
    //定义一个密钥数组
    CString code[16] = {"ah", "tm", "ib", "nw", "rt", "vx", "zc", "gf",
                        "pn", "xq", "fc", "oj", "wm", "eq", "np", "qw"
                       };
    CString reg, stred;
    int num;
    stred = GetCPUNum() + GetDiskNum() + GetMacAddress();
    stred.MakeLower();
    //根据十六进制数字从密钥数组中选择字符串
    for(int i = 0; i < 10; i++) {
        char p = stred.GetAt(i);
        if(p >= 'a' && p <= 'f') {
            num = p - 'a' + 10;
        }
        else {
            num = p - '0';
        }
        CString tmp = code[num];
        reg += tmp;
    }

    //将结果转化为大写
    reg.MakeUpper();

    //设置界面上编辑框的内容
    GetDlgItem(IDC_EDIT2)->SetWindowText(reg.Mid(0, 5));
```

```
    GetDlgItem(IDC_EDIT3)->SetWindowText(reg.Mid(5, 5));
    GetDlgItem(IDC_EDIT4)->SetWindowText(reg.Mid(10, 5));
    GetDlgItem(IDC_EDIT5)->SetWindowText(reg.Mid(15, 5));

    //把结果写入注册表中
    HKEY key;
    CString skey = "Software\\mingrisoft"; //如果没有子项，就新建子项
    RegOpenKey(HKEY_CURRENT_USER, skey, &key);
    CString value = name + "-" + reg;
    int iret = RegSetValueEx(key, "regnum", 0, REG_SZ, (BYTE *)value.GetBuffer(0),
                              value.GetLength());

    //只能写入 REG_SZ 型数据
    if(iret == 0) {
        MessageBox("创建成功", "提示", MB_OK);
    }
    RegSetValueEx(key, "isreg", 0, REG_SZ, (BYTE *)"0", 1);

    //将用户名和注册码写入 sn.txt 文件中
    CFile file;
    char path[256];
    ::GetCurrentDirectory(256, path);
    CString filename = path;
    filename += "\\sn.txt";
    file.Open(filename, CFile::modeCreate | CFile::modeWrite);      //打开文件
    CString text = name + "\r\n" + reg.Mid(0, 5) + "-" + reg.Mid(5, 5) +
                   "-" + reg.Mid(10, 5) + "-" + reg.Mid(15, 5);
    //写入
    file.Write(text, text.GetLength());
    //关闭文件
    file.Close();
}
```

2.5 注册软件主窗体模块

2.5.1 注册软件主窗体模块概述

在软件启动过程中，首先判断软件注册模块是否已完成注册。若检测到该模块尚未注册，则在主窗体显示之前，会弹出注册模块界面供用户进行注册。软件注册成功后的主窗体模块如图 2.3 所示。

图 2.3 软件注册成功主窗体模块

2.5.2 界面设计

软件注册模块的主窗体界面设计过程如下：

（1）创建一个基于对话框的应用程序。

（2）向对话框中添加一个图片控件，然后打开该图片控件的属性窗口，将 Type 属性设置为 Bitmap，并将 Image 属性设置为 IDB_BITMAPBK。

说明

通常，与 IDB_BITMAPBK 对应的位图文件被存储在应用程序的资源文件中，这些资源文件可以是.bmp 格式的图像文件。开发者在设计界面时会使用这些位图文件来展示背景图案、图标、按钮图片等。

2.5.3 实现注册软件主窗体功能

在软件注册模块的主窗口的 OnInitDialog 方法中，首先读取注册表信息以判断该模块是否已经注册。如果判断结果为已注册，则直接运行软件；如果判断结果为未注册，则在显示主窗体前显示注册模块。实现代码如下：

```
BOOL CCreateRegDlg::OnInitDialog()
{
    CDialog::OnInitDialog();

    //IDM_ABOUTBOX 必须在系统命令范围内
    ASSERT((IDM_ABOUTBOX & 0xFFF0) == IDM_ABOUTBOX);
    ASSERT(IDM_ABOUTBOX < 0xF000);

    CMenu *pSysMenu = GetSystemMenu(FALSE);
    if(pSysMenu != NULL) {
        CString strAboutMenu;
        strAboutMenu.LoadString(IDS_ABOUTBOX);
        if(!strAboutMenu.IsEmpty()) {
            pSysMenu->AppendMenu(MF_SEPARATOR);
            pSysMenu->AppendMenu(MF_STRING, IDM_ABOUTBOX, strAboutMenu);
        }
    }

    //为这个对话框设置图标。框架会自动完成这个操作
    SetIcon(m_hIcon, TRUE);             //设置大图标
    SetIcon(m_hIcon, FALSE);            //设置小图标

    HKEY key;
    LPCTSTR skey = "Software\\mingrisoft";
    long iret     = RegCreateKey(HKEY_CURRENT_USER, skey, &key);
    return TRUE;  //返回 TRUE 以表示成功处理了消息
}
```

2.6 软件注册功能模块

2.6.1 软件注册功能模块概述

在运行软件注册模块时，如果模块没有经过注册，则会显示注册模块。在注册模块中，用户可以选择使用已有的注册码进行注册，也可以选择试用软件。软件注册模块如图 2.4 所示。

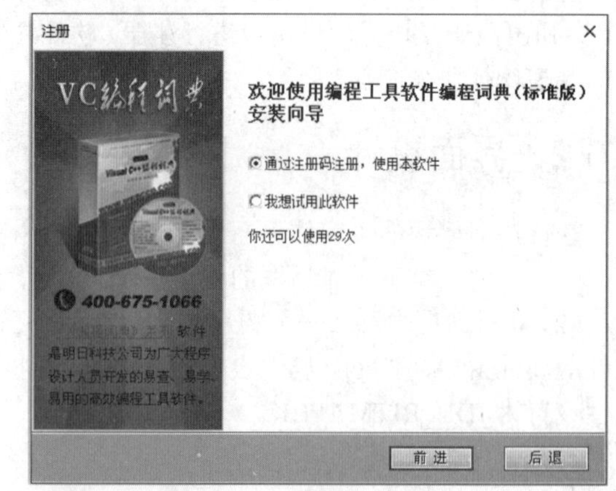

图 2.4 软件注册模块

2.6.2 界面设计

软件注册模块的注册界面设计过程如下：

（1）新建一个对话框资源。

（2）向对话框中添加控件，包括两个单选按钮控件、三个静态文本控件和两个按钮控件。这些控件的属性设置如表 2.2 所示。

表 2.2 软件注册模块的控件属性设置

控件 ID	控件属性	关联变量
IDC_STATICTIME	选中 Simple	无
IDC_RADIO1	选中 Group	Int m_Radio
IDC_RADIO2	无	
IDOK	Bitmap、Flat	CButton m_OK
IDCANCEL	Bitmap、Flat	CButton m_Cancel

2.6.3 读取试用次数

在注册模块的 OnInitDialog 方法中，读取注册表中的试用次数信息，并将用户剩余的试用次数显示出来。如果是第一次运行该模块，则设置允许用户试用 30 次。实现代码如下：

```
BOOL CSelectDlg::OnInitDialog()
{
    CDialog::OnInitDialog();

    //读取注册表
    HKEY key;
    char data[4];
    DWORD size = 4;
    DWORD type = REG_SZ;
    CString skey = "Software\\mingrisoft";
    LSTATUS iret = RegOpenKeyEx(HKEY_CURRENT_USER, skey,
                        REG_OPTION_NON_VOLATILE, KEY_ALL_ACCESS, &key);
    if(iret == ERROR_SUCCESS) {
        CString value;
        //读取试用次数
        iret = RegQueryValueEx(key, "tryout", 0, &type, (BYTE *)data, &size);
        if(iret == ERROR_SUCCESS) {
            if(data[0] != 0) {
                CString strTime;
                //在界面上显示试用次数
                strTime.Format("你还可以使用%s 次", data);
                GetDlgItem(IDC_STATICTIME)->SetWindowText(strTime);
            }
            else {
                //将界面上的控件设置为不可用
                GetDlgItem(IDC_RADIO2)->EnableWindow(FALSE);
                //提示不可以试用软件
                GetDlgItem(IDC_STATICTIME)->SetWindowText("你已经不可以再试用本软件了！");
            }
        }
        else {
            //设置试用次数为 30
            RegSetValueEx(key, "tryout", 0, REG_SZ, (BYTE *)"30", 2);
            OnCancel();
        }
    }   RegCloseKey(key);
    //设置 OK 按钮的图片
    m_OK.SetBitmap(LoadBitmap(AfxGetInstanceHandle(),
                        MAKEINTRESOURCE(IDB_BITMAPOK)));
    //设置 Cancel 按钮的图片
    m_Cancel.SetBitmap(LoadBitmap(AfxGetInstanceHandle(),
                        MAKEINTRESOURCE(IDB_BACKOFF)));
    m_Radio = 0;
    UpdateData(FALSE);
    return TRUE;   //返回 TRUE 以表示成功处理了此消息
}
```

2.6.4 实现“前进”按钮功能

处理“前进”按钮的单击事件，用户如果选择的是试用软件，则直接进入主窗体；用户如果选择的是注册软件，则进入注册向导窗体进行注册。实现代码如下：

```
void CSelectDlg::OnOK()
{
    //TODO: Add extra validation here
    UpdateData(TRUE);
    //选中了“通过注册码注册，使用本软件”单选按钮
    if(m_Radio == 0) {
        CDialog::OnOK();
        CRegisterNumDlg dlg;
        dlg.DoModal();
    }
    //选中了“我想试用此软件”单选按钮
    else if(m_Radio == 1) {
        //打开注册表中关于试用次数的键值,准备写入
        HKEY key;
        CString skey = "Software\\mingrisoft";
        long iret = RegOpenKeyEx(HKEY_CURRENT_USER,
                                 skey,
                                 REG_OPTION_NON_VOLATILE,
                                 KEY_ALL_ACCESS,
                                 &key);
        if(iret == 0) {
            //从界面上获得试用次数相关文字
            CString str;
            GetDlgItem(IDC_STATICTIME)->GetWindowText(str);
            CString num;
            //将试用次数转换为整型数字
            int run = atoi(str.Mid(12, str.GetLength() - 14));
            num.Format("%d", run - 1);
            //写入注册表
            RegSetValueEx(key, "tryout", 0, REG_SZ, (BYTE *)num.GetBuffer(0)
                        , num.GetLength());
            //设置全局标志位
            Flag = TRUE;
            CDialog::OnOK();
        }
    }
}
```

2.7 注册向导窗体模块

2.7.1 注册向导窗体模块概述

在软件注册模块的注册向导窗体模块中，用户需要输入用户名和注册码。单击“注册”按钮后，程序将自动检测用户名和注册码是否正确。如果信息正确，用户将被引导进入主窗体；否则，系统会弹出提示信息。注册向导窗体模块如图 2.5 所示。

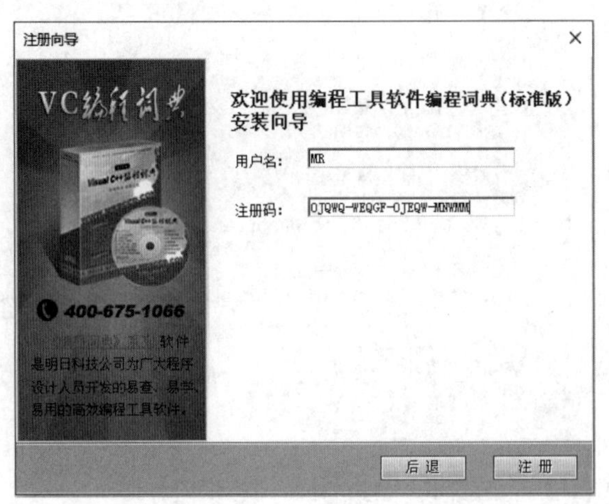

图 2.5 注册向导窗体模块

2.7.2 界面设计

软件注册模块的注册向导窗体界面设计过程如下：

（1）新建一个对话框资源。

（2）向对话框中添加控件，包括两个编辑框控件、两个静态文本控件和两个按钮控件，这些控件的属性设置如表 2.3 所示。

表 2.3　注册向导窗体模块的控件属性设置

控件 ID	控件属性	关联变量
IDC_STATIC	Caption：用户名、Simple	无
IDC_STATIC	Caption：注册码、Simple	无
IDC_EDIT1	无	CString　m_Name
IDC_EDIT2	无	CString　m_Num1、CRegEdit　m_Edit1
IDC_EDIT3	无	CString　m_Num2、CRegEdit　m_Edit2
IDC_EDIT4	无	CString　m_Num3、CRegEdit　m_Edit3
IDC_EDIT5	无	CString　m_Num4、CRegEdit　m_Edit4
IDC_ADVANCE	Bitmap、Flat	CButton　m_Advance
IDC_BACKOFF	Bitmap、Flat	CButton　m_Backoff

说明

在为注册码编辑框关联 CString 类型变量时，需要在类向导中将 Maximum Characters 设置为 5，以限制编辑框中输入的字符不能超过 5 个。

2.7.3　设置注册码编辑框

在注册向导窗体模块的 OnInitDialog 方法中，设置注册码编辑框不可用，并注册快捷键。实现代码如下：

```
BOOL CRegisterNumDlg::OnInitDialog()
{
    CDialog::OnInitDialog();

    //隐藏注册码编辑框
    GetDlgItem(IDC_EDIT2)->ShowWindow(SW_HIDE);
    //"注册"按钮显示图片
    m_Advance.SetBitmap(LoadBitmap(AfxGetInstanceHandle(),
                                   MAKEINTRESOURCE(IDB_ADVANCE)));
    //"后退"按钮显示图片
    m_Backoff.SetBitmap(LoadBitmap(AfxGetInstanceHandle(),
                                   MAKEINTRESOURCE(IDB_BACKOFF)));
    return TRUE;   //返回 TRUE 以表示成功处理了此消息
}
```

2.7.4　实现"后退"按钮功能

处理"后退"按钮的单击事件，当按钮被按下时，返回注册模块。实现代码如下：

```
void CRegisterNumDlg::OnBackoff()
{
    //调用父类的 OnOk()方法
    CDialog::OnOK();
    //显示模态对话框：选择试用或注册
    CSelectDlg dlg;
    dlg.DoModal();
}
```

2.7.5 实现“注册”按钮功能

处理“注册”按钮的单击事件，当按钮被按下时，首先判断用户输入的用户名和注册码是否正确。如果输入正确，则进行注册；如果输入错误，则提示错误。实现代码如下：

```
void CRegisterNumDlg::OnAdvance()
{
    UpdateData(TRUE);
    //判断用户名和注册码是否已输入
    if(m_Name.IsEmpty() || m_strRegisterCode.IsEmpty()) {
        MessageBox("用户名或注册码错误！");
        return;
    }

    //打开注册表相关键值
    HKEY key;
    char data[32];
    DWORD size = 32;
    DWORD type = REG_SZ;
    CString skey = "Software\\mingrisoft";
    long iret = RegOpenKeyEx(HKEY_CURRENT_USER, skey,
                            REG_OPTION_NON_VOLATILE, KEY_ALL_ACCESS, &key);
    //打开成功
    if(iret == 0) {
        CString value;
        //查询
        iret = RegQueryValueEx(key, "regnum", 0, &type, (BYTE *)data, &size);
        CString text = data; //AAA-OJQWQWEQGFOJEQWMNWWM
        //查找其中的 '-'
        int index = text.Find("-");
        CString strCode = m_strRegisterCode;
        //删除其中的'-'
        strCode.Replace(_T("-"), _T(""));
        if(iret == 0) {
            //判断是否相等
            if(text.Mid(0, index) == m_Name && text.Mid(1 + index) == strCode) {
                Flag = TRUE;
                RegSetValueEx(key, "isreg", 0, REG_SZ, (BYTE *)"1", 1);
            }
            else {
                MessageBox("用户名或注册码错误！");
                return;
            }
        }
        else {
            RegSetValueEx(key, "regnum", 0, REG_SZ, (BYTE *)"0", 1);
        }
    }
    CDialog::OnOK();
}
```

2.8 项目运行

通过前述步骤，我们设计并完成了“软件注册码生成专家”项目的开发。接下来，我们运行该项目，以检验我们的开发成果。本项目分两部分：一部分是生成注册码，另一部分是软件注册。下面分别介绍在 Visual Studio 2022 中如何运行这两部分。

（1）生成注册码：在项目名称 CreateReg 上右击，选择“设为启动项目”，如图 2.6 所示。然后，在调试位置选择 Debug、x86，并单击“本地 Windows 调试器”，如图 2.7 所示。

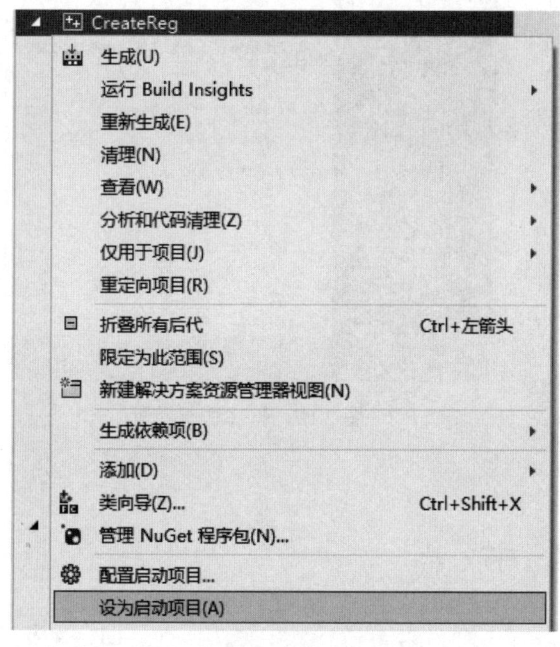

图 2.6　注册生成器项目运行

图 2.7　项目运行

完成这些操作后，即可成功运行注册码功能，并自动打开项目的注册码生成器主窗体，如图 2.8 所示。在“用户名”文本框中输入一个用户名，然后单击“生成注册码”按钮，注册码生成器就会自动生成一串注册码。

（2）注册软件功能：在项目名称 Register 上右击，选择“设为启动项目”，如图 2.9 所示。然后，在调试位置选择 Debug、x86，并单击“本地 Windows 调试器”，如图 2.7 所示。

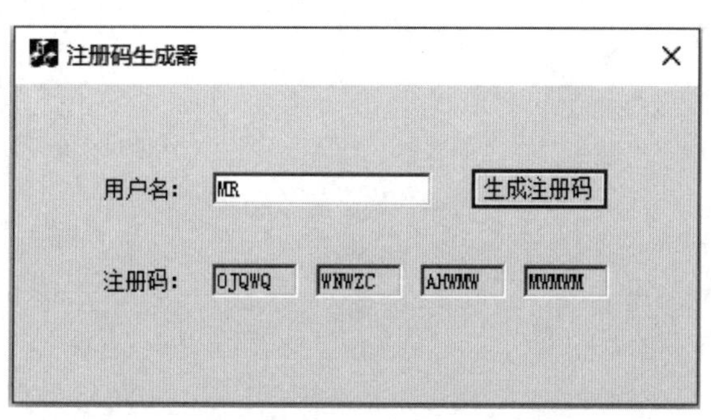

图 2.8　成功运行项目后进入注册码生成器主窗体

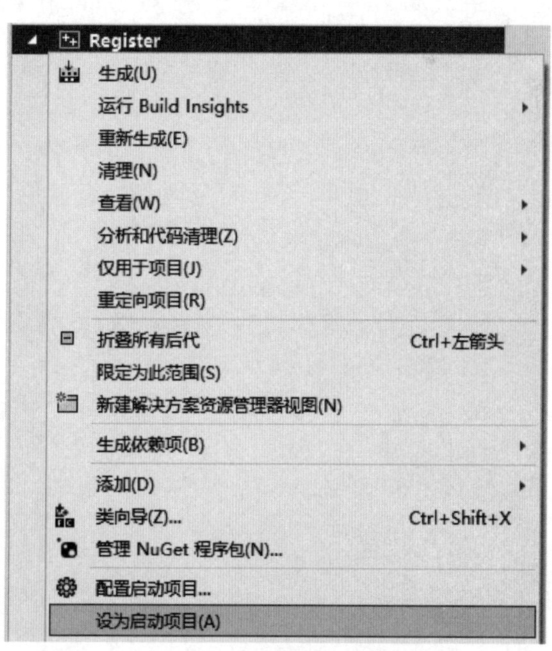

图 2.9　软件注册项目运行

完成这些操作后，即可成功运行软件注册功能，并自动打开项目的软件注册界面，如图 2.10 所示。如果选中“通过注册码注册，使用本软件”单选按钮，系统将自动跳转至输入用户名和注册码界面。如果选中“我想试用此软件”单选按钮，就会自动进入软件注册成功界面。这样，我们就成功地检验了该项目的运行。

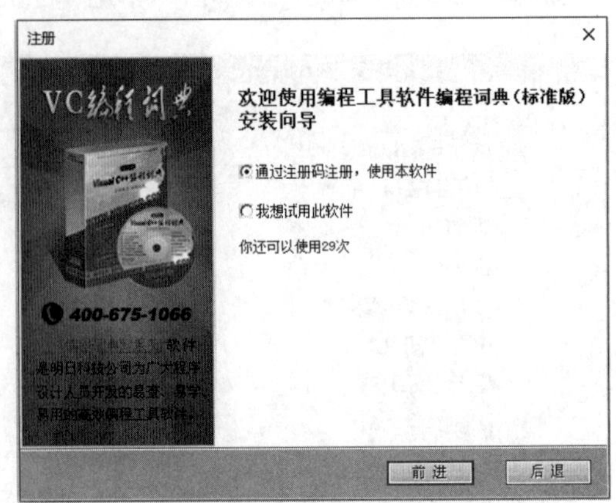

图 2.10　软件注册界面

在开发“软件注册码生成专家”项目的过程中，我们重点讲解了两个方面的内容：一是生成注册码，使用系统 API 应用以及硬件信息获取技术实现不同计算机生成唯一注册码；二是如何使用注册表来注册软件功能，包括使用注册码注册软件、免费试用软件（限制 30 次）。通过本章的学习，读者会更深入地掌握系统 API 应用、硬件信息获取以及注册表操作等关键技术，从而在未来开发项目中能够更加得心应手，游刃有余地应对各种挑战。

2.9　源码下载

本章虽然详细地讲解了如何编码实现“软件注册码生成专家”的各个功能，但给出的代码都是代码片段，而非完整的源代码。为了方便读者学习，本书提供了用于下载完整源代码的二维码。

第 3 章 系统优化清理助手

——MFC 界面开发 + 文件操作 + TabControl 面板控件 + 窗体标题栏重绘+注册表操作 + 系统进程管理

为了提升操作系统的性能，市面上涌现出许多优化和增强系统的软件，例如 360 安全卫士和腾讯电脑管家等。使用这些软件可以使操作系统运行更加流畅，占用空间更小，同时能够管理系统的常用功能。本章使用 C++语言进行开发，其中：MFC 界面开发技术可以实现精美的界面设计；TabControl 面板控件技术可以实现调用计算机的控制面板功能；注册表操作技术可以实现磁盘空间整理功能；系统管理技术可以实现系统任务管理功能。此外，本章还结合文件操作等关键技术，开发一个名为“系统优化清理助手”的项目，旨在优化清理系统空间，使系统运行更加流畅。

本项目的核心功能及实现技术如下：

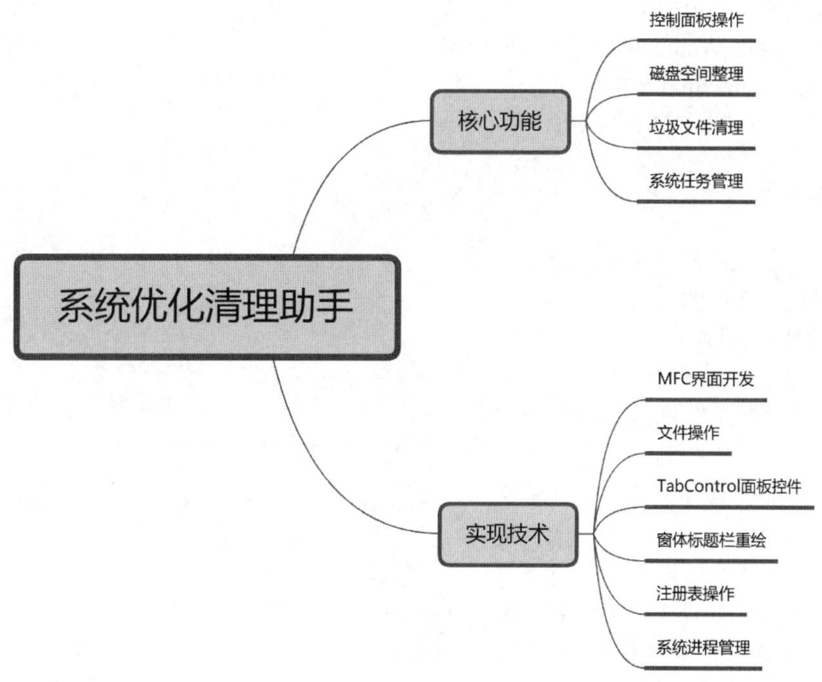

3.1 开 发 背 景

随着软件和应用程序的不断增加，设备的存储空间逐渐被各种临时文件、缓存、垃圾文件以及不必要的数据所占据，这会导致系统运行速度变慢，响应时间延长，甚至出现卡顿和崩溃的情况。

此外，很多用户并不具备深厚的技术知识，因此无法手动进行系统清理和优化操作，这进一步放剧了上述问题。为了应对这些挑战，市场上出现了一些系统优化清理工具，但许多产品存在功能单一、操作复杂、用户体验差等问题，无法全面满足用户需求。

因此，开发一款高效、智能且易于使用的系统优化清理助手显得尤为重要。该项目旨在通过集成多种优化和清理功能，如垃圾文件清理、系统加速、磁盘整理等，为用户提供一站式解决方案。此外，智能分析和自动化操作能够简化用户的使用流程，使得即便是技术初学者也能轻松维护设备的健康状态。

系统优化清理助手项目的开发，旨在提升设备的性能和用户的使用体验，同时解决用户在日常使用过程中遇到的系统缓慢、存储不足的问题。

本项目实现目标如下：

☑ 用户可以调用控制面板中常用的工具。

☑ 用户可以对磁盘进行整理，并可以选择要清除的项目。

☑ 用户可以选择要清除垃圾文件的磁盘。

☑ 用户可以选择查看当前运行的程序或进程。

3.2 系统设计

3.2.1 开发环境

本项目的开发及运行环境如下：

☑ 操作系统：推荐 Windows 10、Windows 11 或更高版本。

☑ 开发工具：Visual Studio 2022。

☑ 开发语言：C++/MFC/Win32API。

3.2.2 业务流程

在启动项目后，用户选择“控制面板操作”，便可以调用控制面板中常用的工具，如“Internet 选项”“声音”“时间和日期”“显示”“辅助选项”“鼠标”“键盘”“区域”“添加/删除程序”“添加硬件”“系统”和“计算机管理”等。用户如果选择“磁盘空间整理”，则可以挑选要清除的项目，包括“清空回收站”“清空 Internet 临时文件”等项目；用户如果选择“垃圾文件清理”，则不仅可以选择要清除垃圾文件的磁盘，还可以通过“选项”按钮设置垃圾文件类型；用户如果选择“系统任务管理”，则可以查看当前运行的程序或进程，具体地，选择“窗口”选项卡可以查看当前运行的程序，而选择“进程”选项卡则可以查看正在运行的进程。

本项目的业务流程如图 3.1 所示。

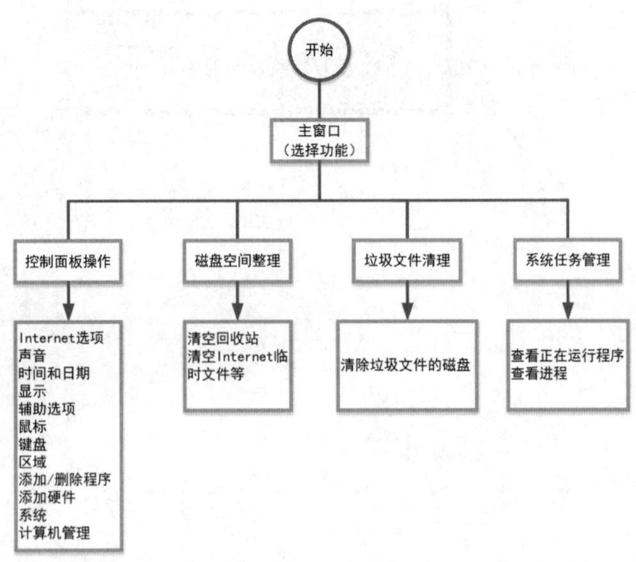

图 3.1　系统优化清理助手业务流程

3.2.3 功能结构

本项目的功能结构已经在章首页中给出。本项目实现的具体功能如下：

- ☑ 控制面板操作：用户可以调用控制面板中常用的工具，如“Internet 选项”“添加/删除程序”和“计算机管理”等。
- ☑ 磁盘空间整理：用户可以选择要清除的项目，包括“清空回收站”“清空 Internet 临时文件”等项目。
- ☑ 垃圾文件清理：用户可以选择要清除垃圾文件的磁盘，并且可以通过“选项”按钮设置垃圾文件类型。单击“开始”按钮以执行清理垃圾文件的操作，清理的文件将显示在列表中；单击“停止”按钮，可以停止清理垃圾文件的操作。
- ☑ 系统任务管理：用户可以选择查看当前运行的程序或进程。选择“窗口”选项卡可以查看当前运行程序，而选择“进程”选项卡则可以查看正在运行的进程。

3.3 技术准备

3.3.1 技术概览

- ☑ MFC 界面：用于简化 Windows 图形用户界面（GUI）编程。使用 MFC 进行界面开发不仅可以有效地提高开发效率，还能充分利用 Windows 操作系统的功能和特性。
- ☑ 文件操作：C++文件操作允许将数据保存到文本文件、二进制文件，甚至是.dat 文件中，从而满足数据永久性存储的需求。例如：查找文件、删除文件代码如下：

```
CFileFind file;
if(path.Right(1) != "\\") {
    path += "\\*.*";
}
BOOL bf;
bf = file.FindFile(path);                          //查找文件
while(bf) {
    bf = file.FindNextFile();                      //查找下一个文件
    if(!file.IsDots() && !file.IsDirectory()) {    //如果是文件，则直接删除
        DeleteFile(file.GetFilePath());            //删除文件
    }
    else if(file.IsDots()) {
        continue;
    }
    else if(file.IsDirectory()) {
        path = file.GetFilePath();                 //获得目录路径
        //如果是目录,则继续递归调用函数以删除该目录下的所有文件
        DelFolder(path);
        RemoveDirectory(path);                     //目录清空后，删除目录本身
    }
}
```

- ☑ TabControl 面板控件：实现类似于选项卡的界面布局，使得不同的内容可以在同一窗口中以选项卡的形式进行切换。
- ☑ 窗体标题栏重绘：通过处理 WM_NCPAINT 消息来实现。
- ☑ 注册表操作：使用注册表来存储和检索应用程序的设置。MFC 提供了一些类和函数来简化注册表操作，主要通过 CWinApp 类的成员函数和 CRegKey 类来执行注册表操作。
- ☑ 系统进程管理：使用 Windows API 来管理系统进程。这包括列举当前运行的进程、获取进程的详细信息、终止进程等。

除了以上基础技术，本项目还需要一些关键技术。下面，我们将对它们进行必要介绍，以确保读者可以顺利完成本项目。

3.3.2 自绘标题栏

为了使模块更美观，本节通过窗口设备上下文重新绘制了窗体标题栏，使窗体的标题栏和重绘的位图背景可以很好地搭配在一起。

重绘窗体标题栏的步骤如下。

（1）设置对话框属性，首先打开对话框资源的属性窗口，选中“Title bar”属性以使对话框显示标题栏，然后取消选中 System menu 属性，这样对话框标题栏中就不会显示关闭按钮。

（2）在对话框头文件中声明常量，代码如下：

```
#define fTitle          1           //标题
#define fMinButton      2           //最小化按钮
#define fCloseButton    4           //关闭按钮
#define fAll            7           //所有标识
```

（3）定义一个枚举类型，用于保存按钮状态，代码如下：

```
//按钮状态
enum CButtonState {bsNone, bsMin, bsClose};
```

（4）在对话框头文件中声明变量，代码如下：

```
    CString m_Caption;                  //窗体标题
    CButtonState m_ButtonState;         //按钮状态
    int m_CaptionHeight;                //标题栏的高度
    int m_TitleDrawHeight;              //标题栏实际的绘制高度
    int m_ButtonWidth;                  //按钮位图宽度
    int m_ButtonHeight;                 //按钮高度
    int m_BorderWidth;                  //边框宽度
    int m_BorderHeight;                 //边框高度
    COLORREF m_CapitonColor;            //标题字体颜色
    CFont m_CaptionFont;                //标题字体
    BOOL    m_IsDrawForm;               //是否重绘按钮
    CRect m_TitleRc;                    //标题栏区域
    CRect m_MinRect;                    //最小化按钮区域
    CRect m_CloseRect;                  //关闭按钮区域
```

（5）在对话框的构造函数中初始化变量，具体代码如下：

```
    //标题文本颜色
    m_CapitonColor = RGB(0, 0, 255);
    //标题文本
    m_Caption = "系统优化清理助手";
    //标题文本字体
    m_CaptionFont.CreateFont(14, 10, 0, 3, 600, 0, 0, 0, ANSI_CHARSET,
                            OUT_DEFAULT_PRECIS, CLIP_DEFAULT_PRECIS,
                            DEFAULT_QUALITY, FF_ROMAN, "宋体");
```

（6）添加自定义函数 DrawCaption()，使用该函数绘制窗体标题文本，代码如下：

```
//绘制窗体标题文本
void CSysOptimizeDlg::DrawCaption()
{
    //标题文本不为空
    if(!m_Caption.IsEmpty()) {
        CDC *pDC = GetWindowDC();                       //获得窗口设备上下文
        pDC->SetBkMode(TRANSPARENT);                    //设置背景透明
        pDC->SetTextColor(m_CapitonColor);              //设置文本颜色
        pDC->SetTextAlign(TA_CENTER);                   //居中显示
        CRect rect;
        GetClientRect(rect);                            //获得窗口客户区域
        pDC->SelectObject(&m_CaptionFont);              //设置字体
        pDC->TextOut(rect.Width() / 2,                  //绘制文本
                    m_CaptionHeight / 3 + 2,
                    m_Caption);
```

```
        ReleaseDC(pDC);                              //释放设备上下文
    }
}
```

（7）添加自定义函数 DrawDialog()，该函数用于绘制窗体标题栏以及标题栏按钮，代码如下：

```
//绘制标题栏及按钮
void CSysOptimizeDlg::DrawDialog(UINT Flags)
{
    CRect WinRC, FactRC;
    //获得窗口区域
    GetWindowRect(WinRC);
    //复制区域
    FactRC.CopyRect(CRect(0, 0, WinRC.Width(), WinRC.Height()));
    //获得边框的高
    m_BorderHeight = GetSystemMetrics(SM_CYBORDER);
    //获得边框的宽
    m_BorderWidth = GetSystemMetrics(SM_CXBORDER);
    //获得标题栏的高度
    m_CaptionHeight = GetSystemMetrics(SM_CYCAPTION);
    //获取窗口设备上下文
    CWindowDC WindowDC(this);
    //创建与窗口设备上下文兼容的内存设备上下文
    CDC memDC;
    memDC.CreateCompatibleDC(&WindowDC);

    //绘制标题
    if(Flags & fTitle) {
        CBitmap bmpTitle, *OldObj;
        BITMAPINFO bitmapInfo;
        DeleteObject(bmpTitle);
        //载入标题栏文字
        bmpTitle.LoadBitmap(IDB_TITLE);

        //获取位图大小
        bmpTitle.GetObject(sizeof(bitmapInfo), &bitmapInfo);

        //选中该位图
        OldObj = memDC.SelectObject(&bmpTitle);

        int width = bitmapInfo.bmiHeader.biWidth;
        int height = bitmapInfo.bmiHeader.biHeight;

        m_TitleDrawHeight = (m_CaptionHeight + 4 > height) ?
                            m_CaptionHeight + 4 :
                            height;
        CRect rr(FactRC.left, 0, FactRC.right, m_TitleDrawHeight);
        m_TitleRc.CopyRect(rr);

        WindowDC.StretchBlt(m_TitleRc.left, m_TitleRc.top,
                            m_TitleRc.Width(), m_TitleRc.Height(),
                            &memDC, 0, 0, width, height, SRCCOPY);
        bmpTitle.Detach();
        memDC.SelectObject(OldObj);
    }

    //最小化按钮的大小
    m_MinRect.CopyRect(CRect(m_TitleRc.right - 70, (m_TitleDrawHeight + 2
                            * m_BorderHeight - m_ButtonHeight) / 2,
                            m_ButtonWidth, m_ButtonHeight));
    //关闭按钮的大小
    m_CloseRect.CopyRect(CRect(m_TitleRc.right - 40, (m_TitleDrawHeight + 2
                            * m_BorderHeight - m_ButtonHeight) / 2,
                            m_ButtonWidth, m_ButtonHeight));
    //绘制最小化按钮
    if(Flags & fMinButton) {
        CBitmap bitmapMinBtn, *OldObj;
        BITMAPINFO bitmapInfo;
        DeleteObject(bitmapMinBtn);
```

```
        bitmapMinBtn.LoadBitmap(IDB_MINBT);
        //获取位图大小
        bitmapMinBtn.GetObject(sizeof(bitmapInfo), &bitmapInfo);
        OldObj = memDC.SelectObject(&bitmapMinBtn);
        int width = bitmapInfo.bmiHeader.biWidth;
        int height = bitmapInfo.bmiHeader.biHeight;
        WindowDC.StretchBlt(m_MinRect.left, m_MinRect.top, m_MinRect.right,
                            m_MinRect.bottom, &memDC, 0, 0, width, height, SRCCOPY);
        memDC.SelectObject(OldObj);
        bitmapMinBtn.Detach();
    }

    //绘制关闭按钮
    if(Flags & fCloseButton) {
        CBitmap bitmapCloseBtn, *OldObj;
        BITMAPINFO bitmapInfo;
        DeleteObject(bitmapCloseBtn);
        bitmapCloseBtn.LoadBitmap(IDB_CLOSEBT);
        //获取位图大小
        bitmapCloseBtn.GetObject(sizeof(bitmapInfo), &bitmapInfo);
        OldObj = memDC.SelectObject(&bitmapCloseBtn);
        int width = bitmapInfo.bmiHeader.biWidth;
        int height = bitmapInfo.bmiHeader.biHeight;
        WindowDC.StretchBlt(m_CloseRect.left, m_CloseRect.top, m_CloseRect.right,
                            m_CloseRect.bottom, &memDC, 0, 0, width, height, SRCCOPY);
        memDC.SelectObject(OldObj);
        bitmapCloseBtn.Detach();
    }

    DrawCaption();
}
```

（8）处理对话框的 WM_MOUSEMOVE（鼠标移动消息）消息，在该消息的处理函数中重绘标题栏，代码如下：

```
void CSysOptimizeDlg::OnMouseMove(UINT nFlags, CPoint point)
{
    if(m_IsDrawForm == FALSE) {                    //按钮具有热点效果
        if(m_ButtonState == bsMin) {               //是最小化按钮
            DrawDialog(fMinButton);                //重绘最小化按钮
        }
        else if(m_ButtonState == bsClose) {        //是关闭按钮
            DrawDialog(fCloseButton);              //重绘关闭按钮
        }
    }
    m_ButtonState = bsNone;
    CDialog::OnMouseMove(nFlags, point);
}
```

（9）处理对话框的 WM_NCLBUTTONDOWN（非客户区左键按下消息）消息，该消息的处理函数用于响应标题栏按钮的鼠标单击事件，代码如下：

```
void CSysOptimizeDlg::OnNcLButtonDown(UINT nHitTest, CPoint point)
{
    switch(m_ButtonState) {                        //判断按钮状态
        case bsClose: {                            //关闭按钮
            OnCancel();                            //关闭窗口
        }
        break;
        case bsMin: {                              //最小化按钮
            ShowWindow(SW_SHOWMINIMIZED);          //最小化窗体
        }
        break;
    }
    CDialog::OnNcLButtonDown(nHitTest, point);
}
```

（10）处理对话框的 WM_NCACTIVATE（非客户区激活）消息，该消息表示“窗口的非客户区被激活”，在该消息的处理函数中重绘窗口，代码如下：

```
BOOL CSysOptimizeDlg::OnNcActivate(BOOL bActive)
{
    auto b = CDialog::OnNcActivate(bActive);
    DrawDialog(fAll);                           //绘制标题栏
    return b;
}
```

（11）在对话框的 OnPaint 方法中调用 DrawDialog 函数绘制标题栏，代码如下：

```
void CSysOptimizeDlg::OnPaint()
{
    if(IsIconic()) {
        CPaintDC dc(this);    //用于绘制的设备上下文

        SendMessage(WM_ICONERASEBKGND, (WPARAM)dc.GetSafeHdc(), 0);

        //Center icon in client rectangle
        int cxIcon = GetSystemMetrics(SM_CXICON);
        int cyIcon = GetSystemMetrics(SM_CYICON);
        CRect rect;
        GetClientRect(&rect);
        int x = (rect.Width() - cxIcon + 1) / 2;
        int y = (rect.Height() - cyIcon + 1) / 2;

        //绘制图标
        dc.DrawIcon(x, y, m_hIcon);
    }
    else {
        CDialog::OnPaint();
        DrawDialog(fAll);                       //绘制标题栏
        m_IsDrawForm = TRUE;
    }

}
```

3.3.3 获得任务列表

在系统任务管理模块中，要显示当前正在运行的任务列表，程序实现方法如下：遍历当前所有的窗口，判断每个窗口是否为顶层窗口。如果是顶层窗口，则表示它是应用程序的主窗口，随后将该窗口信息添加到列表框中。

可以使用 API 函数 GetWindow 来获取窗口句柄。

GetWindow 函数的语法如下：

```
CWnd* GetWindow( UINT nCmd ) const;
```

参数说明如下：

nCmd：该参数用于指定要获取句柄的窗口与当前窗口之间的关系。可选值如下：

- GW_CHILD：获取指定窗口的第一个子窗口。
- GW_HWNDFIRST：获取指定窗口的第一个兄弟窗口。
- GW_HWNDLAST：获取指定窗口的最后一个兄弟窗口。
- GW_HWNDNEXT：获取指定窗口的下一个兄弟窗口。
- GW_HWNDPREV：获取指定窗口的上一个兄弟窗口。
- GW_OWNER：获取指定窗口的所有者。

获得任务列表的实现代码如下：

```
CWnd *pWnd = AfxGetMainWnd()->GetWindow(GW_HWNDFIRST);     //获取窗口句柄
int i = 0;
```

```
    CString cstrCap;
    //遍历窗口
    while(pWnd) {                                                   //遍历窗口
        //窗口可见,并且是顶层窗口
        if(pWnd->IsWindowVisible() && !pWnd->GetOwner()) {
            pWnd->GetWindowText(cstrCap);
            if(! cstrCap.IsEmpty()) {
                m_Grid.InsertItem(i, cstrCap);
                if(IsHungAppWindow(pWnd->m_hWnd)) {                 //判断程序是否响应
                    m_Grid.SetItemText(i, 1, "不响应");
                }
                else {
                    m_Grid.SetItemText(i, 1, "正在运行");
                }
                DWORD dwProcessId;
                GetWindowThreadProcessId(pWnd->GetSafeHwnd(), &dwProcessId);
                CString str;
                str.Format(_T("%d"), dwProcessId);
                m_Grid.SetItemText(i, 2, str.GetString());
                i++;
            }
        }
        pWnd = pWnd->GetWindow(GW_HWNDNEXT);                        //搜索下一个窗口
    }
```

获得的任务列表如图 3.2 所示。

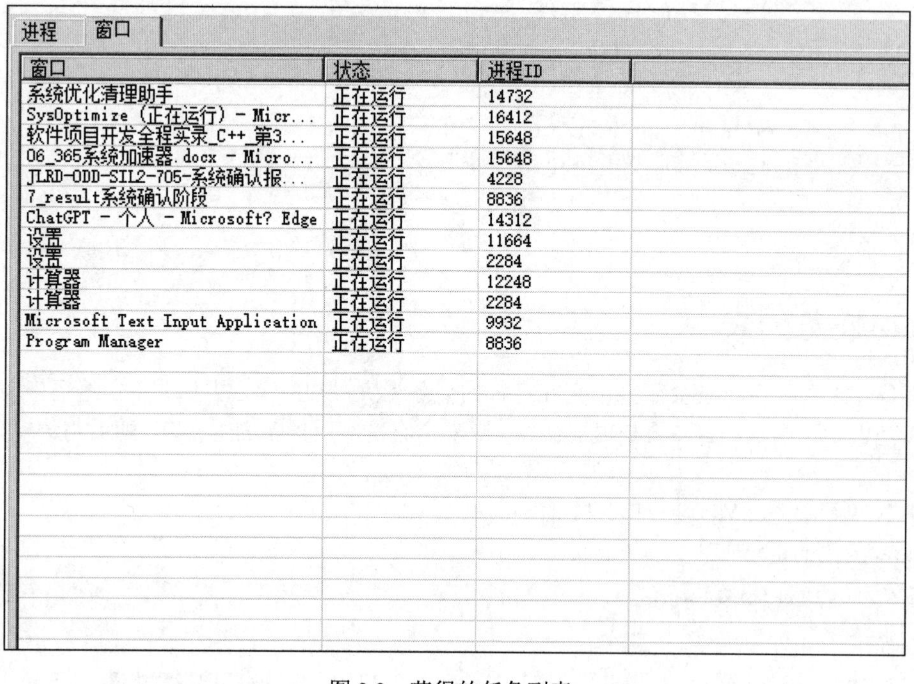

进程 窗口

窗口	状态	进程ID
系统优化清理助手	正在运行	14732
SysOptimize（正在运行）- Micr...	正在运行	16412
软件项目开发全程实录_C++_第3...	正在运行	15648
06_365系统加速器.docx - Micro...	正在运行	15648
JLRD-ODD-SIL2-705-系统确认报...	正在运行	4228
7_result系统确认阶段	正在运行	8836
ChatGPT - 个人 - Microsoft? Edge	正在运行	14312
设置	正在运行	11664
设置	正在运行	2284
计算器	正在运行	12248
计算器	正在运行	2284
Microsoft Text Input Application	正在运行	9932
Program Manager	正在运行	8836

图 3.2　获得的任务列表

3.3.4　获取正在运行的进程

在系统任务管理模块的进程选项卡中，要显示当前正在运行的所有进程，可以通过 CreateToolhelp32Snapshot 函数来为当前系统中的进程生成快照。

CreateToolhelp32Snapshot 函数的语法如下：

```
HANDLE WINAPI CreateToolhelp32Snapshot(DWORD dwFlags,DWORD th32ProcessID);
```

参数说明如下：

☑ dwFlags：快照的类型，可选值如下：
  ➢ TH32CS_INHERIT：快照句柄将被继承。
  ➢ TH32CS_SNAPALL：相当于 TH32CS_SNAPHEAPLIST、TH32CS_SNAPMODULE、TH32CS_SNAPPROCESS 和 TH32CS_SNAPTHREAD 一起调用。
  ➢ TH32CS_SNAPHEAPLIST：指定进程堆列表的快照。
  ➢ TH32CS_SNAPMODULE：指定进程模块列表的快照。
  ➢ TH32CS_SNAPPROCESS：进程的快照。
  ➢ TH32CS_SNAPTHREAD：线程的快照。

☑ th32ProcessID：进程的 ID 值。

使用 Process32First 函数获得第一个运行的进程。

Process32First 函数的语法如下：

```
BOOL WINAPI Process32First( HANDLE hSnapshot, LPPROCESSENTRY32 lppe );
```

参数说明如下：

☑ hSnapshot：CreateToolhelp32Snapshot 函数返回的句柄。

☑ lppe：PROCESSENTRY32 结构指针。

然后循环调用 Process32Next 函数获得下一个进程。

Process32Next 函数的语法如下：

```
BOOL WINAPI Process32Next( HANDLE hSnapshot, LPPROCESSENTRY32 lppe );
```

参数说明如下：

☑ hSnapshot：CreateToolhelp32Snapshot 函数返回的句柄。

☑ lppe：PROCESSENTRY32 结构指针。

获得正在运行进程的实现代码如下：

```
//生成快照
HANDLE toolhelp = CreateToolhelp32Snapshot(TH32CS_SNAPPROCESS, 0);
if(toolhelp == NULL) {
    return ;
}
PROCESSENTRY32 processinfo;
int i = 0;
CString str;
BOOL start = Process32First(toolhelp, &processinfo); //获得第一个进程
while(start) {
    m_Grid.InsertItem(i, "");                          //插入行
    m_Grid.SetItemText(i, 0, processinfo.szExeFile); //获得映像名称
    str.Format("%d", processinfo.th32ProcessID);      //获得进程 ID
    m_Grid.SetItemText(i, 1, str);
    str.Format("%d", processinfo.cntThreads);         //获得线程数量
    m_Grid.SetItemText(i, 2, str);
    str.Format("%d", processinfo.pcPriClassBase);     //获得优先级别
    m_Grid.SetItemText(i, 3, str);
    start = Process32Next(toolhelp, &processinfo);    //获得下一个进程
    i++;
}
```

3.3.5 为列表视图控件关联右键菜单

为列表视图控件关联右键菜单之前，需要创建一个菜单类 CCustomMenu，然后通过 CCustomMenu 类创建弹出菜单，具体代码如下：

```
void CTaskDlg::OnRclickList1(NMHDR *pNMHDR, LRESULT *pResult)
{
```

```
    int pos = m_Grid.GetSelectionMark();
    CPoint point;
    GetCursorPos(&point);
    CMenu *pPopup = m_Menu.GetSubMenu(0);
    CRect rc;
    rc.top = point.x;
    rc.left = point.y;
    pPopup->TrackPopupMenu(TPM_LEFTALIGN | TPM_LEFTBUTTON | TPM_VERTICAL,
                            rc.top, rc.left, this, &rc);
    *pResult = 0;
}
```

获得任务列表的实现代码如下：

```
CWnd *pWnd = AfxGetMainWnd()->GetWindow(GW_HWNDFIRST);        //获得窗口句柄
int i = 0;
CString cstrCap;
//遍历窗口
while(pWnd) {                                                  //遍历窗口
    //窗口可见,并且是顶层窗口
    if(pWnd->IsWindowVisible() && !pWnd->GetOwner()) {
        pWnd->GetWindowText(cstrCap);
        if(! cstrCap.IsEmpty()) {
            m_Grid.InsertItem(i, cstrCap);
            if(IsHungAppWindow(pWnd->m_hWnd)) {                //判断程序是否响应
                m_Grid.SetItemText(i, 1, "不响应");
            }
            else {
                m_Grid.SetItemText(i, 1, "正在运行");
            }
            DWORD dwProcessId;
            GetWindowThreadProcessId(pWnd->GetSafeHwnd(), &dwProcessId);
            CString str;
            str.Format(_T("%d"), dwProcessId);
            m_Grid.SetItemText(i, 2, str.GetString());
            i++;
        }
    }
    pWnd = pWnd->GetWindow(GW_HWNDNEXT);                       //搜索下一个窗口
}
```

运行程序，结果如图 3.3 所示。

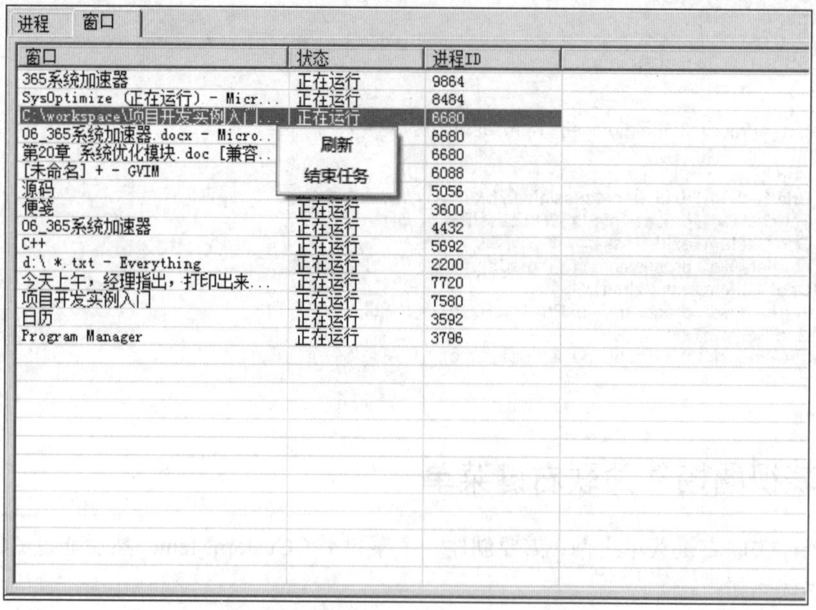

图 3.3　为列表视图控件关联右键菜单

3.3.6 清空回收站

“开始”菜单中的“运行”菜单项保存了最近执行过的运行命令的历史记录。若要清除“运行”菜单项中的历史记录，可以在退出 Windows 系统时通过修改注册表来实现。具体操作步骤是：在注册表路径 HKEY_CURRENT_USER\Software\Microsoft\Windows\CurrentVersion\Policies\Explorer 下创建一个名为 ClearRecentDocsonExit 的二进制键值，并将该键值设置为“01 00 00 00”。

可以使用 RegCreateKey 函数来打开指定的注册表项或子项，如果该项不存在，该函数将新建一个项或子项。

RegCreateKey 函数的语法如下：

```
LONG RegCreateKey( HKEY hKey, LPCTSTR lpSubKey, PHKEY phkResult );
```

参数说明如下：

☑ hKey：根键。

☑ lpSubKey：欲建的注册表项，类型是 HKEY 的指针。

☑ phkResult：返回打开的注册表项。

然后通过 RegSetValueEx 函数设置注册表项中指定值项的数据。

RegSetValueEx 函数的语法如下：

```
LONG RegSetValueEx( HKEY hKey,
     LPCTSTR lpValueName,
     DWORD Reserved,
     DWORD dwType,
     CONST BYTE *lpData,
     DWORD cbData );
```

参数说明如下：

☑ hKey：已打开注册表项。

☑ lpValueName：值项的名称。

☑ Reserved：保留。

☑ dwType：值项的类型。

☑ lpData：欲写入的值项的数据。

☑ cdData：值项空间的大小。

清空“运行”中的历史记录实现代码如下：

```
skey = "Software\\Microsoft\\Windows\\CurrentVersion\\Policies\\Explorer";
          ::RegCreateKey(HKEY_CURRENT_USER, skey, &sub);
          RegSetValueEx(sub, "ClearRecentDocsonExit", NULL, REG_BINARY, (BYTE *)&val, 4);
          ::RegCloseKey(sub);
```

3.3.7 清空“运行”中历史记录

在系统任务管理模块中，需展示当前正在运行的任务列表。那么，如何通过程序实现这一功能呢？程序可以遍历当前所有的窗口，检查每个窗口是否为顶层窗口。如果是顶层窗口，则将其视为应用程序的主窗口，并将其添加到列表框中。

可以使用 API 函数 GetWindow 来获得窗口句柄。

GetWindow 函数的语法如下：

```
CWnd* GetWindow( UINT nCmd ) const;
```

参数说明如下：

nCmd：说明指定窗口与要获得句柄的窗口之间的关系。可选值如下：

- GW_CHILD：获得指定窗口的第一个子窗口。

- ➢ GW_HWNDFIRST：获得指定窗口的第一个兄弟窗口。
- ➢ GW_HWNDLAST：获得指定窗口的最后一个兄弟窗口。
- ➢ GW_HWNDNEXT：获得指定窗口的下一个兄弟窗口。
- ➢ GW_HWNDPREV：获得指定窗口的上一个兄弟窗口。
- ➢ GW_OWNER：获得指定窗口的所有者。

获得任务列表的实现代码如下：

```
CWnd *pWnd = AfxGetMainWnd()->GetWindow(GW_HWNDFIRST);  //获得窗口句柄
        int i = 0;
        CString cstrCap;
        //遍历窗口
        while(pWnd) {                                                //遍历窗口
            //窗口可见，并且是顶层窗口
            if(pWnd->IsWindowVisible() && !pWnd->GetOwner()) {
                pWnd->GetWindowText(cstrCap);
                if(! cstrCap.IsEmpty()) {
                    m_Grid.InsertItem(i, cstrCap);
                    if(IsHungAppWindow(pWnd->m_hWnd)) {      //判断程序是否响应
                        m_Grid.SetItemText(i, 1, "不响应");
                    }
                    else {
                        m_Grid.SetItemText(i, 1, "正在运行");
                    }
                    DWORD dwProcessId;
                    GetWindowThreadProcessId(pWnd->GetSafeHwnd(), &dwProcessId);
                    CString str;
                    str.Format(_T("%d"), dwProcessId);
                    m_Grid.SetItemText(i, 2, str.GetString());
                    i++;
                }
            }
            pWnd = pWnd->GetWindow(GW_HWNDNEXT);         //搜索下一个窗口
        }
```

3.3.8 清空 IE 历史记录

磁盘空间整理模块，包含清空 IE 历史记录选项，用户可以选择此选项以清空 IE 历史记录。注册表项 HKEY_CURRENT_USER\Software\Microsoft\Internet Explorer\TypedURLs 存储了 10 条浏览过的网址信息，可以使用 RegDeleteKey 函数删除该注册表项以清空上网历史记录。该函数的语法如下：

可以使用 API 函数 GetWindow 来获得窗口句柄。

GetWindow 函数的语法如下：

```
LONG RegDeleteKey( HKEY hKey,LPCTSTR lpSubKey );
```

参数说明如下：

- ☑ hKey：欲操作的注册表项。
- ☑ lpSubKey：欲删除的子项。

清空 IE 历史记录的实现代码如下：

```
skey = "Software\\Microsoft\\Internet Explorer\\TypedURLs";
            ::RegDeleteKey(HKEY_CURRENT_USER, skey);
```

说明

本项目以 IE 浏览器为例，用户可以根据自己使用的浏览器输入对应的注册表地址即可。

3.3.9 调用控制面板工具

在控制面板操作模块中，用户可以调用常用的控制面板工具。要实现这个功能，可以使用 ShellExecute 函数。

语法如下：

```
HINSTANCE ShellExecute(HWND hwnd, LPCTSTR lpOperation, LPCTSTR lpFile, LPCTSTR lpParameters, LPCTSTR lpDirectory,INT nShowCmd);
```

参数说明如下：

☑ hwnd：应用程序窗体句柄。

☑ lpOperation：具体操作命令，如 open、print 及 explore。

☑ lpFile：其他应用程序文件名。

☑ lpParameters：应用程序调用的参数。

☑ lpDirectory：默认的目录地址。

☑ nShowCmd：窗体显示参数，如 SW_SHOW。

实现代码如下：

```
void CContralDlg::OnButinternet()
{
    //打开 IE 的设置窗口
    ::ShellExecute(NULL, "OPEN", "rundll32.exe",
                    "shell32.dll Control_RunDLL inetcpl.cpl", NULL, SW_SHOW);
}
```

说明

要调用控制面板相关的设置对话框，通常需要执行 rundll32.exe 程序。例如，要打开 IE 设置窗口，可以选择开始/运行菜单命令，在“打开”文本框中输入 rundll32.exe shell32.dll Control_RunDLL inetcpl.cpl 语句。

3.4 主窗体模块

3.4.1 主窗体模块概述

系统优化模块的主窗体，包含了调用各子模块的导航按钮，用户可以方便地使用这些按钮来操作模块。

主窗体的效果如图 3.4 所示。

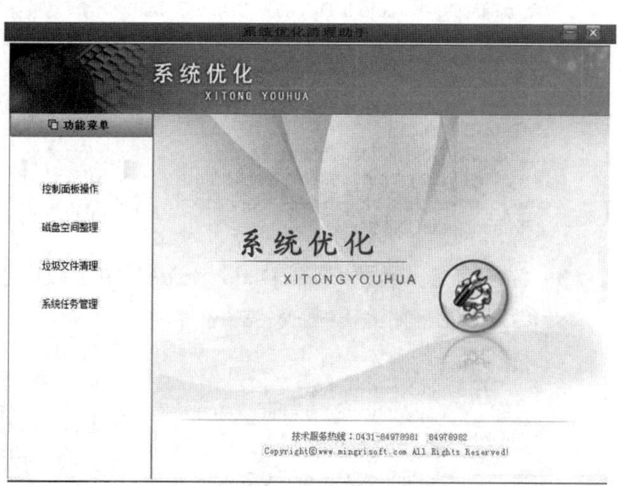

图 3.4 主窗体的效果图

3.4.2 界面设计

系统优化模块主窗体的界面设计过程如下：

（1）创建一个基于对话框的应用程序。

（2）向工程中导入位图资源，修改位图 ID。

（3）向对话框中添加控件，控件的属性设置如表 3.1 所示。

表 3.1　主窗体模块的控件属性设置表

控件 ID	控件属性	关联变量
IDC_STATICSELECT	Type：Bitmap Image：IDB_BITSELECT	CStatic　m_Select
IDC_FRAME	无	CStatic　m_Frame
IDC_STACONTRAL	Simple：True，Notify：True	无
IDC_STADISK	Simple：True，Notify：True	无
IDC_STALITTER	Simple：True，Notify：True	无
IDC_STATASK	Simple：True，Notify：True	无

3.4.3　实现子窗口切换功能

本程序的主要功能集中在四个子窗口中，如图 3.4 所示。主窗体左侧有四个按钮，单击不同的按钮将弹出相应的子窗口，用户可以在子窗口中选择所需的功能。子窗口切换的实现步骤如下。

（1）在主窗体的头文件中声明所调用的各个模块对象，具体代码如下：

```
//四个 TabCtrl 的子对话框
CContralDlg     *m_pContralDlg;     //控制面板操作模块
CDiskDlg        *m_pDiskDlg;        //磁盘空间整理模块
CLitterDlg      *m_pLitterDlg;      //垃圾文件清理模块
CTaskDlg        *m_pTaskDlg;        //系统任务管理模块
```

说明

主窗口头文件中声明的都是指向各个模块的指针对象，这些声明是在创建了相应的模块之后才被添加到头文件中的。

（2）在主窗体的 OnInitDialog()方法中，创建系统任务管理模块，并获取工具栏按钮的位图大小，代码如下：

```
//初始化
m_Num = 0;
m_pTaskDlg = new CTaskDlg;
m_pTaskDlg->Create(IDD_TASK_DIALOG, this);      //创建系统任务管理模块
m_Select.ShowWindow(SW_HIDE);                   //隐藏选中效果图片
SetWindowText("系统优化清理助手");                //设置主窗体标题
CBitmap bitmap;
bitmap.LoadBitmap(IDB_MINBT);                   //加载最小化按钮位图
BITMAPINFO bInfo;
bitmap.GetObject(sizeof(bInfo), &bInfo);        //获得图片信息
m_ButtonWidth = bInfo.bmiHeader.biWidth;        //位图宽度
m_ButtonHeight = bInfo.bmiHeader.biHeight;      //位图高度
bitmap.DeleteObject();
```

（3）添加自定义函数 CreateDialogBox()，该函数用于显示相应的模块，代码如下：

```
void CSysOptimizeDlg::CreateDialogBox(int num)
{
    CRect fRect;
    m_Frame.GetClientRect(&fRect);                      //获得图片控件的客户区域
    m_Frame.MapWindowPoints(this, fRect);               //设置模块的显示位置
    switch(num) {                                       //判断显示的模块
        case 1:                                         //控制面板操作模块
            m_pContralDlg = new CContralDlg;            //创建对话框
            m_pContralDlg->Create(IDD_CONTRAL_DIALOG, this);
            m_pContralDlg->MoveWindow(fRect);           //移动位置
            m_pContralDlg->ShowWindow(SW_SHOW);         //显示对话框
```

```
            break;
        case 2:                                         //磁盘空间整理模块
            m_pDiskDlg = new CDiskDlg;                  //创建对话框
            m_pDiskDlg->Create(IDD_DISK_DIALOG, this);
            m_pDiskDlg->MoveWindow(fRect);              //移动位置
            m_pDiskDlg->ShowWindow(SW_SHOW);            //显示对话框
            break;
        case 3:                                         //垃圾文件整理模块
            m_pLitterDlg = new CLitterDlg;              //创建对话框
            m_pLitterDlg->Create(IDD_LITTER_DIALOG, this);
            m_pLitterDlg->MoveWindow(fRect);            //移动位置
            m_pLitterDlg->ShowWindow(SW_SHOW);          //显示对话框
            break;
        case 4:                                         //系统任务管理模块
            m_pTaskDlg->MoveWindow(fRect);              //移动位置
            m_pTaskDlg->ShowWindow(SW_SHOW);            //显示对话框
            break;
    }
    m_Num = num;
}
```

（4）添加自定义函数 DestroyWindowBox()，该函数用于销毁各个模块，代码如下：

```
void CSysOptimizeDlg::DestroyWindowBox(int num)
{
    switch(num) {                                   //判断销毁的模块
        case 1:                                     //控制面板操作模块
            m_pContralDlg->DestroyWindow();         //销毁对话框
            break;
        case 2:                                     //磁盘空间整理模块
            m_pDiskDlg->DestroyWindow();            //销毁对话框
            break;
        case 3:                                     //垃圾文件整理模块
            m_pLitterDlg->DestroyWindow();          //销毁对话框
            break;
        case 4:                                     //系统任务管理模块
            m_pTaskDlg->ShowWindow(FALSE);          //隐藏对话框
            break;
    }
}
```

3.4.4 实现控制面板操作功能

（1）处理“控制面板操作”静态文本控件的单击事件，在该事件的处理函数中调用控制面板操作模块，并设置选中效果，代码如下：

```
//控制面板操作
void CSysOptimizeDlg::OnStacontral()
{
    if(m_Num != 0) {
        DestroyWindowBox(m_Num);                                    //销毁当前打开的模块
    }
    CreateDialogBox(1);                                             //显示控制面板操作模块
    CRect rect, rc;
    GetDlgItem(IDC_STACONTRAL)->GetClientRect(&rect);               //获得控件的客户区域
    GetDlgItem(IDC_STACONTRAL)->MapWindowPoints(this,               //设置窗体中的位置
        rect);
    m_Select.GetClientRect(&rc);
    m_Select.MoveWindow(rect.left - 20,                             //移动选中效果图片控件
                        rect.top - 6,
                        rc.Width(),
                        rc.Height(), TRUE);
    m_Select.ShowWindow(SW_SHOW);                                   //显示选中效果图片控件
    Invalidate();                                                   //使窗体无效（重绘窗体）
}
```

（2）添加主窗体的 WM_CLOSE 消息的处理函数，在该消息的处理函数中关闭当前显示的模块，退出程序，代码如下：

```
void CSysOptimizeDlg::OnClose()
{
    if(m_Num != 0) {
        DestroyWindowBox(m_Num);                          //销毁当前显示的模块
    }
    m_pTaskDlg->DestroyWindow();                          //销毁系统任务管理模块
    CDialog::OnClose();                                   //退出程序
}
```

3.4.5 绘制主窗口背景图片

原生的对话框窗口背景是灰色的，其实现原理是系统自动提供一个默认画刷，每次绘画时使用这个灰色的画刷。如果想改变这个背景，只需替换这个画刷。具体实现步骤如下：添加 WM_CTLCOLOR 消息的处理函数，在该消息的处理函数中绘制主窗体的背景位图，并设置静态文本控件为透明显示，代码如下：

```
HBRUSH CContralDlg::OnCtlColor(CDC *pDC, CWnd *pWnd, UINT nCtlColor)
{
    HBRUSH hbr = CDialog::OnCtlColor(pDC, pWnd, nCtlColor);
    CBitmap m_BKGround;
    m_BKGround.LoadBitmap(IDB_BITBLANK);
    if(nCtlColor == CTLCOLOR_DLG) {
        //定义一个位图画刷
        CBrush m_Brush(&m_BKGround);
        CRect rect;
        GetClientRect(rect);
        //选中画刷
        pDC->SelectObject(&m_Brush);
        //填充客户区域
        pDC->FillRect(rect, &m_Brush);
        return m_Brush;
    }
    else {
        hbr = CDialog::OnCtlColor(pDC, pWnd, nCtlColor);
    }
    return hbr;
}
```

3.5 控制面板操作模块

3.5.1 控制面板模块概述

用户在控制面板操作模块中可以调用控制面板中常用的工具，如“Internet 选项”“声音”“时间和日期”“显示”“辅助选项”“鼠标”“键盘”“区域”“添加/删除程序”“添加硬件”“系统”和“计算机管理”等。

控制面板操作模块如图 3.5 所示

图 3.5 控制面板操作模块

3.5.2 界面设计

控制面板操作模块的界面设计过程如下：

（1）新建一个对话框资源。

（2）向工程中导入图标资源，修改图标 ID。

（3）向对话框中添加 12 个按钮控件，控件的属性设置如表 3.2 所示。

表 3.2 控制面板操作模块的控件属性设置表

控件 ID	控件属性	关联变量
IDC_BUTINTERNET	选中 Owner draw	CIconBtn m_Internet
IDC_BUTMMSYS	选中 Owner draw	CIconBtn m_Mmsys
IDC_BUTTIMEDATE	选中 Owner draw	CIconBtn m_Timedate
IDC_BUTDESK	选中 Owner draw	CIconBtn m_Desk
IDC_BUTACCESS	选中 Owner draw	CIconBtn m_Access
IDC_BUTMOUSE	选中 Owner draw	CIconBtn m_Mouse
IDC_BUTKEYBOARD	选中 Owner draw	CIconBtn m_Keyboard
IDC_BUTINTL	选中 Owner draw	CIconBtn m_Intl
IDC_BUTAPPWIZ	选中 Owner draw	CIconBtn m_Appwiz
IDC_BUTHDWWIZ	选中 Owner draw	CIconBtn m_Hdwwiz
IDC_BUTSYSDM	选中 Owner draw	CIconBtn m_Sysdm
IDC_BUTCOMPUTER	选中 Owner draw	CIconBtn m_Computer

3.5.3 设置按钮的显示图标

控制面板的功能主要包括 Internet 选项、声音、日期和时间、显示、辅助选项、鼠标、键盘、区域、添加 / 删除程序、添加硬件、系统及计算机管理。这些功能都是通过调用系统的功能实现的，主要通过使用“Rundll32.exe”调用“shell32.dll”中的相应函数来完成。

在控制面板操作模块的 OnInitDialog 方法中设置按钮的显示图标，代码如下：

```
BOOL CContralDlg::OnInitDialog()
{
    CDialog::OnInitDialog();
    m_Internet.SetImageIndex(0);            //Internet 选项按钮显示图标
    m_Mmsys.SetImageIndex(1);               //声音按钮显示图标
    m_Timedate.SetImageIndex(2);            //时间和日期按钮显示图标
    m_Desk.SetImageIndex(3);                //显示按钮显示图标
    m_Access.SetImageIndex(4);              //辅助选项按钮显示图标
    m_Mouse.SetImageIndex(5);               //鼠标按钮显示图标
    m_Keyboard.SetImageIndex(6);            //键盘按钮显示图标
    m_Intl.SetImageIndex(7);                //区域按钮显示图标
    m_Appwiz.SetImageIndex(8);              //添加/删除程序按钮显示图标
    m_Hdwwiz.SetImageIndex(9);              //添加硬件按钮显示图标
    m_Sysdm.SetImageIndex(10);              //系统按钮显示图标
    m_Computer.SetImageIndex(11);           //计算机管理按钮显示图标

    return TRUE;
}
```

3.5.4 实现各按钮的单击事件功能

处理各按钮的单击事件，通过按钮来调用指定的控制面板工具，具体代码如下：

```
void CContralDlg::OnButinternet()
{
    //打开 IE 的设置窗口
    ::ShellExecute(NULL, "OPEN", "rundll32.exe",
                    "shell32.dll Control_RunDLL inetcpl.cpl", NULL, SW_SHOW);
}
//声音按钮
```

```
void CContralDlg::OnButmmsys()
{
    //打开声音的设置窗口
    ::ShellExecute(NULL, "OPEN", "rundll32.exe",
                  "shell32.dll Control_RunDLL mmsys.cpl @1", NULL, SW_SHOW);
}
//时间和日期按钮
void CContralDlg::OnButtimedate()
{
    //启动日期和时间设置
    ::ShellExecute(NULL, "OPEN", "rundll32.exe",
                  "shell32.dll Control_RunDLL timedate.cpl", NULL, SW_SHOW);
}
//显示按钮
void CContralDlg::OnButdesk()
{
    //启动显示设置面板
    ::ShellExecute(NULL, "OPEN", "rundll32.exe",
                  "shell32.dll Control_RunDLL desk.cpl", NULL, SW_SHOW);
}
//辅助选项按钮
void CContralDlg::OnButaccess()
{
    //启动辅助选项
    ::ShellExecute(NULL, "OPEN", "rundll32.exe",
                  "shell32.dll Control_RunDLL access.cpl", NULL, SW_SHOW);
}
//鼠标按钮
void CContralDlg::OnButmouse()
{
    //打开鼠标设置
    ::ShellExecute(NULL, "OPEN", "rundll32.exe",
                  "shell32.dll Control_RunDLL main.cpl @0", NULL, SW_SHOW);
}
//键盘按钮
void CContralDlg::OnButkeyboard()
{
    //启动键盘设置
    ::ShellExecute(NULL, "OPEN", "rundll32.exe",
                  "shell32.dll Control_RunDLL main.cpl @1", NULL, SW_SHOW);
}
//区域按钮
void CContralDlg::OnButintl()
{
    //打开区域设置
    ::ShellExecute(NULL, "OPEN", "rundll32.exe",
                  "shell32.dll Control_RunDLL intl.cpl", NULL, SW_SHOW);
}
//添加/删除程序按钮
void CContralDlg::OnButappwiz()
{
    //启动添加软件设置
    ::ShellExecute(NULL, "OPEN", "rundll32.exe",
                  "shell32.dll Control_RunDLL appwiz.cpl", NULL, SW_SHOW);
}
//添加硬件按钮
void CContralDlg::OnButhdwwiz()
{
    //启动添加硬件设置
    ::ShellExecute(NULL, "OPEN", "rundll32.exe",
                  "shell32.dll Control_RunDLL hdwwiz.cpl", NULL, SW_SHOW);
}
//系统按钮
void CContralDlg::OnButsysdm()
{
    //打开系统设置
    ::ShellExecute(NULL, "OPEN", "rundll32.exe",
                  "shell32.dll Control_RunDLL sysdm.cpl", NULL, SW_SHOW);
}
```

```
//计算机管理按钮
void CContralDlg::OnButmodem()
{
    //启动计算机管理设置
    ::ShellExecute(NULL, "OPEN", "compmgmt.msc",
                   "shell32.dll Control_RunDLL compmgmt.cpl", NULL, SW_SHOW);
}
```

3.6 磁盘空间整理模块

3.6.1 磁盘空间整理模块概述

在磁盘空间整理模块中，用户可以选择要清除的项目，包括“清空回收站”“清空 Internet 临时文件”等项目，然后单击“清理”按钮以执行清除操作。

磁盘空间整理模块如图 3.6 所示。

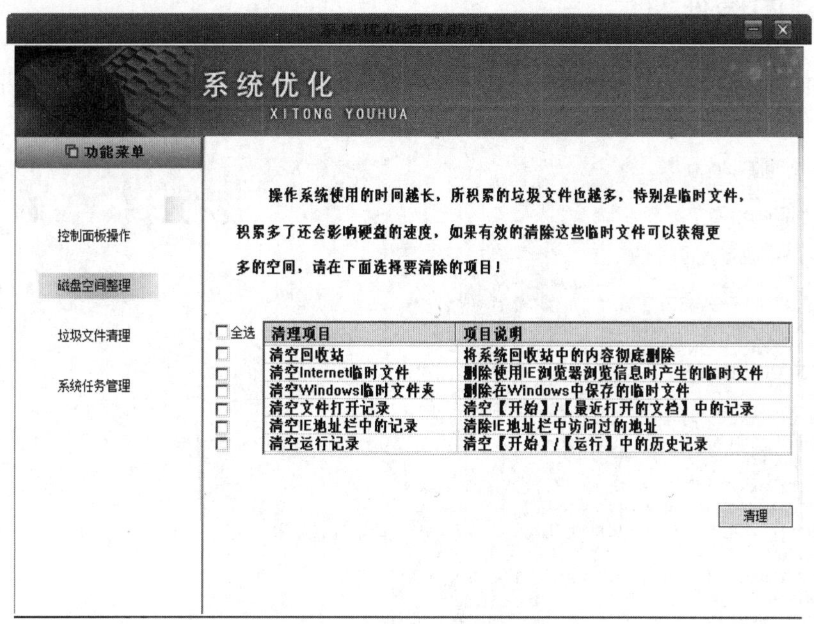

图 3.6 磁盘空间整理模块

3.6.2 界面设计

磁盘空间整理模块的界面设计过程如下：

（1）新建一个对话框资源。

（2）将图标资源导入工程中，并修改图标 ID。

（3）向对话框中添加控件，包括 4 个静态文本控件、一个列表视图控件、7 个复选框控件和一个按钮控件。磁盘空间整理模块的控件属性设置如表 3.3 所示。

表 3.3 磁盘空间整理模块的控件属性设置

控件 ID	控件属性	关联变量
IDC_STATEXT	Simple：True	CStatic m_Text

续表

控件 ID	控件属性	关联变量
IDC_STATEXT1	Simple：True	CStatic　m_Text1
IDC_STATEXT2	Simple：True	CStatic　m_Text2
IDC_STATIC	Simple：True	无
IDC_CHECKLL	无	CButton　m_CheckAll
IDC_LIST1	Sort：None，View：Report，Single selection：True	CListCtrl　m_Grid
IDC_BUTCLEAR	Flat：True	无

说明

当静态文本控件的 Simple 属性被设置为 True 时，该控件将无法显示多行文本。

3.6.3　设置视图控件

（1）在磁盘空间整理模块的 OnInitDialog()方法中，我们首先设置列表视图控件的风格和列标题，然后向列表中插入数据，最后设置控件字体，代码如下：

```
BOOL CDiskDlg::OnInitDialog()
{
    CDialog::OnInitDialog();

    m_Grid.SetExtendedStyle(
        LVS_EX_FLATSB                   //扁平风格滚动条
        | LVS_EX_FULLROWSELECT          //允许整行被选中
        | LVS_EX_HEADERDRAGDROP         //允许标题被拖曳
        | LVS_EX_ONECLICKACTIVATE       //高亮显示
        | LVS_EX_GRIDLINES              //画出网格线
    );
    m_Grid.InsertColumn(0, "清理项目", LVCFMT_LEFT, 190, 0);
    m_Grid.InsertColumn(1, "项目说明", LVCFMT_LEFT, 332, 1);
    m_Grid.InsertItem(0, "清空回收站");
    m_Grid.SetItemText(0, 1, "将系统回收站中的内容彻底删除");
    m_Grid.InsertItem(1, "清空 Internet 临时文件");
    m_Grid.SetItemText(1, 1, "删除使用 IE 浏览器浏览信息时产生的临时文件");
    m_Grid.InsertItem(2, "清空 Windows 临时文件夹");
    m_Grid.SetItemText(2, 1, "删除在 Windows 中保存的临时文件");
    m_Grid.InsertItem(3, "清空文件打开记录");
    m_Grid.SetItemText(3, 1, "清空【开始】/【最近打开的文档】中的记录");
    m_Grid.InsertItem(4, "清空 IE 地址栏中的记录");
    m_Grid.SetItemText(4, 1, "清除 IE 地址栏中访问过的地址");
    m_Grid.InsertItem(5, "清空运行记录");
    m_Grid.SetItemText(5, 1, "清空【开始】/【运行】中的历史记录");
    CFont font;
    font.CreatePointFont(120, "宋体");      //创建字体
    m_Grid.SetFont(&font);                  //设置列表字体
    m_Text.SetFont(&font);                  //设置静态文本控件字体
    m_Text1.SetFont(&font);                 //设置静态文本控件字体
    m_Text2.SetFont(&font);                 //设置静态文本控件字体
    return TRUE;  //返回 TRUE 以表示成功处理了消息
    //例外情况：OCX 属性页应该返回 FALSE
}
```

（2）处理“全选”复选框的单击事件，在该事件的处理函数中设置复选框全选或全不选，代码如下：

```
void CDiskDlg::OnCheckll()
{
    int allcheck = m_CheckAll.GetCheck();                               //获得全选复选框的状态
    for(int i = 0; i < m_Grid.GetItemCount(); i++) {                    //遍历列表中的每个项目
        auto *check = (CButton *)GetDlgItem(IDC_CHECK2 + i);            //获取当前索引对应的复选框指针
```

```
        check->SetCheck(allcheck);                          //设置复选框状态
    }
}
```

（3）添加自定义函数 ClearDisk，该函数用于清理用户选中的项目，代码如下：

```
void CDiskDlg::ClearDisk(int num)
{
    LPINTERNET_CACHE_ENTRY_INFO pEntry = NULL;
    HANDLE hDir = NULL;
    HANDLE hTemp = NULL;
    unsigned long size = 4096;
    int i = 0;
    BOOL isEnd = FALSE;                                     //记录是否结束
    BOOL ret = TRUE;                                        //记录是否成功
    HKEY sub;
    DWORD val = 0x00000001;                                 //注册表键值
    CString skey;
    char buffer[128];                                       //保存系统目录路径
    CString syspath;                                        //保存临时文件夹路径
    switch(num) {                                           //判断清除的项目
        case 0:                                             //清空回收站
            GetWindowLong(m_hWnd, 0);
            SHEmptyRecycleBin(m_hWnd, NULL, SHERB_NOCONFIRMATION
                              || SHERB_NOPROGRESSUI
                              || SHERB_NOSOUND);
            break;
        case 1:                                             //清空 Internet 临时文件
            do {
                pEntry = (LPINTERNET_CACHE_ENTRY_INFO) new char[4096];
                pEntry->dwStructSize = 4096;
                if(hDir == NULL) {
                    hDir =  FindFirstUrlCacheEntry(NULL, pEntry, &size);
                    if(hDir) {
                        DeleteUrlCacheEntry(pEntry->lpszSourceUrlName);
                    }
                }
                else {
                    ret = FindNextUrlCacheEntry(hDir, pEntry, &size);
                    if(ret) {
                        DeleteUrlCacheEntry(pEntry->lpszSourceUrlName);
                    }
                }
                if(ret) {
                    while(ret) {
                        ret = FindNextUrlCacheEntry(hDir, pEntry, &size);
                        if(ret) {
                            DeleteUrlCacheEntry(pEntry->lpszSourceUrlName);
                        }
                    }
                }
                else {
                    isEnd = TRUE;
                }
                delete []pEntry;
            }
            while(!isEnd);
            FindCloseUrlCache(hDir);
            break;
        case 2:                                             //清空 Windows 临时文件夹
            ::GetSystemDirectory(buffer, 128);
            syspath = buffer;
            syspath.Replace("system32", "temp");
            DelFolder(syspath);
            RemoveDirectory(syspath);                       //目录为空时删除目录
            break;
        case 3:                                             //清空文件打开记录
        case 5:                                             //清空运行记录
            skey = "Software\\Microsoft\\Windows\\CurrentVersion\\Policies\\Explorer";
            ::RegCreateKey(HKEY_CURRENT_USER, skey, &sub);
            RegSetValueEx(sub, "ClearRecentDocsonExit", NULL, REG_BINARY, (BYTE *)&val, 4);
            ::RegCloseKey(sub);
            break;
```

```
        case 4:                                                          //清空 IE 地址栏中的记录
            skey = "Software\\Microsoft\\Internet Explorer\\TypedURLs";
            ::RegDeleteKey(HKEY_CURRENT_USER, skey);
            break;
    }
}
```

3.6.4 实现删除文件功能

添加 DelFolder()函数，该函数用于递归删除文件，代码如下：

```
void CDiskDlg::DelFolder(CString path)
{
    CFileFind file;
    if(path.Right(1) != "\\") {
        path += "\\*.*";
    }
    BOOL bf;
    bf = file.FindFile(path);                                   //查找文件
    while(bf) {
        bf = file.FindNextFile();                               //查找下一个文件
        if(!file.IsDots() && !file.IsDirectory()) {             //是文件时直接删除
            DeleteFile(file.GetFilePath());                     //删除文件
        }
        else if(file.IsDots()) {
            continue;
        }
        else if(file.IsDirectory()) {
            path = file.GetFilePath();                          //获得目录路径
            //是目录时,继续递归调用函数以删除该目录下的文件
            DelFolder(path);
            RemoveDirectory(path);                              //目录为空后删除目录
        }
    }
}
```

3.6.5 实现“清除”按钮功能

处理“清除”按钮的单击事件时，需要在该事件的处理函数中调用 ClearDisk()函数来清除选中的项目，代码如下：

```
void CDiskDlg::OnButclear()
{
    for(int i = 0; i < m_Grid.GetItemCount(); i++) {              //遍历列表中的每个项目
        auto *check = (CButton *)GetDlgItem(IDC_CHECK2 + i);     //获取当前索引对应的复选框指针
        if(check->GetCheck() == 1) {                             //如果复选框被选中
            ClearDisk(i);                                        //清除对应项目
        }
    }
    MessageBox("完成");
}
```

3.7 垃圾文件清理模块

3.7.1 垃圾文件清理模块概述

在垃圾文件清理模块中，用户可以选择要清除垃圾文件的磁盘，并通过“选项”按钮来设置垃圾文件的

类型。单击“开始”按钮，程序将执行清理垃圾文件的操作，清理的文件会被展示在列表中；单击“停止”按钮，程序将停止清理垃圾文件的操作。

垃圾文件清理模块如图 3.7 所示。

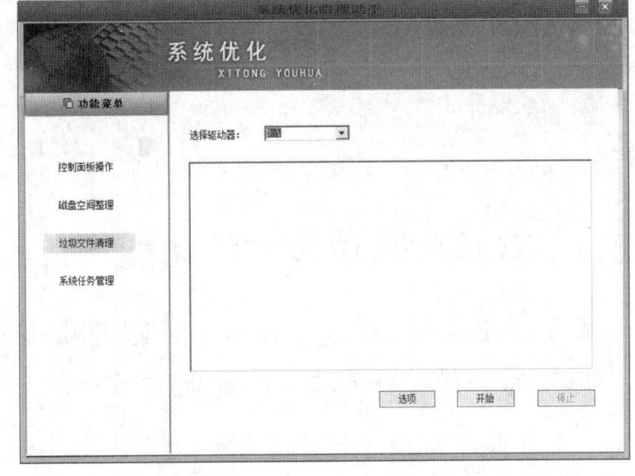

图 3.7 垃圾文件清理模块

3.7.2 界面设计

垃圾文件清理模块的界面设计过程如下：

（1）新建对话框资源。

（2）向对话框中添加控件，包括一个文本控件、一个列表框控件、一个组合框控件和 3 个按钮控件。垃圾文件清理模块的控件属性设置如表 3.4 所示。

表 3.4 垃圾文件清理模块的控件属性设置

控件 ID	控件属性	关联变量
IDC_COMBO1	无	CComboBox m_Combo
IDC_LIST1	无	CListBox m_List
IDC_BUTSELECT	选中 Flat	无
IDC_BUTBEGIN	选中 Flat	无
IDC_BUTSTOP	选中 Flat	无

3.7.3 实现获得系统驱动器盘符功能

垃圾文件清理模块的功能实现过程如下。

（1）在垃圾文件清理模块的 OnInitDialog()方法中，获取系统驱动器盘符，并将该盘符插入组合框中，代码如下：

```
BOOL CLitterDlg::OnInitDialog()
{
    CDialog::OnInitDialog();

    DWORD size;
    size = ::GetLogicalDriveStrings(0, NULL);                    //获取驱动器盘符
    if(size != 0) {
        HANDLE heap = ::GetProcessHeap();
        LPSTR lp = (LPSTR)HeapAlloc(heap, HEAP_ZERO_MEMORY, size * sizeof(TCHAR));
        ::GetLogicalDriveStrings(size * sizeof(TCHAR), lp);     //获取下一个驱动器盘符
        while(*lp != 0) {
            UINT res = ::GetDriveType(lp);                       //获取驱动器类型
            if(res = DRIVE_FIXED) {                              //是固定硬盘
                m_Combo.AddString(lp);                           //记录驱动器盘符
            }
            lp = _tcschr(lp, 0) + 1;
        }
    }
    GetDlgItem(IDC_BUTSTOP)->EnableWindow(FALSE);              //停止按钮不可用
    return TRUE;
}
```

（2）添加自定义函数 DeleteLitterFile()，该函数用于删除指定磁盘的垃圾文件，代码如下：

```
void CLitterDlg::DeleteLitterFile()
{
    CString path;
```

```
        m_Combo.GetWindowText(path);                              //获取磁盘
        FileDelete(path);
        ::TerminateThread(m_hThread, 0);                          //终止线程
        GetDlgItem(IDC_BUTBEGIN)->EnableWindow(TRUE);             //开始按钮可用
        GetDlgItem(IDC_BUTSTOP)->EnableWindow(FALSE);             //停止按钮不可用
    }
}
```

3.7.4 实现删除垃圾文件功能

添加 FileDelete()函数，该函数用于递归删除垃圾文件，代码如下：

```
void CLitterDlg::FileDelete(CString FilePath)
{
    CString num, str, Name, FileName;
    CFileFind file;
    if(FilePath.Right(1) != "\\") {
        FilePath += "\\";
    }
    BOOL bf;
    for(int i = 0; i < 25; i++) {
        num.Format("%d", i + 1);
        char ischeck[2];
        //获取选中的垃圾文件
        GetPrivateProfileString("垃圾文件类型", num, "", ischeck,
                                2, "./litterfile.ini");
        str = ischeck;
        if(str == "1") {
            num.Format("%d", i + 31);
            char text[8];
            //获取垃圾文件类型
            GetPrivateProfileString("垃圾文件类型", num, "", text,
                                    8, "./litterfile.ini");
            FileName = text;
            Name = FilePath + FileName;
            bf = file.FindFile(Name);                           //查找文件
            while(bf) {
                bf = file.FindNextFile();
                if(!file.IsDots() && !file.IsDirectory()) {     //如果是垃圾文件
                    DeleteFile(file.GetFilePath());             //删除垃圾文件
                    m_List.InsertString(m_List.GetCount(), FilePath);
                }
            }
        }
    }
    FilePath += "*.*";
    bf = file.FindFile(FilePath);                               //查找内容包括目录
    while(bf) {
        bf = file.FindNextFile();                               //查找下一个文件
        if(file.IsDots()) {
            continue;
        }
        else if(file.IsDirectory()) {                           //如果是目录
            FilePath = file.GetFilePath();
            //是目录时,继续递归调用函数以删除该目录下的文件
            FileDelete(FilePath);
        }
    }
}
```

3.7.5 实现“开始”按钮功能

处理“开始”按钮的单击事件时，将调用线程函数以清理垃圾文件，代码如下：

```
void CLitterDlg::OnButbegin()
{
    GetDlgItem(IDC_BUTSTOP)->EnableWindow(TRUE);
    GetDlgItem(IDC_BUTBEGIN)->EnableWindow(FALSE);
    ResetEvent(m_hThread);
    DWORD threadID;
    m_hThread = ::CreateThread(NULL, 0, &ThreadsProc, (LPVOID)this, 0, &threadID);
}
```

3.7.6 实现“停止”按钮功能

处理“停止”按钮的单击事件，用于终止线程的执行，代码如下：

```
void CLitterDlg::OnButstop()
{
    GetDlgItem(IDC_BUTBEGIN)->EnableWindow(TRUE);
    GetDlgItem(IDC_BUTSTOP)->EnableWindow(FALSE);
    BOOL ret = SetEvent(m_hThread);
    ::TerminateThread(m_hThread, 0);
}
```

3.8 系统任务管理模块

3.8.1 系统任务管理模块概述

系统任务管理模块包含两个选项卡，用户可以选择查看当前运行的程序或进程。选择“窗口”选项卡则显示当前运行程序；而选择“进程”选项卡则显示正在运行的进程。

系统任务管理模块如图3.8所示。

图3.8 系统任务管理模块

3.8.2 界面设计

系统任务管理模块的界面设计过程如下：

（1）新建对话框资源。

（2）向对话框中添加列表视图控件，将列表视图控件的View属性设置为Report并选中Single selection属性。

3.8.3 设置标签页和视图控件

（1）在系统任务管理模块的OnInitDialog()方法中，设置标签页和列表视图控件的属性，具体代码如下：

```
BOOL CTaskDlg::OnInitDialog()
{
    CDialog::OnInitDialog();

    m_Menu.LoadMenu(IDR_MENU1);                          //加载菜单资源
    m_Menu.ChangeMenuItem(&m_Menu);
    m_Tab.InsertItem(0, "进程");                          //设置标签页
    m_Tab.InsertItem(1, "窗口");

    m_Grid.SetExtendedStyle(
        LVS_EX_FLATSB                                    //扁平风格滚动条
```

```
        | LVS_EX_FULLROWSELECT                              //允许整行被选中
        | LVS_EX_HEADERDRAGDROP                             //允许标题被拖曳
        | LVS_EX_ONECLICKACTIVATE                           //高亮显示
        | LVS_EX_GRIDLINES                                  //画出网格线
    );
    ShowList(0);
    return TRUE;
}
```

（2）添加自定义函数 ShowList()，用于设置列表视图控件的显示内容，代码如下：

```
typedef BOOL (__stdcall *funIsHungAppWindow)(HWND hWnd);
void CTaskDlg::ShowList(int num)
{
    //显示进程列表
    if(num == 0) {
        m_Grid.DeleteAllItems();
        for(int i = 0; i < 4; i++) {
            m_Grid.DeleteColumn(0);                                     //删除列
        }
        //设置列
        m_Grid.InsertColumn(0, "映像名称", LVCFMT_LEFT, 100, 0);
        m_Grid.InsertColumn(1, "进程 ID", LVCFMT_LEFT, 100, 1);
        m_Grid.InsertColumn(2, "线程数量", LVCFMT_LEFT, 100, 2);
        m_Grid.InsertColumn(3, "优先级别", LVCFMT_LEFT, 100, 3);
        //生成快照
        HANDLE toolhelp = CreateToolhelp32Snapshot(TH32CS_SNAPPROCESS, 0);
        if(toolhelp == NULL) {
            return ;
        }
        PROCESSENTRY32 processinfo;
        int i = 0;
        CString str;
        BOOL start = Process32First(toolhelp, &processinfo);            //获得第一个进程
        while(start) {
            m_Grid.InsertItem(i, "");                                   //插入行
            m_Grid.SetItemText(i, 0, processinfo.szExeFile);            //获得映像名称
            str.Format("%d", processinfo.th32ProcessID);                //获得进程 ID
            m_Grid.SetItemText(i, 1, str);
            str.Format("%d", processinfo.cntThreads);                   //获得线程数量
            m_Grid.SetItemText(i, 2, str);
            str.Format("%d", processinfo.pcPriClassBase);               //获得优先级别
            m_Grid.SetItemText(i, 3, str);
            start = Process32Next(toolhelp, &processinfo);              //获得下一个进程
            i++;
        }
    }
    //显示窗口列表
    else {
        m_Grid.DeleteAllItems();
        for(int i = 0; i < 6; i++) {
            m_Grid.DeleteColumn(0);                                     //删除列
        }
        m_Grid.InsertColumn(0, "窗口", LVCFMT_LEFT, 200);               //设置列
        m_Grid.InsertColumn(1, "状态", LVCFMT_LEFT, 100);
        m_Grid.InsertColumn(2, "进程 ID", LVCFMT_LEFT, 100);
        HINSTANCE hInstance = LoadLibrary("user32.dll");               //加载动态库
        auto IsHungAppWindow = (funIsHungAppWindow)
                            GetProcAddress(hInstance, "IsHungAppWindow");
        CWnd *pWnd = AfxGetMainWnd()->GetWindow(GW_HWNDFIRST);        //获得窗口句柄
        int i = 0;
        CString cstrCap;
        //遍历窗口
        while(pWnd) {                                                   //遍历窗口
            //窗口可见,并且是顶层窗口
            if(pWnd->IsWindowVisible() && !pWnd->GetOwner()) {
                pWnd->GetWindowText(cstrCap);
                if(! cstrCap.IsEmpty()) {
                    m_Grid.InsertItem(i, cstrCap);
                    if(IsHungAppWindow(pWnd->m_hWnd)) {                 //判断程序是否响应
                        m_Grid.SetItemText(i, 1, "不响应");
                    }
                    else {
```

```
                        m_Grid.SetItemText(i, 1, "正在运行");
                    }
                    DWORD dwProcessId;
                    GetWindowThreadProcessId(pWnd->GetSafeHwnd(), &dwProcessId);
                    CString str;
                    str.Format(_T("%d"), dwProcessId);
                    m_Grid.SetItemText(i, 2, str.GetString());
                    i++;
                }
            }
            pWnd = pWnd->GetWindow(GW_HWNDNEXT);                    //搜索下一个窗口
        }
    }
}
```

（3）处理标签控件的 TCN_SELCHANGE 事件，在该事件的处理函数中调用 ShowList 函数设置列表显示内容，代码如下：

```
void CTaskDlg::OnSelchangeTab1(NMHDR *pNMHDR, LRESULT *pResult)
{
    ShowList(m_Tab.GetCurSel());                            //设置列表显示内容
    *pResult = 0;
}
```

3.8.4 实现“结束任务”菜单项功能

处理“结束任务”菜单项的单击事件，在该事件的处理函数中终止当前选中的进程，代码如下：

```
void CTaskDlg::OnMenustop()
{
    //获得当前列表项索引
    int pos = m_Grid.GetSelectionMark();
    CString str = m_Grid.GetItemText(pos, 2);                           //获得进程 ID
    DWORD data = atoi(str.GetString());
    HANDLE hProcess;
    //打开进程
    hProcess = OpenProcess(PROCESS_TERMINATE, FALSE, data);    //打开进程
    if(hProcess) {
        if(!TerminateProcess(hProcess, 0)) {                          //终止进程
            CString strError;
            strError.Format("错误号:%d", GetLastError());
            AfxMessageBox(strError, MB_OK | MB_ICONINFORMATION, NULL);
        }
    }
    else {
        CString strError;
        strError.Format("错误号:%d", GetLastError());
        if(GetLastError() == ERROR_ACCESS_DENIED) {
            strError = _T("拒绝访问!") + strError;
        }
        AfxMessageBox(strError, MB_OK | MB_ICONINFORMATION, NULL);
    }
    Sleep(300);                                                          //设置延时
    OnMenuref();                                                         //刷新列表
}
```

3.9 项目运行

通过前述步骤，我们设计并完成了“系统优化清理助手”项目的开发。接下来，我们运行该项目，以检验我们的开发成果。如图 3.9 所示，在 Visual Studio 2022 中打开该项目的项目结构，选择 Debug、x86，然后单击“本地 Windows 调试器”。

图 3.9　项目运行

执行上述操作后，该项目将成功运行，并自动打开项目的主窗体，如图 3.10 所示。单击“控制面板操作”，会进入调用计算机的控制面板；单击“磁盘空间整理”，会进入用户可以选择清理内容的界面；单击“垃圾文件清理”，会进入用户可以选择清理磁盘的文件列表的界面；单击“系统任务管理”，会进入用户可以查看此时计算机正在运行的进程界面。这样，我们就成功地检验了该项目的运行。

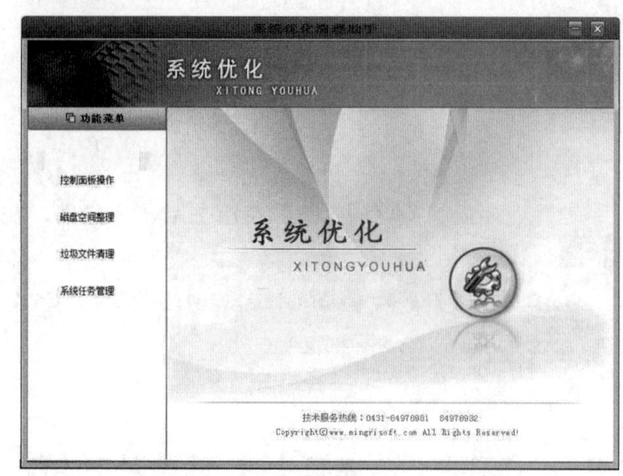

图 3.10　成功运行项目后进入主窗体

在开发“系统优化清理助手”项目的过程中，主窗体模块采用了 MFC 界面开发技术，设计出了精美的界面，并负责管理项目的所有功能。具体来说：控制面板操作功能采用了 TabControl 面板控件技术，实现了对计算机各个控制面板功能的调用；磁盘空间整理和垃圾文件清理功能则利用了注册表操作技术，允许用户选择不需要的内容进行清理；系统任务管理功能通过系统进程管理技术，让用户能够查看并管理正在运行的进程。通过学习本章内容，读者将更加深入地掌握这些关键技术，并能够熟练地将它们应用于实际的项目开发工作中。

3.10　源 码 下 载

本章虽然详细地讲解了如何编码实现“系统优化清理助手”的各个功能，但给出的代码都是代码片段，而非完整的源码。为了方便读者学习，本书提供了用于下载源码的二维码。

源码下载

第 4 章

悦看多媒体播放器

——自定义控件 + 多线程 + DirectShow 流媒体处理技术

互联网上存在众多功能各异的优秀媒体播放器软件，如金山影霸、影音风暴以及 Windows 的 MediaPlayer 等。本章将着手设计一款媒体播放器，其特色功能包括字幕的叠加以及图像亮度、饱和度和对比度的调节。该项目将采用 C++语言进行开发。其中：我们将利用多线程技术来确保多个功能能够同时运行；通过 DirectShow 流媒体处理技术来对音频和图像进行加工处理；结合自定义控件等关键技术，开发一个悦看多媒体播放器项目，目的是实现对音频的控制和图像的优化调整。

本项目的核心功能及实现技术如下：

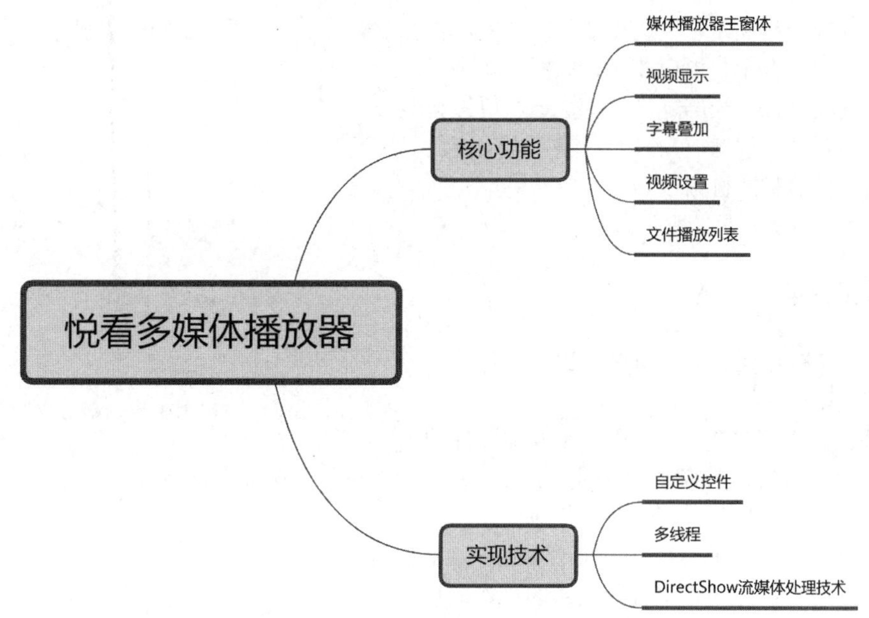

4.1 开 发 背 景

随着社会的进步，越来越多的人开始使用计算机，他们中的许多人在上网或工作时会播放音乐，以适当放松并缓解紧张情绪。因此，音频播放器软件应运而生，它能够播放各种常见格式的音频文件，满足用户的需求。在使用过程中，这些播放器的设计也越来越人性化，例如，它们可以最小化到系统托盘并且仍可进行操作。此外，一个设计良好的用户界面还能为用户提供愉悦的感官体验。

本项目实现目标如下：

☑ 播放器的界面美观。

☑ 在屏幕上有固定的格式。

☑ 能够写入计算机磁盘音乐。
☑ 运行稳定、安全可靠。

4.2 系统设计

4.2.1 开发环境

本项目的开发及运行环境如下：
☑ 操作系统：推荐 Windows 10、Windows 11 或更高版本。
☑ 开发工具：Visual Studio 2022。
☑ 开发语言：C++。

4.2.2 业务流程

在启动项目后，会进入多媒体播放器的主窗体。在主窗体中：单击以打开文件，可以选择播放的音频，这时可以实现静音、增大音量、黑白图像、抓图、减小音量、添加字幕、视频设置、全屏、快进、快退、暂停、停止；单击文件列表（文件播放列表），除以上功能之外，还能实现循环播放和随机播放。

本项目的业务流程如图 4.1 所示。

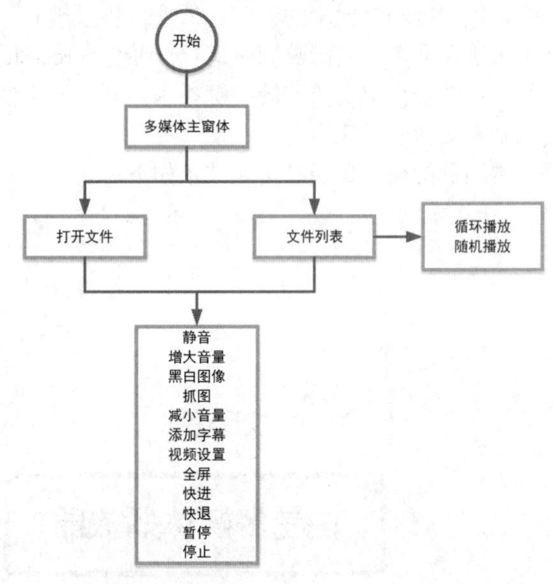

图 4.1 悦看多媒体播放器业务流程

4.2.3 功能结构

本项目的功能结构已经在章首页中给出。本项目实现的具体功能如下：
☑ 媒体播放器主窗口模块：用于显示媒体文件的播放进度、播放时间等，并控制播放进度、音量大小以及调用字幕叠加、视频设置等子模块。
☑ 视频显示模块：用于显示视频图像画面。
☑ 字幕叠加模块：用于为视频图像添加或删除字幕信息。
☑ 视频设置模块：用于设置视频图像的色彩信息。
☑ 文件播放列表模块：能够播放一组媒体文件，在一组媒体文件中，当播放完一个文件之后，会随机或按顺序播放下一个文件。

4.3 技术准备

4.3.1 技术概览

☑ 自定义控件：在 C++中创建自定义控件，通常会涉及使用特定的 GUI 框架，如 Qt、MFC、wxWidgets 等。这些框架提供了一组控件和绘图 API，开发人员可以基于这些 API 扩展来定制自己的控件。例如，自定义按钮控件，代码如下：

```
#include <QApplication>
#include <QPushButton>
#include <QPainter>

class MyButton : public QPushButton {
    Q_OBJECT

public:
    MyButton(QWidget *parent = nullptr) : QPushButton(parent) {
        setSizePolicy(QSizePolicy::Expanding, QSizePolicy::Expanding);
    }

protected:
    void paintEvent(QPaintEvent *event) override {
        Q_UNUSED(event);
        QPainter painter(this);

        //Draw button background
        painter.setBrush(QBrush(Qt::lightGray));
        painter.drawRect(0, 0, width(), height());

        //Draw button text
        painter.setPen(Qt::black);
        painter.drawText(rect(), Qt::AlignCenter, text());
    }
};

int main(int argc, char *argv[]) {
    QApplication app(argc, argv);

    MyButton button;
    button.setText("Custom Button");
    button.resize(200, 100);
    button.show();

    return app.exec();
}
```

☑ 多线程：C++多线程编程主要涉及标准库中的线程支持，以及对线程同步的机制进行使用。C++11引入了标准线程库，提供了创建和管理线程的支持，并包含了一系列同步原语，如互斥锁、条件变量等。例如，可以使用 C++11 提供的 std::thread 类来创建和管理线程，代码如下：

```
#include <iostream>
#include <thread>

//线程执行的函数
void threadFunction() {
    for (int i = 0; i < 5; ++i) {
        std::cout << "Thread Function Executing\n";
    }
}

int main() {
    //创建一个线程
    std::thread t(threadFunction);

    //等待线程结束
    t.join();

    std::cout << "Main Function Executing\n";
    return 0;
}
```

☑ DirectShow 流媒体处理技术：这是由 Microsoft 提供的一种多媒体框架，适用于 Windows 操作系统，用于捕捉、处理以及播放音频和视频。该技术提供了灵活的接口，以便处理多种多媒体数据流，涵盖了文件、设备输入和网络流等。DirectShow 利用过滤器（filter）进行数据处理，这些过滤器按照特定的拓扑结构（称为过滤器图表，filter graph）进行连接，以形成一个完整的媒体处理流程。

《Visual C++从入门到精通（第 5 版）》详细地讲解了自定义控件和多线程等知识。至于 DirectShow 流媒体处理技术，由于缺乏专门的参考书籍，我们将在下文中对其进行必要的介绍，以便读者能够顺利地完成本项目。

4.3.2 DirectShow 流媒体处理技术

1. 如何使用 DirectShow 开发包

DirectX 是微软公司推出的一套基于 Windows 平台的图像、声音、输入/输出和网络游戏的编程接口。DirectX 被定义为与设备无关性，即 DirectX 可以使用与设备无关的方法提供设备相关的高性能。DirectX 是一个大家族，其成员主要包括 Direct Input、Direct Play、Direct Setup、Direct Music、Direct Sound、DirectX Media Objects、DirectX Graphics 和 DirectShow 等。其中，DirectShow 主要为 Windows 平台处理媒体文件播放、语音视频采集提供了完整的解决方案。

在使用 DirectShow 之前，需要安装 DirectX 开发包和 DirectShow 开发包，用户可以访问微软的官方网站来下载这些开发包。需要说明的是，DirectX 8.1 SDK 版本中包含了 DirectShow SDK。同样，DirectX9.0C SDK 的第一个版本 DirectX SDK Summer 2004 中也包含了 DirectShow SDK。然而，在此之后的 DirectX SDK 版本中，不再包含 DirectShow SDK，而是将 DirectShow SDK 作为单独的 Extras 进行发布。

在安装完 DirectX SDK 和 DirectShow SDK 之后，为了能够在程序中使用 DirectShow，首先需要将目录下的 BaseTsd.h 文件复制到 DirectShow SDK 安装目录的 Include 目录下。

完成上面的配置之后，还需要引用 dshow.h 头文件，并链接 Strmiids 和 quartz 库文件，这样就可以在程序中使用 DirectShow SDK。代码如下：

```
#include "dshow.h"
#pragma comment (lib,"Strmiids")
#pragma comment (lib,"quartz")
```

2. 使用 DirectShow 开发程序的方法

DirectShow 提供了一个很有用的工具名为 GraphEit，它位于 DirectShow 安装目录的 Utilities 目录下。在使用 DirectShow 开发应用程序前，可以使用 GraphEit 预先设置出过滤图表。以播放一个 DAT 文件为例，使用 graphedt 打开 DAT 文件，GraphEit 将根据系统信息生成过滤图像。

若要使用 DirectShow 实现播放 DAT 文件的功能，只需按照过滤器图表中所示，逐一创建过滤器，并按顺序将它们连接起来。当然，还有一个更为简便的方法，即利用过滤图表对象的 RenderFile 方法，该方法能够根据文件名自动生成过滤器图表。播放媒体文件的关键代码如下：

```
IGraphBuilder*        m_pGraphBuilder;                        //过滤图表
ICaptureGraphBuilder2*   m_pCaptureGraphBuilder2;
//创建
auto hr = CoCreateInstance(CLSID_FilterGraph
                                        , NULL
                                        , CLSCTX_INPROC_SERVER
                                        , IID_IGraphBuilder
                                        , (void **)&m_pGraphBuilder);
//创建过滤器
hr = CoCreateInstance(CLSID_VideoMixingRenderer9, NULL, CLSCTX_ALL,
                            IID_IBaseFilter, (void **)&m_pBaseFilterSetting);
//自动生成过滤器
hr = m_pGraphBuilder->RenderFile(m_FileName.AllocSysString(), NULL);
auto hr = m_pGraphBuilder->QueryInterface(IID_IBasicVideo, (void **)&pBasicVideo);
//启动
hr = m_pMediaControl->Run();
}
```

说明

GraphEdit 是微软提供的一个图形化工具，用于创建和调试 DirectShow 筛选器图表。DirectShow 是一个处理媒体流的框架，广泛应用于 Windows 多媒体应用程序中。

3. 使用 DirectShow 确定媒体文件是否播放完成

在设计媒体播放器时，需要在媒体文件播放完成后收到通知。这是因为在设计文件播放列表时，需要在一个媒体文件播放完成后播放下一个文件。在 DirectShow 中，这功能可以通过媒体控制接口和一个单独的线程来实现。

（1）创建一个媒体控制接口对象。代码如下：

```
IMediaEventEx      *pEvent;                                          //定义媒体事件接口对象
pGraph->QueryInterface(IID_IMediaEventEx, (void **)&pEvent);         //获取媒体事件接口对象
```

（2）创建一个线程，执行线程函数，在该线程函数中判断媒体文件是否播放完成。如果没有播放完成，则发送 CM_POSCHANGE 自定义消息；如果播放完成，则发送 CM_COMPLETE 自定义消息。代码如下：

```
DWORD WINAPI ThreadProc(LPVOID lpParameter)
{
    CDirectShowEventDlg* pWnd = (CDirectShowEventDlg*)lpParameter;  //获取主窗口指针
    HANDLE   hEvent;                                                //定义事件句柄
    pWnd->pEvent->GetEventHandle((OAEVENT*) &hEvent);               //获取事件句柄
    long code,p1,p2;                                                //定义事件代码参数
    BOOL   done = FALSE;
    while (!done)                                                   //开始执行循环
    {
        pWnd->SendMessage(CM_POSCHANGE);                            //发送 CM_POSCHANGE 消息
        if (WaitForSingleObject(hEvent,80)==WAIT_OBJECT_0)          //DirectShow 是否有事件产生
        {
            //获取事件代码
            while (SUCCEEDED(pWnd->pEvent->GetEvent(&code,&p1,&p2,0)))
            {
                pWnd->pEvent->FreeEventParams(code,p1,p2);          //释放事件参数
                if (code==EC_COMPLETE)                              //是否为播放完成
                {
                    pWnd->m_Completed = TRUE;                       //设置播放完成状态
                    pWnd->SendMessage(CM_COMPLETE);                 //发送 CM_COMPLETE 消息
                    done=true;                                      //退出循环，结束线程
                }
            }
        }
    }
    return 0;
}
```

4. 使用 DirectShow 进行音量和播放进度的控制

对于媒体播放软件来说，实现音量调节和播放进度的控制是不可获取的功能。在 DirectShow 中可以使用 IBasicAudio 接口来实现音量的控制。该接口提供了 get_Volume 和 put_Volume 方法用于获取和设置音量。如果想设置为静音，可以将音量设置为-10000L。代码如下：

```
IBasicAudio* pAudio = NULL;                                         //定义 IBasicAudio 接口指针
if (pGraph != NULL)
{
    pGraph->QueryInterface(IID_IBasicAudio,(void**)&pAudio);        //获取 IBasicAudio 接口对象
    if (pAudio != NULL)                                             //如果有音频数据
    {
        pAudio->get_Volume(&m_lVolumn);                             //获取当前的音量
        if (m_lVolumn <0)                                           //当前不是最大音量
        {
```

```
                m_lVolumn += 200;                                          //增加音量
                pAudio->put_Volume(m_lVolumn);                             //设置音量
            }
            else
            {
                m_lVolumn = 0;                                             //当前音量为最大音量
            }
        }
}
```

若要控制播放进度，可通过 IMediaPosition 接口实现。此接口提供了 get_StopTime 方法以获取文件的播放结束时间，get_CurrentPosition 方法用于获取当前的播放位置，以及 put_CurrentPosition 方法来设置播放时间，从而调整播放进度。借助这些方法，控制播放进度便轻而易举。代码如下：

```
IMediaPosition* pPosition = NULL;                                          //定义 IMediaPosition 接口指针
if (pGraph != NULL)
{
    pGraph->QueryInterface(IID_IMediaPosition,(void**)&pPosition);         //获取 IMediaPosition 接口对象
    if (pPosition != NULL)
    {
        REFTIME curTime,endTime;
        pPosition->get_StopTime(&endTime);                                 //获取播放的停止时间
        pPosition->get_CurrentPosition(&curTime);                          //获取当前的播放时间
        curTime += 5;                                                      //设置快进
        if (curTime <=endTime)
        {
            pPosition->put_CurrentPosition(curTime);                       //设置当前播放的时间
        }
        else
        {
            pPosition->put_CurrentPosition(endTime);                       //设置当前播放时间为停止时间
        }
    }
}
```

5. 使用 DirectShow 实现字幕叠加

在设计媒体播放器时，添加的特色功能之一就是字幕叠加功能，效果如图 4.2 所示。

图 4.2　字幕叠加效果

在 DirectShow 中，实现字幕叠加功能有两种方法：第一种方法是编写一个自定义的字幕叠加过滤器，并将其插入视频解码过滤器和视频显示过滤器之间，以实现字幕的叠加，不过在设计亮度、饱和度和对比度的调节功能时，可能会遇到字幕叠加过滤器与这些功能发生冲突的问题；第二种方法是利用 VideoMixingRenderer9 过滤器来处理视频显示，而笔者将实现字幕叠加功能的过滤器源代码放置在本书的资源包中。

以下内容将介绍如何使用 VideoMixingRenderer9 过滤器来实现字幕叠加。通常情况下，DirectShow 会使用 Video Renderer 过滤器来显示视频图像，但该过滤器并不支持字幕叠加功能。因此，需要将 Video Renderer 过滤器替换为 VideoMixingRenderer9 过滤器。VideoMixingRenderer9 过滤器支持 IVMRMixerBitmap9 接口，该接口提供的 SetAlphaBitmap 方法能够实现字幕的叠加功能。主要代码如下：

```
CoCreateInstance(CLSID_VideoMixingRenderer9, NULL, CLSCTX_ALL,
        IID_IBaseFilter, (void **)&pRender);                               //创建 VideoMixingRenderer9 过滤器
```

实现使用 VideoMixingRenderer9 过滤器替换默认的视频显示过滤器的代码如下：

```
IBaseFilter *pRenderFiler = NULL;                                          //定义 IBaseFilter 接口对象
//获取 IBaseFilter 接口对象
pWnd->pGraph->FindFilterByName(L"Video Renderer",(IBaseFilter**)&pRenderFiler);
if (pRenderFiler!=NULL)                                                    //包含视频信息
{
```

```
    pWnd->m_bViewPlay = TRUE;
    IPin* pVideoIn = NULL;
    pVideoIn   = pWnd->FindPin(pRenderFiler,PINDIR_INPUT);          //查找输入引脚
    if (pVideoIn)
    {
        pVideoIn->Disconnect();                                       //先断开输入引脚与视频解码的连接
    }
    pWnd->pGraph->RemoveFilter(pRenderFiler);                         //移除默认的视频显示过滤器
    pWnd->pGraph->AddFilter(pWnd->pRender,L"Render");                 //添加 VideoMixingRenderer9 过滤器
    //获取视频解码器
    pWnd->pGraph->FindFilterByName(L"MPEG Video Decoder",(IBaseFilter**)&pWnd->pBase);
    if (pWnd->pBase)
    {
        IPin* pOutPin = NULL;                                         //定义输出引脚接口指针
        //获取视频解码的输出引脚
        pOutPin = pWnd->FindPin(pWnd->pBase,PINDIR_OUTPUT);
        if (pOutPin != NULL)
        {
            IPin* pColorIn = NULL;
            IPin* pColorOut = NULL;
            //获取输入和输出引脚
            IPin *pTextIn = NULL;
            IPin *pTextOut = NULL;
            IPin *pRenderIn = NULL;
            //查找输入引脚
            pRenderIn = pWnd->FindPin(pWnd->pRender,PINDIR_INPUT);
            HRESULT hRet = 0;
            hRet = pOutPin->Disconnect();                             //断开输出引脚
            //连接视频解码的输出引脚与 VideoMixingRenderer9 过滤器的输入引脚
            hRet = pWnd->pGraph->ConnectDirect(pOutPin,pRenderIn,NULL);
        }
    }
}
else
{
    pWnd->m_bViewPlay = FALSE;                                        //没有视频信息
}
```

利用 VideoMixingRenderer9 过滤器实现字幕叠加功能。代码如下：

```
IVMRMixerBitmap9 * pBmp9 = NULL;                                      //定义 IVMRMixerBitmap9 接口指针
pRender->QueryInterface(IID_IVMRMixerBitmap9,(void**)&pBmp9);         //获取 IVMRMixerBitmap9 接口对象
if (pBmp9!= NULL)
{
    COverlayText OverlayDlg;                                          //定义字幕叠加对话框
    if (OverlayDlg.DoModal()==IDOK)                                   //显示字幕叠加对话框
    {
        BYTE byR,byG,byB;                                             //定义颜色变量
        byR = GetRValue(OverlayDlg.m_TextColor);                      //获取文本颜色
        byG = GetGValue(OverlayDlg.m_TextColor);
        byB = GetBValue(OverlayDlg.m_TextColor);
        LOGFONT logfont = OverlayDlg.m_LogFont;                       //获取字体信息
        int nX = OverlayDlg.m_HorPos;                                 //获取坐标
        int nY = OverlayDlg.m_VerPos;
        IVideoWindow * pVideoWnd = NULL;                              //定义 IVideoWindow 接口指针
        long lVideoWidth, lVideoHeight;
        //获取 IVideoWindow 接口指针
        pRender->QueryInterface(IID_IVideoWindow, (void**)&pVideoWnd);
        if (pVideoWnd!= NULL)
        {
            pVideoWnd->get_Width(&lVideoWidth);                       //获取视频窗口的宽度
            pVideoWnd->get_Height(&lVideoHeight);                     //获取视频窗口的高度
            //创建一个设备上下文
            HDC hBmpDC = CreateCompatibleDC(GetDC()->m_hDC);
            CFont Font;                                               //定义字体对象
            Font.CreateFontIndirect(&logfont);                        //创建字体
            //选中字体对象
            HFONT hOldFont = (HFONT) SelectObject(hBmpDC,Font.m_hObject);
            int nLength, nTextBmpWidth, nTextBmpHeight;
```

```
            SIZE szText={0};
            nLength = strlen(OverlayDlg.m_Text);                        //获取字符串的长度
            //获取文本的长度和高度
            GetTextExtentPoint32(hBmpDC, OverlayDlg.m_Text, nLength, &szText);
            nTextBmpHeight = szText.cy;
            nTextBmpWidth   = szText.cx;
            HBITMAP hBmp = CreateCompatibleBitmap(GetDC()->m_hDC,
                nTextBmpWidth, nTextBmpHeight);                         //创建位图
            BITMAP bmObj;                                               //定义位图信息对象
            HBITMAP hbmOld;                                             //定义位图句柄
            GetObject(hBmp, sizeof(bmObj), &bmObj);                     //获取位图信息
            hbmOld = (HBITMAP)SelectObject(hBmpDC, hBmp);               //选中位图
            //定义文本的矩形区域
            RECT rcText;
            SetRect(&rcText, 0, 0, nTextBmpWidth, nTextBmpHeight);
            //设置背景颜色，注意与文本颜色接近，否则效果不好
            SetBkColor(hBmpDC, RGB(byR, byG, byB-1));
            SetTextColor(hBmpDC, RGB(byR, byG, byB));                   //设置文本颜色
            TextOut(hBmpDC, 0, 0,OverlayDlg.m_Text, nLength);           //输出文本
            VMR9AlphaBitmap bmpInfo;                                    //定义参数
            ZeroMemory(&bmpInfo, sizeof(bmpInfo));                      //初始化参数
            bmpInfo.dwFlags = VMRBITMAP_HDC;                            //设置参数标记
            bmpInfo.hdc = hBmpDC;                                       //设置设备上下文
            //等比例输出文字
            double xRate = (double)nTextBmpWidth /lVideoWidth;
            double yRate = (double)nTextBmpHeight / lVideoHeight;
            double fX = (double)nX / lVideoWidth;                       //确定文本输出比例
            double fY = (double)nY / lVideoHeight;
            bmpInfo.rDest.left   = fX;
            bmpInfo.rDest.right = fX+xRate;
            bmpInfo.rDest.top = fY;
            bmpInfo.rDest.bottom = fY+ yRate;
            bmpInfo.rSrc = rcText;                                      //设置文本显示区域
            bmpInfo.clrSrcKey = RGB(byR, byG, byB-1);                   //设置关键颜色
            bmpInfo.dwFlags |= VMRBITMAP_SRCCOLORKEY;
            bmpInfo.fAlpha = 1.0;
            pBmp9->SetAlphaBitmap(&bmpInfo);                            //实现图像字幕叠加
        }
    }
}
```

6. 使用 DirectShow 实现亮度、饱和度和对比度调节

在媒体播放器中，若要实现设置对视频图像的亮度、饱和度和对比度可以使用 VideoMixingRenderer9 过滤器支持的 IVMRMixerControl9 接口来实现。该接口提供了 SetProcAmpControl 方法，用于设置图像的亮度、饱和度和对比度等信息。主要代码如下：

```
void CDirectShowEventDlg::SetViewInfo(int nFlag, float fValue)
{
    IVMRMixerControl9 * pControl = NULL;                                //定义 IVMRMixerControl9 接口指针
    if (pRender != NULL)
    {
        //获取 IVMRMixerControl9 接口对象
        pRender->QueryInterface(IID_IVMRMixerControl9,(void**)&pControl);
        if (pControl != NULL)
        {
            VMR9ProcAmpControl vmrParam;                                //定义参数
            memset(&vmrParam,0,sizeof(VMR9ProcAmpControl));             //初始化参数
            vmrParam.dwSize = sizeof(VMR9ProcAmpControl);               //设置参数大小
            vmrParam.dwFlags = nFlag;                                   //设置标记
            vmrParam.Brightness = fValue;                               //设置亮度值
            vmrParam.Contrast = fValue;                                 //设置对比度值
            vmrParam.Hue = fValue;                                      //设置色调值
            vmrParam.Saturation = fValue;                               //设置饱和度值
             pControl->SetProcAmpControl(0,&vmrParam);                  //设置视频图像颜色信息
        }
    }
}
```

4.4 媒体播放器主窗口模块

4.4.1 媒体播放器主窗口模块概述

媒体播放器主窗口模块主要用于显示媒体文件的播放进度、播放时间等，并允许用户控制播放进度、调整音量大小，以及调用字幕叠加、视频设置等子模块。

媒体播放器主窗口模块的效果如图 4.3 所示。

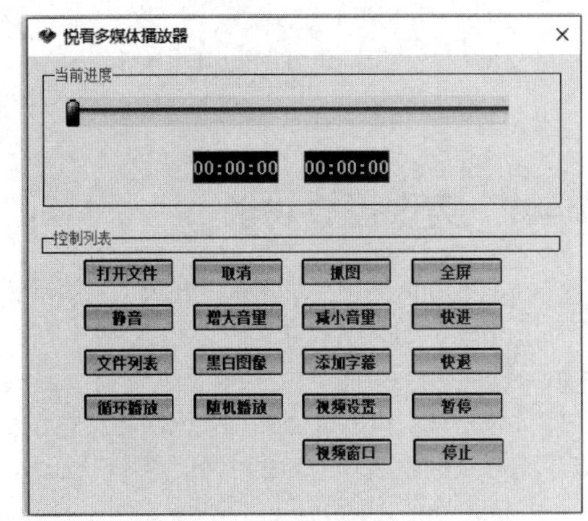

图 4.3 媒体播放器主窗口模块效果图

4.4.2 界面设计

媒体播放器主窗口模块界面设计过程如下：

（1）创建一个对话框类，类名为 CDirectShowEventDlg。

（2）向对话框中添加按钮、静态文本和滑块控件。

（3）设置媒体播放器主窗口模块的控件属性，如表 4.1 所示。

表 4.1 媒体播放器主窗口模块的控件属性设置

控件 ID	控件属性	关联变量
IDC_CTLLIST	Caption：控制列表 Border：FALSE	CCustomGroup：m_CtlList
IDC_GRAY	Caption：黑白图像	CButton：m_GrayBtn
IDC_PROCESSCTRL	默认	CCustomSlider：m_ProgressCtrl
IDC_CURPOS	Caption：空 Border：FALSE	CNumLabel：m_CurPos

4.4.3 媒体播放器主窗口模块初始化

媒体播放器主窗口模块初始化过程如下：

（1）引用 DirectShow 相关头文件和库文件。代码如下：

```
#include "dshow.h"
#include "D3d9.h"
#include "vmr9.h"
#include "Objbase.h"

#pragma comment (lib,"Strmiids")
#pragma comment (lib,"quartz")
```

（2）在应用程序初始化时初始化 Com 库，因为 DirectShow 操作是基于 Com 技术实现的。代码如下：

```
CoInitialize(NULL);
```

（3）在对话框中添加 FindPin 方法，用于查找某一过滤器的输入、输出引脚。代码如下：

```
//查找引脚
IPin *CDirectShowEventDlg::FindPin(IBaseFilter *pFilter, PIN_DIRECTION dir)
{
```

```
    IEnumPins *pEnumPins;
    IPin *pOutpin = nullptr;
    PIN_DIRECTION pDir;
    pFilter->EnumPins(&pEnumPins);
    while(pEnumPins->Next(1, &pOutpin, NULL) == S_OK) {
        pOutpin->QueryDirection(&pDir);
        if(pDir == dir) {
            return pOutpin;
        }
    }
    return pOutpin;
}
```

4.4.4 实现播放功能

（1）在对话框中添加 Done 方法，当用户播放一个媒体文件时，将创建一个线程，用于检测媒体文件是否播放完成。如果播放完成，该线程将向主窗口发送自定义消息 CM_COMPLETE，该消息与 Done 方法相关联。Done 方法的作用是在媒体文件播放完成之后终止线程，隐藏 DirectShow 的视频窗口，释放媒体控制接口对象指针，释放过滤图标，恢复对话框的成员变量为初始状态，修改视频窗口，使得在媒体文件播放完成后不可以调整视频窗口的大小。实现代码如下：

```
LRESULT CDirectShowEventDlg::Done(WPARAM, LPARAM)
{
    if(m_hThread) {
        TerminateThread(m_hThread, 0);
        m_hThread = NULL;
    }

    if(m_pMediaControl != NULL) {
        m_pMediaControl->Stop();
        m_bStop = TRUE;
        if(m_pVideoWindow != NULL) {
            m_pVideoWindow->put_Visible(FALSE);
        }
    }
    if(m_pMediaControl) {
        m_pMediaControl->Release();
        m_pMediaControl = NULL;
    }
    if(m_pGraphBuilder) {
        m_pGraphBuilder->Release();
        m_pGraphBuilder = NULL;
    }
    if(m_pMediaEventEx) {
        m_pMediaEventEx->Release();
        m_pMediaEventEx = NULL;
    }
    m_bFullScreen = FALSE;
    m_pVideoWindow = NULL;
    pBaseVideo = NULL;
    m_pBaseFilter = NULL;
    m_bViewPlay = FALSE;
    m_lVolumn = 0;
    m_bMute = FALSE;
    m_bSpeed = FALSE;
    m_bBack = FALSE;
    m_bGrayImage = FALSE;
    m_fSaturation = m_fBright = m_fContrast = m_fHue = 1;
    m_pBaseFilterSetting = NULL;

    m_bStop = m_bPause = FALSE;
    m_hThread = NULL;
    m_Stop.SetWindowText("停止");
    m_GrayBtn.SetWindowText("黑白图像");
```

```
    m_Pause.SetWindowText("暂停");
    m_Progress.SetText("00:00:00");
    m_CurPos.SetText("00:00:00");
    m_ProgressCtrl.SetPos(0);

    //播放完成
    m_bPreview = FALSE;
    m_Completed = TRUE;
    m_DisplayDialog.ModifyStyle(WS_SIZEBOX, 0);
    m_DisplayDialog.m_Panel.ModifyStyle(SS_BLACKRECT, SS_BITMAP);
    m_DisplayDialog.m_Panel.SetBitmap(m_DisplayDialog.bmp);
    m_DisplayDialog.SetWindowPos(NULL, 0, 0, m_OriginRC.Width(), m_OriginRC.Height(), SWP_NOMOVE);
    return 0;
}
```

（2）在对话框中添加 OnPosChange 方法，用于显示当前的播放时间，当播放一个媒体文件时，将创建一个线程来判断媒体文件是否播放完成。如果文件没有播放完成，该线程将发送自定义消息 CM_POSCHANGE，该消息 OnPosChange 方法相关联。代码如下：

```
//自定义消息的处理 ：设置当前播放的时间
void CDirectShowEventDlg::OnPosChange()
{
    if(m_pGraphBuilder != NULL) {
        IMediaPosition *pPosition = NULL;
        m_pGraphBuilder->QueryInterface(IID_IMediaPosition, (void **)&pPosition);
        if(pPosition != NULL) {
            REFTIME endTime, totalTime;
            pPosition->get_CurrentPosition(&endTime);
            m_ProgressCtrl.SetPos(endTime);

            //将秒转换为小时:分:秒的形式
            int nHour = endTime / 3600;
            int nMinute = (endTime - nHour * 3600) / 60;
            int nSecond = (int)endTime % 60;

            CString csTime, csSpace;
            csSpace = "";
            if(nHour < 10) {
                csSpace += "0%d:";
            }
            else {
                csSpace += "%d:";
            }
            if(nMinute < 10) {
                csSpace += "0%d:";
            }
            else {
                csSpace += "%d:";
            }
            if(nSecond < 10) {
                csSpace += "0%d";
            }
            else {
                csSpace += "%d";
            }

            csTime.Format(csSpace, nHour, nMinute, nSecond);

            m_CurPos.SetText(csTime);

            pPosition->get_Duration(&totalTime);
            if(endTime >= totalTime) {
                this->m_Completed = TRUE;
            }
        }
    }
}
```

（3）在对话框中添加 PlayFile 方法，用于播放指定的媒体文件。该方法首先判断当前是否正在播放媒体文件，如果是，则调用 Done 方法结束媒体文件的播放，然后构建适当的过滤器图表，在过滤器图表构建完成后，将创建一个线程，该线程的作用是修改过滤器图表。默认情况下，DirectShow 使用 Video Renderer 过滤器来显示视频图像，但该过滤器不支持字幕叠加，也无法调整视频图像的亮度、饱和度和对比度。因此，该线程的函数作用是将 Video Renderer 过滤器替换为 VideoMixingRenderer9 过滤器。接着，PlayFile 方法会检查媒体文件是否包含视频内容，如果包含，则显示视频窗口。最后，PlayFile 方法会获取媒体文件的长度，并创建一个单独的线程来监控媒体文件是否播放完毕。实现代码如下：

```
//播放文件
void CDirectShowEventDlg::PlayFile(LPCTSTR lpFileName)
{
    if(m_pGraphBuilder != NULL) {   //之前已经播放文件或者正在播放文件
        Done(0, 0);                 //停止播放
    }

    m_bStop = FALSE;

    m_pGraphBuilder = NULL;
    m_pMediaControl = NULL;
    m_FileName = lpFileName;


    //创建
    auto hr = CoCreateInstance(CLSID_FilterGraph
                               , NULL
                               , CLSCTX_INPROC_SERVER
                               , IID_IGraphBuilder
                               , (void **)&m_pGraphBuilder);
    if(FAILED(hr)) {
        AfxMessageBox(_T("CoCreateInstance 出错!"));
        return;
    }

    //控制
    hr = m_pGraphBuilder->QueryInterface(IID_IMediaControl, (void **)&m_pMediaControl);
    if(FAILED(hr)) {
        AfxMessageBox(_T("QueryInterface 出错!"));
        return;
    }

    //事件
    hr = m_pGraphBuilder->QueryInterface(IID_IMediaEvent, (void **)&m_pMediaEventEx);
    if(FAILED(hr)) {
        AfxMessageBox(_T("QueryInterface 出错!"));
        return;
    }

    //创建过滤器
    hr = CoCreateInstance(CLSID_VideoMixingRenderer9, NULL, CLSCTX_ALL,
                          IID_IBaseFilter, (void **)&m_pBaseFilterSetting);
    if(FAILED(hr)) {
        AfxMessageBox(_T("QueryInterface 出错!"));
        return;
    }


    //增加一个过滤器
    hr = m_pGraphBuilder->AddFilter(m_pBaseFilterSetting, L"VMR-9");
    if(FAILED(hr)) {
        AfxMessageBox(_T("Could not add the VMR9 to the Graph"));
        return;
    }

    //自动生成过滤器
    hr = m_pGraphBuilder->RenderFile(m_FileName.AllocSysString(), NULL);
    if(FAILED(hr)) {
        AfxMessageBox(_T("RenderFile Failed!"));
        return;
```

```
}
//连接过器

//获取预览窗口
{
    m_pVideoWindow = NULL;
    m_pGraphBuilder->QueryInterface(IID_IVideoWindow, (void **)&m_pVideoWindow);


    if(m_pVideoWindow) {
        //设置预览窗口的拥有者
        m_pVideoWindow->put_Owner((long)m_DisplayDialog.m_Panel.m_hWnd);
        m_pVideoWindow->put_Left(0);
        m_pVideoWindow->put_Top(0);

        //获取预览窗口风格
        long style;
        m_pVideoWindow->get_WindowStyle(&style);
        style = style & ~WS_CAPTION; //去除窗口的标题等属性
        style = style & ~WS_DLGFRAME;
        style = style & WS_CHILD;
        style = style | WS_THICKFRAME; //防止从全屏还原时出现黑屏
        m_pVideoWindow->put_WindowStyle(style);

        //设置预览窗口宽度和高度
        CRect rc;
        m_DisplayDialog.m_Panel.GetClientRect(rc);
        m_pVideoWindow->put_Height(rc.Height());
        m_pVideoWindow->put_Width(rc.Width());
        m_pVideoWindow->put_MessageDrain((OAHWND)m_DisplayDialog.m_Panel.m_hWnd);
    }
}

m_bPreview = TRUE;
m_bViewPlay = TRUE;
m_Completed = FALSE;
if(m_bViewPlay) {
    m_DisplayDialog.ShowWindow(SW_SHOW);
    m_DisplayDialog.ModifyStyle(0, WS_SIZEBOX);
}
else {
    m_DisplayDialog.ShowWindow(SW_HIDE);
    m_DisplayDialog.ModifyStyle(WS_SIZEBOX, 0);
}

m_Completed = FALSE;
//启动
hr = m_pMediaControl->Run();
if(FAILED(hr)) {
    AfxMessageBox(_T("m_pMediaControl->Run() Failed!"));
    return;
}

//设置进度条以显示播放时间和进度
IMediaPosition *pPosition = NULL;
m_pGraphBuilder->QueryInterface(IID_IMediaPosition, (void **)&pPosition);
if(pPosition != NULL) {
    REFTIME curTime, endTime;
    pPosition->get_StopTime(&endTime);
    pPosition->get_CurrentPosition(&curTime);
    m_ProgressCtrl.SetRange(curTime, endTime);

    //将秒转换为小时:分:秒的形式
    int nHour = endTime / 3600;
    int nMinute = (endTime - nHour * 3600) / 60;
    int nSecond = (int)endTime % 60;

    CString csTime, csSpace;
    csSpace = "";
    if(nHour < 10) {
        csSpace += "0%d:";
    }
    else {
```

```
            csSpace += "%d:";
        }
        if(nMinute < 10) {
            csSpace += "0%d:";
        }
        else {
            csSpace += "%d:";
        }
        if(nSecond < 10) {
            csSpace += "0%d";
        }
        else {
            csSpace += "%d";
        }
        csTime.Format(csSpace, nHour, nMinute, nSecond);
        m_Progress.SetText(csTime);
    }

    //启动定时器以更新进度和时间
    SetTimer(3, 100, NULL);
}
```

4.4.5 实现“打开文件”按钮功能

处理“打开文件”按钮的单击事件，利用文件打开对话框选择一个媒体文件，然后调用 PlayFile 方法播放媒体文件。代码如下：

```
//打开文件
void CDirectShowEventDlg::OnSetFile()
{
    CFileDialog fDlg(TRUE, NULL, NULL, OFN_HIDEREADONLY | OFN_OVERWRITEPROMPT,
                     "avi 文件|*.avi;*.dat;*.mp3;*.wav;*.mpeg|所有文件|*.*||", this);
    if(fDlg.DoModal() == IDOK) {
        m_FileName = fDlg.GetPathName();
        //单击“停止”按钮
        m_Stop.SendMessage(WM_LBUTTONDOWN, 0, 0);
        //播放文件
        PlayFile(m_FileName);
    }
}
```

4.4.6 实现“抓图”按钮功能

处理“抓图”按钮的单击事件时，程序将执行以下操作：首先，通过调用 IbasicVideo 接口的 GetCurrentImage 方法获取当前视频窗口的位图信息和位图数据；然后，将这些信息保存至磁盘文件中。代码如下：

```
//抓图
void CDirectShowEventDlg::OnSnap()
{
    if(!m_pGraphBuilder) {
        return;
    }

    CFileDialog fileDialog(FALSE, "", "Snap.bmp");
    IBasicVideo *pBasicVideo = NULL;
    //退出函数时，运行 Release() 释放资源
    ON_SCOPE_EXIT([&]() {
        if(pBasicVideo) {
            pBasicVideo->Release();
        }
    });

    auto hr = m_pGraphBuilder->QueryInterface(IID_IBasicVideo, (void **)&pBasicVideo);
    if(FAILED(hr)) {
        return;
    }
```

```
    //暂停
    m_pMediaControl->Pause();
    ON_SCOPE_EXIT([&]() {
        m_pMediaControl->Run();
    });

    if(fileDialog.DoModal() != IDOK) {
        return;
    }
    CString csSaveName = fileDialog.GetPathName();
    //获取图像大小，包含位图信息头
    long lBmpSize;
    if(SUCCEEDED(pBasicVideo->GetCurrentImage(&lBmpSize, 0))) {
        //定义图像数据缓冲区，获取图像数据
        BYTE *pData = new BYTE[lBmpSize];
        ON_SCOPE_EXIT([&]() {
            if(pData) {
                delete[] pData;
            }
            pData = nullptr;
        });

        if(SUCCEEDED(pBasicVideo->GetCurrentImage(&lBmpSize, (long *)pData))) {
            BITMAPFILEHEADER bFile;
            bFile.bfReserved1 = bFile.bfReserved2 = 0;
            bFile.bfSize = sizeof(BITMAPFILEHEADER);
            bFile.bfType = 0x4d42;
            bFile.bfOffBits = sizeof(BITMAPFILEHEADER) + sizeof(BITMAPINFOHEADER);
            CFile file;
            file.Open(csSaveName, CFile::modeCreate | CFile::modeReadWrite);
            file.Write(&bFile, sizeof(BITMAPFILEHEADER));
            file.Write(pData, lBmpSize);
            file.Close();
        }
    }
}
```

4.4.7 实现“全屏”按钮功能

（1）处理“全屏”按钮的单击事件，调用视频窗口对象的 put_FullScreenMode 方法设置全屏模式。实现代码如下：

```
//全屏
void CDirectShowEventDlg::OnFullScreen()
{

    if((m_pVideoWindow == NULL || m_bStop == TRUE)) {
        return;
    }
    CString str;
    GetDlgItemText(IDC_FULLSCREEN, str);
    if(str == _T("全屏")) {
        m_pVideoWindow->put_FullScreenMode(OATRUE);
        m_bFullScreen = TRUE;
        SetDlgItemText(IDC_FULLSCREEN, "还原");
    }
    else {
        m_pVideoWindow->put_FullScreenMode(OAFALSE);
        m_bFullScreen = FALSE;
        SetDlgItemText(IDC_FULLSCREEN, "全屏");
    }
}
```

（2）重写对话框的 PreTranslateMessage 方法，以便在全屏模式下按 Esc 键将取消全屏显示。实现代码如下：

```
BOOL CDirectShowEventDlg::PreTranslateMessage(MSG *pMsg)
{
```

```
    if(pMsg->message == WM_KEYDOWN) {
        if(pMsg->wParam == VK_ESCAPE) {
            if(m_pVideoWindow != NULL) {
                pMsg->wParam = 0;
                m_pVideoWindow->put_FullScreenMode(0);
                m_bFullScreen = FALSE;
                return TRUE;
            }
        }
    }
    return CDialog::PreTranslateMessage(pMsg);
}
```

4.4.8 实现设置视频图像功能

在对话框中添加 SetViewInfo 方法，该方法用于设置视频图像的颜色，如亮度、饱和度、对比度的信息。相应代码如下：

```
//设置颜色信息
void CDirectShowEventDlg::SetViewInfo(int nFlag, float fValue)
{
    IVMRMixerControl9 *pControl = NULL;
    if(m_pBaseFilterSetting != NULL) {
        m_pBaseFilterSetting->QueryInterface(IID_IVMRMixerControl9, (void **)&pControl);
        if(pControl != NULL) {
            VMR9ProcAmpControl vmrParam;
            memset(&vmrParam, 0, sizeof(VMR9ProcAmpControl));
            vmrParam.dwSize = sizeof(VMR9ProcAmpControl);
            vmrParam.dwFlags = nFlag;
            vmrParam.Brightness = fValue;
            vmrParam.Contrast = fValue;
            vmrParam.Hue = fValue;
            vmrParam.Saturation = fValue;
            pControl->SetProcAmpControl(0, &vmrParam);
        }
    }
}
```

4.4.9 实现“快进”按钮功能

处理“快进”按钮的单击事件，利用 IMediaPosition 接口的 put_CurrentPosition 方法来设置当前播放的位置，以实现快进功能。实现代码如下：

```
//快进
void CDirectShowEventDlg::OnAddSpeed()
{
    IMediaPosition *pPosition = NULL;
    if(m_pGraphBuilder != NULL) {
        m_pGraphBuilder->QueryInterface(IID_IMediaPosition, (void **)&pPosition);
        if(pPosition != NULL) {
            REFTIME curTime, endTime;
            pPosition->get_StopTime(&endTime);
            pPosition->get_CurrentPosition(&curTime);
            curTime += 5;
            if(curTime <= endTime) {
                pPosition->put_CurrentPosition(curTime);
            }
            else {
                pPosition->put_CurrentPosition(endTime);
            }
        }
    }
}
```

4.4.10 实现“增大音量”按钮功能

处理“增大音量”按钮的单击事件，利用 IbasicAudi 接口的 put_Volume 方法来调节音量。代码如下：

```
//增大音量
void CDirectShowEventDlg::OnVolumnmax()
{
	IBasicAudio *pAudio = NULL;
	if(m_pGraphBuilder != NULL) {
		m_pGraphBuilder->QueryInterface(IID_IBasicAudio, (void **)&pAudio);
		if(pAudio != NULL) {
			pAudio->get_Volume(&m_lVolumn);
			if(m_lVolumn < 0) {
				m_lVolumn += 200;
				pAudio->put_Volume(m_lVolumn);
			}
			else {
				m_lVolumn = 0;
			}
		}
	}
}
```

4.4.11 实现“黑白图像”按钮功能

处理“黑白图像”按钮的单击事件，将视频图像的饱和度调节至最小值，从而实现黑白图像的效果。实现代码如下：

```
//黑白图像
void CDirectShowEventDlg::OnGray()
{
	IVMRMixerControl9 *pControl = NULL;
	if(m_pBaseFilterSetting != NULL) {
		m_pBaseFilterSetting->QueryInterface(IID_IVMRMixerControl9, (void **)&pControl);
		if(pControl != NULL) {
			VMR9ProcAmpControl vmrParam;
			memset(&vmrParam, 0, sizeof(VMR9ProcAmpControl));
			vmrParam.dwSize = sizeof(VMR9ProcAmpControl);
			vmrParam.dwFlags = ProcAmpControl9_Saturation;

			//获取饱和度的最小值
			VMR9ProcAmpControlRange range;
			range.dwSize = sizeof(VMR9ProcAmpControlRange);
			range.dwProperty = ProcAmpControl9_Saturation;

			pControl->GetProcAmpControlRange(0, &range);
			//设置饱和度为最小值
			if(m_bGrayImage == FALSE) {
				VMR9ProcAmpControl getParam;
				memset(&getParam, 0, sizeof(VMR9ProcAmpControl));
				getParam.dwSize = sizeof(VMR9ProcAmpControl);
				getParam.dwFlags = ProcAmpControl9_Saturation;
				pControl->GetProcAmpControl(0, &getParam);
				m_fSaturation = range.MinValue;
				vmrParam.Saturation = m_fSaturation;
				m_bGrayImage = TRUE;
				m_GrayBtn.SetWindowText("彩色图像");
			}
			else {
				m_fSaturation = 1;
				m_GrayBtn.SetWindowText("黑白图像");
				vmrParam.Saturation = m_fSaturation;
				m_bGrayImage = FALSE;
			}
			HRESULT hRet = pControl->SetProcAmpControl(0, &vmrParam);
		}
	}
}
```

4.5 视频显示模块

4.5.1 视频显示模块概述

视频显示模块用于显示视频图像画面。在该模块中，用户可以打开新的媒体文件，全屏显示视频图像，设置黑白图像、彩色图像以及停止播放等。视频显示模块效果如图 4.4 所示。

图 4.4 视频显示模块

4.5.2 界面设计

视频显示模块界面设计过程如下：

（1）创建一个对话框类，类名为 CDisplayWnd。

（2）在对话框中添加一个图片控件，将该控件的类型设置为 Bitmap，并将其 Image 属性设置为程序中导入的位图资源的 ID。

4.5.3 实现加载菜单功能

（1）创建两个菜单对象 m_Menu 和 m_SubMenu（其中 m_SubMenu 为 CIconMenu 类型的指针，而 m_Menu 为 CIconMenu 类型的实例），并将它们配置为在右击对话框时弹出相应的菜单。代码如下：

```
CIconMenu* m_SubMenu;
CIconMenu m_Menu;
```

（2）在对话框初始化时加载菜单资源。代码如下：

```
BOOL CDisplayDialog::OnInitDialog()
{
    CDialog::OnInitDialog();
    m_Menu.LoadMenu(IDR_VIDEOMENU);
    m_Menu.ChangeMenuItem(&m_Menu);
    return TRUE;
}
```

4.5.4 实现弹出菜单功能

处理对话框的 WM_CONTEXTMENU 消息，在右击对话框时弹出菜单的代码如下：

```
void CDisplayDialog::OnContextMenu(CWnd *pWnd, CPoint point)
{
    CMenu *pMenu = m_Menu.GetSubMenu(0);
    pMenu->TrackPopupMenu(TPM_LEFTBUTTON | TPM_LEFTALIGN, point.x, point.y, this);
}
```

说明

TrackPopupMenu 是 Windows API 中用于显示弹出式菜单（右键菜单）的函数。它允许开发者在指定的位置上显示菜单，并能够处理用户的选择。此函数通常用于处理右击事件。

4.5.5 实现调整窗口功能

处理对话框的 WM_SIZE 消息，以便在播放视频文件时，能够随着对话框大小的调整来同步调整视频图像的大小，使其填充整个窗口。代码如下：

```
void CDisplayDialog::OnSize(UINT nType, int cx, int cy)
{
    CDialog::OnSize(nType, cx, cy);

    CDirectShowEventDlg *pDlg = (CDirectShowEventDlg *)AfxGetMainWnd();

    if(pDlg->m_bViewPlay) {
        CRect ClientRC, rc;
        GetClientRect(ClientRC);
        m_Panel.MoveWindow(ClientRC);
        m_Panel.ModifyStyle(SS_BITMAP, SS_BLACKRECT);
        m_Panel.GetClientRect(rc);
        pDlg->m_pVideoWindow->put_Height(rc.Height());
        pDlg->m_pVideoWindow->put_Width(rc.Width());
    }
}
```

说明

GetClientRect 是一个在 Windows API 中用于获取指定窗口显示应用程序内容区域的函数。

4.5.6 实现播放文件功能

处理“播放文件”菜单项的单击事件，调用主窗口中的 OnPlayfile 方法来播放视频文件。相应代码如下：

```
void CDisplayDialog::OnPlayfile()
{
    CDirectShowEventDlg *pDlg = (CDirectShowEventDlg *)AfxGetMainWnd();
    pDlg->OnSetFile();
}
```

4.6 字幕叠加模块

4.6.1 字幕叠加模块概述

字幕叠加模块用于在视频图像上添加或删除字幕信息。在设计字幕信息时，用户可以设置字体大小、字体颜色、文本信息和文本的坐标位置等。字幕叠加模块如图 4.5 所示。

例如：增加“VC 编程词典”字幕文本，将字体设置为宋体，水平位置设置为 10，垂直位置设置为 10。显示效果如图 4.6 所示，可以看到字幕按照上述要求正确地显示在窗口中。这就是字幕叠加视频窗口的功能。

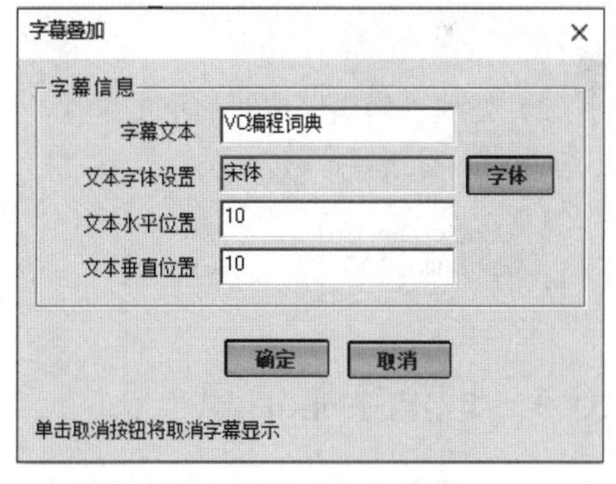

图 4.5 字幕叠加模块

图 4.6 字幕叠加窗口效果

4.6.2 界面设计

字幕叠加模块界面设计过程如下：

（1）新建一个对话框类，类名为 COverlayText。

（2）向对话框中添加按钮、静态文本、群组框等控件。

（3）设置字幕叠加模块的控件属性，如表 4.2 所示。

表 4.2 字幕叠加模块的控件属性设置

控件 ID	控件属性	关联变量
IDC_FONT	Read only：TRUE	CString：m_Font
IDC_HORPOS	Number：TRUE	UINT：m_HorPos
IDC_VERPOS	Number：TRUE	UINT：m_VerPos
IDC_TEXT	默认	CString：m_Text

4.6.3 叠加文本的字体设置

字幕叠加模块实现过程如下。

（1）处理“字体”按钮的单击事件，弹出字体设置对话框，设置字体的大小、颜色等信息。相应代码如下：

```
void COverlayText::OnSetFont()
{
    UpdateData();
    CFontDialog ftDlg;
    if (ftDlg.DoModal()==IDOK)
    {
        ftDlg.GetCurrentFont(&m_LogFont);
        m_TextColor = ftDlg.GetColor();
        m_Font = ftDlg.GetFaceName();
        UpdateData(FALSE);
    }
}
```

（2）处理“确认”按钮的单击事件，关闭对话框的代码如下：

```
void COverlayText::OnConfirm()
{
    UpdateData(TRUE);
    EndDialog(IDOK);
}
```

4.6.4 取消字幕信息

（1）处理“取消”按钮的单击事件，取消字幕信息，关闭对话框。实现代码如下：

```
void COverlayText::OnCancel()
{
    m_Text = " ";
    UpdateData(FALSE);
    this->GetFont()->GetLogFont(&m_LogFont);
    EndDialog(IDOK);
}
```

（2）字幕叠加模块并未直接实现字幕叠加和取消字幕叠加的功能，它仅提供字幕信息。字幕叠加和取消字幕叠加的功能实际上是在主窗口中实现的。下面给出主窗口中实现字幕叠加的相关代码如下：

```
//添加字幕
void CDirectShowEventDlg::OnOverlayText()
{
    if(m_pBaseFilterSetting != NULL) {
        //声明一个指向 IVMRMixerBitmap9 接口的指针，用于字幕叠加
        IVMRMixerBitmap9 *pBmp9 = NULL;
        m_pBaseFilterSetting->QueryInterface(IID_IVMRMixerBitmap9, (void **)&pBmp9);
        if(pBmp9 != NULL) {
            COverlayText OverlayDlg;
            if(OverlayDlg.DoModal() == IDOK) {

                //获取文本颜色
                BYTE byR, byG, byB;
                byR = GetRValue(OverlayDlg.m_TextColor);
                byG = GetGValue(OverlayDlg.m_TextColor);
                byB = GetBValue(OverlayDlg.m_TextColor);
                //获取字体信息
                LOGFONT logfont = OverlayDlg.m_LogFont;
                //获取坐标
                int nX = OverlayDlg.m_HorPos;
                int nY = OverlayDlg.m_VerPos;
                //获取视频窗口的宽度和高度
                IVideoWindow *pVideoWnd = NULL;

                long lVideoWidth, lVideoHeight;

                m_pBaseFilterSetting->QueryInterface(IID_IVideoWindow , (void **)&pVideoWnd);
                if(pVideoWnd != NULL) {
                    pVideoWnd->get_Width(&lVideoWidth);
                    pVideoWnd->get_Height(&lVideoHeight);

                    HDC hBmpDC = CreateCompatibleDC(GetDC()->m_hDC);
                    //创建字体
                    CFont Font;
                    Font.CreateFontIndirect(&logfont);
                    HFONT hOldFont = (HFONT) SelectObject(hBmpDC, Font.m_hObject);

                    int nLength, nTextBmpWidth, nTextBmpHeight;

                    SIZE szText = {0};
                    nLength = strlen(OverlayDlg.m_Text);
                    //获取文本的长度和高度
                    GetTextExtentPoint32(hBmpDC, OverlayDlg.m_Text, nLength, &szText);
                    nTextBmpHeight = szText.cy;
                    nTextBmpWidth   = szText.cx;
                    //创建位图
                    HBITMAP hBmp = CreateCompatibleBitmap(GetDC()->m_hDC, nTextBmpWidth, nTextBmpHeight);

                    BITMAP bmObj;
                    HBITMAP hbmOld;
                    GetObject(hBmp, sizeof(bmObj), &bmObj);
                    hbmOld = (HBITMAP)SelectObject(hBmpDC, hBmp);
                    //定义文本的矩形区域
                    RECT rcText;
                    SetRect(&rcText, 0, 0, nTextBmpWidth, nTextBmpHeight);
                    //设置背景颜色，需确保与文本颜色接近，否则效果不好
                    COLORREF rgbBk = RGB(byR-1, byG-1, byB - 1);
                    SetBkColor(hBmpDC, rgbBk);
                    //设置文本颜色
                    SetTextColor(hBmpDC, RGB(byR, byG, byB));
                    TextOut(hBmpDC, 0, 0, OverlayDlg.m_Text, nLength);

                    VMR9AlphaBitmap bmpInfo;
                    ZeroMemory(&bmpInfo, sizeof(bmpInfo));
                    bmpInfo.dwFlags = VMRBITMAP_HDC;
                    bmpInfo.hdc = hBmpDC;

                    //等比例输出文字
                    double xRate = (double)nTextBmpWidth / lVideoWidth;
```

```
                double yRate = (double)nTextBmpHeight / lVideoHeight;

                double fX = (double)nX / lVideoWidth;
                double fY = (double)nY / lVideoHeight;


                bmpInfo.rDest.left    = fX;
                bmpInfo.rDest.right = fX + xRate;
                bmpInfo.rDest.top = fY ;
                bmpInfo.rDest.bottom = fY + yRate;

                bmpInfo.rSrc = rcText;
                bmpInfo.clrSrcKey = rgbBk;
                bmpInfo.dwFlags |= VMRBITMAP_SRCCOLORKEY;
                bmpInfo.fAlpha = 1.0;
                pBmp9->SetAlphaBitmap(&bmpInfo);
            }
        }
    }
  }
}
```

4.7 视频设置模块

4.7.1 视频设置模块概述

视频设置模块主要用于设置视频图像的色彩信息，包括视频图像的亮度、饱和度和对比度等。视频设置模块如图 4.7 所示。

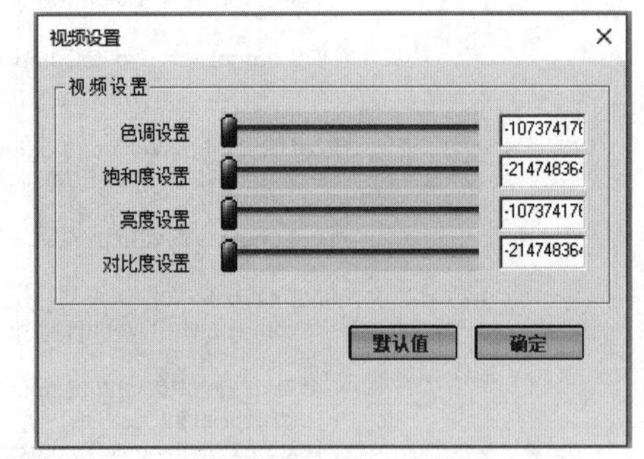

图 4.7 视频设置模块

4.7.2 界面设计

视频设置模块界面设计过程如下：

（1）新建一个对话框类，类名为 CVideoSet。

（2）向对话框中添加按钮、静态文本、群组框、编辑框、滑块等控件。

（3）设置视频设置模块的控件属性，如表 4.3 所示。

表 4.3 视频设置模块的控件属性设置

控件 ID	控件属性	关联变量
IDC_HUENUM	默认	CEdit：m_HueNum
IDC_HUE	Auto ticks：TRUE	CCustomSlider
IDC_CONTRASTNUM	默认	CEdit：m_ConNum
IDC_CONTRAST	Auto ticks：TRUE	CCustomSlider：m_Contrast
IDC_DEFAULT	Caption：默认值	无

4.7.3 设置视频图像

（1）处理对话框的 WM_HSCROLL 消息，在用户拖动滑块时，将执行该消息处理函数，设置视频图像相应的信息。实现代码如下：

```
void CVideoSet::OnHScroll(UINT nSBCode, UINT nPos, CScrollBar* pScrollBar)
{
    if (pScrollBar != NULL)
    {
        CDirectShowEventDlg *pMainDlg = NULL;
        pMainDlg = (CDirectShowEventDlg *)AfxGetMainWnd();

        pMainDlg->m_bGrayImage = FALSE;

        pMainDlg->m_GrayBtn.SetWindowText("黑白图像");
        pMainDlg->m_GrayBtn.Invalidate();
        if (pScrollBar->m_hWnd==m_Hue.m_hWnd)
        {
            if (nSBCode==SB_THUMBPOSITION)
            {
                m_Hue.SetPos(nPos);
            }
            int nCurPos = m_Hue.GetPos();
            CString csPos;
            csPos.Format("%i",nCurPos);
            m_HueNum.SetWindowText(csPos);

            pMainDlg->SetViewInfo(ProcAmpControl9_Hue,nCurPos);
            pMainDlg->m_fHue = nCurPos;


        }
        else if (pScrollBar->m_hWnd==m_Saturation.m_hWnd)
        {
            if (nSBCode==SB_THUMBPOSITION)
            {
                m_Saturation.SetPos(nPos);
            }
            int nCurPos = m_Saturation.GetPos();
            CString csPos;
            csPos.Format("%i",nCurPos);
            m_SatNum.SetWindowText(csPos);

            pMainDlg->SetViewInfo(ProcAmpControl9_Saturation,nCurPos/100.0);
            pMainDlg->m_fSaturation = nCurPos/100.0;
        }
        else if (pScrollBar->m_hWnd==m_Brightness.m_hWnd)
        {
            if (nSBCode==SB_THUMBPOSITION)
            {
                m_Brightness.SetPos(nPos);
            }
            int nCurPos = m_Brightness.GetPos();
            CString csPos;
            csPos.Format("%i",nCurPos);
            m_BrightNum.SetWindowText(csPos);
            pMainDlg->SetViewInfo(ProcAmpControl9_Brightness,nCurPos);
            pMainDlg->m_fBright = nCurPos;

        }
        else if (pScrollBar->m_hWnd==m_Contrast.m_hWnd)
        {
            if (nSBCode==SB_THUMBPOSITION)
            {
                m_Contrast.SetPos(nPos);
            }
            int nCurPos = m_Contrast.GetPos();
            CString csPos;
            csPos.Format("%i",nCurPos);
            m_ConNum.SetWindowText(csPos);
            pMainDlg->SetViewInfo(ProcAmpControl9_Contrast,nCurPos/100.0);
            pMainDlg->m_fContrast = nCurPos/100.0;
        }
```

```
    }
    CDialog::OnHScroll(nSBCode, nPos, pScrollBar);
}
```

（2）在对话框初始化时，获取当前视频图像各项信息的默认值，作为视频设置窗口的初始值。相应代码如下：

```
BOOL CVideoSet::OnInitDialog()
{
    CDialog::OnInitDialog();

    CDirectShowEventDlg *pMainDlg = NULL;
    pMainDlg = (CDirectShowEventDlg *)AfxGetMainWnd();
    if (pMainDlg)
    {
        m_Hue.SetRange(pMainDlg->m_HueRange.MinValue,pMainDlg->m_HueRange.MaxValue);
        WPARAM wParam = 0;
        MAKEWPARAM(SB_THUMBPOSITION,pMainDlg->m_fHue);
        m_Hue.SetPos(100);
        m_Hue.SetPos(pMainDlg->m_fHue);
        SendMessage(WM_HSCROLL,wParam,(LPARAM)m_Hue.m_hWnd);


        m_Saturation.SetRange(pMainDlg->m_SatRange.MinValue*100,pMainDlg->m_SatRange.MaxValue*100);
        MAKEWPARAM(SB_THUMBPOSITION,pMainDlg->m_fSaturation*100);
        m_Saturation.SetPos(100);
        m_Saturation.SetPos(pMainDlg->m_fSaturation*100);
        SendMessage(WM_HSCROLL,wParam,(LPARAM)m_Saturation.m_hWnd);

        m_Brightness.SetRange(pMainDlg->m_BrightRange.MinValue,pMainDlg->m_BrightRange.MaxValue);
        MAKEWPARAM(SB_THUMBPOSITION,pMainDlg->m_fBright);
        m_Brightness.SetPos(100);
        m_Brightness.SetPos(pMainDlg->m_fBright);
        SendMessage(WM_HSCROLL,wParam,(LPARAM)m_Brightness.m_hWnd);

        m_Contrast.SetRange(pMainDlg->m_ConRange.MinValue*100,pMainDlg->m_ConRange.MaxValue*100);
        MAKEWPARAM(SB_THUMBPOSITION,1*100);
        m_Contrast.SetPos(100);
        m_Contrast.SetPos(1*100);
        SendMessage(WM_HSCROLL,wParam,(LPARAM)m_Contrast.m_hWnd);
    }

    return TRUE;
}
```

4.7.4 视频图像的默认效果

处理“默认”按钮的单击事件，恢复视频图像的默认效果。实现代码如下：

```
void CVideoSet::OnDefault()
{
    CDirectShowEventDlg *pMainDlg = NULL;
    pMainDlg = (CDirectShowEventDlg *)AfxGetMainWnd();
    if (pMainDlg)
    {
        m_Hue.SetRange(pMainDlg->m_HueRange.MinValue,pMainDlg->m_HueRange.MaxValue);
        WPARAM wParam = 0;
        MAKEWPARAM(SB_THUMBPOSITION,1);
        m_Hue.SetPos(100);
        m_Hue.SetPos(1);
        SendMessage(WM_HSCROLL,wParam,(LPARAM)m_Hue.m_hWnd);
        pMainDlg->m_fHue = 1;

        m_Saturation.SetRange(pMainDlg->m_SatRange.MinValue*100,pMainDlg->m_SatRange.MaxValue*100);
        MAKEWPARAM(SB_THUMBPOSITION,1*100);
        m_Saturation.SetPos(100);
```

```
            m_Saturation.SetPos(1*100);
            SendMessage(WM_HSCROLL,wParam,(LPARAM)m_Saturation.m_hWnd);
            pMainDlg->m_fSaturation = 1;

            m_Brightness.SetRange(pMainDlg->m_BrightRange.MinValue,pMainDlg->m_BrightRange.MaxValue);
            MAKEWPARAM(SB_THUMBPOSITION,1);
            m_Brightness.SetPos(100);
            m_Brightness.SetPos(1);
            SendMessage(WM_HSCROLL,wParam,(LPARAM)m_Brightness.m_hWnd);
            pMainDlg->m_fBright = 1;

            m_Contrast.SetRange(pMainDlg->m_ConRange.MinValue*100,pMainDlg->m_ConRange.MaxValue*100);
            MAKEWPARAM(SB_THUMBPOSITION,1*100);
            m_Contrast.SetPos(100);
            m_Contrast.SetPos(1*100);
            SendMessage(WM_HSCROLL,wParam,(LPARAM)m_Contrast.m_hWnd);
            pMainDlg->m_fContrast = 1;
        }
}
```

4.7.5 实现色调功能

处理“色调”编辑框的文本改变时的事件，当用户在编辑框中输入色调值时，将根据输入值调整滑块的位置。这一操作会触发对话框的 WM_HSCROLL 消息，最终在 WM_HSCROLL 消息处理函数中设置色调信息。相应代码如下：

```
void CVideoSet::OnChangeHuenum()
{
    CString csText;
    m_HueNum.GetWindowText(csText);
    if (!csText.IsEmpty())
    {
        m_Hue.SetPos(atoi(csText));
    }
}
```

4.8 文件播放列表模块

4.8.1 文件播放列表模块概述

文件播放列表模块的主要功能是能够播放一组媒体文件，在一组媒体文件中，当播放完一个文件之后，系统会随机或按顺序播放下一个文件。用户可以将一组媒体文件以列表形式保存到磁盘文件中，这样可以通过载入列表功能将文件列表添加到播放列表中。文件播放列表模块如图 4.8 所示。

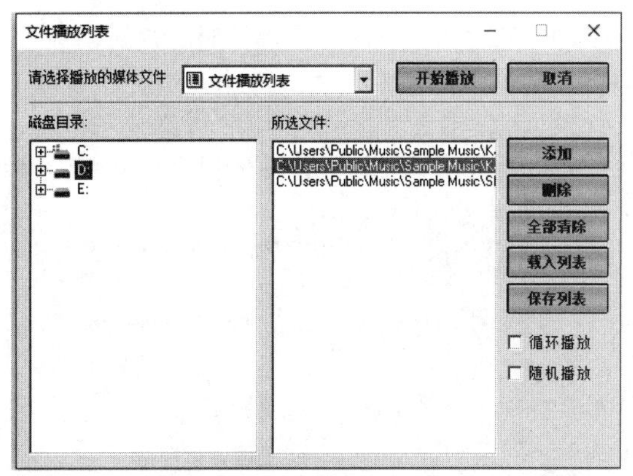

图 4.8　文件播放列表模块

4.8.2 界面设计

文件播放列表模块界面设计过程如下：

（1）创建一个对话框类，类名为 CFileList。

（2）向对话框中添加静态文本、按钮、列表框、树视图、复选框等控件。

（3）设置文件播放列表模块的控件属性，如表 4.4 所示。

表 4.4　文件播放列表模块的控件属性设置

控件 ID	控件属性	关联变量
IDC_TREELIST	Has buttons：TRUE Has Lines：TRUE Lines as root：TRUE	CSysTreeCtrl：m_DirList
IDC_LIST	Sort：FALSE	CListBox：m_FileList
IDC_ADD_FILE	Caption：添加 Disable：TRUE	CButton：m_AddFile
IDC_LOOPCHECK	Cation：循环播放 Auto：TRUE	Cbutton：m_LoopCheck

4.8.3　实现添加文件列表功能

（1）处理树节点选中状态变更的事件时，需要判断当前节点是目录还是文件。如果是文件，则“添加”按钮可用如果是目录，则“添加”按钮不可用。代码如下：

```
void CFileList::OnSelchangedTreelist(NMHDR* pNMHDR, LRESULT* pResult)
{
    NM_TREEVIEW* pNMTreeView = (NM_TREEVIEW*)pNMHDR;
    //获取选中的选项
    HTREEITEM hSelItem = m_DirList.GetSelectedItem();
    if (hSelItem)
    {
        CString csPath = m_DirList.GetFullPath(hSelItem);
        CFileFind flFind;
        BOOL bFind = flFind.FindFile(csPath);
        m_AddFile.EnableWindow(FALSE);
        if (bFind)
        {
            flFind.FindNextFile();
            if (!flFind.IsDirectory())
            {
                m_AddFile.EnableWindow();
            }
        }
        m_AddFile.Invalidate();
    }
    *pResult = 0;
}
```

（2）处理树节点的双击事件时，判断当前节点是目录还是文件，如果是文件，则将当前文件添加到列表中。代码如下：

```
//处理树视图的双击事件
void CFileList::OnDblclkTreelist(NMHDR* pNMHDR, LRESULT* pResult)
{
    //获取选中的选项
    HTREEITEM hSelItem = m_DirList.GetSelectedItem();
    if (hSelItem)
    {
        CString csPath = m_DirList.GetFullPath(hSelItem);
        CFileFind flFind;
        BOOL bFind = flFind.FindFile(csPath);
        if (bFind)
        {
            flFind.FindNextFile();
            if (!flFind.IsDirectory())
            {
                m_FileList.AddString(csPath);
            }
        }
    }
```

```
    *pResult = 0;
}
```

4.8.4 实现删除文件列表功能

处理“删除”按钮的单击事件，以删除文件列表中的指定文件。实现代码如下：

```
void CFileList::OnDeleteFile()
{
    int nCurSel = m_FileList.GetCurSel();
    if (nCurSel != -1)
    {
        m_FileList.DeleteString(nCurSel);
        if (nCurSel != 0)
        {
            m_FileList.SetCurSel(nCurSel-1);
        }
    }
}
```

4.8.5 实现载入列表功能

处理“载入列表”按钮的单击事件，用于将一组媒体文件加载到列表中。实现代码如下：

```
void CFileList::OnImportList()
{
    CFileDialog flDlg(TRUE,"","",OFN_HIDEREADONLY | OFN_OVERWRITEPROMPT,"文件列表|*.lst|所有文件|*.*||");
    if (flDlg.DoModal()==IDOK)
    {
        CString csFileName = flDlg.GetPathName();
        int nCount = GetPrivateProfileInt("FileOperation","FileCount",0,csFileName);
        if (nCount > 0)
        {
            m_FileList.ResetContent();

            for(int i=0; i<nCount; i++)
            {

                char csList[MAX_PATH] = {0};

                CString pchSection;
                pchSection.Format("FileList%i",i);
                GetPrivateProfileString("FileList",pchSection,"",csList,MAX_PATH,csFileName);
                if (strcmp(csList,"")!=0)
                {
                    m_FileList.AddString(csList);
                }
            }
        }
    }
}
```

4.8.6 实现保存列表功能

处理“保存列表”按钮的单击事件，用于将文件列表中的媒体文件保存到磁盘文件中。相应代码如下：

```
void CFileList::OnSaveList()
{
    int nItemCount = m_FileList.GetCount();
    if (nItemCount > 0)
    {
        CFileDialog flDlg(FALSE,"","MediaList.lst");
        if (flDlg.DoModal()==IDOK)
        {

            CString csFileName = flDlg.GetPathName();
```

```
                CString csCount;
                csCount.Format("%d",nItemCount);
                CString csList;
                DeleteFile(csFileName);
                //写入数量
                WritePrivateProfileString("FileOperation" ,"FileCount",csCount,csFileName);

                for(int i=0; i<nItemCount; i++)
                {
                    char chCount[10] = {0};
                    CString pchSection ;
                    pchSection.Format("FileList%i",i);

                    m_FileList.GetText(i,csList);
                    WritePrivateProfileString("FileList",pchSection,csList,csFileName);
                    pchSection.ReleaseBuffer();
                }
            }
        }
        else
        {
            MessageBox("文件列表为空","提示");
        }
}
```

4.8.7 实现选中文件播放功能

（1）处理“开始播放”按钮的单击事件，用于播放文件列表中的媒体文件。实现代码如下：

```
void CFileList::OnPlayList()
{
    int nCount = m_FileList.GetCount();
    if (nCount>0)
    {
        CDirectShowEventDlg *pDlg = (CDirectShowEventDlg *)AfxGetMainWnd();
        CString csName;
        m_bStop = FALSE;
        m_bStopComplete = FALSE;
        for(int i=0; i<nCount; i++)
        {

            if (m_bRandPlay)                                        //如果为随机播放
            {
                i = rand() % nCount;
            }

            m_FileList.GetText(i,csName);
            m_bPlayList = TRUE;
            pDlg->PlayFile(csName);
            m_FileList.SetCurSel(i);

            if (m_bStop)
            {
                pDlg->Done(0,0);                                    //停止播放列表
                m_bStopComplete = TRUE;
                break;
            }
            while(pDlg->m_Completed==FALSE)
            {
                MSG msg;
                GetMessage(&msg,0,0,WM_USER);
                TranslateMessage(&msg);
                DispatchMessage(&msg);
                if (m_bStop)
                {
                    pDlg->Done(0,0);                                //停止播放列表
                    m_bStopComplete = TRUE;
                    return;
                }
            }
```

```
            if (m_bLoopPlay==TRUE || m_bRandPlay==TRUE)      //循环播放
            {
                if (i==nCount-1)
                {
                    i = -1;
                }
            }
        }
    }
}
```

（2）处理文件列表控件的双击事件，用于播放当前选项中的媒体文件。实现代码如下：

```
//双击列表时开始播放文件
void CFileList::OnDblclkList()
{
    int nCount = m_FileList.GetCount();
    int nCurPos = m_FileList.GetCurSel();
    if (nCurPos != -1 && nCount>0)
    {
        CDirectShowEventDlg *pDlg = (CDirectShowEventDlg *)AfxGetMainWnd();
        CString csName;
        m_bStop = FALSE;
        m_bStopComplete = FALSE;
        pDlg->Invalidate();
        int i = nCurPos;
        for(; i<nCount; i++)
        {
            m_FileList.GetText(i,csName);
            m_bPlayList = TRUE;
            pDlg->PlayFile(csName);
            m_FileList.SetCurSel(i);

            if (m_bStop)
            {
                pDlg->Done(0,0);//停止播放列表
                m_bStopComplete = TRUE;
                break;
            }
            while(pDlg->m_Completed==FALSE)
            {
                MSG msg;
                GetMessage(&msg,0,0,WM_USER);
                TranslateMessage(&msg);
                DispatchMessage(&msg);
                if (m_bStop)
                {
                    pDlg->Done(0,0);//停止播放列表
                    m_bStopComplete = TRUE;
                    return;
                }
            }
            if (m_bRandPlay)      //如果为随机播放
            {
                i = rand() % nCount;
            }
            if (m_bLoopPlay==TRUE || m_bRandPlay==TRUE)      //循环播放
            {
                if (i==nCount-1)
                {
                    i = -1;
                }
            }

        }
    }
}
```

4.8.8 实现循环播放功能

处理“循环播放”复选框的单击事件，如果复选框被选中，则循环播放列表中的文件。实现代码如下：

```
void CFileList::OnLoopcheck()
{
    int nState = m_LoopCheck.GetCheck();
    if (nState)
    {
        m_bLoopPlay = TRUE;
    }
    else
    {
        m_bLoopPlay = FALSE;
    }
}
```

4.9 项目运行

通过前述步骤，我们设计并完成了“悦看多媒体播放器”项目的开发。接下来，我们运行该项目，以检验我们的开发成果。如图 4.9 所示，在 Visual Studio 2022 中打开该项目的项目结构，选择 Debug、x86，然后单击“本地 Windows 调试器”，即可运行该项目。

图 4.9　项目运行

该项目成功运行后，将自动打开项目的主窗体，如图 4.10 所示。在主窗体中，用户可以单击“打开文件”按钮，选择一个后缀名为.wav 的音频文件进行播放。播放过程中，当前的播放进度会实时显示在进度条上。此外，用户还可以通过单击其他功能按钮来执行相应的操作，例如单击“静音”按钮，音频播放将立即被静音。这样，我们就成功地验证了该项目的运行。

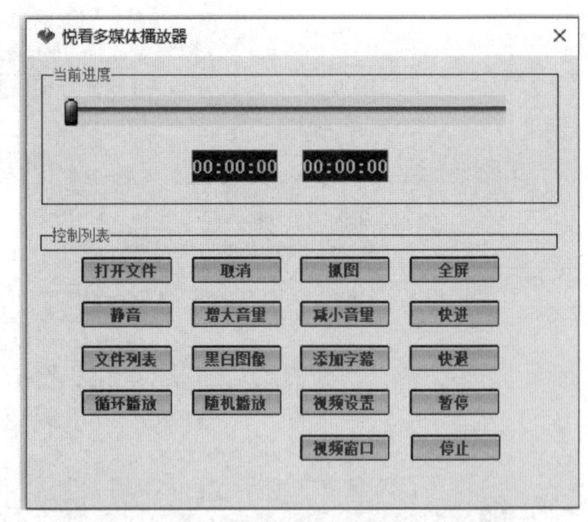

图 4.10　成功运行项目后进入主窗体

在开发“悦看多媒体播放器”项目的过程中，我们主要采用了 DirectShow 技术。利用 DirectShow，我们不仅能够控制播放进度、调整音量大小、进行全屏切换，还能实现字幕叠加和图像颜色控制等功能。对于一些特殊的附加功能，用户可以通过设计自己的过滤器来实现。通过本章的学习，读者会更深入地理解 DirectShow 技术，并能够熟练地运用 DirectShow。

4.10 源码下载

本章虽然详细地讲解了如何编码实现“悦看多媒体播放器”的各个功能，但给出的代码都是代码片段，而非完整的源代码。为了方便读者学习，本书提供了用于下载完整源代码的二维码。

第5章

FTP 文件管理系统

——自定义控件＋文件操作＋FTP 操作＋多线程

使用 FTP 协议，可以将一个完整的文件从一个系统输出到另一个系统，但是在使用 FTP 传输文件前，需要登录 FTP 服务器，用户可以通过注册的用户名和密码登录 FTP 服务器，如果 FTP 服务器允许，用户也可以匿名登录 FTP 服务器。本章将介绍如何在项目中设计一个 FTP 客户端软件，其主要功能是实现在本地系统与远程 FTP 服务器之间进行文件的上传和下载。本项目采用 C++语言进行开发。其中：文件操作技术用于实现文件的上传和下载功能；多线程技术使得能够同时操作多个文件；FTP 操作技术则用于执行远程服务器上的操作。通过整合文件操作、多线程以及 FTP 操作等关键技术，我们开发一个 FTP 文件管理系统，旨在实现远程文件的上传和下载。

本项目的核心功能和实现技术如下：

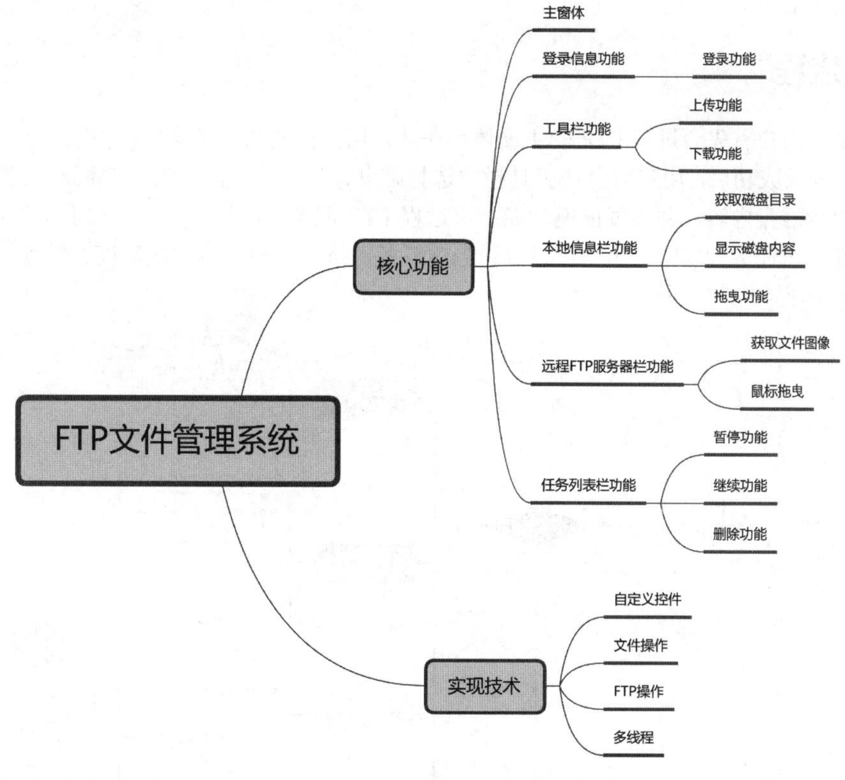

5.1　开发背景

FTP 提供了交互式访问，允许用户指定文件类型和格式；同时，FTP 隐藏了不同计算机系统的复杂性，因此适合在局域网中任意计算机间传输文件。由于 FTP 操作简单、开放性强，并且能够充分利用互联网进行信息传递和交流，目前越来越多的 FTP 服务器接入 Internet，使得越来越多的资源可以通过匿名 FTP 获取。据统计，全世界已有数千个 FTP 文件服务器向所有 Internet 用户开放，用户可以通过 Internet 连接到远程计算机，下载所需的文件或将个人收集的文件进行上传以与他人共享。

本项目实现目标如下：

☑ FTP 文件交互方式。

☑ 能够浏览磁盘文件。

☑ 系统运行稳定、安全可靠。

5.2 系统设计

5.2.1 开发环境

本项目的开发及运行环境如下：

☑ 操作系统：推荐 Windows 10、Windows 11 或更高版本。

☑ 开发工具：Visual Studio 2022。

☑ 开发语言：C++。

5.2.2 业务流程

在项目启动后，用户首先会进入 FTP 的主窗体。在此，用户需要在登录信息栏中输入 FTP 服务器的登录凭证以进行登录。登录成功后，用户可以在工具栏中选择磁盘、上传或下载功能；在本地信息区域，用户可以获取磁盘目录、显示磁盘内容，并实现拖曳功能；在远程 FTP 服务器区域，用户可以获取系统文件图像，并实现鼠标拖曳功能；在任务列表中，用户可以查看当前任务的执行状态，并实现暂停、继续、删除等操作。

本项目的业务流程如图 5.1 所示。

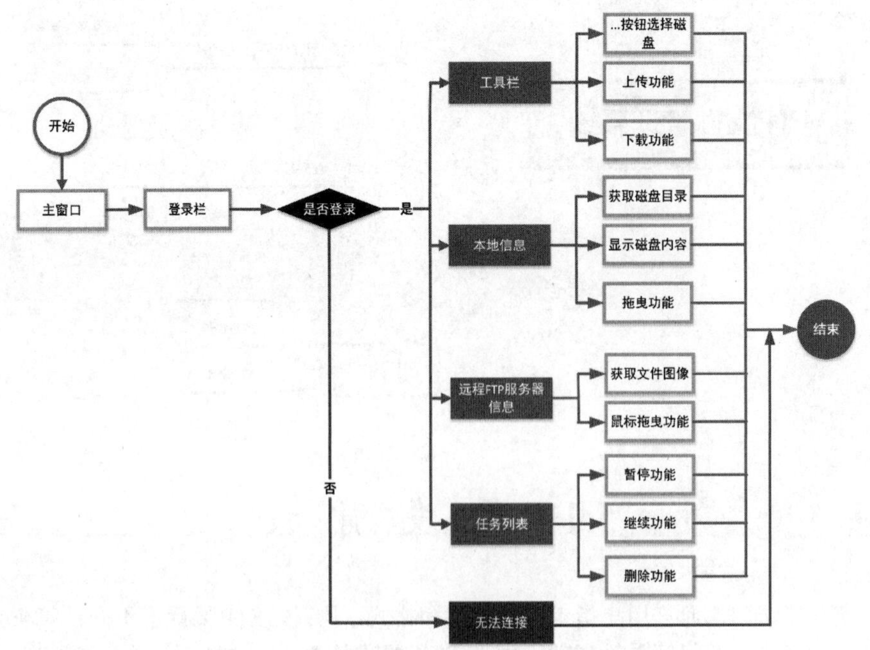

图 5.1 FTP 文件管理系统业务流程

5.2.3 功能结构

本项目的功能结构已经在章首页中给出。本项目实现的具体功能如下：

☑ 主窗体：FTP 文件传输管理软件主窗口由菜单、登录信息栏、工具栏、本地信息窗口、远程 FTP 服务器信息窗口和任务列表窗口 6 个部分构成。

☑ 登录信息栏：根据用户输入的 FTP 服务器地址、端口号、用户名和密码登录 FTP 服务器。

☑ 工具栏窗口：用于显示文件存储目录结构。

☑ 本地信息：将本地系统目录和文件加载到列表视图控件中，并支持通过鼠标拖曳上传文件。

☑ 远程 FTP 服务器信息：显示 FTP 服务器上的文件和目录，并允许用户通过鼠标拖曳来完成 FTP 文件的下载。

☑ 任务列表：用于显示当前的上传、下载任务，用户可以暂停或取消某一任务。

5.3 技术准备

5.3.1 技术概览

☑ 自定义控件：在 C++中创建自定义控件，通常会涉及使用特定的 GUI 框架。

☑ 文件操作：C++文件操作可以把数据保存到文本文件、二进制文件中，以满足永久性保存数据的需求。

☑ 多线程：C++多线程编程主要涉及标准库中的线程支持，以及对线程同步的机制进行使用。

☑ FTP 操作：FTP（文件传输协议）是一种用于在网络上进行文件传输的标准协议。通过 FTP，你可以上传和下载文件，管理远程服务器上的文件和目录。

自定义控件、多线程和文件操作的相关内容在前面的章节中已有详细阐述，因此本章不再重复介绍。至于 FTP 操作，由于缺乏参考书籍，我们将对其进行详细讲解，并介绍一些其他关键技术，以确保读者能够顺利完成本项目。

5.3.2 登录 FTP 服务器

在进行与 FTP 有关的操作之前，需要登录 FTP 服务器，以便进行其他相关操作。MFC 为此提供了 CInternetSession 类，该类用于连接网络服务器。通过调用 CInternetSession 类的 GetFtpConnection 方法，我们可以连接 FTP 服务器，获取一个与 FTP 服务器关联的 CFtpConnection 对象指针。主要代码如下：

```
CString csServer,csPassword,csUser,csPort;
m_ConnectBar.GetDlgItemText(IDC_FTPSERVER,csServer);                    //获取 FTP 服务器 IP
m_ConnectBar.GetDlgItemText(IDC_FTPPORT,csPort);                        //获取 FTP 服务器端口
m_ConnectBar.GetDlgItemText(IDC_PASSWORD,csPassword);                   //获取登录密码
m_ConnectBar.GetDlgItemText(IDC_USER,csUser);                           //获取用户名
if (!csServer.IsEmpty() && !csPassword.IsEmpty() &&
    !csUser.IsEmpty() && !csPort.IsEmpty())                             //判断登录信息是否为空
{
    try
    {
        //开始登录服务器
        m_pFtp =  Session.GetFtpConnection(csServer,csUser,csPassword,atoi(csPort));
        m_bLoginSucc = TRUE;
    }
    catch(CInternetException &e)                                        //进行异常捕捉
    {
        m_bLoginSucc = FALSE;                                           //登录失败
```

```
            delete m_pFtp;
        }
        delete m_pFtp;                                                    //释放 FTP 连接对象
    }
```

5.3.3 实现 FTP 目录浏览

在登录服务器之后，需要将 FTP 服务器上的目录和文件信息显示在本地的窗口中，这就需要实现浏览 FTP 目录。

为了查找 FTP 服务器上的目录和文件，MFC 提供了 CFtpFileFind 类，该类与 CFileFind 类的作用、用法几乎相同。其中，CFtpFileFind 类的 FindFile 方法用于开始查找一个文件，而 FindNextFile 方法用于查找下一个文件。只是 CFtpFileFind 类用于搜索 FTP 服务器。此外，在定义一个 CFtpFileFind 类对象时，需要关联一个 FTP 服务器的连接。实现 FTP 目录浏览的关键代码如下：

```
CFtpConnection* pFTP = NULL;                                              //定义 FTP 连接对象指针
//登录 FTP 服务器
pFTP = m_Session.GetFtpConnection(m_FtpServer,m_User,m_Password,atoi(m_Port));
pFTP->SetCurrentDirectory("");                                            //设置当前目录
CFtpFileFind Find(pFTP);                                                  //定义 FTP 文件查找对象
BOOL bFind;                                                               //记录查找结果
m_CurDir =lpPath;                                                         //设置当前目录
if (strlen(lpPath)==0)
    bFind = Find.FindFile(NULL,INTERNET_FLAG_EXISTING_CONNECT|
        INTERNET_FLAG_RELOAD);                                            //从 FTP 根目录开始查找
else
    bFind = Find.FindFile(lpPath,INTERNET_FLAG_EXISTING_CONNECT|
        INTERNET_FLAG_RELOAD);                                            //查找指定目录
if (bFind)                                                                //查找是否成功
{
    CString csFileName,csDataTime,csFileSize;
    while (bFind)                                                         //遍历当前目录
    {
        bFind = Find.FindNextFile();                                      //查找下一个文件
        csFileName = Find.GetFileName();                                  //获取文件名称
        CTime fileTime;
        Find.GetLastWriteTime(fileTime);                                  //获取文件修改时间
        //格式化文件修改时间
        csDataTime = fileTime.Format("%Y-%m-%d %H:%M");
        if (!Find.IsDots() && !Find.IsHidden())
        {
            __int64 lFileLen = Find.GetLength64();                        //获取文件长度
            if (Find.IsDirectory())                                       //判断是否为目录
            {
                csFileSize = "文件夹";
            }
            else                                                          //如果是文件
            {
                double fGB = lFileLen /(double)(1024*1024*1024);
                if (fGB < 1)                                              //是否小于 1GB
                {
                    double fMB = lFileLen / (double)(1024*1024);
                    if (fMB < 1)                                          //是否小于 1MB
                    {
                        double fBK = lFileLen / (double)(1024);
                        if (fBK >1)                                       //是否小于 1KB
                        {
                            csFileSize.Format("%2.2f KB",fBK);
                        }
                        else                                              //以位为单位进行显示
                        {
                            csFileSize.Format("%i B",lFileLen);
                        }
                    }
```

```
                        else
                        {
                            csFileSize.Format("%2.2f MB",fMB);
                        }
                    }
                    else
                    {
                        csFileSize.Format("%2.2f GB",fGB);
                    }
                }
            }
            int nItem = AddItem(csFileName,csFileSize,csDataTime);          //添加视图项
            //设置文件显示的图标
            SHFILEINFO shInfo;                                              //定义文件外壳信息
            int nIcon = 0;
            CString csName = Find.GetFileName();                            //获取文件名
            int nPos = csName.ReverseFind('.');                             //查找扩展名
            if (nPos >0)                                                    //如果是文件
            {
                //映射为本地系统的文件图标
                SHGetFileInfo(csName,FILE_ATTRIBUTE_NORMAL,&shInfo,sizeof(shInfo),
                    SHGFI_ICON | SHGFI_SMALLICON|SHGFI_USEFILEATTRIBUTES);
            }
            else                                                            //如果是目录
            {
                char chPath[MAX_PATH] = {0};
                GetCurrentDirectory(MAX_PATH,chPath);                       //获取当前目录
                SHGetFileInfo(chPath,FILE_ATTRIBUTE_NORMAL,&shInfo,sizeof(shInfo),
                    SHGFI_ICON | SHGFI_SMALLICON);                          //获取目录图标
            }
            DestroyIcon(shInfo.hIcon);
            nIcon = shInfo.iIcon;                                           //获取图标索引
            SetItem(nItem,0,LVIF_IMAGE,"",nIcon,0,0,0);                     //设置视图项显示的图标
             //设置项目标记，0 表示文件，1 表示目录
            if (Find.IsDirectory())
            {
                SetItemData(nItem,1);                                       //设置视图项标记
            }
            else
            {
                SetItemData(nItem,0);                                       //设置视图项标记
            }
        }
    }
    Find.Close();                                                           //关闭文件查找对象
    pFTP->Close();                                                          //关闭 FTP 文件连接
    delete pFTP;                                                            //释放 FTP 连接对象
```

5.3.4 多线程实现 FTP 任务下载

在设计 FTP 文件传输管理软件时，为了实现多任务下载，并能够对每个下载任务进行控制，我们采用单独的线程来下载文件，每一个线程都负责维护一个下载任务。在任务执行过程中，用户可以通过挂起线程、唤醒线程来执行暂停、继续任务，也可以通过结束线程来取消任务。

为了能够在任务列表中执行挂起、唤醒和终止线程操作，需要为每一个任务关联一个线程句柄，笔者采用的方式是为视图项关联一个额外的整数值（线程句柄）。利用列表视图控件的 SetItemData 方法将线程句柄设置为视图项的额外数据。代码如下：

```
m_pTastView->m_TastList.SetItemData(nCurItem,(DWORD)hHandle);
```

为了进行多线程下载，需要单独定义一个文件下载的函数。当用户下载一个任务时，可以创建一个线程，并在该线程的函数中调用该函数以执行下载任务。该函数需要实现下载指定的文件，或者下载指定目录下的所有文件。从功能描述可知，下载函数将被设计为递归函数。下载函数的代码如下：

```
/**************************************参数说明*******************************************
pDlg:              表示主窗口，在这里没有实际意义
lpDir:             表示当前下载的文件或目录
csRelativePath:    表示文件存储到本地的相对路径，与 lpSaveDir 参数构成完整的路径
nFlag:             表示结束标记，如果用户取消了下载任务，立即退出 DownLoadFile 函数
bIsFile:       表示当前的文件名是否是一个完整文件名，在首次调用 DownLoadFile 函数时，bIsFile 为 TRUE。例如，当下载的 FTP 目录
               为 Data，如果 Data 目录下的 zone.txt 文件是最后一个查找的文件，则查找该文件时获得的文件名是 Data/zone.txt，该文件
               名是一个完整的文件名，不需要再添加父目录
lpServer:          表示 FTP 服务器地址
lpUser:            表示登录用户名
lpPassword:        表示登录密码
nPort:             表示端口号
lpSaveDir:         表示下载文件在本地的根存储路径
****************************************************************************************/
void CMainFrame::DownLoadFile(CMainFrame * pDlg,LPCTSTR lpDir,LPCTSTR csRelativePath,
DWORD nFlag, BOOL bIsFile,LPCTSTR lpServer,LPCTSTR lpUser,LPCTSTR lpPassword,
    int nPort,LPCTSTR lpSaveDir)
{
    CFtpConnection* pTemp = NULL;                                //定义一个临时的 FTP 连接对象
    //连接 FTP 服务器
    pTemp =   Session.GetFtpConnection(lpServer,lpUser,lpPassword,nPort);
    CFtpFileFind Find(pTemp);                                    //定义文件查找对象
    CString   filename;
    if (m_dwStop == nFlag)                                       //表示当前任务被挂起
    {
        pTemp->Close();                                          //关闭连接
        delete pTemp;                                            //释放连接对象
        Find.Close();                                            //关闭文件查找
        return;
    }
    BOOL ret;
    if (strlen(lpDir)==0)                                        //从 FTP 根目录开始查找
        ret = Find.FindFile(NULL,INTERNET_FLAG_EXISTING_CONNECT);
    else                                                         //查找指定目录
        ret = Find.FindFile(lpDir,INTERNET_FLAG_EXISTING_CONNECT);
    if (ret)
    {
        while (Find.FindNextFile())                              //查找下一个文件
        {
            filename = Find.GetFileName();                       //获取文件名称
            if (Find.IsDirectory())                              //如果文件是目录，递归调用 DownLoadFile
            {
                char csdir[MAX_PATH] = {0};
                char csRetPath[MAX_PATH] = {0};
                strcpy(csdir,lpDir);
                strcat(csdir,"/");
                strcat(csdir,filename);                          //设置查找目录
                strcpy(csRetPath,csRelativePath);                //设置本地存储路径
                strcat(csRetPath,"/");
                strcat(csRetPath,filename);
                DownLoadFile(pDlg,csdir,csRetPath,nFlag,false,lpServer,lpUser,
                    lpPassword,nPort,lpSaveDir);                 //先遍历子目录
            }
            else                                                 //如果是文件，则下载到本地
            {
                char csUrl[MAX_PATH] = {0};
                strcpy(csUrl,lpDir);
                strcat(csUrl,"/");
                strcat(csUrl,Find.GetFileName());                //获取文件的 FTP 完整路径
                filename = Find.GetFileName();                   //获取文件名
                //打开 FTP 服务器上的文件
                CInternetFile* pFile = pTemp->OpenFile(csUrl,GENERIC_READ,INTERNET
                        _FLAG_TRANSFER_BINARY|INTERNET_FLAG_RELOAD);
                if (pFile!=NULL)
                {
                    DWORD dwLen = Find.GetLength();              //获取文件长度
                    DWORD dwReadNum = 0;
                    CFile file;                                  //定义一个文件对象
```

```
                CString csDir = csRelativePath;                    //设置存储路径
                csDir.Replace('/','\\');
                csDir = lpSaveDir + csDir +"\\";
                pDlg->MakeSureDirectoryPathExists(csDir);    //先创建目录
                csDir += filename;                                 //设置下载到本地的文件名
                //创建文件
                file.Open(csDir,CFile::modeCreate|CFile::modeWrite);
                void *pBuffer =   NULL;
                //在堆中分配空间
                HGLOBAL hHeap = GlobalAlloc(GMEM_FIXED|GMEM_ZEROINIT,8192);
                pBuffer = GlobalLock(hHeap);                       //锁定堆空间
                int nNum = 1;
                while (dwReadNum < dwLen)                          //循环读取文件数据
                {
                    if (m_dwStop == nFlag)                         //表示当前任务被挂起
                    {
                        pTemp->Close();                            //关闭 FTP 连接
                        delete pTemp;                              //释放连接对象
                        pFile->Close();                            //关闭 FTP 文件
                        file.Close();                              //关闭本地文件
                        Find.Close();                              //关闭文件查找对象
                        delete pFile;                              //释放 FTP 文件
                        GlobalUnlock(hHeap);                       //解锁堆空间
                        GlobalFree(hHeap);                         //释放堆空间
                        return;                                    //退出函数
                    }
                    nNum ++;
                    UINT nFact = pFile->Read(pBuffer,8192); //将文件数据读取到堆中
                    if (nFact > 0)
                    {
                        file.Write(pBuffer,nFact);                 //向文件中写入数据
                    }
                    dwReadNum += nFact;                            //记录接收的文件数量
                }
                GlobalUnlock(hHeap);                               //解锁堆空间
                GlobalFree(hHeap);                                 //释放堆空间
                pFile->Close();                                    //关闭 FTP 文件
                delete pFile;                                      //释放 FTP 文件
                file.Close();                                      //关闭打开的文件
            }
        }
    }
    //在文件查找后，下载最后一个文件或目录
    if (Find.IsDirectory())                                        //判断是否为目录
    {
        filename = Find.GetFileName();                             //获取文件名
        char csdir[MAX_PATH] = {0};
        char csRetPath[MAX_PATH] = {0};
        strcpy(csdir,lpDir);
        strcat(csdir,"/");
        strcat(csdir,filename);                                    //设置查找子目录
        strcpy(csRetPath,csRelativePath);
        strcat(csRetPath,"/");
        strcat(csRetPath,filename);                                //设置本地存储路径
            DownLoadFile(pDlg,csdir,csRetPath,nFlag,false,lpServer,lpUser,
                lpPassword,nPort,lpSaveDir);                       //递归调用 DownLoadFile 函数
    }
    else                                                           //如果是文件
    {
        char csUrl[MAX_PATH] = {0};
        //当前的文件名是否是一个完整文件名，在首次调用 DownLoadFile 函数时 bIsFile 为 TRUE
        //例如，当下载的 FTP 目录为 Data，如果 Data 目录下的 zone.txt 文件是最后一个查找的文件
        //则查找该文件时获得的文件名是 Data/zone.txt，该文件名是一个完整的文件名
        //不需要再添加父目录
        if(bIsFile==FALSE)                                         //文件名包含一个相对路径
        {
            strcpy(csUrl,lpDir);                                   //设置完整的文件名
            strcat(csUrl,"/");
            strcat(csUrl,Find.GetFileName());
```

```
        }
        else                                                    //文件名是一个完整文件名
        {
            strcpy(csUrl,lpDir);                                //直接复制文件名
        }
        filename = Find.GetFileName();                          //获取文件名
        //打开 FTP 文件
        CInternetFile* pFile = pTemp->OpenFile(csUrl ,GENERIC_READ,
                INTERNET_FLAG_TRANSFER_BINARY|INTERNET_FLAG_RELOAD);
        if (pFile!=NULL)
        {
            DWORD dwLen = Find.GetLength();                     //获取文件长度
            DWORD dwReadNum = 0;
            CFile file;                                         //定义文件对象
            CString csDir;
            if (bIsFile==FALSE)                                 //文件名中包含相对路径
            {
                csDir = csRelativePath;
                csDir += "/";
                csDir += Find.GetFileName();
                csDir.Replace('/','\\');
                csDir = lpSaveDir + csDir;                      //设置下载到本地的路径
                CString csPath;
                int nPos = csDir.ReverseFind('\\');
                csPath = csDir.Left(nPos+1);
                pDlg->MakeSureDirectoryPathExists(csPath); //先创建目录
            }
            else                                                //如果文件名中包含完整路径
            {
                csDir = lpSaveDir;
                csDir += "\\";
                csDir += csRelativePath;                        //设置下载到本地的路径
            }
            //创建文件
            file.Open(csDir,CFile::modeCreate|CFile::modeWrite);
            void *pBuffer = NULL;
            //在堆中分配空间
            HGLOBAL hHeap = GlobalAlloc(GMEM_FIXED|GMEM_ZEROINIT,8192);
            pBuffer = GlobalLock(hHeap);                        //锁定堆空间
            int nNum = 1;
            while (dwReadNum < dwLen)                           //利用循环写入文件数据
            {
                if (m_dwStop == nFlag)                          //表示当前任务被挂起
                {
                    pTemp->Close();                             //关闭 FTP 连接
                    delete pTemp;                               //释放 FTP 连接
                    pFile->Close();                             //关闭 FTP 文件
                    file.Close();                               //关闭本地文件
                    Find.Close();                               //关闭文件查找对象
                    delete pFile;                               //释放 FTP 文件对象
                    GlobalUnlock(hHeap);                        //解锁堆空间
                    GlobalFree(hHeap);                          //释放堆空间
                    return;
                }
                UINT nFact = pFile->Read(pBuffer,8192);         //读取文件数据
                if (nFact >0)
                {
                    file.Write(pBuffer,nFact);                  //向文件中写入数据
                }
                dwReadNum += nFact;                             //累加写入的数量
            }
            GlobalUnlock(hHeap);                                //解锁堆空间
            GlobalFree(hHeap);                                  //释放堆空间
            pFile->Close();                                     //关闭 FTP 文件
            delete pFile;                                       //释放 FTP 文件对象
            file.Close();                                       //关闭本地文件
        }
    }
}
```

```
    Find.Close();                                           //关闭文件查找对象
    delete pTemp;                                           //释放 FTP 连接
}
```

有了下载函数，就可以在线程函数中调用该函数实现文件下载。但是，在线程函数中需要提供有关下载的信息，例如下载的文件名、下载文件在本地系统存储的路径、线程对应任务列表中的视图项、线程句柄等。为此，需要单独定义一个线程参数结构，代码如下：

```
struct ThreadParam
{
    CMainFrame* pDlg;                                       //当前对话框
    int nItem;                                              //线程对应列表中的任务
    char m_DownFile[MAX_PATH];                              //下载文件
    char m_RelativeFile[MAX_PATH];                          //下载到本地的路径
    int nDownFlag;                                          //下载标记
    HANDLE m_hThread;                                       //线程句柄
};
```

下面提供一个用于下载文件的线程函数，该函数的主要功能是调用 DownLoadFile 方法来执行文件下载。代码如下：

```
//下载文件的线程函数
DWORD __stdcall DownloadThreadProc(LPVOID lpParameter)
{
    ThreadParam *Param = (ThreadParam *)lpParameter;        //获取线程参数
    CMainFrame * pDlg = Param->pDlg;                        //获取主对话框指针
    int nItem = Param->nItem;                               //获取当前下载任务对应的视图项索引
    char downfile[MAX_PATH] = {0};
    strcpy(downfile,Param->m_DownFile);                     //复制下载文件名
    char relfile[MAX_PATH] = {0};
    strcpy(relfile,Param->m_RelativeFile);                  //复制相对路径
    pDlg->m_pTastView->m_TastList.SetItemText(nItem,4,"正在下载");
    if (Param->nDownFlag ==0)                               //当前选择的是文件
    {
        //调用 DownLoadFile 方法下载文件
        pDlg->DownLoadFile(pDlg,downfile,relfile,(DWORD)Param->m_hThread,true,pDlg->m_csServer,
            pDlg->m_csUser,pDlg->m_csPassword,pDlg->m_nPort,pDlg->m_csDownDir);
    }
    else if(Param->nDownFlag ==1)
    {
        //调用 DownLoadFile 方法下载文件
        pDlg->DownLoadFile(pDlg,downfile,relfile,(DWORD)Param->m_hThread,false,pDlg->m_csServepDlg->
            m_csUser,pDlg->m_csPassword,pDlg->m_nPort,pDlg->m_csDownDir);
    }
    pDlg->m_pTastView->m_TastList.SetItemText(nItem,3,"完成");
    pDlg->m_pTastView->m_TastList.SetItemText(nItem,4,"下载完成");
    if (pDlg->m_dwStop == (DWORD)Param->m_hThread)          //终止线程后设置初始标记
    {
        pDlg->m_dwStop = 0;                                 //恢复任务终止标记
    }
    //任务完成后，删除任务列表中对应的视图项
    pDlg->DeleteItemFormData(&pDlg->m_pTastView->m_TastList,(DWORD)Param->m_hThread);
    int nCount = pDlg->m_pTastView->m_TastList.GetItemCount();
    delete Param;                                           //释放线程参数
    if (pDlg->m_bTurnOff && nCount == 0)                    //下载后是否关机
    {
        pDlg->TurnOff();                                    //关机操作
    }
    return 0;
}
```

有了下载函数和下载使用的线程函数，用户在下载文件时只需要填充线程参数，然后创建一个线程即可。例如，使用下面的代码开始一个下载任务。代码如下：

```
ThreadParam * Param = new ThreadParam();                    //创建线程参数
Param->pDlg = this;                                         //填充线程参数
Param->nItem = nCurItem;
Param->nDownFlag =m_pFtpView->m_RemoteFiles.GetItemData(nItem);
```

```
memset(Param->m_DownFile,0,MAX_PATH);
memset(Param->m_RelativeFile,0,MAX_PATH);
strcpy(Param->m_DownFile, m_pFtpView->m_RemoteFiles.m_CurDir);
strcat(Param->m_DownFile,text);
strcpy(Param->m_RelativeFile,text);
//创建新的线程，执行线程函数
HANDLE hHandle = CreateThread(NULL,0,DownloadThreadProc,(void*)Param,0,NULL);
m_pTastView->m_TastList.SetItemData(nCurItem,(DWORD)hHandle);
```

5.3.5 在任务列表中暂停、取消某一任务

在 FTP 文件传输管理软件中，当任务列表中存在多个任务时，用户可以暂停或取消其中的任意一个任务。任务的暂停实现起来比较简单，只需要挂起相应的线程即可。这是因为任务列表中的每一个视图项（一行数据）都关联着一个整数值，即线程句柄。通过这个线程句柄，我们可以轻松地挂起相应的线程。代码如下：

```
void CTastListView::OnBtStop()
{
    int nSel = m_TastList.GetSelectionMark();                    //获取当前任务的视图项
    if (nSel != -1)
    {
        DWORD nItemData = m_TastList.GetItemData(nSel);          //读取任务对应的线程句柄
        CString csState = m_TastList.GetItemText(nSel,3);
        if (csState != "暂停")                                    //任务是否已挂起
        {
            SuspendThread((HANDLE)nItemData);                    //挂起线程
            m_TastList.SetItemText(nSel,3,"暂停");
        }
    }
}
```

需要注意的是，在挂起线程之前，应检查该线程是否已经处于挂起状态。如果线程尚未挂起，则可以进行挂起操作；如果线程已经挂起，则无须再次执行挂起操作，以避免在后续的唤醒操作中出现不必要的重复。

取消任务的实现相对复杂。读者可能会认为，只要结束线程，下载任务也就随之取消，这与线程的暂停操作似乎没有太大差别。然而，大家需要记住，终止线程的最佳方式是让线程函数自然结束。如果使用 ExitThread、TerminateThread 等函数意外地终止线程，可能会导致线程函数的堆栈无法释放，从而容易引发内存泄漏。例如，如果在线程函数中分配了堆内存，而此时线程函数突然结束，那么线程函数中释放堆内存的代码将不会被执行，从而可能导致内存泄漏。

在主对话框中，笔者定义了一个变量 m_dwStop。线程函数会检查 m_dwStop 是否与当前线程句柄相同，如果相同，则表示用户已取消该任务，此时笔者会将 m_dwStop 的初始值恢复为零。进行取消任务操作的代码位于下载文件的函数中，具体在 DownLoadFile 函数中，多处出现了类似下面的代码：

```
if (m_dwStop == nFlag)                                           //表示当前任务被挂起
{
    pTemp->Close();                                              //关闭 FTP 连接
    delete pTemp;                                                //释放 FTP 连接对象
    Find.Close();                                                //关闭文件查找对象
    return;
}
```

上述代码用于检测是否需要取消任务。如果检测到需要取消任务，则立即退出下载函数 DownLoadFile，线程函数随之立即结束执行。通过这种方式，线程的提前退出实现了线程的终止，进而达到了取消任务的目的。

5.3.6 利用鼠标拖曳实现文件的上传/下载

FTP 文件传输管理软件为了方便用户操作，支持鼠标拖曳功能。用户可以直接用鼠标将本地文件拖放到 FTP 服务器上的文件列表中，实现文件的上传；或者将 FTP 服务器上的文件拖放到本地信息的列表视图控

件中，实现文件的下载。鼠标拖曳效果如图 5.2 所示。

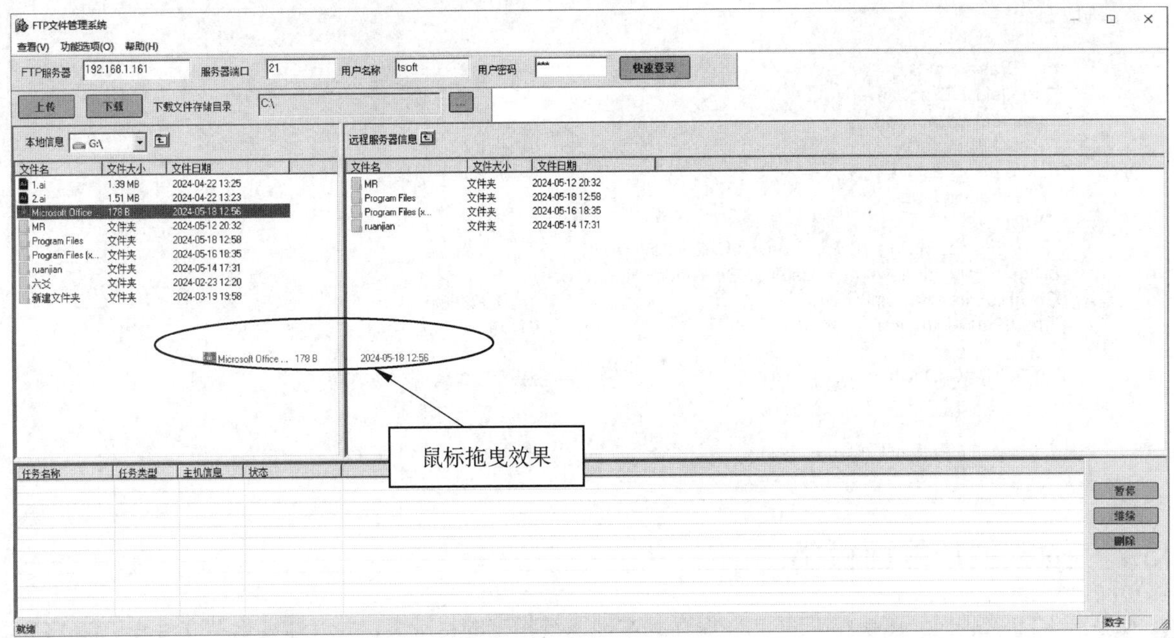

图 5.2 鼠标拖曳效果

对于列表视图控件来说，实现鼠标拖曳的功能比较简单，主要分为 3 个步骤。

（1）处理列表视图控件的 LVN_BEGINDRAG 消息，以启动鼠标拖曳操作。代码如下：

```
void CFTPView::OnBegindragRemotefiles(NMHDR* pNMHDR, LRESULT* pResult)
{
    NM_LISTVIEW* pNMListView = (NM_LISTVIEW*)pNMHDR;
    *pResult = 0;
    int nItem=pNMListView->iItem;                                //获取拖动的视图项
    POINT pt=pNMListView->ptAction;                              //获取当前坐标
    m_pDragList = m_RemoteFiles.CreateDragImage(nItem,&pt);      //创建一个拖动图像列表
    m_pDragList->BeginDrag(0,CPoint(0,0));                       //开始拖动
    m_pDragList->DragEnter(NULL,pt);
    SetCapture();                                                //捕捉鼠标
    m_bDrag = TRUE;                                              //设置拖动标记
    *pResult = 0;
}//创建一个宽和高均为 200 像素的彩色图片
BufferedImage tmp = new BufferedImage(200, 200, BufferedImage.TYPE_INT_RGB);
Graphics2D g = tmp.createGraphics();                             //获取绘图对象
//获取与 g 关联的设备配置
GraphicsConfiguration deviceConfigurationg = g.getDeviceConfiguration();
```

（2）在鼠标移动过程中设置图像拖动的位置。代码如下：

```
void CFTPView::OnMouseMove(UINT nFlags, CPoint point)
{
    if (m_bDrag)                                                 //拖动过程中
    {
        CRect rect;
        GetWindowRect(&rect);                                    //获取窗口区域
        ClientToScreen(&point);                                  //转换坐标
        m_pDragList->DragMove(point);                            //沿着鼠标拖动图像
    }
    CFormView::OnMouseMove(nFlags, point);
}
```

（3）在鼠标移动过程中设置图像拖动的位置。代码如下：

```
void CFTPView::OnLButtonUp(UINT nFlags, CPoint point)
{
    if(m_bDrag)
    {
        m_bDrag = FALSE;                                    //设置拖动结束标记
        CImageList::DragLeave(NULL);                        //释放鼠标拖动
        CImageList::EndDrag();
        ReleaseCapture();                                   //释放鼠标捕捉
        delete m_pDragList;                                 //释放拖动的图像列表
        m_pDragList=NULL;
        CRect rect;
        CMainFrame * pDlg = (CMainFrame*)AfxGetMainWnd();
        pDlg->m_pLocalView->m_LocalFiles.GetWindowRect(&rect);
        ClientToScreen(&point);                             //转换客户坐标
        if(rect.PtInRect(point))                            //判断是否拖放到本地列表视图中
        {
            pDlg->OnDownload();                             //执行下载操作
        }
    }
    CFormView::OnLButtonUp(nFlags, point);
}
```

5.3.7 抽象的功能面板类

在下载 FTP 文件时，需要将 FTP 文件保存到本地系统指定的目录下，并且需要保持文件在 FTP 服务器上的目录结构不变。例如，若要下载 FTP 服务器上的 Files 目录下的所有文件，则需要将这些文件及其目录结构完整地下载到本地的某一目录下。这经常涉及在多级目录下创建文件，如果目录不存在，则可能导致创建文件失败。为了防止文件创建失败，在创建文件前需要创建文件目录，该目录可能是一个多级目录。使用 CreateDirectory 函数只能创建一级目录，如果要创建多级目录，则需要循环调用 CreateDirectory 函数。为了能够创建多级目录，可以使用 MakeSureDirectoryPathExists 函数，该函数位于 dbghelp.dll 动态链接库中。在开发环境中，MakeSureDirectoryPathExists 函数没有进行封装，因此在使用前需要导入该函数。首先定义一个函数指针类型。代码如下：

```
typedef BOOL(__stdcall funMakeSure)(PCSTR DirPath);
```

然后定义一个函数指针。代码如下：

```
funMakeSure * MakeSureDirectoryPathExists;                  //定义函数指针
```

最后加载 dbghelp.dll 动态链接库，以获取 MakeSureDirectoryPathExists 函数地址。代码如下：

```
HMODULE hMod = LoadLibrary("dbghelp.dll");
MakeSureDirectoryPathExists = (funMakeSure *)GetProcAddress(hMod,"MakeSureDirectoryPathExists");
```

在获取 MakeSureDirectoryPathExists 函数地址后，就可以使用该函数创建多级目录。代码如下：

```
MakeSureDirectoryPathExists("c:\\database\\sqlserver\\data");
```

5.4 主窗体模块

5.4.1 主窗体模块概述

FTP 文件传输管理软件主窗口由菜单、登录信息栏、工具栏、本地信息窗口、远程 FTP 服务器信息窗口和任务列表窗口 6 个部分构成，效果如图 5.3 所示。

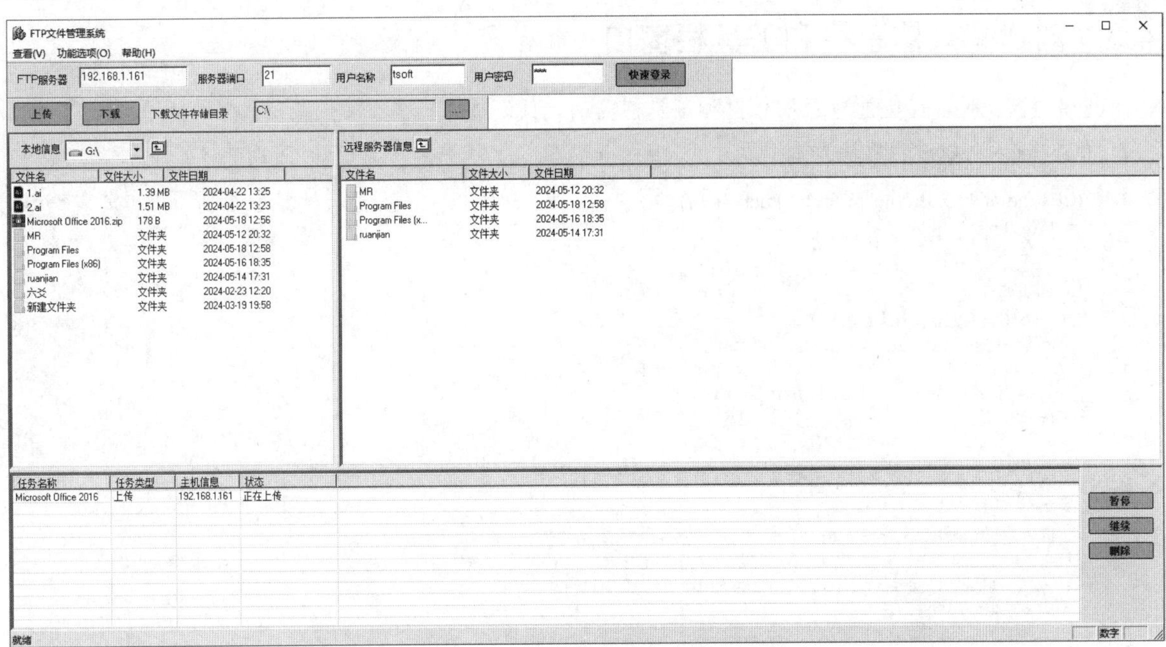

图 5.3　FTP 文件传输管理软件主窗口

5.4.2　界面设计

FTP 文件传输管理软件主窗口主要由控制条和视图窗口构成。窗口的布局都是通过代码控制的，没有涉及设计期的控件放置和属性设置操作。这里笔者主要介绍视图窗口的布局，视图窗口主要分为 3 个部分，分别为本地信息窗口、远程 FTP 服务器视图窗口和任务列表窗口。这 3 个窗口是通过视图分割将其嵌入框架中的。下面给出视图分割的主要代码：

```
BOOL CMainFrame::OnCreateClient(LPCREATESTRUCT lpcs, CCreateContext *pContext)
{

    if(!m_wndSplitter.CreateStatic(this, 2, 1)) {
        TRACE0("Failed to create splitter bar ");
        return FALSE;
    }
    if(!m_ChildSplitter.CreateStatic(&m_wndSplitter, 1, 2, WS_CHILD | WS_VISIBLE, m_wndSplitter.IdFromRowCol(0, 0))) {
        TRACE0("Failed to create splitter bar ");
        return FALSE;
    }
    m_ChildSplitter.CreateView(0, 0, RUNTIME_CLASS(CLocalView), CSize(200, 180), pContext);
    m_ChildSplitter.CreateView(0, 1, RUNTIME_CLASS(CFTPView), CSize(180, 180), pContext);
    m_wndSplitter.CreateView(1, 0, RUNTIME_CLASS(CTaskListView), CSize(0, 10), pContext);

    //设置第一行的高度
    m_wndSplitter.SetRowInfo(0, 400, 50);

    //设置第一行各列的宽度
    m_ChildSplitter.SetColumnInfo(0, 400, 50);
    m_ChildSplitter.SetColumnInfo(1, 400, 50);

    //创建各区
    m_pTastView = (CTaskListView *)m_wndSplitter.GetPane(1, 0);
    m_pFtpView = (CFTPView *)m_ChildSplitter.GetPane(0, 1);
    m_pLocalView = (CLocalView *)m_ChildSplitter.GetPane(0, 0);

    return TRUE;
}
```

5.4.3 创建登录信息栏和工具栏窗口

在创建主窗口时，会创建登录信息栏和工具栏窗口。代码如下：

```
int CMainFrame::OnCreate(LPCREATESTRUCT lpCreateStruct)
{
    if(CFrameWnd::OnCreate(lpCreateStruct) == -1) {
        return -1;
    }

    //状态栏
    if(!m_wndStatusBar.Create(this) ||
       !m_wndStatusBar.SetIndicators(indicators,
                                     sizeof(indicators) / sizeof(UINT))) {
        TRACE0("Failed to create status bar\n");
        return -1;
    }

    //上方设定服务器信息及连接
    {
        if(!m_ConnectBar.Create(this, IDD_CONNECTFTPDLG, CBRS_TOP |
                                CBRS_TOOLTIPS | CBRS_FLYBY | CBRS_SIZE_DYNAMIC, ID_CONNECTBAR)) {
            TRACE0("Failed to create Dialog bar\n");
            return -1;
        }
        m_ConnectBar.EnableDocking(CBRS_ALIGN_TOP | CBRS_ALIGN_BOTTOM);
        EnableDocking(CBRS_ALIGN_ANY);
        DockControlBar(&m_ConnectBar);

        m_ConnectBar.SetDlgItemText(IDC_FTPSERVER, "192.168.1.161");
        m_ConnectBar.SetDlgItemText(IDC_FTPPORT, "21");
        m_ConnectBar.SetDlgItemText(IDC_USER, "tsoft");
        m_ConnectBar.SetDlgItemText(IDC_PASSWORD, "111");
    }

    //
    m_hMutex = CreateMutex(NULL, false, "mutex1");

    //确定路径是否正确
    HMODULE hMod = LoadLibrary("Dbghelp.dll");
    MakeSureDirectoryPathExists = (funMakeSure *)GetProcAddress(hMod, "MakeSureDirectoryPathExists");

    //创建工具栏
    {
        if(!m_ToolBar.Create(this, IDD_TOOLBAR, CBRS_TOP | CBRS_TOOLTIPS | CBRS_FLYBY | CBRS_SIZE_ DYNAMIC,
                             ID_TOOLBARINFO)) {
            TRACE0("Failed to create Dialog bar\n");
            return -1;
        }
        m_ToolBar.EnableDocking(CBRS_ALIGN_TOP | CBRS_ALIGN_BOTTOM);
        EnableDocking(CBRS_ALIGN_ANY);
        DockControlBar(&m_ToolBar);

        m_ToolBar.SetDlgItemText(IDC_SAVEDIR, _T("C:\\"));

    }
    //设置图标
    SetIcon(LoadIcon(AfxGetResourceHandle(), MAKEINTRESOURCE(IDI_MAIN)), TRUE);

    return 0;
}
```

5.4.4 实现“查看”菜单中“登录信息栏”功能

（1）处理“查看”菜单中“登录信息栏”菜单项的单击事件，以显示或隐藏登录信息栏。代码如下：

```
void CMainFrame::OnLoginbar()
{
    CMenu *pMenu = GetMenu();
    CMenu *pSub = pMenu->GetSubMenu(0);
    if(pSub != NULL) {
        int nState = pSub->GetMenuState(ID_CONNECTBAR, MF_BYCOMMAND);
        if(nState == MF_CHECKED) {
            pSub->CheckMenuItem(ID_CONNECTBAR, MF_BYCOMMAND | MF_UNCHECKED);
            CControlBar *pBar = GetControlBar(ID_CONNECTBAR);
            if(pBar != NULL) {
                ShowControlBar(pBar, (pBar->GetStyle() & WS_VISIBLE) == 0, FALSE);
            }
            RecalcLayout();
        }
        else if(nState == MF_UNCHECKED) {
            pSub->CheckMenuItem(ID_CONNECTBAR, MF_BYCOMMAND | MF_CHECKED);
            CControlBar *pBar = GetControlBar(ID_CONNECTBAR);
            if(pBar != NULL) {
                ShowControlBar(pBar, (pBar->GetStyle() & WS_VISIBLE) == 0, FALSE);
            }
            RecalcLayout();
        }
    }
}
```

（2）处理“查看”菜单中“登录信息栏”菜单项的 UPDATE_COMMAND_UI 消息，根据登录信息栏的可见性来设置或取消菜单项的复选标记。代码如下：

```
void CMainFrame::OnUpdateLoginbar(CCmdUI *pCmdUI)
{
    CControlBar *pBar = GetControlBar(pCmdUI->m_nID);
    if(pBar != NULL) {
        pCmdUI->SetCheck((pBar->GetStyle() & WS_VISIBLE) != 0);
        return;
    }
    pCmdUI->ContinueRouting();
}
```

5.4.5 实现“查看”菜单中“工具信息栏”功能

处理“查看”菜单中“工具信息栏”菜单项的单击事件，以显示或隐藏工具信息栏。代码如下：

```
void CMainFrame::OnSetToolBar()
{
    CMenu *pMenu = GetMenu();
    CMenu *pSub = pMenu->GetSubMenu(0);
    if(pSub != NULL) {
        int nState = pSub->GetMenuState(ID_TOOLBARINFO, MF_BYCOMMAND);
        if(nState == MF_CHECKED) {
            pSub->CheckMenuItem(ID_TOOLBARINFO, MF_BYCOMMAND | MF_UNCHECKED);
            CControlBar *pBar = GetControlBar(ID_TOOLBARINFO);
            if(pBar != NULL) {
                ShowControlBar(pBar, (pBar->GetStyle() & WS_VISIBLE) == 0, FALSE);
            }
            RecalcLayout();
        }
        else if(nState == MF_UNCHECKED) {
            pSub->CheckMenuItem(ID_TOOLBARINFO, MF_BYCOMMAND | MF_CHECKED);
            CControlBar *pBar = GetControlBar(ID_TOOLBARINFO);
            if(pBar != NULL) {
                ShowControlBar(pBar, (pBar->GetStyle() & WS_VISIBLE) == 0, FALSE);
            }
            RecalcLayout();
        }
    }
}
```

5.5　登录信息栏模块

5.5.1　登录信息模块概述

登录信息栏的功能非常简单，它主要用于根据用户输入的 FTP 服务器地址、端口号、用户名和密码，完成对 FTP 服务器的登录。登录信息栏效果如图 5.4 所示。

图 5.4　登录信息栏效果

5.5.2　界面设计

登录信息栏界面布局如下：

（1）创建一个对话框资源，资源 ID 为 IDD_CONNECTFTPDLG。

（2）向对话框中添加静态文本、编辑框和按钮等控件。

（3）设置主要控件属性，如表 5.1 所示。

表 5.1　登录信息栏主要控件属性设置

控件 ID	控件属性	关联变量
IDD_CONNECTFTPDLG	Style：Child Border：None	CDialogBar：m_ConnectBar
IDC_PASSWORD	Password：TRUE	无
IDC_LOGIN_FTP	Caption：快速登录	无

5.5.3　创建登录信息栏

（1）在主框架类 CMainFrame 中定义一个成员变量 m_ConnectBar，其类型为 CDialogBar。代码如下：

```
CDialogBar   m_ConnectBar;
```

（2）在主框架类 CMainFrame 的 OnCreate 方法中，创建登录信息栏，并设置登录信息栏中编辑框显示的默认文本。代码如下：

```
//状态栏
if(!m_wndStatusBar.Create(this) ||
    !m_wndStatusBar.SetIndicators(indicators,
                                  sizeof(indicators) / sizeof(UINT))) {
    TRACE0("Failed to create status bar\n");
    return -1;
}

//上方设定服务器信息及连接
{
    if(!m_ConnectBar.Create(this, IDD_CONNECTFTPDLG, CBRS_TOP |
                        CBRS_TOOLTIPS | CBRS_FLYBY | CBRS_SIZE_DYNAMIC, ID_CONNECTBAR)) {
        TRACE0("Failed to create Dialog bar\n");
        return -1;
    }
```

```
        m_ConnectBar.EnableDocking(CBRS_ALIGN_TOP | CBRS_ALIGN_BOTTOM);
        EnableDocking(CBRS_ALIGN_ANY);
        DockControlBar(&m_ConnectBar);

        m_ConnectBar.SetDlgItemText(IDC_FTPSERVER, "192.168.1.161");
        m_ConnectBar.SetDlgItemText(IDC_FTPPORT, "21");
        m_ConnectBar.SetDlgItemText(IDC_USER, "tsoft");
        m_ConnectBar.SetDlgItemText(IDC_PASSWORD, "111");
    }
```

5.5.4 实现登录 FTP 服务器功能

（1）在主框架类 CMainFrame 中，添加 LoginFTP 方法来实现登录 FTP 服务器的功能。代码如下：

```
void CMainFrame::LoginFTP()
{
    CString csServer, csPassword, csUser, csPort;
    m_ConnectBar.GetDlgItemText(IDC_FTPSERVER, csServer);
    m_ConnectBar.GetDlgItemText(IDC_FTPPORT, csPort);
    m_ConnectBar.GetDlgItemText(IDC_PASSWORD, csPassword);
    m_ConnectBar.GetDlgItemText(IDC_USER, csUser);
    if(!csServer.IsEmpty() && !csPassword.IsEmpty() &&
       !csUser.IsEmpty() && !csPort.IsEmpty()) {
        try {
            m_pFtp =   m_internetSession.GetFtpConnection(csServer, csUser, csPassword, atoi(csPort));
            m_bLoginSucc = TRUE;
            CString csCurDir;
            m_pFtp->GetCurrentDirectory(csCurDir);
            if(m_pFtpView != NULL) {
                m_pFtpView->m_RemoteFiles.m_FtpServer = csServer;
                m_pFtpView->m_RemoteFiles.m_Port = csPort;
                m_pFtpView->m_RemoteFiles.m_User = csUser;
                m_pFtpView->m_RemoteFiles.m_Password = csPassword;

                m_csServer = csServer;
                m_csPassword = csPassword;
                m_csUser = csUser;
                m_nPort = atoi(csPort);

                m_pFtpView->m_RemoteFiles.m_BaseDir = csCurDir;
                m_pFtpView->m_RemoteFiles.DisplayPath("");
            }
        }
        catch(CInternetException &e) {
            m_bLoginSucc = FALSE;
            delete m_pFtp;
        }
        delete m_pFtp;
    }
}
```

（2）在主框架类 CMainFrame 的消息映射部分，添加消息映射宏，将“快速登录”按钮的单击事件与 LoginFTP 方法关联起来。代码如下：

```
ON_COMMAND(IDC_LOGIN_FTP, LoginFTP)
```

5.6 工具栏模块

5.6.1 工具栏模块概述

FTP 文件传输管理软件的工具栏窗口实际是一个对话栏（CDialogBar），而不是普通的工具栏（CToolBar），这是因为需要在工具栏中设置静态文本和编辑框控件。工具栏窗口效果如图 5.5 所示。

图 5.5　工具栏窗口

5.6.2　界面设计

工具栏窗口界面布局如下：

（1）创建一个对话框资源，并设置资源 ID 为 IDD_TOOLBAR。

（2）向对话框中添加按钮、静态文本和编辑框控件。

（3）设置主要控件属性，如表 5.2 所示。

表 5.2　工具栏窗口控件属性设置

控件 ID	控件属性	关联变量
IDD_TOOLBAR	Style：Child Border：None	CDialogBar：m_ToolBar
IDC_BT_UPLOAD	Caption：上传	无
IDC_SAVEDIR	Readonly：TRUE	无

5.6.3　创建工具栏

（1）在主框架类 CMainFrame 中定义一个成员变量 m_ToolBar，其类型为 CDialogBar。代码如下：

```
CDialogBar   m_ToolBar;
```

（2）在主框架类 CMainFrame 的 OnCreate 方法中，创建工具栏，并设置工具栏中的编辑框文本。代码如下：

```
//创建工具栏
{
    if(!m_ToolBar.Create(this, IDD_TOOLBAR, CBRS_TOP | CBRS_TOOLTIPS | CBRS_FLYBY | CBRS_SIZE_ DYNAMIC,
                         ID_TOOLBARINFO)) {
        TRACE0("Failed to create Dialog bar\n");
        return -1;
    }
    m_ToolBar.EnableDocking(CBRS_ALIGN_TOP | CBRS_ALIGN_BOTTOM);
    EnableDocking(CBRS_ALIGN_ANY);
    DockControlBar(&m_ToolBar);

    m_ToolBar.SetDlgItemText(IDC_SAVEDIR, _T("C:\\"));

}
```

（3）向主框架类 CMainFrame 中添加 SetDownLoad 方法，用于设置工具栏中的下载文件存储目录。代码如下：

```
void CMainFrame::SetDownLoad()
{
    BROWSEINFO BrowInfo;
    char csFolder[MAX_PATH] = {0};
    memset(&BrowInfo, 0, sizeof(BROWSEINFO));
    BrowInfo.hwndOwner = m_hWnd;
    BrowInfo.pszDisplayName = csFolder;
    BrowInfo.lpszTitle = "请选择文件";
    BrowInfo.ulFlags = BIF_EDITBOX;
    ITEMIDLIST *pitem = SHBrowseForFolder(&BrowInfo);
    if(pitem) {
        SHGetPathFromIDList(pitem, csFolder);
```

```
            m_csDownDir = csFolder;
            m_ToolBar.SetDlgItemText(IDC_SAVEDIR, m_csDownDir);
        }
}
```

5.6.4 实现查找文件路径功能

（1）在主框架类 CMainFrame 的消息映射部分，添加消息映射宏，将“…”按钮的单击事件与 SetDownLoad 方法关联起来。代码如下：

```
ON_COMMAND(IDC_SETDIR, SetDownLoad)
```

（2）向主框架类 CMainFrame 中添加 OnDownload 方法，用于实现 FTP 目录或文件的下载。代码如下：

```
//单击“下载”按钮
void CMainFrame::OnDownload()
{
    //如果登录成功，且本来视图不为空
    if(m_bLoginSucc && m_pLocalView != NULL) {
        m_ToolBar.GetDlgItemText(IDC_SAVEDIR, m_csDownDir);

        POSITION pos = m_pFtpView->m_RemoteFiles.GetFirstSelectedItemPosition();
        int nSelCount = m_pFtpView->m_RemoteFiles.GetSelectedCount();

        while(pos != NULL) {
            int nItem = m_pFtpView->m_RemoteFiles.GetNextSelectedItem(pos);

            LVITEM item;
            item.mask = LVIF_TEXT;
            item.cchTextMax = MAX_PATH;
            char text[MAX_PATH] = {0};
            item.pszText = text;
            item.iItem = nItem ;
            item.iSubItem = 0;
            m_pFtpView->m_RemoteFiles.GetItem(&item);

            int nCount = m_pTastView->m_TastList.GetItemCount();
            int nCurItem;
            nCurItem = m_pTastView->m_TastList.InsertItem(nCount, "");

            m_pTastView->m_TastList.SetItemData(nCurItem, nCurItem);

            m_pTastView->m_TastList.SetItemText(nCurItem, 0, text);
            m_pTastView->m_TastList.SetItemText(nCurItem, 1, "下载");
            m_pTastView->m_TastList.SetItemText(nCurItem, 2, m_csServer);
            m_pTastView->m_TastList.SetItemText(nCurItem, 3, "正在下载");

            ThreadParam *Param = new ThreadParam();
            Param->pDlg = this;
            Param->nItem = nCurItem;
            Param->nDownFlag = m_pFtpView->m_RemoteFiles.GetItemData(nItem);

            memset(Param->m_DownFile, 0, MAX_PATH);
            memset(Param->m_RelativeFile, 0, MAX_PATH);

            strcpy(Param->m_DownFile, m_pFtpView->m_RemoteFiles.m_CurDir);
            strcat(Param->m_DownFile, text);
            strcpy(Param->m_RelativeFile, text);

            HANDLE hHandle = CreateThread(NULL, 0, DownloadThreadProc, (void *)Param, 0, NULL);
            m_pTastView->m_TastList.SetItemData(nCurItem, (DWORD)hHandle);
            Param->m_hThread = hHandle;
        }
    }
}
```

5.6.5 实现下载功能

（1）在主框架类 CMainFrame 的消息映射部分，添加消息映射宏，将“下载”按钮的单击事件与 OnDownload 方法关联起来。代码如下：

```
ON_COMMAND(IDC_BT_DOWNLOAD, OnDownload)
```

（2）定义全局的线程函数，用于在下载文件时在线程函数中调用下载函数，以实现文件的下载。代码如下：

```
//下载文件的线程函数
DWORD __stdcall DownloadThreadProc(LPVOID lpParameter)
{
    //接收参数
    ThreadParam *Param = (ThreadParam *)lpParameter;
    //主窗口
    CMainFrame *pDlg = Param->pDlg;

    //第几项
    int nItem = Param->nItem;

    char downfile[MAX_PATH] = {0};
    strcpy(downfile, Param->m_DownFile);

    char relfile[MAX_PATH] = {0};
    strcpy(relfile, Param->m_RelativeFile);

    //设置下载序列窗口（下方）
    pDlg->m_pTastView->m_TastList.SetItemText(nItem, 4, "正在下载");

    //根据下载标志判断是下载文件还是文件夹
    if(Param->nDownFlag == 0) {
        //下载文件
        pDlg->DownLoadFile(pDlg, downfile, relfile, (DWORD)Param->m_hThread, true, pDlg->m_csServer,
                           pDlg->m_csUser, pDlg->m_csPassword, pDlg->m_nPort, pDlg->m_csDownDir);
    }
    else if(Param->nDownFlag == 1) {
        //下载文件夹
        pDlg->DownLoadFile(pDlg, downfile, relfile, (DWORD)Param->m_hThread, false, pDlg->m_csServer,
                           pDlg->m_csUser, pDlg->m_csPassword, pDlg->m_nPort, pDlg->m_csDownDir);
    }

    //等待下载完成
    pDlg->m_pTastView->m_TastList.SetItemText(nItem, 3, "完成");
    pDlg->m_pTastView->m_TastList.SetItemText(nItem, 4, "下载完成");

    //终止线程后，设置初始标记
    if(pDlg->m_dwStop == (DWORD)Param->m_hThread) {
        pDlg->m_dwStop = 0;
    }

    pDlg->DeleteItemFormData(&pDlg->m_pTastView->m_TastList, (DWORD)Param->m_hThread);

    int nCount = pDlg->m_pTastView->m_TastList.GetItemCount();

    delete Param;

    //如果设置了下载完成后关机，并且列表中没有其他项目，则执行关机操作
    if(pDlg->m_bTurnOff && nCount == 0) {
        pDlg->TurnOff();        //关机操作
    }
    return 0;
}
```

（3）当用户处理完一张图片并单击应用按钮之后，所有功能面板应该重新加载这张已被修改的图片。因

此，需要提供一个让所有面板立刻刷新的方法。allFlush()方法用于刷新所有已注册面板，该方法会遍历所有功能面板，并依次调用它们的 flush()方法。代码如下：

```
public static void allFlush() {
    Set<ImagePanel> panels = PANELS.keySet();
    for (ImagePanel p : panels) {
        p.flush();
    }
}
```

5.6.6 实现上传功能

（1）向主框架类 CMainFrame 中添加 OnUpload 方法，以实现文件的上传。文件上传与下载的思路是相同的，均是通过单独的线程来完成的。代码如下：

```
void CMainFrame::OnUpload()
{
    if(m_bLoginSucc && m_pLocalView != NULL) {
        POSITION pos = m_pLocalView->m_LocalFiles.GetFirstSelectedItemPosition();
        int nSelCount = m_pLocalView->m_LocalFiles.GetSelectedCount();

        while(pos != NULL) {
            int nItem = m_pLocalView->m_LocalFiles.GetNextSelectedItem(pos);

            LVITEM item;
            item.mask = LVIF_TEXT;
            item.cchTextMax = MAX_PATH;
            char text[MAX_PATH] = {0};
            item.pszText = text;
            item.iItem = nItem ;
            item.iSubItem = 0;
            m_pLocalView->m_LocalFiles.GetItem(&item);

            int nCount = m_pTastView->m_TastList.GetItemCount();
            int nCurItem;
            nCurItem = m_pTastView->m_TastList.InsertItem(nCount, "");

            m_pTastView->m_TastList.SetItemData(nCurItem, nCurItem);

            m_pTastView->m_TastList.SetItemText(nCurItem, 0, text);
            m_pTastView->m_TastList.SetItemText(nCurItem, 1, "上传");
            m_pTastView->m_TastList.SetItemText(nCurItem, 2, m_csServer);
            m_pTastView->m_TastList.SetItemText(nCurItem, 3, "正在上传");

            ThreadParam *Param = new ThreadParam();
            Param->pDlg = this;
            Param->nItem = nCurItem;
            Param->nDownFlag = m_pLocalView->m_LocalFiles.GetItemData(nItem);

            memset(Param->m_DownFile, 0, MAX_PATH);
            memset(Param->m_RelativeFile, 0, MAX_PATH);

            strcpy(Param->m_DownFile, m_pLocalView->m_LocalFiles.m_CurDir);
            strcat(Param->m_DownFile, text);

            CString csRelative    = m_pFtpView->m_RemoteFiles.m_BaseDir;

            if(csRelative.Right(1) != "/" && csRelative.GetLength() > 1) {
                csRelative += "/";
            }

            csRelative +=    m_pFtpView->m_RemoteFiles.m_CurDir;
```

```
            if(csRelative.Right(1) != "/" && csRelative.GetLength() > 1) {
                csRelative += "/";
            }

            csRelative += text;

            strcpy(Param->m_RelativeFile, csRelative);

            HANDLE hHandle = CreateThread(NULL, 0, UploadThreadProc, (void *)Param, 0, NULL);
            m_pTastView->m_TastList.SetItemData(nCurItem, (DWORD)hHandle);
            Param->m_hThread = hHandle;
        }
    }
}
```

（2）向主框架类 CMainFrame 中添加消息映射宏，以便将“上传”按钮的单击事件与 OnUpload 方法关联起来。代码如下：

```
ON_COMMAND(ID_UPLOAD, OnUpload)
```

（3）由于类对象是引用类型，引用类型变量之间的赋值可能导致对象属性被同步修改。为了保证图片处理程序可以有效地备份原图，程序提供克隆图片对象的 clone()方法以确保用户的任何操作都不会影响原始图片对象。此外，我们添加全局线程函数 UploadThreadProc，在上传文件时，该函数将创建一个线程，并在该线程函数中调用上传函数来实现文件上传。代码如下：

```
//上传文件的线程函数
DWORD __stdcall UploadThreadProc(LPVOID lpParameter)
{
    ThreadParam *Param = (ThreadParam *)lpParameter;
    CMainFrame *pDlg = Param->pDlg;
    int nItem = Param->nItem;

    char downfile[MAX_PATH] = {0};
    strcpy(downfile, Param->m_DownFile);
    char relfile[MAX_PATH] = {0};
    strcpy(relfile, Param->m_RelativeFile);

    pDlg->m_pTastView->m_TastList.SetItemText(nItem, 4, "正在上传");

    if(Param->nDownFlag == 0) { //当前选择的是文件
        pDlg->UpLoadFile(pDlg, downfile, relfile, (DWORD)Param->m_hThread, true, pDlg->m_csServer,
                        pDlg->m_csUser, pDlg->m_csPassword, pDlg->m_nPort);
    }
    else if(Param->nDownFlag == 1) {
        pDlg->UpLoadFile(pDlg, downfile, relfile, (DWORD)Param->m_hThread, false, pDlg->m_csServer,
                        pDlg->m_csUser, pDlg->m_csPassword, pDlg->m_nPort);
    }

    if(pDlg->m_dwStop == (DWORD)Param->m_hThread) { //终止线程后设置初始标记
        pDlg->m_dwStop = 0;
    }

    pDlg->m_pTastView->m_TastList.SetItemText(nItem, 3, "完成");
    pDlg->m_pTastView->m_TastList.SetItemText(nItem, 4, "上传完成");
    pDlg->DeleteItemFormData(&pDlg->m_pTastView->m_TastList, (DWORD)Param->m_hThread);

    delete Param;
    int nCount = pDlg->m_pTastView->m_TastList.GetItemCount();
    if(pDlg->m_bTurnOff && nCount == 0) {
        pDlg->TurnOff();//关机操作
    }
    return 0;
}
```

5.7 本地信息模块

5.7.1 本地信息模块概述

本地信息窗口的主要作用是将本地系统目录和文件加载到列表视图控件中，并支持通过鼠标拖曳实现文件的上传。

本地信息窗口效果如图 5.6 所示。

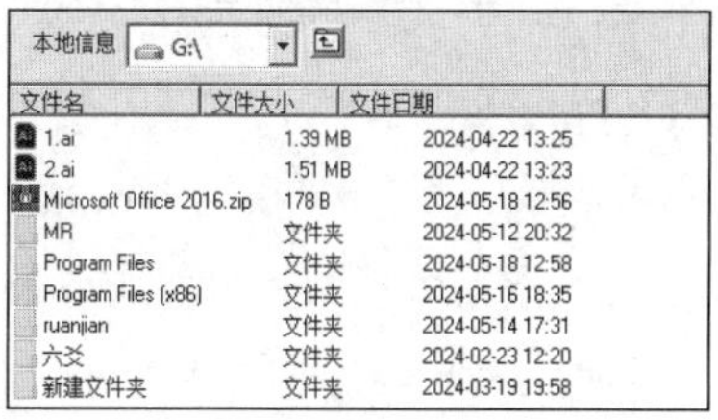

图 5.6 本地信息窗口

5.7.2 界面设计

本地信息窗口设计过程如下：

（1）新建一个窗体视图类，类名为 CLocalView，基类为 CFormView。

（2）向对话框中添加按钮、静态文本、图片、列表视图等控件。

（3）设置控件属性，如表 5.3 所示。

表 5.3 本地信息窗口控件属性设置

控件 ID	控件属性	关联变量
IDD_LOCALVIEW_FORM	Style：Child Border：None	CLocalView：m_pLocalView
IDC_FRAME	Type：Frame Color：Black	CStatic：m_Frame
IDC_BACK	Type：Bitmap Image：IDB_BACKBTN	无
IDC_LOCALFILES	View：Report	CSortListCtrl：m_LocalFiles

5.7.3 获取系统磁盘目录

（1）向窗体视图类中添加 GetSysDisk 方法，利用 GetLogicalDriveStrings 函数来获取系统磁盘目录，并将这些目录显示在组合框中。代码如下：

```
void CLocalView::GetSysDisk()
{
	m_DiskList.ResetContent();
	char   pchDrives[128] = {0};
	char* pchDrive;
	GetLogicalDriveStrings( sizeof(pchDrives), pchDrives ) ;

	pchDrive = pchDrives;
	int nItem = 0;
	while( *pchDrive )
	{
		COMBOBOXEXITEM		cbi;
		CString				csText;
		cbi.mask = CBEIF_IMAGE | CBEIF_INDENT | CBEIF_OVERLAY |
			CBEIF_SELECTEDIMAGE | CBEIF_TEXT;

		SHFILEINFO shInfo;
		int nIcon;
		SHGetFileInfo( pchDrive,0,&shInfo,sizeof(shInfo),SHGFI_ICON | SHGFI_SMALLICON );
		nIcon = shInfo.iIcon;
```

```
        cbi.iItem = nItem;
        cbi.pszText = pchDrive;
        cbi.cchTextMax = strlen(pchDrive);
        cbi.iImage = nIcon;
        cbi.iSelectedImage = nIcon;
        cbi.iOverlay = 0;
        cbi.iIndent = (0 & 0x03);
        m_DiskList.InsertItem(&cbi);
        nItem ++;
        pchDrive += strlen( pchDrive ) + 1;
    }
}
```

（2）向窗体视图类中添加 GetSysFileImage 方法，用于获取系统文件图像列表，代码如下：

```
void CLocalView::GetSysFileImage()
{
    CFTPManageApp *pApp = (CFTPManageApp*)AfxGetApp();
    m_DiskList.SetImageList(&pApp->m_ImageList);
    m_LocalFiles.SetImageList(&pApp->m_ImageList,LVSIL_SMALL);
}
```

（3）在窗体视图初始化时，创建一个群组框显示系统磁盘目录，修改列表视图控件的扩展风格，并向列表视图控件中添加列。代码如下：

```
void CLocalView::OnInitialUpdate()
{
    CFormView::OnInitialUpdate();
    CRect ComBoxRC;
    m_Frame.GetWindowRect(ComBoxRC);
    m_Frame.ScreenToClient(ComBoxRC);
    m_Frame.MapWindowPoints(this,ComBoxRC);
    ComBoxRC.bottom = ComBoxRC.top+100;
    m_DiskList.Create(WS_CHILD|WS_VISIBLE|CBS_DROPDOWNLIST|CBS_SORT,ComBoxRC,this,112);

    m_LocalFiles.SetExtendedStyle(LVS_EX_TWOCLICKACTIVATE|LVS_EX_FULLROWSELECT );
    m_LocalFiles.SetColumns(_T("文件名,150;文件大小,80;文件日期,150"));
    m_bSubClass = TRUE;

    GetSysFileImage();
    GetSysDisk();

    SIZE szWidth,szHeight;
    szWidth.cx = szWidth.cy = 0;
    szHeight.cx = szHeight.cy = 0;
    SetScrollSizes(MM_TEXT,szWidth,szHeight);
}
```

（4）处理窗体视图的 WM_SIZE 消息，当用户调整窗体视图大小时，适当调整列表视图控件的大小。代码如下：

```
void CLocalView::OnSize(UINT nType, int cx, int cy)
{
    CFormView::OnSize(nType, cx, cy);
    if (m_bSubClass==TRUE)
    {
        CRect rc;
        GetClientRect(rc);
        rc.DeflateRect(0,40,0,0);
        m_LocalFiles.MoveWindow(rc);
    }
}
```

5.7.4 显示磁盘内容

（1）处理组合框中选项改变时的事件，根据当前显示的磁盘目录，在列表视图控件中显示相应的子目录

和文件。代码如下：

```
void CLocalView::DiskItemChange()
{
    COMBOBOXEXITEM cbi;
    memset(&cbi,0,sizeof(COMBOBOXEXITEM));

    int nCurItem = m_DiskList.GetCurSel();
    cbi.mask =   CBEIF_TEXT;
    char chName[128] = {0};
    cbi.pszText = chName;
    cbi.cchTextMax = 128;
    cbi.iItem = nCurItem;
    m_DiskList.GetItem(&cbi);
    m_LocalFiles.m_BaseDir = chName;
    m_LocalFiles.DisplayPath(chName);
}
```

（2）向窗体视图中添加 OnBack 方法，当用户单击图片控件时将调用该方法返回上一级目录。代码如下：

```
void CLocalView::OnBack()
{
    m_LocalFiles.SendMessage(WM_KEYDOWN,VK_BACK,0);
}
```

5.7.5 实现拖曳功能

（1）处理列表视图控件的 LVN_BEGINDRAG 消息，以启动鼠标拖曳操作。代码如下：

```
void CLocalView::OnBegindragLocalfiles(NMHDR* pNMHDR, LRESULT* pResult)
{
    NM_LISTVIEW* pNMListView = (NM_LISTVIEW*)pNMHDR;

    *pResult = 0;
    int nItem=pNMListView->iItem;
    POINT pt=pNMListView->ptAction;
    m_pDragList = m_LocalFiles.CreateDragImage(nItem,&pt);

    m_pDragList->BeginDrag(0,CPoint(0,0));
    m_pDragList->DragEnter(NULL,pt);
    SetCapture();
    m_bDrag = TRUE;
    *pResult = 0;
}
```

（2）在鼠标移动过程中设置图像拖动的位置。代码如下：

```
void CLocalView::OnMouseMove(UINT nFlags, CPoint point)
{
    if (m_bDrag)
    {
        CRect rect;
        GetWindowRect(&rect);
        ClientToScreen(&point);
        m_pDragList->DragMove(point);
    }
    CFormView::OnMouseMove(nFlags, point);
}
```

（3）在释放鼠标按钮时结束拖曳操作。如果将文件拖放到远程 FTP 服务器信息窗口的列表视图控件中，则会执行文件上传。代码如下：

```
void CLocalView::OnLButtonUp(UINT nFlags, CPoint point)
{
    if(m_bDrag)
    {
```

```
            m_bDrag = FALSE;
            CImageList::DragLeave(NULL);
            CImageList::EndDrag();
            ReleaseCapture();
            delete m_pDragList;
            m_pDragList=NULL;
            CRect rect;
            CMainFrame * pDlg = (CMainFrame*)AfxGetMainWnd();
            pDlg->m_pFtpView->m_RemoteFiles.GetWindowRect(&rect);
            ClientToScreen(&point);
            if(rect.PtInRect(point))
            {
                pDlg->OnUpload();
            }
        }
        CFormView::OnLButtonUp(nFlags, point);
}
```

5.8 远程 FTP 服务器信息模块

5.8.1 远程 FTP 服务器信息模块概述

远程 FTP 服务器信息窗口的主要作用是显示 FTP 服务器上的文件和目录，并支持通过鼠标拖曳来实现 FTP 文件的下载。远程 FTP 服务器信息窗口的效果如图 5.7 所示。

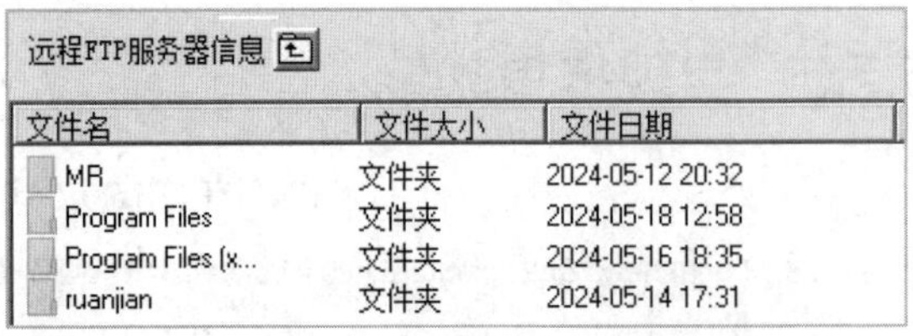

图 5.7 远程 FTP 服务器信息窗口的效果

5.8.2 界面设计

远程 FTP 服务器信息窗口设计过程如下：

（1）新建一个窗体视图类，类名为 CFTPView，其基类为 CFormView。

（2）向对话框中添加按钮、静态文本、图片、列表视图等控件。

（3）设置控件属性，如表 5.4 所示。

表 5.4 FTP 服务器信息窗口控件属性设置

控件 ID	控件属性	关联变量
IDD_FTPVIEW_FORM	Style：Child Border：None	CFTPView：m_pFtpView
IDC_BACK	Type：Bitmap Image：IDB_BACKBTN	无
IDC_REMOTEFILES	View：Report	CSortListCtrl：m_RemoteFiles

5.8.3 获取系统文件图像

（1）向窗体视图类中添加 GetSysFileImage 方法，用于获取系统文件图像列表。代码如下：

```
void CFTPView::GetSysFileImage()
{
    CFTPManageApp *pApp = (CFTPManageApp *)AfxGetApp();
    m_RemoteFiles.SetImageList(&pApp->m_ImageList, LVSIL_SMALL);
}
```

（2）在窗体视图初始化时，设置列表视图控件风格、向列表视图控件中添加列，并获取系统文件图标。代码如下：

```
void CFTPView::OnInitialUpdate()
{
	CFormView::OnInitialUpdate();
	m_RemoteFiles.SetExtendedStyle(LVS_EX_TWOCLICKACTIVATE | LVS_EX_FULLROWSELECT);
	m_RemoteFiles.SetColumns(_T("文件名,150;文件大小,80;文件日期,150"));
	m_bSubClass = TRUE;
	GetSysFileImage();

	//显示 FTP 服务器信息
	m_RemoteFiles.SetFtpType(TRUE);

	SIZE szWidth, szHeight;
	szWidth.cx = szWidth.cy = 0;
	szHeight.cx = szHeight.cy = 0;
	SetScrollSizes(MM_TEXT, szWidth, szHeight);
	SendMessage(WM_SIZE, 0, 0);
}
```

（3）处理窗体视图的 WM_SIZE 消息，以便在用户调整窗体视图大小时，相应地调整列表视图控件的大小。代码如下：

```
void CFTPView::OnSize(UINT nType, int cx, int cy)
{
	CFormView::OnSize(nType, cx, cy);
	if(m_bSubClass == TRUE) {
		CRect rc;
		GetClientRect(rc);
		rc.DeflateRect(0, 40, 0, 0);
		m_RemoteFiles.MoveWindow(rc);
	}
}
```

（4）向窗体视图中添加 OnBack 方法，以便在用户单击图片控件时将调用该方法返回上一级目录。代码如下：

```
void CFTPView::OnBack()
{
	m_RemoteFiles.SendMessage(WM_KEYDOWN, VK_BACK, 0);
}
```

5.8.4 实现鼠标拖曳功能

（1）处理列表视图控件的 LVN_BEGINDRAG 消息，以启动鼠标拖曳操作。代码如下：

```
//拖动文件
void CFTPView::OnBegindragRemotefiles(NMHDR *pNMHDR, LRESULT *pResult)
{
	NM_LISTVIEW *pNMListView = (NM_LISTVIEW *)pNMHDR;

	*pResult = 0;
	int nItem = pNMListView->iItem;
	POINT pt = pNMListView->ptAction;
	m_pDragList = m_RemoteFiles.CreateDragImage(nItem, &pt);

	m_pDragList->BeginDrag(0, CPoint(0, 0));
	m_pDragList->DragEnter(NULL, pt);
	SetCapture();
	m_bDrag = TRUE;
	*pResult = 0;
}
```

（2）在鼠标移动过程中设置图像拖动的位置。代码如下：

```
void CFTPView::OnMouseMove(UINT nFlags, CPoint point)
{
    if(m_bDrag) {
        CRect rect;
        GetWindowRect(&rect);
        ClientToScreen(&point);
        m_pDragList->DragMove(point);
    }
    CFormView::OnMouseMove(nFlags, point);
}
```

（3）在释放鼠标按钮时结束拖曳操作。如果将文件拖放到本地信息窗口的列表视图控件中，则会执行文件下载操作。代码如下：

```
void CFTPView::OnLButtonUp(UINT nFlags, CPoint point)
{
    if(m_bDrag) {
        m_bDrag = FALSE;
        CImageList::DragLeave(NULL);
        CImageList::EndDrag();
        ReleaseCapture();
        delete m_pDragList;
        m_pDragList = NULL;
        CRect rect;
        CMainFrame *pDlg = (CMainFrame *)AfxGetMainWnd();
        pDlg->m_pLocalView->m_LocalFiles.GetWindowRect(&rect);
        ClientToScreen(&point);
        if(rect.PtInRect(point)) {
            pDlg->OnDownload();
        }
    }
    CFormView::OnLButtonUp(nFlags, point);
}
```

5.9 任务列表模块

5.9.1 任务列表模块概述

任务列表窗口主要用于显示当前的上传、下载任务，用户可以暂停或取消某一任务。任务列表窗口如图 5.8 所示。

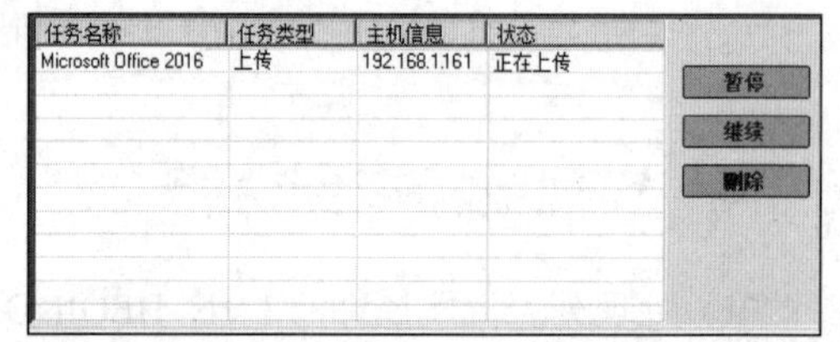

图 5.8 任务列表窗口

5.9.2 界面设计

任务列表窗口界面布局如下：

（1）新建一个窗体视图类，类名为 CTastListView，其基类为 CFormView。

（2）向对话框中添加按钮和列表视图等控件。

（3）设置控件属性，如表 5.5 所示。

表 5.5 任务列表窗口控件属性设置

控件 ID	控件属性	关联变量
IDD_TASTLISTVIEW_FORM	Style：Child Border：None	CtastListView：m_pTastView
IDC_BT_STOP	Caption：暂停	无
IDC_TASKLIST	View：Report	CListCtrl：m_TastList

5.9.3 创建列表控件

（1）在窗体视图初始化时，设置列表视图控件风格，向列表视图控件中添加列，并调整窗口中按钮的位置。代码如下：

```
void CTaskListView::OnInitialUpdate()
{
    CFormView::OnInitialUpdate();

    m_TastList.SetExtendedStyle(LVS_EX_TWOCLICKACTIVATE|LVS_EX_FULLROWSELECT|LVS_EX_GRIDLINES);

    m_TastList.InsertColumn(0,"任务名称",LVCFMT_LEFT,120);
    m_TastList.InsertColumn(1,"任务类型",LVCFMT_LEFT,80);
    m_TastList.InsertColumn(2,"主机信息",LVCFMT_LEFT,80);
    m_TastList.InsertColumn(3,"状态",LVCFMT_LEFT,120);

    CRect rc;
    GetClientRect(rc);
    rc.DeflateRect(0,0,100,0);
    m_TastList.MoveWindow(rc);

    CRect btnRC;     //按钮显示区域
    btnRC.left = rc.right + 10;
    btnRC.right = btnRC.left + 80;
    btnRC.top = rc.top + 20;
    btnRC.bottom = btnRC.top + 20;
    btnRC.OffsetRect(0,30);

    m_Continue.MoveWindow(btnRC);
        btnRC.OffsetRect(0,30);
    m_Stop.MoveWindow(btnRC);
        btnRC.OffsetRect(0,30);
    m_Delete.MoveWindow(btnRC);
    m_bSubClass = TRUE;

    SIZE szWidth,szHeight;
    szWidth.cx = szWidth.cy = 0;
    szHeight.cx = szHeight.cy = 0;
    SetScrollSizes(MM_TEXT,szWidth,szHeight);
}
```

（2）处理窗体视图的 WM_SIZE 消息，以便在窗体视图大小改变时，调整列表视图控件的大小以及按钮的位置。代码如下：

```
void CTaskListView::OnSize(UINT nType, int cx, int cy)
{
    CFormView::OnSize(nType, cx, cy);

    if (m_bSubClass==TRUE)
    {
        CRect rc;
        GetClientRect(rc);
        rc.DeflateRect(0,0,100,0);
        m_TastList.MoveWindow(rc);

        CRect btnRC;     //按钮显示区域
        btnRC.left = rc.right + 10;
        btnRC.right = btnRC.left + 80;
        btnRC.top = rc.top + 20;
        btnRC.bottom = btnRC.top + 20;

        btnRC.OffsetRect(0,10);
        m_Stop.MoveWindow(btnRC);

        btnRC.OffsetRect(0,30);
        m_Continue.MoveWindow(btnRC);
```

```
            btnRC.OffsetRect(0,30);
            m_Delete.MoveWindow(btnRC)        ;
      }
}
```

5.9.4 实现暂停功能

处理“暂停”按钮的单击事件，以暂停某一个任务的执行。代码如下：

```
void CTaskListView::OnBtStop()
{
      int nSel = m_TastList.GetSelectionMark();
      if (nSel != -1)
      {
            DWORD nItemData = m_TastList.GetItemData(nSel);
            CString csState = m_TastList.GetItemText(nSel,3);
            if (csState != "暂停")
            {
                  SuspendThread((HANDLE)nItemData);
                  m_TastList.SetItemText(nSel,3,"暂停");
            }
      }
}
```

5.9.5 实现继续功能

处理“继续”按钮的单击事件，以恢复某一个暂停的任务。代码如下：

```
void CTaskListView::OnBtContinue()
{
      int nSel = m_TastList.GetSelectionMark();
      if (nSel != -1)
      {
            DWORD nItemData = m_TastList.GetItemData(nSel);
            CString csType = m_TastList.GetItemText(nSel,1);
            ResumeThread((HANDLE)nItemData);
            if (csType=="下载")
            {
                  m_TastList.SetItemText(nSel,3,"正在下载");
            }
            else
            {
                  m_TastList.SetItemText(nSel,3,"正在上传");
            }
      }
}
```

5.9.6 实现删除功能

处理“删除”按钮的单击事件，以取消某一任务的执行。代码如下：

```
void CTaskListView::OnBtDelete()
{
      int nSel = m_TastList.GetSelectionMark();
      if (nSel != -1)
      {
            DWORD nItemData = m_TastList.GetItemData(nSel);
            CMainFrame * pDlg = (CMainFrame*)AfxGetMainWnd();
            pDlg->m_dwStop = nItemData;
      }
}
```

5.10 项 目 运 行

通过前述步骤，我们已经设计并完成了“FTP 文件管理系统”项目的开发。接下来，我们运行该项目，以检验我们的开发成果。如图 5.9 所示，在 Visual Studio 2022 中打开该项目的项目结构，选择 Debug、x86，单击“本地 Windows 调试器”即可运行该项目。

图 5.9 项目运行

该项目成功运行后，将自动打开项目的主窗体，如图 5.10 所示。单击“快速登录”按钮，登录成功之后，选择 FTP 服务器的目录，然后选择本地计算机的目录，再选中文件，单击“上传”或“下载”按钮，就可以实现文件上传或下载功能。这样，我们就成功地检验了该项目的运行。

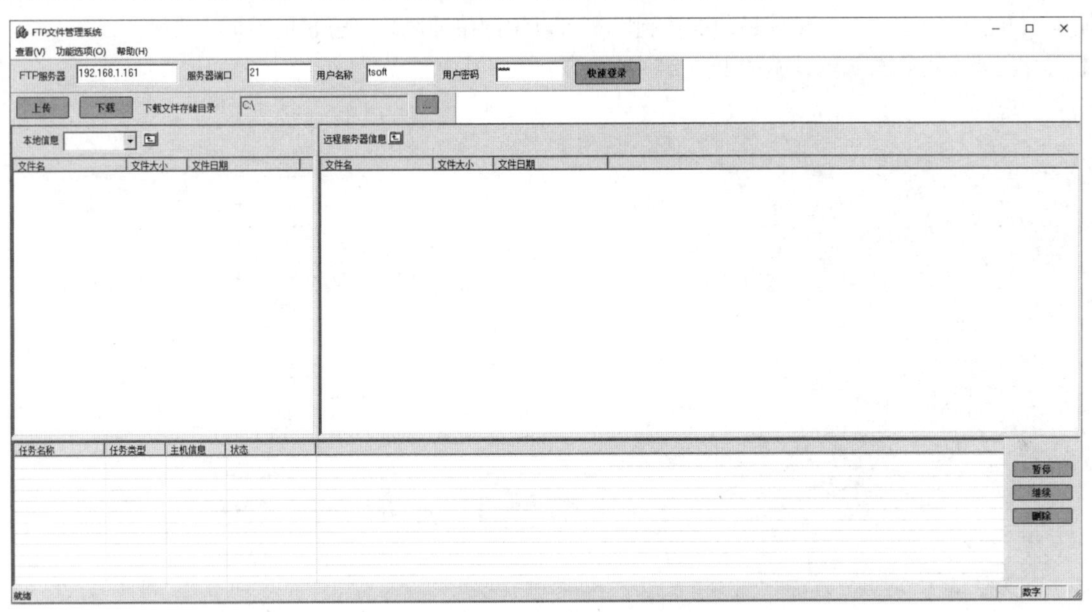

图 5.10 成功运行项目后进入主窗体

FTP 管理系统是通过 Visual Studio 2022 实现的，它使得局域网内的任意计算机都能执行多任务上传和下载文件。通过本章的学习，读者不仅能够了解开发的流程，还能掌握有关 TCP/IP 协议的知识，并能够将本章介绍的系统应用到生活中。

5.11 源 码 下 载

本章虽然详细地讲解了如何编码实现“FTP 文件管理系统”的各个功能，但给出的代码都是代码片段，而非完整的源代码。为了方便读者学习，本书提供了用于下载完整源代码的二维码。

源码下载

第 6 章

网络五子棋

——枚举 + 嵌套语句 + 链表 + 消息处理 + GDI 绘图 + Socket 网络编程

五子棋是起源于中国古代的传统黑白棋种之一。五子棋不仅能增强思维能力，提高智力，而且富含哲理，有助于修身养性。五子棋既有现代休闲游戏的明显特征“短、平、快”，又有古典哲学的高深学问“阴、阳、易、理”；既具有简单易学的特性，为人们所喜爱，又有深奥的技巧和高水平的国际性比赛。本项目使用 C++语言进行开发。其中：链表技术可以实现游戏回放功能；消息处理技术可以实现双方发送聊天消息功能；GDI 绘图技术可以实现绘制棋盘等窗体功能；Socket 网络编程技术可以实现两个用户网络连线功能。通过结合枚举、嵌套语句等关键技术，本章开发一个网络五子棋项目，以达到用户可以用网络连线玩五子棋的目的。

本项目的核心功能及实现技术如下：

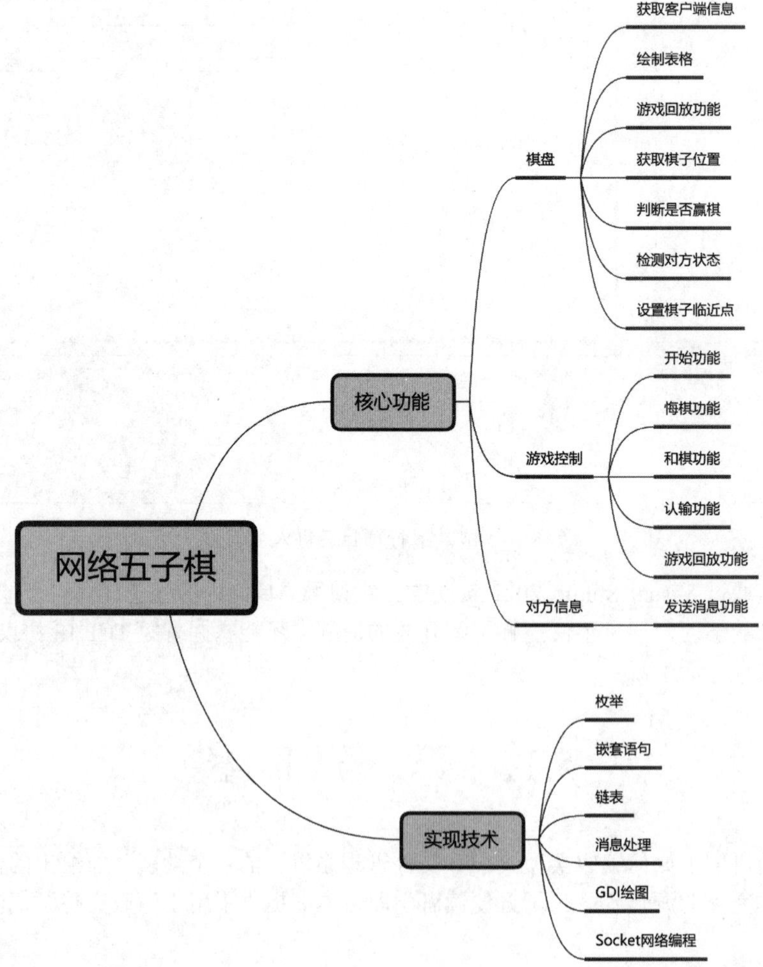

6.1 开发背景

相信很多人都会玩五子棋游戏，当一方完成 5 个棋子连续时，无论是水平方向、垂直方向，还是斜对角线方向，都表示获胜了。对于初学网络开发的人员来说，设计一个网络五子棋游戏是非常合适的选择。从规模上看，网络五子棋只需要包含客户端和服务器端两个窗口，因此规模比较小。从功能上看，网络五子棋涉及两台主机之间的通信，这包括相互传递棋子信息、控制指令和文本信息。为此，开发者需要定义一个应用协议来解释数据报，这一过程涉及网络开发的许多知识。

本项目实现目标如下：

☑ 为了体现良好的娱乐性，因此要求系统具有良好的人机交互界面。

☑ 完全人性化设计，无须专业人士指导即可操作本系统。

☑ 自动完成胜负判断，避免人为错误。

☑ 实现游戏悔棋。

☑ 实现游戏回放。

☑ 实现游戏双方的网络通话。

6.2 系统设计

6.2.1 开发环境

本项目的开发及运行环境如下：

☑ 操作系统：推荐 Windows 10、Windows 11 或更高版本。

☑ 开发工具：Visual Studio 2022。

☑ 开发语言：C++。

6.2.2 业务流程

在启动项目后，用户先运行服务器端，再运行客户端。服务器端用户将使用黑色棋子，而客户端用户则使用白色棋子，当任意一方在棋盘上的水平、垂直或斜对角线方向上成功排列出连续 5 个棋子时，就表示此方获胜。

本项目的业务流程如图 6.1 所示。

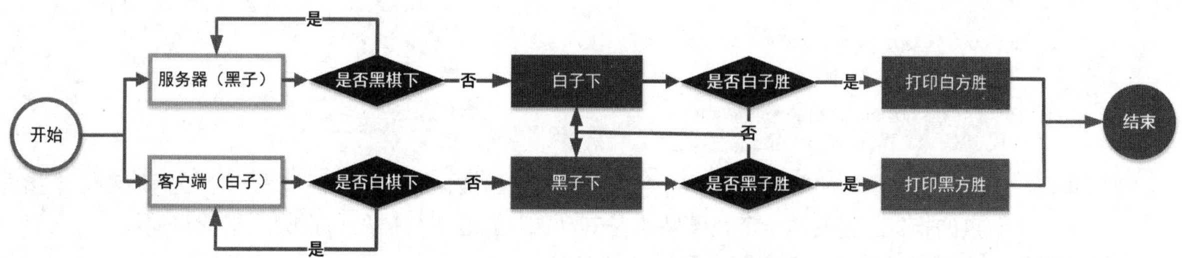

图 6.1 网络五子棋业务流程

6.2.3 功能结构

本项目的功能结构已经在章首页中给出。本项目实现的具体功能如下：

☑ 服务器端主窗体设计：该窗体用于显示游戏控制窗体、棋盘窗体和对方信息窗体。

☑ 棋盘窗体模块设计：作为整个网络五子棋模块的核心，该模块负责多项关键功能，包括接受客户端连接、接收客户端发送的数据、绘制棋盘、绘制棋盘表格、绘制棋子、赢棋判断、网络状态测试、开始游戏、游戏回放等。此外，该模块还提供了对图片进行水平翻转，或垂直翻转的功能。

☑ 游戏控制窗体：主要功能包括开始、悔棋、和棋、认输和游戏回放。

☑ 对方信息窗体：用于显示对方的 IP、昵称和网络状态等信息，并允许向对方发送文本数据。

☑ 客户端主窗体：显示游戏控制窗体、棋盘窗体和对方信息窗体。

6.3 技术准备

6.3.1 技术概览

☑ 枚举：在 C++中，枚举是一种用户定义的数据类型，它包含一组命名的整型常量。这些常量被称为枚举成员或枚举值。枚举类型的主要用途是提高代码的可读性和可维护性，它通过使用有意义的名称来代替数值。例如：Color 是一个枚举类型，它包含三个枚举值：RED、GREEN 和 BLUE。代码如下：

```
enum Color {
    RED,      //默认从 0 开始，依次递增
    GREEN,
    BLUE
};
```

☑ 嵌套语句：在 C++编程中，嵌套语句是指在某一控制语句的内部再嵌入其他的控制语句。常见的嵌套语句包括嵌套的条件语句、循环语句以及多层次的组合控制结构。通过使用嵌套语句，我们可以实现复杂的逻辑控制。例如：嵌套的 if 语句是指在一个 if 语句的代码块内部包含另一个 if 语句。代码如下：

```
int x = 10;
int y = 20;

if (x < y) {
    std::cout << "x is less than y" << std::endl;

    if (x < 15) {
        std::cout << "x is also less than 15" << std::endl;
    } else {
        std::cout << "x is 15 or more" << std::endl;
    }
} else {
    std::cout << "x is not less than y" << std::endl;
}
```

☑ 链表：链表是一种常见的数据结构，它由一系列节点组成，每个节点都包含一个数据域和一个指向下一个节点的指针。链表的一个显著特点是其动态性，这使得插入和删除元素变得便捷。链表有多种类型，包括单向链表、双向链表和循环链表等。

☑ 消息处理：消息处理是一种常用于图形用户界面编程和事件驱动编程的方法。消息处理机制允许程序响应来自用户或系统的各种事件，如鼠标单击、按键、窗口大小变化等。Windows API 和 MFC

是 C++中常用的消息处理框架。

☑ GDI 绘图：是 Windows 操作系统提供的用于绘图的 API。它允许程序在设备上下文中进行绘图操作，该设备上下文可以是屏幕、打印机或者其他输出设备。在 C++中使用 GDI 进行绘图的主要步骤包括获取设备上下文句柄、设置绘图属性、执行绘图操作以及释放设备上下文句柄。

☑ Socket 网络编程：在 C++中，进行 Socket 网络编程是实现网络通信的基础。通过 Socket，开发人员可以创建客户端和服务器应用程序，这些应用程序之间能够通过网络进行数据交换。

《C++从入门到精通（第 6 版）》详细地讲解了枚举、嵌套语句、链表等基础知识；而《Visual C++从入门到精通（第 5 版）》则详细地介绍了消息处理、GDI 绘图等基础知识。对于这些内容不太熟悉的读者，可以查阅这些书籍中相应的章节。Socket 网络编程是本项目的关键技术之一，除此之外还有其他关键技术。接下来，我们将对这些技术进行必要的介绍，以帮助读者顺利地完成本项目。

6.3.2 Socket 网络编程

Socket 网络编程可以基于 UDP 或 TCP 这两种不同的传输协议来实现。UDP 和 TCP 是两种最常用的网络传输协议，在 Socket 编程中，开发人员可以选择使用其中一种或两种协议。选择 UDP 还是 TCP 取决于具体的应用需求。如果应用对实时性要求较高且可以容忍一定程度的数据丢失，UDP 是更适合的选择；而如果应用需要确保数据的完整性和顺序传输，则应选择 TCP。本项目选择使用 TCP。

6.3.3 使用 TCP 进行网络通信

TCP（translate control protocol，传输控制协议）提供了一个完全可靠的、面向连接的、全双工的字节流传输服务。在设计网络五子棋模块时，考虑到网络传输的数据量不是很大，要求数据准确地传递给对方，笔者决定使用 TCP 进行网络通信。

采用 TCP 进行网络通信的编程模式如下：首先创建一个 TCP 套接字，然后将套接字绑定到本机的 IP 和端口号上，之后将套接字置于监听模式，当有客户端的套接字连接时，接收客户端的连接请求，这样双方就可以进行通信了。在 Visual Studio 2022 中，进行套接字编程有两种方法：一种方法是使用套接字的 API 函数，另一种方法是使用 MFC 提供的套接字类 CAsyncSocket 和 CSocket。本模块采用第二种方式——使用 CSocket 类进行网络通信。下面，我们将介绍使用 CSocket 类进行网络编程的基本步骤。

（1）从 CSocket 类派生一个子类，如 CSrvSock。

（2）改写 CSocket 类的 OnAccept 方法，以便在客户端尝试连接时，能够调用自定义的方法来接收连接。代码如下：

```
void CSrvSock::OnAccept(int nErrorCode)
{
	m_pDlg->AcceptConnection();                    //在主对话框中自定义的方法，用于接收客户端连接
	CSocket::OnAccept(nErrorCode);
}
//自定义的 AcceptConnection 方法，用于接收客户端的连接
void CChessBorad::AcceptConnection()
{
	m_ClientSock.Close();                          //关闭套接字
	m_SrvSock.Accept(m_ClientSock);                //接收连接
}
```

（3）从 CSocket 类再派生一个子类，如 CClientSock。

（4）改写 CSocket 类的 OnReceive 方法，以便在客户端发送数据时，能够调用自定义的方法来接收数据。代码如下：

```
void CClientSock::OnReceive(int nErrorCode)
{
```

```
    if (m_pDlg != NULL)
        m_pDlg->ReceiveData();                              //调用主对话框自定义方法，接收数据
    CSocket::OnReceive(nErrorCode);
}
```

自定义的 ReceiveData 方法用于服务器端接收客户端发送的数据。当服务器端检测到客户端发送的数据时，该方法将接收这些数据，代码如下：

```
void CChessBorad::ReceiveData()
{
    BYTE* pBuffer = new BYTE[sizeof(TCP_PACKAGE)];      //定义一个缓冲区
    //接收客户端发来的数据
    int factlen = m_ClientSock.Receive(pBuffer,sizeof(TCP_PACKAGE));
    delete []pBuffer;                                   //释放缓冲区
}
```

（5）在 StdAfx.h 头文件中引用 afxsock.h 头文件，目的是使用 CSocket 类。代码如下：

```
#include <afxsock.h>
```

（6）在应用程序初始化时调用 AfxSocketInit 方法初始化套接字函数库。代码如下：

```
WSADATA wsa;
AfxSocketInit(&wsa);                                    //初始化套接字
```

至此，我们就完成了对套接字类 CSocket 的封装。下面通过代码来说明套接字类的通信过程。

创建并绑定套接字地址和端口。代码如下：

```
m_SrvSock.Create(port,SOCK_STREAM,SrvDlg.m_HostIP);    //创建套接字
```

Create 方法的第二个参数为 SOCK_STREAM，表示创建 TCP 套接字。

将套接字置于监听模式。代码如下：

```
m_SrvSock.Listen();                                     //监听套接字
```

在客户端创建并绑定套接字地址和端口。代码如下：

```
m_ClientSock.Create();                                  //创建客户端套接字
```

客户端套接字开始连接服务器套接字。代码如下：

```
m_ClientSock.Connect(srvDlg.m_IP,srvDlg.m_Port);        //连接服务器
```

此时，服务器端的套接字将调用 OnAccept 方法（CSrvSock 类），执行自定义的 AcceptConnection 方法以接收客户端的连接。这样，客户端就可以和服务器端进行通信了。例如，客户端可以向服务器发送一行文本数据，代码如下：

```
m_ClientSock.Send("明日科技",8);                        //向服务器发送数据
```

6.3.4 定义网络通信协议

在设计网络应用程序时，通常需要定义一个应用协议，以确保通信双方按照此协议来解释接收的数据。以网络五子棋模块为例，网络通信的数据主要包括文本数据、开始游戏命令、网络测试命令、五子棋坐标、悔棋请求命令、接受悔棋请求命令和拒绝悔棋请求命令等。这些类型的数据需要在接收端按照预定的协议解析出来，然后执行相应的动作。下面给出网络五子棋模块定义的通信协议。代码如下：

```
/***********************枚举常量说明****************************
CT_BEGINGAME                开始游戏
CT_NETTEST                  网络测试
CT_POINT                    棋子坐标
CT_TEXT                     文本信息
CT_WINPOINT                 赢棋时的起点和终点棋子
```

```
CT_BACKREQUEST                      悔棋请求
CT_BACKACCEPTANCE                   同意悔棋
CT_BACKDENY                         拒绝悔棋
CT_DRAWCHESSREQUEST                 和棋请求
CT_DRAWCHESSACCEPTANCE              同意和棋
CT_DRAWCHESSDENY                    拒绝和棋
CT_GIVEUP                           认输
*********************************************************************/
enum CMDTYPE  { CT_BEGINGAME,CT_NETTEST,CT_POINT,CT_TEXT,CT_WINPOINT,
                CT_BACKREQUEST,CT_BACKACCEPTANCE,CT_BACKDENY,
                CT_DRAWCHESSREQUEST,CT_DRAWCHESSACCEPTANCE,
                CT_DRAWCHESSDENY,CT_GIVEUP
              };
//定义数据包结构
struct TCP_PACKAGE
{
    CMDTYPE cmdType;                            //命令类型
    CPoint chessPT;                             //五子棋坐标（行和列坐标）
    CPoint winPT[2];                            //赢棋时的路径（起点和终点）
    char chText[512];                           //文本数据
};
```

在定义了通信协议后，通信双方在发送数据时，需要按照数据的类型填充数据包。例如，要发送开始游戏的请求，需要按照如下的格式填充数据包，代码如下：

```
//发送游戏开始的信息
TCP_PACKAGE tcpPackage;                                 //定义数据包格式
memset(&tcpPackage,0,sizeof(TCP_PACKAGE));              //初始化数据包
tcpPackage.cmdType = CT_BEGINGAME;                      //设置命令类型
strncpy(tcpPackage.chText,m_csNickName,512);            //设置昵称
m_ClientSock.Send(&tcpPackage,sizeof(TCP_PACKAGE));     //发送数据包
```

这样，当对方接收到数据包时，会根据数据包的类型来执行相应的动作。代码如下：

```
BYTE* pBuffer = new BYTE[sizeof(TCP_PACKAGE)];          //定义缓冲区
//从套接字中读取数据
int factlen = m_ClientSock.Receive(pBuffer,sizeof(TCP_PACKAGE));
if (factlen == sizeof(TCP_PACKAGE))                     //判断读取数据的大小
{
    TCP_PACKAGE tcpPackage;                             //定义一个数据包
//将缓冲区数据复制到数据包中
      memcpy(&tcpPackage,pBuffer,sizeof(TCP_PACKAGE));
    if (tcpPackage.cmdType == CT_BEGINGAME)             //开始游戏
    {
            //进行游戏开始的操作
    }
}//发送游戏开始的信息
TCP_PACKAGE tcpPackage;                                 //定义数据包格式
memset(&tcpPackage,0,sizeof(TCP_PACKAGE));              //初始化数据包
tcpPackage.cmdType = CT_BEGINGAME;                      //设置命令类型
strncpy(tcpPackage.chText,m_csNickName,512);            //设置昵称
m_ClientSock.Send(&tcpPackage,sizeof(TCP_PACKAGE));     //发送数据包
```

说明

memcpy：用于复制缓冲区中的内容。它可以将代码 pBuffer 中的内容复制到 tcpPackage 中，复制内容的大小由 sizeof(TCP_PACKAGE)来确定。

6.3.5 在棋盘中绘制棋子

在设计网络五子棋时，需要在棋盘中绘制棋子，并保证在窗口更新时，棋子仍然在棋盘上。为了实现这一点，我们采用的方式是定义一个二维数组，该数组的大小与棋盘中表格的行和列有关，用于描述棋盘中可以放置的所有棋子。每一个棋子都关联一个数据结构 NODE，定义代码如下：

```
//定义节点颜色
enum NODECOLOR { ncWHITE, ncBLACK, ncUNKOWN} ;

//定义节点类
class NODE
{
public:
    NODECOLOR   m_Color;                                    //棋子颜色
    CPoint      m_Point;                                    //棋子坐标点
    int         m_nX;                                       //索引
    int         m_nY;                                       //索引
public:
    /*
        0 1 2
        3   4
        5 6 7
    */
    enum {ERecentChessLT = 0,                               //左上
          ERecentChessT,                                    //上
          ERecentChessRT,                                   //右上
          ERecentChessL,                                    //左
          ERecentChessR,                                    //右
          ERecentChessLB,                                   //左下
          ERecentChessB,                                    //下
          ERecentChessRB,                                   //右下
          ERecentChessCOUNT=8,                              //数组数量
         };
    NODE        *m_pRecents[ERecentChessCOUNT];             //临近棋子
    BOOL        m_IsUsed;                                   //棋子是否被用
    NODE()
    {
        m_Color = ncUNKOWN;
        m_IsUsed = FALSE;
    }
    ~NODE()
    {
    }
} ;
```

说明

在 C++中，public 关键字用于指定类成员的访问权限。使用 public 关键字声明的成员变量和成员函数可以从类的外部访问。

当用户在棋盘中放置一个棋子时，会根据鼠标的坐标点从一个二维数组中获取对应的一个棋子。如果该棋子没有被使用，则设置棋子的颜色，并将棋子标记为已用。这样，在窗口更新时，从二维数组中遍历棋子，如果棋子已用，则根据棋子的坐标和颜色绘制棋子。代码如下：

```
for (int i=0; i<m_nRowCount+1; i++)                         //遍历行
{
    for (int j=0; j<m_nColCount+1; j++)                     //遍历列
    {
        //设置节点的坐标
        m_NodeList[i][j].m_Point= CPoint(nOriginX+nCellWidth*j,nOriginY+nCellHeight*i);
    }
}
```

当窗口大小改变时，还将根据缩放比例重新设置每一个棋子的坐标。代码如下：

```
void CChessBorad::OnSize(UINT nType, int cx, int cy)
{
    CDialog::OnSize(nType, cx, cy);
    //当窗口大小改变时确定图像的缩放比例
    CRect cltRC;
    GetClientRect(cltRC);                                   //获取窗口客户区域
```

```
    m_fRateX = cltRC.Width() / (double)m_nBmpWidth;          //计算新的缩放比例
    m_fRateY = cltRC.Height() / (double)m_nBmpHeight;
    int nOriginX = m_nOrginX*m_fRateX;                       //计算表格新的起点坐标
    int nOriginY = m_nOrginY*m_fRateY;
    int nCellWidth = m_nCellWidth*m_fRateX;                  //计算表格单元格新的宽度和高度
    int nCellHeight = m_nCellHeight*m_fRateY;
    for (int i=0; i<m_nRowCount+1; i++)                      //重新设置棋子的坐标
    {
        for (int j=0; j<m_nColCount+1; j++)
        {
            m_NodeList[i][j].m_Point= CPoint(nOriginX+nCellWidth*j,nOriginY+nCellHeight*i);
        }
    }
}
```

知道了每个棋子的坐标，根据鼠标的坐标点就可以获取对应的棋子坐标。但是在判断坐标时，还需要设置一个近似的区域。例如，棋子的坐标为（100,80），而鼠标的坐标为（98,87），如果进行精确比较，则在鼠标点处获取不到棋子，玩家也不可能准确地单击到棋子坐标。为此，我们需要进行一个近似比较。这里采用的方式是以棋子坐标为中心点，设置一个区域，只要鼠标点位于该区域中，则返回该棋子坐标。代码如下：

```
//根据坐标点获取棋子
NODE* CChessBorad::GetLikeNode(CPoint pt)
{
    CPoint tmp;
    for (int i = 0 ;i<m_nRowCount+1;i++)                     //遍历行
        for (int j = 0; j<m_nColCount+1;j++)                 //遍历列
        {
            tmp = m_NodeList[i][j].m_Point;                  //获取棋子坐标
            int nSizeX = 10 * m_fRateX;
            int nSizeY = 10 * m_fRateY;
            //定义一个临近棋子的区域
            CRect rect(tmp.x-nSizeX,tmp.y-nSizeY,tmp.x+nSizeX,tmp.y+nSizeY);
            if (rect.PtInRect(pt))                           //判断鼠标指针是否在临近区域
                return &m_NodeList[i][j];                    //返回棋子坐标
        }
    return NULL;
}
```

6.3.6 五子棋赢棋判断

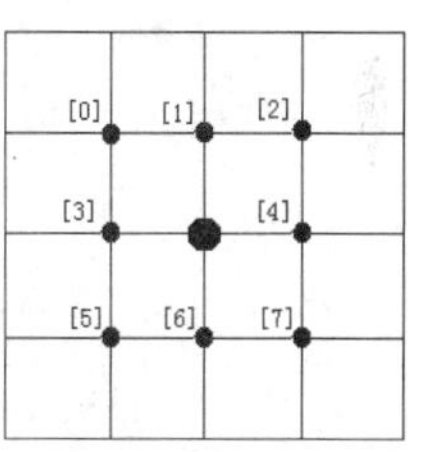

图 6.2 棋子的 8 个临近节点示意图

在设计五子棋模块时，需要提供一个算法来判断用户或者对方是否赢棋。根据五子棋规则，只要在水平方向、垂直方向或两个对角线方向的任意一个方向上存在 5 个连续颜色的棋子，就表示获胜。为了能够进行赢棋判断，在设计棋子结构时，定义一个 m_pRecents[8]成员，该成员表示当前节点周围的临近节点，如图 6.2 所示。

一些位于表格边缘的棋子是没有 8 个临近节点的，则该棋子的某些临近节点为空。下面的代码用于为某一个棋子设置临近节点，代码如下：

```
void CChessBorad::SetRecentNode(NODE *pNode)
{
    int nCurX = pNode->m_nX;                                 //获取当前节点的行索引
    int nCurY = pNode->m_nY;                                 //获取当前节点的列索引
    if (nCurX > 0 && nCurY >0)                               //左上方临近节点
        pNode->m_pRecents[0] = &m_NodeList[nCurX-1][nCurY-1];
    else
        pNode->m_pRecents[0] = NULL;
    if (nCurY > 0)                                           //上方临近节点
        pNode->m_pRecents[1] = &m_NodeList[nCurX][nCurY-1];
    else
        pNode->m_pRecents[1] = NULL;
    if (nCurX < m_nColCount-1 && nCurY > 0)                  //右上方临近节点
        pNode->m_pRecents[2] = &m_NodeList[nCurX+1][nCurY-1];
    else
```

```
        pNode->m_pRecents[2] = NULL;
    if (nCurX >0)                                            //左方临近节点
        pNode->m_pRecents[3] = &m_NodeList[nCurX-1][nCurY];
    else
        pNode->m_pRecents[3] = NULL;
    if (nCurX < m_nColCount-1)                               //右方临近节点
        pNode->m_pRecents[4] = &m_NodeList[nCurX+1][nCurY];
    else
        pNode->m_pRecents[4] = NULL;
    if (nCurX >0 && nCurY < m_nRowCount-1)                   //左下方临近节点
        pNode->m_pRecents[5] = &m_NodeList[nCurX-1][nCurY+1];
    else
        pNode->m_pRecents[5] = NULL;
    if (nCurY < m_nRowCount-1)                               //下方临近节点
        pNode->m_pRecents[6] = &m_NodeList[nCurX][nCurY+1];
    else
        pNode->m_pRecents[6] = NULL;
    if (nCurX < m_nColCount-1 && nCurY < m_nRowCount-1)      //右下方临近节点
        pNode->m_pRecents[7] = &m_NodeList[nCurX+1][nCurY+1];
    else
        pNode->m_pRecents[7] = NULL;
}
```

如果为每个棋子都设置了临近节点，那么通过一个棋子就可以遍历整个棋盘中的所有节点，进而可以判断五子棋的输赢了。在判断五子棋输赢时，需要从水平方向、垂直方向和对角线方向分别进行判断。以从垂直方向判断为例：首先以当前棋子为中心，向上方查找同色的棋子，如果找到则累加计数；然后从当前节点的下方开始查找同色的棋子，如果找到则继续累加计数，当计数达到 5 时，则表示赢棋。赢棋判断的代码如下：

```
NODE* CChessBorad::IsWin(NODE *pCurrent)
{
    if (pCurrent->m_Color != ncBLACK)
        return NULL;
    //按 4 个方向进行判断
    int num = 0;                                             //定义计数
    m_Startpt.x = pCurrent->m_nX;
    m_Startpt.y = pCurrent->m_nY;
    m_Endpt.x = pCurrent->m_nX;
    m_Endpt.y = pCurrent->m_nY;
    //按垂直方向进行判断，从当前节点处分别向上、下两个方向进行遍历
    NODE* tmp = pCurrent->m_pRecents[1];                     //获得当前节点的上方节点
    while (tmp != NULL && tmp->m_Color==pCurrent->m_Color)   //遍历上方节点
    {
        m_Startpt.x = tmp->m_nX;
        m_Startpt.y = tmp->m_nY;
        num += 1;                                            //累加连续棋子数量
        if (num >= 4)                                        //是否有 5 个连续棋子
        {
            return tmp;                                      //表示赢棋，返回最后一个棋子
        }
        tmp = tmp->m_pRecents[1];
    }
    tmp = pCurrent->m_pRecents[6];                           //获得当前节点的下方节点
    while (tmp != NULL && tmp->m_Color==pCurrent->m_Color)   //遍历下方节点
    {
        m_Endpt.x = tmp->m_nX;
        m_Endpt.y = tmp->m_nY;
        num += 1;
        if (num >= 4)
        {
            return tmp;
        }
        tmp = tmp->m_pRecents[6];
    }
    //按水平方向进行判断，从当前节点处分别向左、右两个方向进行遍历
    num = 0;
```

```
    tmp = pCurrent->m_pRecents[3];                       //遍历左节点
    while (tmp != NULL && tmp->m_Color==pCurrent->m_Color)
    {
        m_Startpt.x = tmp->m_nX;
        m_Startpt.y = tmp->m_nY;
        num += 1;                                        //累加连续棋子数量
        if (num >= 4)                                    //是否有 5 个连续棋子
        {
            return tmp;
        }
        tmp = tmp->m_pRecents[3];
    }
    tmp = pCurrent->m_pRecents[4];                       //遍历右节点
    while (tmp != NULL && tmp->m_Color==pCurrent->m_Color)
    {
        m_Endpt.x = tmp->m_nX;
        m_Endpt.y = tmp->m_nY;
        num += 1;
        if (num >= 4)
        {
            return tmp;
        }
        tmp = tmp->m_pRecents[4];
    }
    num = 0;
//按 135° 斜角进行遍历
    tmp = pCurrent->m_pRecents[0];
    while (tmp != NULL && tmp->m_Color==pCurrent->m_Color)   //遍历斜上方节点
    {
        m_Startpt.x = tmp->m_nX;
        m_Startpt.y = tmp->m_nY;
        num += 1;                                        //累加连续棋子数量
        if (num >= 4)                                    //是否有 5 个连续棋子
        {
            return tmp;                                  //表示赢棋，返回最后一个棋子
        }
        tmp = tmp->m_pRecents[0];
    }
    tmp = pCurrent->m_pRecents[7];                       //遍历斜下方节点
    while (tmp != NULL && tmp->m_Color==pCurrent->m_Color)
    {
        m_Endpt.x = tmp->m_nX;
        m_Endpt.y = tmp->m_nY;
        num += 1;                                        //累加连续棋子数量
        if (num >= 4)                                    //是否有 5 个连续棋子
        {
            return tmp;                                  //表示赢棋，返回最后一个棋子
        }
        tmp = tmp->m_pRecents[7];
    }
    //按 45° 斜角进行遍历
    num = 0;
    tmp = pCurrent->m_pRecents[2];                       //遍历斜上方节点
    while (tmp != NULL && tmp->m_Color==pCurrent->m_Color)
    {
        m_Startpt.x = tmp->m_nX;
        m_Startpt.y = tmp->m_nY;
        num += 1;                                        //累加连续棋子数量
        if (num >= 4)                                    //是否有 5 个连续棋子
        {
            return tmp;                                  //表示赢棋，返回最后一个棋子
        }
        tmp = tmp->m_pRecents[2];
    }
    tmp = pCurrent->m_pRecents[5];                       //遍历斜下方节点
    while (tmp != NULL && tmp->m_Color==pCurrent->m_Color)
    {
        m_Endpt.x = tmp->m_nX;
        m_Endpt.y = tmp->m_nY;
```

```
            num += 1;                                        //累加连续棋子数量
            if (num >= 4)                                    //是否有 5 个连续棋子
            {
                return tmp;                                  //表示赢棋，返回最后一个棋子
            }
            tmp = tmp->m_pRecents[5];
        }
        return NULL;
}
```

6.3.7 设计游戏悔棋功能

为了增加网络五子棋的灵活性，我们在本模块中添加了悔棋功能。当用户想要悔棋时，需要向对方发送悔棋请求。如果对方同意悔棋，则双方都进行悔棋操作；如果对方不同意悔棋，则向发送请求的一方发出拒绝悔棋消息。

为了实现悔棋功能，我们在客户端和服务器端都定义了两个成员变量，分别记录当前用户最近放置棋子的逻辑坐标和对方最近放置棋子的逻辑坐标。实现悔棋的效果处理非常简单，只需要将最近放置的棋子的颜色设置为 ncUNKOWN，然后重绘窗口即可。这里有一个问题需要注意，在进行悔棋时，如果轮到本地用户下棋时进行悔棋操作，则需要撤销两个棋子，其中第一个棋子是之前对方放置的棋子，第二个棋子是之前本地用户放置的棋子。如果轮到对方下棋时进行悔棋，则只需要撤销一个棋子，即之前本地用户放置的棋子。下面给出实现悔棋功能的主要代码。

（1）发送悔棋请求，代码如下：

```
void CLeftPanel::OnBtBack()
{
        CSrvFiveChessDlg *pDlg = (CSrvFiveChessDlg*)GetParent();
        if (pDlg->m_ChessBoard.m_State==esBEGIN)                //判断游戏是否正在进行
        {
            //发出悔棋请求
            TCP_PACKAGE tcpPackage;                             //定义数据包
            tcpPackage.cmdType = CT_BACKREQUEST;                //设置数据包命令类型
            //用户已经下棋
            if (pDlg->m_ChessBoard.m_LocalChessPT.x > -1
                && pDlg->m_ChessBoard.m_LocalChessPT.y > -1)
            {
            //发送数据报
            pDlg->m_ChessBoard.m_ClientSock.Send(&tcpPackage,sizeof(TCP_PACKAGE));
            }
            else                                                //用户还没有开始下棋
            {
                MessageBox("当前不允许悔棋!","提示");
            }
        }
}
```

说明

在 C++编程中，MessageBox 函数用于在 Windows 应用程序中显示一个消息框。消息框是一个弹出窗口，它包含一条消息和一个或多个按钮。用户可以通过单击这些按钮来关闭消息框并选择一个选项。

（2）对方接收到悔棋请求后，判断是否同意进行悔棋。如果同意，则进行相应的悔棋处理，并向对方发送同意悔棋的消息；如果不同意悔棋，则发送拒绝悔棋的消息。代码如下：

```
else if (tcpPackage.cmdType == CT_BACKREQUEST)                  //对方发送悔棋请求
{
        if (MessageBox("是否同意悔棋?","提示",MB_YESNO)==IDYES)
        {
            CSrvFiveChessDlg *pDlg = (CSrvFiveChessDlg*)GetParent();
```

```
        //同意悔棋
        tcpPackage.cmdType = CT_BACKACCEPTANCE;
        m_ClientSock.Send(&tcpPackage,sizeof(TCP_PACKAGE));
        //进行本地的悔棋处理
        if (m_IsDown==TRUE)                                    //该本地下棋了，只需要撤销一步
        {
            int nPosX = m_RemoteChessPT.x;
            int nPosY = m_RemoteChessPT.y;
            if (nPosX > -1 && nPosY > -1)                      //用户已下棋
            {
                //重新设置棋子颜色
                m_NodeList[nPosX][nPosY].m_Color = ncUNKOWN;
                NODE *pNode = new NODE();                      //定义一个棋子
                //复制棋子信息
                memcpy(pNode,&m_NodeList[nPosX][nPosY],sizeof(NODE));
                m_BackPlayList.AddTail(pNode);                 //向回放列表中添加棋子
                Invalidate();                                  //刷新窗口
            }
            m_IsDown = FALSE;
        }
        else                                                   //该对方下棋了，需要撤销两步
        {
            int nPosX = m_LocalChessPT.x;                      //获取用户最近放置棋子的坐标
            int nPosY = m_LocalChessPT.y;
            if (nPosX > -1 && nPosY > -1)
            {
                //重新设置棋子颜色
                m_NodeList[nPosX][nPosY].m_Color = ncUNKOWN;
                NODE *pNode = new NODE();                      //定义棋子
                //复制棋子信息
                memcpy(pNode,&m_NodeList[nPosX][nPosY],sizeof(NODE));
                m_BackPlayList.AddTail(pNode);                 //向回放列表中添加棋子
            }
            nPosX = m_RemoteChessPT.x;                         //获取对方最近放置的棋子坐标
            nPosY = m_RemoteChessPT.y;
            if (nPosX > -1 && nPosY > -1)
            {
                //重新设置棋子颜色
                m_NodeList[nPosX][nPosY].m_Color = ncUNKOWN;
                NODE *pNode = new NODE();                      //定义棋子
                //复制棋子信息
                memcpy(pNode,&m_NodeList[nPosX][nPosY],sizeof(NODE));
                m_BackPlayList.AddTail(pNode);                 //向回放列表中添加棋子
            }
            Invalidate();                                      //刷新窗口
        }
        m_LocalChessPT.x = -1;
        m_LocalChessPT.y = -1;
        m_RemoteChessPT.x = -1;
        m_RemoteChessPT.y = -1;
    }
    else                                                       //拒绝悔棋
    {
        tcpPackage.cmdType = CT_BACKDENY;                      //设置数据包命令类型表示拒绝悔棋
        //发送悔棋数据报
        m_ClientSock.Send(&tcpPackage,sizeof(TCP_PACKAGE));
    }
}
```

（3）发送请求的一方接收到对方的答复信息，决定同意悔棋还是拒绝悔棋。如果同意悔棋，则进行悔棋操作；如果对方拒绝了悔棋，则弹出消息提示框。代码如下：

```
else if (tcpPackage.cmdType == CT_BACKDENY)                    //对方拒绝悔棋
{
    MessageBox("对方拒绝悔棋!","提示");
}
else if (tcpPackage.cmdType == CT_BACKACCEPTANCE)              //对方同意悔棋
{
```

```
    CSrvFiveChessDlg *pDlg = (CSrvFiveChessDlg*)GetParent();
    //判断是否该本地用户下棋了，如果是，则需要撤销之前对方下的棋子，然后撤销本地用户下的棋子
    if (pDlg->m_ChessBoard.m_IsDown==TRUE)
    {
        int nPosX = m_RemoteChessPT.x;                          //获取对方最近放置的棋子坐标
        int nPosY = m_RemoteChessPT.y;
        if (nPosX > -1 && nPosY > -1)
        {
            m_NodeList[nPosX][nPosY].m_Color = ncUNKOWN;   //重新设置棋子颜色
            NODE *pNode = new NODE();                           //定义棋子
            //复制棋子信息
            memcpy(pNode,&m_NodeList[nPosX][nPosY],sizeof(NODE));
            m_BackPlayList.AddTail(pNode);                      //将棋子添加到回放列表中
        }
        nPosX = m_LocalChessPT.x;                               //获取用户最近放置的棋子坐标
        nPosY = m_LocalChessPT.y;
        if (nPosX > -1 && nPosY > -1)
        {
            m_NodeList[nPosX][nPosY].m_Color = ncUNKOWN;   //重新设置棋子颜色
            NODE *pNode = new NODE();                           //定义棋子
            //复制棋子信息
            memcpy(pNode,&m_NodeList[nPosX][nPosY],sizeof(NODE));
            m_BackPlayList.AddTail(pNode);                      //将棋子添加到回放列表中
        }
        Invalidate();                                           //刷新窗口

    }
    else                                                        //该对方下棋了，只撤销本地用户下的棋子
    {
        int nPosX = m_LocalChessPT.x;                           //获取用户最近放置的棋子坐标
        int nPosY = m_LocalChessPT.y;
        if (nPosX > -1 && nPosY > -1)
        {
            m_NodeList[nPosX][nPosY].m_Color = ncUNKOWN;   //重新设置棋子颜色
            NODE *pNode = new NODE();                           //定义棋子
            //复制棋子信息
            memcpy(pNode,&m_NodeList[nPosX][nPosY],sizeof(NODE));
            m_BackPlayList.AddTail(pNode);                      //将棋子添加到回放列表中
            Invalidate();                                       //刷新窗口
            m_IsDown = TRUE;
        }
    }
    m_LocalChessPT.x = -1;
    m_LocalChessPT.y = -1;
    m_RemoteChessPT.x = -1;
    m_RemoteChessPT.y = -1;
}
```

6.3.8 设计游戏回放功能

为了让游戏的双方了解下棋的整个过程，我们在网络五子棋模块中加入游戏回放功能。当游戏结束时，用户可以通过游戏回放功能了解整个下棋的过程，分析对方下棋的思路，从而总结经验。

为了实现游戏回放功能，我们需在用户或对方下棋时利用链表记录每一步棋子，在回放过程中，通过遍历链表来显示每一步棋子。尽管这个思路很简单，但实际操作却颇具挑战。特别是在用户玩家悔棋的情况时，如何在链表中正确记录撤销的棋子？我们的解决方案是，即使在玩家悔棋时，也继续将棋子添加到链表中，但将其颜色标记为 ncUNKOWN。在游戏回放时，如果遇到链表中棋子的颜色为 ncUNKOWN，则会用背景位图覆盖该棋子，从而展示用户的悔棋动作。以下是以代码形式描述游戏回放功能的具体实现。

（1）定义游戏回放的链表对象。代码如下：

```
CPtrList m_BackPlayList;                                        //记录用户下棋
```

（2）在用户放置棋子时向链表中添加棋子。代码如下：

```
NODE *pNode = new NODE();                          //定义棋子
memcpy(pNode,node,sizeof(NODE));                   //复制棋子信息
m_BackPlayList.AddTail(pNode);                     //将棋子添加到回放列表中
```

（3）在对方放置棋子时在棋盘中显示棋子，向链表中添加棋子，记录对方放置的棋子坐标。代码如下：

```
else if (tcpPackage.cmdType == CT_POINT)               //客户端棋子坐标信息
{
    int nX = tcpPackage.chessPT.x;                      //获取棋子坐标
    int nY = tcpPackage.chessPT.y;
    m_NodeList[nX][nY].m_Color = ncWHITE;               //设置棋子颜色
    NODE *pNode = new NODE();                           //定义棋子
    memcpy(pNode,&m_NodeList[nX][nY],sizeof(NODE));     //复制棋子信息
    m_BackPlayList.AddTail(pNode);                      //将棋子添加到回放列表中
    m_RemoteChessPT.x = nX;                             //记录对方放置的棋子坐标
    m_RemoteChessPT.y = nY;
    OnPaint();                                          //重新绘制窗口，显示棋子
    m_IsDown = TRUE;                                    //轮到用户下棋
}
```

（4）在游戏回放时遍历链表，将链表中的每个棋子绘制在棋盘中。如果棋子的颜色为ncUNKOWN，表示用户进行了悔棋操作，将使用背景位图填充原来的棋子区域，这将导致棋盘中当前棋子的部分表格被填充。因此，在绘制完背景位图之后，还需要绘制部分表格。代码如下：

```
//游戏回放
void CChessBorad::GamePlayBack()
{
    CDC* pDC = GetDC();                                         //获取窗口设备上下文
    CDC memDC;                                                  //定义内存设备上下文
    CBitmap BmpWhite,BmpBlack,BmpBK;                            //定义棋子位图
    memDC.CreateCompatibleDC(pDC);                              //创建内存设备上下文
    BmpBlack.LoadBitmap(IDB_BLACK);                             //加载棋子位图
    BmpWhite.LoadBitmap(IDB_WHITE);
    BmpBK.LoadBitmap(IDB_BLANK);
    BITMAP bmpInfo;                                             //定义位图信息对象
    BmpBlack.GetBitmap(&bmpInfo);                               //获取位图信息
    int nBmpWidth = bmpInfo.bmWidth;                            //获取位图宽度和高度
    int nBmpHeight = bmpInfo.bmHeight;
    POSITION pos = NULL;
    m_bBackPlay = FALSE;
    InitBackPlayNode();                                         //初始化回放列表
    OnPaint();                                                  //刷新窗口
    m_bBackPlay = TRUE;
    for(pos = m_BackPlayList.GetHeadPosition(); pos != NULL;)   //遍历回放列表
    {
        NODE* pNode = (NODE*)m_BackPlayList.GetNext(pos);       //获取棋子
        int nPosX,nPosY;
        nPosX = 10*m_fRateX;
        nPosY = 10*m_fRateY;
        pNode->m_IsUsed = TRUE;                                 //棋子被使用
        if (pNode->m_Color == ncWHITE)                          //如果为白色棋子
        {
            memDC.SelectObject(&BmpWhite);                      //选中白色位图
            //绘制白色棋子
            pDC->StretchBlt(pNode->m_Point.x-nPosX,pNode->m_Point.y-nPosY,
                nBmpWidth,nBmpHeight,&memDC,0,0,nBmpWidth,nBmpHeight,SRCCOPY);
        }
        else if (pNode->m_Color == ncBLACK)                     //如果为黑色棋子
        {
            memDC.SelectObject(&BmpBlack);                      //选中黑色位图
            //绘制黑色棋子
            pDC->StretchBlt(pNode->m_Point.x-nPosX,pNode->m_Point.y-nPosY,
                nBmpWidth,nBmpHeight,&memDC,0,0,nBmpWidth,nBmpHeight,SRCCOPY);
        }
        else if (pNode->m_Color == ncUNKOWN)                    //棋子颜色位置
        {
            memDC.SelectObject(&BmpBK);                         //选中背景颜色
```

```
            //绘制背景颜色取消原来显示的棋子
            pDC->StretchBlt(pNode->m_Point.x-nPosX,pNode->m_Point.y-nPosY,
                nBmpWidth,nBmpHeight,&memDC,0,0,nBmpWidth,nBmpHeight,SRCCOPY);
            //绘制棋盘的局部表格
            //首先获取中心点坐标
            int nCenterX = pNode->m_Point.x ;                          //获取棋子坐标
            int nCenterY = pNode->m_Point.y;
            CPoint topPT(nCenterX,nCenterY-nPosY);
            CPoint bottomPT(nCenterX,nCenterY+nPosY + 5);
            CPen pen(PS_SOLID,1,RGB(0,0,0));                           //定义黑色画笔
            pDC->SelectObject(&pen);                                   //选中画笔
            pDC->MoveTo(topPT);                                        //绘制直线
            pDC->LineTo(bottomPT);
            CPoint leftPT(nCenterX-nPosX,nCenterY);
            CPoint rightPT(nCenterX+nPosX + 10 ,nCenterY);
            pDC->MoveTo(leftPT);                                       //绘制横线
            pDC->LineTo(rightPT);
        }
        //延迟
        SYSTEMTIME beginTime,endTime;
        GetSystemTime(&beginTime);
        if (beginTime.wSecond > 58)
            beginTime.wSecond = 58;
        while (true)                                                   //进行延迟操作
        {
            MSG msg;                                                   //在回放过程中相应的界面操作
            ::GetMessage(&msg,0,0,WM_USER);
            TranslateMessage(&msg);
            DispatchMessage(&msg);
            GetSystemTime(&endTime);
            if (endTime.wSecond ==0 )
                endTime.wSecond = 59;
            if (endTime.wSecond > beginTime.wSecond)
                break;
        }
    }
    BmpWhite.DeleteObject();                                           //释放位图对象
    BmpBlack.DeleteObject();
    BmpBK.DeleteObject();
    memDC.DeleteDC();                                                  //释放内存设备上下文
    MessageBox("游戏回放结束!","提示");
}
```

（5）当窗口需要被绘制时（WM_PAINT 消息处理函数中），如果当前处于回放状态，则应保持回放的效果。代码如下：

```
if (m_bBackPlay)                                                       //当前是否为游戏回放
{
    POSITION pos = NULL;
    for(pos = m_BackPlayList.GetHeadPosition(); pos != NULL;)          //遍历回放链表
    {
        NODE* pNode = (NODE*)m_BackPlayList.GetNext(pos);              //获取节点
        if (pNode->m_IsUsed==TRUE)                                     //判断节点是否被使用
        {
            int nPosX,nPosY;
            nPosX = 10*m_fRateX;
            nPosY = 10*m_fRateY;
            if (pNode->m_Color == ncWHITE)                             //如果为白色棋子
            {
                memDC.SelectObject(&BmpWhite);                         //选中白色棋子位图
                //绘制白色棋子
                pDC->StretchBlt(pNode->m_Point.x-nPosX,pNode->m_Point.y-nPosY,
                    nBmpWidth,nBmpHeight,&memDC,0,0,nBmpWidth,nBmpHeight,SRCCOPY);
            }
            else if (pNode->m_Color == ncBLACK)                        //如果为黑色棋子
            {
                memDC.SelectObject(&BmpBlack);                         //选中黑色棋子位图
                //绘制黑色棋子
```

```
                pDC->StretchBlt(pNode->m_Point.x-nPosX,pNode->m_Point.y-nPosY,
                    nBmpWidth,nBmpHeight,&memDC,0,0,nBmpWidth,nBmpHeight,SRCCOPY);
            }
            else if (pNode->m_Color == ncUNKOWN)                //棋子颜色未知
            {
                memDC.SelectObject(&BmpBK);                     //选中背景位图
                //绘制背景位图
                pDC->StretchBlt(pNode->m_Point.x-nPosX,pNode->m_Point.y-nPosY,
                    nBmpWidth,nBmpHeight,&memDC,0,0,nBmpWidth,nBmpHeight,SRCCOPY);
                //绘制棋盘的局部表格，首先获取中心点坐标
                int nCenterX = pNode->m_Point.x ;
                int nCenterY = pNode->m_Point.y;
                CPoint topPT(nCenterX,nCenterY-nPosY);
                CPoint bottomPT(nCenterX,nCenterY+nPosY + 5);
                CPen pen(PS_SOLID,1,RGB(0,0,0));                //定义黑色画笔
                pDC->SelectObject(&pen);                        //选中画笔
                pDC->MoveTo(topPT);                             //绘制直线
                pDC->LineTo(bottomPT);
                CPoint leftPT(nCenterX-nPosX,nCenterY);
                CPoint rightPT(nCenterX+nPosX + 10 ,nCenterY);
                pDC->MoveTo(leftPT);                            //绘制横线
                pDC->LineTo(rightPT);
            }
        }
    }
}
```

6.4 服务器端主窗体模块设计

6.4.1 服务器端主窗体模块概述

服务器端的主窗体主要由游戏控制窗体、棋盘窗体和对方信息窗体 3 个子窗体构成，如图 6.3 所示。

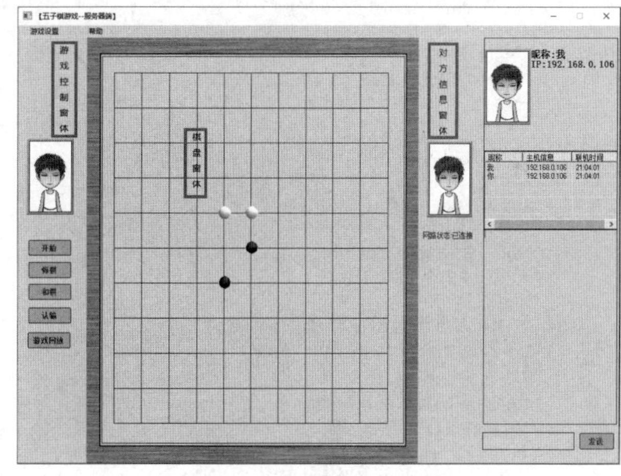

图 6.3 服务器端主窗体

6.4.2 创建 3 个窗体

（1）创建一个基于窗口的工程，工程名称为 SrvFiveChess。工程向导将创建一个默认的对话框类 CSrvFiveChessDlg，该类将作为网络五子棋服务器端的主窗体。

（2）定义 3 个子窗体变量，分别表示游戏控制窗体、棋盘窗体和对方信息窗体（有关这 3 个窗体的设计过程将在后面几节中进行介绍）。代码如下：

```
CLeftPanel    m_LeftPanel;        //左边的列表信息窗口
CRightPanel m_RightPanel;         //右边的列表信息窗口
CChessBorad m_ChessBoard;         //棋盘窗口
```

（3）在窗口初始化时创建游戏控制窗体、棋盘窗体和对方信息窗体，并调整这 3 个窗体的大小和位置。代码如下：

```
BOOL CSrvFiveChessDlg::OnInitDialog()
{
    CDialog::OnInitDialog();
```

```
ASSERT((IDM_ABOUTBOX & 0xFFF0) == IDM_ABOUTBOX);
ASSERT(IDM_ABOUTBOX < 0xF000);

CMenu* pSysMenu = GetSystemMenu(FALSE);
if (pSysMenu != NULL)
{
	CString strAboutMenu;
	strAboutMenu.LoadString(IDS_ABOUTBOX);
	if (!strAboutMenu.IsEmpty())
	{
		pSysMenu->AppendMenu(MF_SEPARATOR);
		pSysMenu->AppendMenu(MF_STRING, IDM_ABOUTBOX, strAboutMenu);
	}
}


//为对话框设置图标
SetIcon(m_hIcon, TRUE);                    //设置大图标
SetIcon(m_hIcon, FALSE);                   //设置小图标

HMENU hMenu = GetMenu()->GetSafeHmenu();
if (hMenu != NULL)
{
	m_Menu.AttatchMenu(hMenu);
	m_Menu.SetMenuItemInfo(&m_Menu);
}

AfxInitRichEdit();
//创建窗口列表
m_RightPanel.Create(IDD_RIGHTPANEL_DIALOG,this);
m_RightPanel.ShowWindow(SW_SHOW);
CRect wndRC;
m_RightPanel.GetWindowRect(wndRC);
int nWidth = wndRC.Width();

CRect cltRC;                               //客户区域
GetClientRect(cltRC);
int nHeight = cltRC.Height();

//定义窗口列表显示的区域
CRect pnlRC;
pnlRC.left = cltRC.right-nWidth;
pnlRC.top = 0;
pnlRC.bottom = nHeight;
pnlRC.right = cltRC.right;
//显示窗口
m_RightPanel.MoveWindow(pnlRC);

//记录右边窗口的宽度
int nRightWidth = nWidth;
//创建左边的列表信息窗口
m_LeftPanel.Create(IDD_LEFTPANEL_DIALOG,this);
m_LeftPanel.ShowWindow(SW_SHOW);

m_LeftPanel.GetWindowRect(wndRC);
nWidth = wndRC.Width();

pnlRC.left = 0;
pnlRC.top = 0;
pnlRC.bottom = nHeight;
pnlRC.right = nWidth;

//记录左边窗口的宽度
int nLeftWidth = nWidth;
//显示窗口
m_LeftPanel.MoveWindow(pnlRC);
```

```
    //创建棋盘窗口
    m_ChessBoard.Create(IDD_CHESSBORAD_DIALOG,this);
    m_ChessBoard.ShowWindow(SW_SHOW);
    //计算棋盘的显示区域
    pnlRC.left = nLeftWidth;                     //左边窗口的宽度
    pnlRC.top = 0;
    pnlRC.bottom = nHeight;                      //主窗口的高度
    pnlRC.right = cltRC.Width() - nRightWidth;   //整个窗口的区域去除右边窗口的宽度
    m_ChessBoard.MoveWindow(pnlRC);
    m_bCreatePanel = TRUE;
    return TRUE;
}
```

6.4.3 调整窗体大小

（1）在窗口大小改变时，调整游戏控制窗体、棋盘窗体和对方信息窗体的大小和位置。代码如下：

```
void CSrvFiveChessDlg::OnSize(UINT nType, int cx, int cy)
{
    CDialog::OnSize(nType, cx, cy);

    if (m_bCreatePanel)
    {
        CRect wndRC;
        m_RightPanel.GetWindowRect(wndRC);
        int nWidth = wndRC.Width();

        CRect cltRC;                                 //客户区域
        GetClientRect(cltRC);
        int nHeight = cltRC.Height();

        //定义窗口列表显示的区域
        CRect pnlRC;
        pnlRC.left = cltRC.right-nWidth;
        pnlRC.top = 0;
        pnlRC.bottom = nHeight;
        pnlRC.right = cltRC.right;
        //显示窗口
        m_RightPanel.MoveWindow(pnlRC);
        int nRightWidth = nWidth;
        m_RightPanel.Invalidate();

        //显示左边的窗口列表区域
        m_LeftPanel.GetWindowRect(wndRC);
        nWidth = wndRC.Width();

        pnlRC.left = 0;
        pnlRC.top = 0;
        pnlRC.bottom = nHeight;
        pnlRC.right = nWidth;
        //显示窗口
        m_LeftPanel.MoveWindow(pnlRC);
        m_LeftPanel.Invalidate();
        int nLeftWidth = nWidth;

        pnlRC.left = nLeftWidth;                     //设置左边窗口的宽度
        pnlRC.top = 0;
        pnlRC.bottom = nHeight;                      //设置主窗口的高度
        pnlRC.right = cltRC.Width() - nRightWidth;   //整个窗口的宽度减去右边窗口的宽度

        m_ChessBoard.MoveWindow(pnlRC);
        m_ChessBoard.Invalidate();
    }
}
```

（2）处理窗口的 WM_GETMINMAXINFO 消息，限制窗口的最小窗体大小。代码如下：

```
void CSrvFiveChessDlg::OnGetMinMaxInfo(MINMAXINFO FAR* lpMMI)
{
	lpMMI->ptMinTrackSize.x = 800;
	lpMMI->ptMinTrackSize.y = 500;
	CDialog::OnGetMinMaxInfo(lpMMI);
}
```

6.5 棋盘窗体模块设计

6.5.1 棋盘窗体模块概述

棋盘窗体是整个网络五子棋模块的核心。在棋盘窗体中实现的主要功能包括接受客户端连接、接收客户端发送的数据、绘制棋盘、绘制棋盘表格、绘制棋子、赢棋判断、网络状态测试、开始游戏、游戏回放等。

棋盘窗体的运行效果如图 6.4 所示。

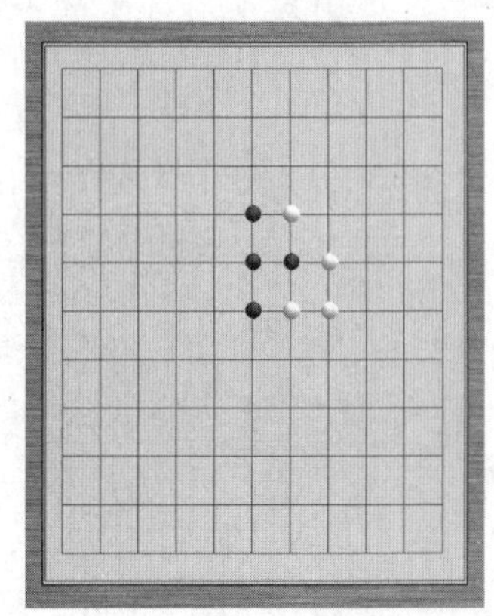

图 6.4　棋盘窗体

6.5.2 界面设计

棋盘窗体界面布局如下：

（1）创建一个对话框类，类名为 CChessBorad。

（2）设置对话框属性，如表 6.1 所示。

表 6.1　棋盘窗体属性设置

控件 ID	控件属性	关联变量
IDD_CHESSBORAD_DIALOG	Style：Child Border：None Title bar：FALSE	CChessBorad：m_ChessBoard

6.5.3 获取客户端信息

向对话框类中添加 AcceptConnection 方法，用于在客户端有套接字连接时接受客户端的连接，并记录客户端的 IP、端口号和连接时间。代码如下：

```
void CChessBorad::AcceptConnection()
{
	m_ClientSock.Close();
	m_SrvSock.Accept(m_ClientSock);
	m_bConnected = TRUE;
	CSrvFiveChessDlg *pDlg = (CSrvFiveChessDlg *)GetParent();
	CTime tmNow = CTime::GetCurrentTime();
	CString csFormat = tmNow.Format("%H:%M:%S");
	pDlg->m_RightPanel.m_UserList.SetItemText(0, 2, csFormat);
	//获取客户端信息
	CString csClientIP;
	UINT nPort;
	m_ClientSock.GetSockName(csClientIP, nPort);
	if(pDlg->m_RightPanel.m_UserList.GetItemCount() < 2) {
		int nItem = pDlg->m_RightPanel.m_UserList.InsertItem(1, "");
		pDlg->m_RightPanel.m_UserList.SetItemText(nItem, 1, csClientIP);
		pDlg->m_RightPanel.m_UserList.SetItemText(nItem, 2, csFormat);
	}
```

```
    else {
        pDlg->m_RightPanel.m_UserList.SetItemText(1, 1, csClientIP);
        pDlg->m_RightPanel.m_UserList.SetItemText(1, 2, csFormat);
    }
    pDlg->m_RightPanel.m_NetState.SetWindowText("网路状态:已连接");
}
```

6.5.4 绘制表格

向对话框类中添加 DrawChessboard 方法，用于在棋盘位图背景上绘制表格。代码如下：

```
void CChessBorad::DrawChessboard()
{
    CDC *pDC = GetDC();
    CPen pen(PS_SOLID, 1, RGB(0, 0, 0));
    pDC->SelectObject(&pen);
    int nOriginX = m_nOrginX * m_fRateX;
    int nOriginY = m_nOrginY * m_fRateY;
    int nCellWidth = m_nCellWidth * m_fRateX;
    int nCellHeight = m_nCellHeight * m_fRateY;

    for(int i = 0; i < m_nRowCount + 1; i++) {
        pDC->MoveTo(nOriginX + nCellWidth * (i), nOriginY);
        pDC->LineTo(nOriginX + nCellWidth * (i), nOriginY + m_nRowCount * nCellHeight);
    }
    for(int j = 0; j < m_nColCount + 1; j++) {
        pDC->MoveTo(nOriginX , nOriginY + (j)*nCellHeight);
        pDC->LineTo(nOriginX + m_nColCount * nCellWidth, nOriginY + (j)*nCellHeight);
    }
}
```

6.5.5 实现游戏回放功能

（1）向对话框类中添加 FreeBackPlayList 方法，用于释放游戏回放所使用的链表。代码如下：

```
void CChessBorad::FreeBackPlayList()
{
    if(m_BackPlayList.GetCount() > 0) {
        POSITION pos;
        for(pos = m_BackPlayList.GetHeadPosition(); pos != NULL;)

        {
            NODE *pNode = (NODE *)m_BackPlayList.GetNext(pos);
            delete pNode;
        }
        m_BackPlayList.RemoveAll();
    }
}
```

（2）向对话框类中添加 GamePlayBack 方法，以实现游戏回放功能。在游戏回放过程中，遍历链表并将该链表中的每个棋子绘制在棋盘中。如果棋子的颜色为 ncUNKOWN，则表示用户进行了悔棋操作，此时需要使用背景位图填充原来的棋子区域，这将导致棋盘中当前棋子的部分表格被填充。因此，在绘制完背景位图之后，还需要绘制部分表格。代码如下：

```
void CChessBorad::GamePlayBack()
{


    CDC *pDC = GetDC();
    CDC memDC;
    CBitmap BmpWhite, BmpBlack, BmpBK;
    memDC.CreateCompatibleDC(pDC);
    BmpBlack.LoadBitmap(IDB_BLACK);
    BmpWhite.LoadBitmap(IDB_WHITE);
```

```
BmpBK.LoadBitmap(IDB_BLANK);

//获取位图信息
BITMAP bmpInfo;
BmpBlack.GetBitmap(&bmpInfo);
int nBmpWidth = bmpInfo.bmWidth;
int nBmpHeight = bmpInfo.bmHeight;
POSITION pos = NULL;

m_bBackPlay = FALSE;
InitBackPlayNode();
OnPaint();
m_bBackPlay = TRUE;

for(pos = m_BackPlayList.GetHeadPosition(); pos != NULL;) {
    NODE *pNode = (NODE *)m_BackPlayList.GetNext(pos);


    int nPosX, nPosY;
    nPosX = 10 * m_fRateX;
    nPosY = 10 * m_fRateY;
    pNode->m_IsUsed = TRUE;

    if(pNode->m_Color == ncWHITE) {
        memDC.SelectObject(&BmpWhite);
        pDC->StretchBlt(pNode->m_Point.x - nPosX, pNode->m_Point.y - nPosY, nBmpWidth, nBmpHeight,
                        &memDC, 0, 0, nBmpWidth, nBmpHeight, SRCCOPY);
    }
    else if(pNode->m_Color == ncBLACK) {
        memDC.SelectObject(&BmpBlack);
        pDC->StretchBlt(pNode->m_Point.x - nPosX, pNode->m_Point.y - nPosY, nBmpWidth, nBmpHeight,
                        &memDC, 0, 0, nBmpWidth, nBmpHeight, SRCCOPY);
    }
    else if(pNode->m_Color == ncUNKOWN) {
        memDC.SelectObject(&BmpBK);
        pDC->StretchBlt(pNode->m_Point.x - nPosX, pNode->m_Point.y - nPosY, nBmpWidth, nBmpHeight,
                        &memDC, 0, 0, nBmpWidth, nBmpHeight, SRCCOPY);

        //绘制棋盘的局部表格

        //首先获取中心点坐标
        int nCenterX = pNode->m_Point.x ;
        int nCenterY = pNode->m_Point.y;

        CPoint topPT(nCenterX, nCenterY - nPosY);
        CPoint bottomPT(nCenterX, nCenterY + nPosY + 5);
        CPen pen(PS_SOLID, 1, RGB(0, 0, 0));
        pDC->SelectObject(&pen);

        pDC->MoveTo(topPT);
        pDC->LineTo(bottomPT);

        CPoint leftPT(nCenterX - nPosX, nCenterY);
        CPoint rightPT(nCenterX + nPosX + 10 , nCenterY);
        pDC->MoveTo(leftPT);
        pDC->LineTo(rightPT);
    }

    //延时
    SYSTEMTIME beginTime, endTime;
    GetSystemTime(&beginTime);
    if(beginTime.wSecond > 58) {
        beginTime.wSecond = 58;
    }

    while(true) {

        MSG msg;
        ::GetMessage(&msg, 0, 0, WM_USER);
```

```
			TranslateMessage(&msg);
			DispatchMessage(&msg);
			GetSystemTime(&endTime);
			if(endTime.wSecond == 0) {
				endTime.wSecond = 59;
			}
			if(endTime.wSecond > beginTime.wSecond) {
				break;
			}
		}
	}

	BmpWhite.DeleteObject();
	BmpBlack.DeleteObject();
	BmpBK.DeleteObject();
	memDC.DeleteDC();

	MessageBox("游戏回放结束!", "提示");

}
```

（3）向对话框类中添加 InitBackPlayNode 方法，用于初始化游戏回放所使用的链表节点。代码如下：

```
void CChessBorad::InitBackPlayNode()
{
	POSITION pos;
	for(pos = m_BackPlayList.GetHeadPosition(); pos != NULL;) {
		NODE *pNode = (NODE *)m_BackPlayList.GetNext(pos);
		pNode->m_IsUsed = FALSE;
	}
}
```

6.5.6 获得棋子位置

（1）向对话框类中添加 GetLikeNode 方法，该方法根据坐标点获取相应的棋子。代码如下：

```
NODE *CChessBorad::GetLikeNode(CPoint pt)
{
	CPoint tmp;
	for(int i = 0 ; i < m_nRowCount + 1; i++)
		for(int j = 0; j < m_nColCount + 1; j++) {
			tmp = m_NodeList[i][j].m_Point;

			int nSizeX = 10 * m_fRateX;
			int nSizeY = 10 * m_fRateY;

			CRect rect(tmp.x - nSizeX, tmp.y - nSizeY, tmp.x + nSizeX, tmp.y + nSizeY);
			if(rect.PtInRect(pt)) {
				return &m_NodeList[i][j];
			}
		}
	return NULL;
}
```

（2）向对话框类中添加 GetNodeFromPoint 方法，该方法根据坐标点获取相应的棋子。与 GetLikeNode 方法不同的是，GetNodeFromPoint 方法进行精确的坐标比较。代码如下：

```
NODE *CChessBorad::GetNodeFromPoint(CPoint pt)
{
	for(int i = 0; i < m_nRowCount + 1; i++) {
		for(int j = 0; j < m_nColCount + 1; j++) {
			if(m_NodeList[i][j].m_Point == pt) {
				return &m_NodeList[i][j];
			}
		}
	}
```

```
        return NULL;
}
```

（3）向对话框类中添加 InitializeNode 方法，用于初始化棋盘中的所有棋子，并将其设置为未使用状态。代码如下：

```
void CChessBorad::InitializeNode()
{
    for(int i = 0; i < m_nRowCount + 1; i++) {
        for(int j = 0; j < m_nColCount + 1; j++) {
            m_NodeList[i][j].m_Color = ncUNKOWN;
            m_NodeList[i][j].m_nX = i;
            m_NodeList[i][j].m_nY = j;
        }
    }
    OnPaint();
}
```

（4）在对话框初始化时创建套接字，初始化棋子，并设置棋子坐标。代码如下：

```
BOOL CChessBorad::OnInitDialog()
{
    CDialog::OnInitDialog();

    int nOriginX = m_nOrginX * m_fRateX;
    int nOriginY = m_nOrginY * m_fRateY;
    int nCellWidth = m_nCellWidth * m_fRateX;
    int nCellHeight = m_nCellHeight * m_fRateY;

    //创建套接字
    m_ClientSock.AttachDlg(this);
    m_ClientSock.Create();

    InitializeNode();

    //设置节点的坐标
    for(int i = 0; i < m_nRowCount + 1; i++) {
        for(int j = 0; j < m_nColCount + 1; j++) {
            m_NodeList[i][j].m_Point = CPoint(nOriginX + nCellWidth * j, nOriginY + nCellHeight * i);
        }
    }
    for(int m = 0; m < m_nRowCount + 1; m++) {
        for(int n = 0; n < m_nColCount + 1; n++) {
            SetRecentNode(&m_NodeList[m][n]);
        }
    }

    return TRUE;
}
```

（5）处理对话框的 WM_SIZE 消息，以便在窗口大小改变时调整棋子的坐标。代码如下：

```
void CChessBorad::OnSize(UINT nType, int cx, int cy)
{
    CDialog::OnSize(nType, cx, cy);

    //当窗口大小改变时确定图像的缩放比例
    CRect cltRC;
    GetClientRect(cltRC);
    m_fRateX =   cltRC.Width() / (double)m_nBmpWidth;
    m_fRateY =   cltRC.Height() / (double)m_nBmpHeight;

    int nOriginX = m_nOrginX * m_fRateX;
    int nOriginY = m_nOrginY * m_fRateY;
    int nCellWidth = m_nCellWidth * m_fRateX;
    int nCellHeight = m_nCellHeight * m_fRateY;

    //设置节点的坐标
```

```
    for(int i = 0; i < m_nRowCount + 1; i++) {
        for(int j = 0; j < m_nColCount + 1; j++) {
            m_NodeList[i][j].m_Point = CPoint(nOriginX + nCellWidth * j, nOriginY + nCellHeight * i);
        }
    }
    POSITION pos;
    for(pos = m_BackPlayList.GetHeadPosition(); pos != NULL;) {
        NODE *pNode = (NODE *)m_BackPlayList.GetNext(pos);
        pNode->m_Point = CPoint(nOriginX + nCellWidth * pNode->m_nY, nOriginY + nCellHeight * pNode->m_nX);
    }
}
```

6.5.7 判断是否赢棋

（1）向对话框类中添加 IsWin 方法，用于判断是否赢棋。在判断五子棋输赢时，需要分别从水平方向、垂直方向和对角线方向进行判断。以从垂直方向判断为例，以当前棋子为中心，向上方查找相同颜色相同的棋子并累加计数，然后从当前节点的下方开始查找节点，如果遇到相同颜色的棋子，继续累加计数。一旦计数达到 5，即可表示赢棋。代码如下：

```
//判断当前的输赢
NODE *CChessBorad::IsWin(NODE *pCurrent)
{
    //自己为白子方
    if(pCurrent->m_Color != ncWHITE) {
        return NULL;
    }

    //按 4 个方向进行判断

    m_Startpt.x = pCurrent->m_nX;
    m_Startpt.y = pCurrent->m_nY;
    m_Endpt.x = pCurrent->m_nX;
    m_Endpt.y = pCurrent->m_nY;


    //在当前节点上，按垂直方向分别向上和向下进行遍历
    {
        int num = 0;                                                    //计数
        NODE *tmp = pCurrent->m_pRecents[1];                            //获得当前节点的上方节点
        while(tmp != NULL && tmp->m_Color == pCurrent->m_Color) {       //遍历上方节点
            m_Startpt.x = tmp->m_nX;//m_Point;
            m_Startpt.y = tmp->m_nY;
            num += 1;
            if(num >= 4) {
                return tmp;
            }
            tmp = tmp->m_pRecents[1];
        }

        tmp = pCurrent->m_pRecents[6];                                  //获得当前节点的下方节点
        while(tmp != NULL && tmp->m_Color == pCurrent->m_Color) {       //遍历下方节点
            m_Endpt.x = tmp->m_nX;
            m_Endpt.y = tmp->m_nY;

            num += 1;
            if(num >= 4) {
                return tmp;
            }
            tmp = tmp->m_pRecents[6];
        }
    }

    //在当前节点上，按水平方向分别向左和向右进行遍历
    {
        int num = 0;
```

```
        NODE *tmp = pCurrent->m_pRecents[3];                                //遍历左节点
        while(tmp != NULL && tmp->m_Color == pCurrent->m_Color) {
            m_Startpt.x = tmp->m_nX;
            m_Startpt.y = tmp->m_nY;
            num += 1;
            if(num >= 4) {
                return tmp;
            }
            tmp = tmp->m_pRecents[3];
        }

        tmp = pCurrent->m_pRecents[4];                                      //遍历右节点
        while(tmp != NULL && tmp->m_Color == pCurrent->m_Color) {
            m_Endpt.x = tmp->m_nX;
            m_Endpt.y = tmp->m_nY;
            num += 1;
            if(num >= 4) {
                return tmp;
            }
            tmp = tmp->m_pRecents[4];
        }
    }

    //按 135°斜线方向进行遍历
    {
        int num = 0;
        NODE *tmp = pCurrent->m_pRecents[0];                                //遍历斜上方节点
        while(tmp != NULL && tmp->m_Color == pCurrent->m_Color) {
            m_Startpt.x = tmp->m_nX;
            m_Startpt.y = tmp->m_nY;

            num += 1;
            if(num >= 4) {
                return tmp;
            }
            tmp = tmp->m_pRecents[0];
        }

        tmp = pCurrent->m_pRecents[7];                                      //遍历斜下方节点
        while(tmp != NULL && tmp->m_Color == pCurrent->m_Color) {
            m_Endpt.x = tmp->m_nX;
            m_Endpt.y = tmp->m_nY;
            num += 1;
            if(num >= 4) {
                return tmp;
            }
            tmp = tmp->m_pRecents[7];
        }
    }

    //按 45°斜线方向进行遍历
    {
        int num = 0;
        NODE *tmp = pCurrent->m_pRecents[2];                                //遍历斜上方节点
        while(tmp != NULL && tmp->m_Color == pCurrent->m_Color) {
            m_Startpt.x = tmp->m_nX;
            m_Startpt.y = tmp->m_nY;

            num += 1;
            if(num >= 4) {
                return tmp;
            }
            tmp = tmp->m_pRecents[2];
        }

        tmp = pCurrent->m_pRecents[5];                                      //遍历斜下方节点
        while(tmp != NULL && tmp->m_Color == pCurrent->m_Color) {
            m_Endpt.x = tmp->m_nX;
            m_Endpt.y = tmp->m_nY;
```

```
                num += 1;
                if(num >= 4) {
                    return tmp;
                }
                tmp = tmp->m_pRecents[5];
            }
        }
        return NULL;
}
```

（2）在游戏开始时，如果轮到用户下棋，则在当前鼠标附近（与鼠标点最近的棋子坐标点）添加一个棋子，并向对方发送该棋子的坐标。代码如下：

```
void CChessBorad::OnLButtonUp(UINT nFlags, CPoint point)
{
    CPoint pt = point;
    if(m_bGameStarted == FALSE) {                                         //游戏终止
        return;
    }

    do {
        //没轮到客户端
        if(!m_bCanDown) {
            break;
        }

        NODE *node = GetLikeNode(pt);
        if(!node) {
            break;
        }

        if(node->m_Color != ncUNKOWN) {
            break;
        }

        //产生新的节点，并将其添加到回放列表中
        node->m_Color = ncWHITE;
        NODE *pNode = new NODE();
        memcpy(pNode, node, sizeof(NODE));
        m_BackPlayList.AddTail(pNode);

        //画棋盘
        OnPaint();

        //发送数据
        //定义一个 TCP 数据报
        TCP_PACKAGE    package;
        package.cmdType = CT_POINT;
        package.chessPT.x = node->m_nX;
        package.chessPT.y = node->m_nY;

        m_LocalChessPT.x = node->m_nX;
        m_LocalChessPT.y = node->m_nY;

        m_ClientSock.Send((void *)&package, sizeof(TCP_PACKAGE));

        m_bCanDown = FALSE;
        //判断输赢
        if(IsWin(node) != NULL) {
            m_bGameStarted = FALSE;
            Sleep(1000);

            //发送消息
            TCP_PACKAGE    winPackage;
            winPackage.cmdType = CT_WINPOINT;
            winPackage.winPT[0] = m_Startpt;
            winPackage.winPT[1] = m_Endpt;
```

```
                m_ClientSock.Send((void *)&winPackage, sizeof(TCP_PACKAGE));

                m_bWin = TRUE;

                //将游戏状态设置为结束
                m_State = esEND;

                Invalidate();

                MessageBox("恭喜你,赢了!!!");

                //重新开始游戏
                m_bWin = FALSE;
                InitializeNode();

                Invalidate();
                ResetLastChessPT();
            }
        }
        while(0);
        CDialog::OnLButtonUp(nFlags, point);
}
```

6.5.8 实现服务器设置功能

处理“服务器设置”菜单命令的单击事件，设置服务器的地址和端口号，然后将这些信息添加到对方信息窗体的用户列表中。代码如下：

```
void CChessBorad::OnMenuSvrSetting()
{
    CServerSetting SrvDlg;
    if(m_ConfigSrv == FALSE) {                                              //没有配置服务器
        if(SrvDlg.DoModal() == IDOK) {
            UINT port = SrvDlg.m_nServerPort;

            CSrvFiveChessDlg *pDlg = (CSrvFiveChessDlg *)GetParent();

            if(m_SrvSock.Create(port, SOCK_STREAM, SrvDlg.m_HostIP) && m_SrvSock.Listen()) {
                m_ConfigSrv = TRUE;

                int nItem = pDlg->m_RightPanel.m_UserList.InsertItem(0, "");
                if(SrvDlg.m_strNickName.IsEmpty()) {
                    SrvDlg.m_strNickName = "匿名";
                }
                pDlg->m_RightPanel.m_UserList.SetItemText(nItem, 0, SrvDlg.m_strNickName);
                pDlg->m_RightPanel.m_UserList.SetItemText(nItem, 1, SrvDlg.m_HostIP);

                CString csUser = "\r\n 昵称:";
                csUser += SrvDlg.m_strNickName;
                csUser += "\r\n";
                csUser += "IP:";
                csUser += SrvDlg.m_HostIP;
                pDlg->m_RightPanel.m_User.SetWindowText(csUser);
                MessageBox("服务器设置成功!", "提示");
            }
            else {
                m_ConfigSrv = FALSE;
                MessageBox("服务器设置失败!", "提示");
            }
        }   //对话框结束
    }
    else {
        MessageBox("已经配置了服务器信息!", "提示");
    }
}
```

6.5.9 检测对方状态

（1）处理对话框的 WM_TIMER 消息，定时向客户端发送网络状态测试信息，以检测对方是否在线。代码如下：

```
void CChessBorad::OnTimer(UINT nIDEvent)
{
    //如果已经连接服务器
    if(m_bConnected) {
        m_TestNum++;
        if(m_TestNum > 3) {                                    //与对方断开连接
            m_TestNum = 0;
            m_bConnected = FALSE;
            m_bCanDown = FALSE;
            m_bGameStarted = FALSE;
            m_bWin = FALSE;
            m_State = esEND;
            m_bConnected = FALSE;
            InitializeNode();
            CClientFiveChessDlg *pDlg = (CClientFiveChessDlg *)GetParent();
            pDlg->m_RightPanel.m_NetState.SetWindowText("网路状态:断开连接");
            //更新界面
            Invalidate();
            ResetLastChessPT();
        }
    }
    CDialog::OnTimer(nIDEvent);
}
```

（2）向对话框类中添加 ReceiveData 方法，用于接收客户端发来的数据。该方法将根据数据包的格式解析数据，并进行相应处理。代码如下：

```
//接收到数据
void CChessBorad::ReceiveData()
{
    TCP_PACKAGE tcpPackage;
    int factlen = m_ClientSock.Receive((void *)&tcpPackage, sizeof(TCP_PACKAGE));
    if(factlen != sizeof(TCP_PACKAGE)) {
        AfxMessageBox(_T("数据接收出错"));
        return;
    }
    //根据不同的命令，进行处理
    switch(tcpPackage.cmdType) {
        case CT_NETTEST: {                                        //测试网络状态
            m_TestNum = 0;
            m_ClientSock.Send(&tcpPackage, sizeof(TCP_PACKAGE));
            break;
        }
        case CT_BEGINGAME: {                                      //开始游戏

            InitializeNode();
            m_bGameStarted = TRUE;

            m_State = esBEGIN;

            //设置对方昵称
            CClientFiveChessDlg *pDlg = (CClientFiveChessDlg *)GetParent();
            pDlg->m_RightPanel.m_UserList.SetItemText(1, 0, tcpPackage.chText);

            ResetLastChessPT();

            FreeBackPlayList();
            m_bBackPlay = FALSE;
            MessageBox("游戏开始");

            break;
```

```
        }
        case CT_POINT: {                                                    //客户端棋子坐标信息
            int nX = tcpPackage.chessPT.x;
            int nY = tcpPackage.chessPT.y;
            m_RemoteChessPT.x = nX ;
            m_RemoteChessPT.y = nY ;
            m_NodeList[nX][nY].m_Color = ncBLACK;

            NODE *pNode = new NODE();
            memcpy(pNode, &m_NodeList[nX][nY], sizeof(NODE));
            m_BackPlayList.AddTail(pNode);

            OnPaint();
            m_bCanDown = TRUE;
            break;
        }
        case CT_WINPOINT: {                                                 //客户端赢了，处理客户端棋子起始和终止坐标信息

            int nStartX = tcpPackage.winPT[0].x;
            int nStartY = tcpPackage.winPT[0].y;
            int nEndX = tcpPackage.winPT[1].x;
            int nEndY = tcpPackage.winPT[1].y;

            m_Startpt = tcpPackage.winPT[0];
            m_Endpt = tcpPackage.winPT[1];

            m_bCanDown = FALSE;
            m_bGameStarted = FALSE;

            m_bWin = TRUE;
            m_State = esEND;

            ResetLastChessPT();

            Invalidate();
            MessageBox("你输了!!!");
            m_bWin = FALSE;
            InitializeNode();
            Invalidate();
            break;
        }
        case CT_TEXT: { //文本信息
            CClientFiveChessDlg *pDlg = (CClientFiveChessDlg *)GetParent();
            //获取对方昵称
            CString csNickName =   pDlg->m_RightPanel.m_UserList.GetItemText(1, 0);
            CString csText = csNickName;
            csText += "说:";
            csText += tcpPackage.chText;

            pDlg->m_RightPanel.m_MsgList.SetSel(-1, -1);
            pDlg->m_RightPanel.m_MsgList.ReplaceSel(csText);
            pDlg->m_RightPanel.m_MsgList.SetSel(-1, -1);
            pDlg->m_RightPanel.m_MsgList.ReplaceSel("\n");
            break;
        }
        case CT_BACKDENY: {                                                 //对方拒绝悔棋
            MessageBox("对方拒绝悔棋!", "提示");
            break;
        }
        case CT_BACKACCEPTANCE: {                                           //对方同意悔棋
            CClientFiveChessDlg *pDlg = (CClientFiveChessDlg *)GetParent();
            //判断是否该本地用户下棋了,如果是，则需要撤销之前对方下的棋子，然后撤销本地用户下的棋子
            if(m_bCanDown == TRUE) {
                int nPosX = m_RemoteChessPT.x;
                int nPosY = m_RemoteChessPT.y;
                if(nPosX > -1 && nPosY > -1) {
                    m_NodeList[nPosX][nPosY].m_Color = ncUNKOWN;
                    NODE *pNode = new NODE();
                    memcpy(pNode, &m_NodeList[nPosX][nPosY], sizeof(NODE));
```

```
                m_BackPlayList.AddTail(pNode);

            }
            nPosX = m_LocalChessPT.x;
            nPosY = m_LocalChessPT.y;
            if(nPosX > -1 && nPosY > -1) {
                m_NodeList[nPosX][nPosY].m_Color = ncUNKOWN;
                NODE *pNode = new NODE();
                memcpy(pNode, &m_NodeList[nPosX][nPosY], sizeof(NODE));
                m_BackPlayList.AddTail(pNode);
            }
            //刷新窗口
            Invalidate();

        }
        else {                                           //该对方下棋了,只撤销本地用户下的棋子
            int nPosX = m_LocalChessPT.x;
            int nPosY = m_LocalChessPT.y;
            if(nPosX > -1 && nPosY > -1) {
                m_NodeList[nPosX][nPosY].m_Color = ncUNKOWN;

                NODE *pNode = new NODE();
                memcpy(pNode, &m_NodeList[nPosX][nPosY], sizeof(NODE));
                m_BackPlayList.AddTail(pNode);
                //刷新窗口
                Invalidate();
                m_bCanDown = TRUE;
            }
        }
        ResetLastChessPT();
        break;
    }
    case CT_BACKREQUEST: {                               //对方发送悔棋请求
        if(MessageBox("是否同意悔棋?", "提示", MB_YESNO) == IDYES) {
            CClientFiveChessDlg *pDlg = (CClientFiveChessDlg *)GetParent();
            //接受悔棋请求
            tcpPackage.cmdType = CT_BACKACCEPTANCE;
            m_ClientSock.Send(&tcpPackage, sizeof(TCP_PACKAGE));
            //进行本地的悔棋处理

            if(m_bCanDown == TRUE) {                     //该本地下棋了，只需要撤销一步
                int nPosX = m_RemoteChessPT.x;
                int nPosY = m_RemoteChessPT.y;
                if(nPosX > -1 && nPosY > -1) {
                    m_NodeList[nPosX][nPosY].m_Color = ncUNKOWN;
                    NODE *pNode = new NODE();
                    memcpy(pNode, &m_NodeList[nPosX][nPosY], sizeof(NODE));
                    m_BackPlayList.AddTail(pNode);

                    //刷新窗口
                    Invalidate();
                }
                m_bCanDown = FALSE;
            }
            else {                                       //该对方下棋了，需要撤销两步

                int nPosX = m_LocalChessPT.x;
                int nPosY = m_LocalChessPT.y;

                if(nPosX > -1 && nPosY > -1) {
                    m_NodeList[nPosX][nPosY].m_Color = ncUNKOWN;

                    NODE *pNode = new NODE();
                    memcpy(pNode, &m_NodeList[nPosX][nPosY], sizeof(NODE));
                    m_BackPlayList.AddTail(pNode);

                }

                nPosX = m_RemoteChessPT.x;
```

```
                nPosY = m_RemoteChessPT.y;
                if(nPosX > -1 && nPosY > -1) {
                    m_NodeList[nPosX][nPosY].m_Color = ncUNKOWN;

                    NODE *pNode = new NODE();
                    memcpy(pNode, &m_NodeList[nPosX][nPosY], sizeof(NODE));
                    m_BackPlayList.AddTail(pNode);

                }
                //刷新窗口
                Invalidate();
            }

            ResetLastChessPT();

        }
        else {                                                              //拒绝悔棋
            tcpPackage.cmdType = CT_BACKDENY;
            m_ClientSock.Send(&tcpPackage, sizeof(TCP_PACKAGE));
        }
        break;
    }
    case CT_DRAWCHESSACCEPTANCE: {                                          //对方接受和棋请求
        CClientFiveChessDlg *pDlg = (CClientFiveChessDlg *)GetParent();
        //进行和棋处理，游戏结束
        m_TestNum = 0;

        m_bCanDown = FALSE;
        m_bGameStarted = FALSE;
        m_bWin = FALSE;
        m_State = esEND;
        InitializeNode();
        //更新界面
        Invalidate();

        ResetLastChessPT();

        MessageBox("对方同意和棋!", "提示");
        break;
    }
    case CT_DRAWCHESSDENY: {                                                //对方拒绝和棋
        MessageBox("对方拒绝了和棋!", "提示");
        break;
    }
    case CT_DRAWCHESSREQUEST: {                                             //对方发出和棋请求
        CClientFiveChessDlg *pDlg = (CClientFiveChessDlg *)GetParent();
        if(MessageBox("对方要求和棋，是否同意和棋?", "提示", MB_YESNO) == IDYES) {
            //同意和棋
            tcpPackage.cmdType = CT_DRAWCHESSACCEPTANCE;
            m_ClientSock.Send(&tcpPackage, sizeof(TCP_PACKAGE));

            //进行和棋处理，游戏结束
            m_TestNum = 0;

            m_bCanDown = FALSE;
            m_bGameStarted = FALSE;
            m_bWin = FALSE;
            m_State = esEND;
            InitializeNode();
            //更新界面
            Invalidate();

            ResetLastChessPT();

        }
        else {                                                              //拒绝和棋
            tcpPackage.cmdType = CT_DRAWCHESSDENY;
            m_ClientSock.Send(&tcpPackage, sizeof(TCP_PACKAGE));
        }
```

```
            break;
        }
        case CT_GIVEUP: {                                                      //对方认输了
            CClientFiveChessDlg *pDlg = (CClientFiveChessDlg *)GetParent();
            //结束游戏
            m_TestNum = 0;

            m_bCanDown = FALSE;
            m_bGameStarted = FALSE;
            m_bWin = FALSE;
            m_State = esEND;
            InitializeNode();
            //更新界面
            Invalidate();

            ResetLastChessPT();
            MessageBox("您获胜了!", "提示");
            break;
        }
        default:
            break;
    }
}
```

6.5.10 设置棋子临近点

向对话框中添加 SetRecentNode 方法，用于设置棋子的 8 个临近节点。代码如下：

```
void CChessBorad::SetRecentNode(NODE *pNode)
{
    int nCellWidth = m_nCellWidth * m_fRateX;
    int nCellHeight = m_nCellHeight * m_fRateY;

    int nCurX = pNode->m_nX;
    int nCurY = pNode->m_nY;

    //设置左上方的临近节点
    if(nCurX > 0 && nCurY > 0) {
        pNode->m_pRecents[NODE::ERecentChessLT] = &m_NodeList[nCurX - 1][nCurY - 1];
    }
    else {
        pNode->m_pRecents[NODE::ERecentChessLT] = NULL;
    }
    //设置上方的临近节点
    if(nCurY > 0) {
        pNode->m_pRecents[NODE::ERecentChessT] = &m_NodeList[nCurX][nCurY - 1];
    }
    else {
        pNode->m_pRecents[NODE::ERecentChessT] = NULL;
    }
    //设置右上方的临近节点
    if(nCurX < m_nColCount && nCurY > 0) {
        pNode->m_pRecents[NODE::ERecentChessRT] = &m_NodeList[nCurX + 1][nCurY - 1];
    }
    else {
        pNode->m_pRecents[NODE::ERecentChessRT] = NULL;
    }
    //设置左方节点的临近节点
    if(nCurX > 0) {
        pNode->m_pRecents[NODE::ERecentChessL] = &m_NodeList[nCurX - 1][nCurY];
    }
    else {
        pNode->m_pRecents[NODE::ERecentChessL] = NULL;
    }
    //设置右方节点的临近节点
    if(nCurX < m_nColCount) {
        pNode->m_pRecents[NODE::ERecentChessR] = &m_NodeList[nCurX + 1][nCurY];
```

```
    }
    else {
        pNode->m_pRecents[NODE::ERecentChessR] = NULL;
    }
    //设置左下方的临近节点
    if(nCurX > 0 && nCurY < m_nRowCount) {
        pNode->m_pRecents[NODE::ERecentChessLB] = &m_NodeList[nCurX - 1][nCurY + 1];
    }
    else {
        pNode->m_pRecents[NODE::ERecentChessLB] = NULL;
    }
    //设置下方的临近节点
    if(nCurY < m_nRowCount) {
        pNode->m_pRecents[NODE::ERecentChessB] = &m_NodeList[nCurX][nCurY + 1];
    }
    else {
        pNode->m_pRecents[NODE::ERecentChessB] = NULL;
    }
    //设置右下方的临近节点
    if(nCurX < m_nColCount&& nCurY < m_nRowCount) {
        pNode->m_pRecents[NODE::ERecentChessRB] = &m_NodeList[nCurX + 1][nCurY + 1];
    }
    else {
        pNode->m_pRecents[NODE::ERecentChessRB] = NULL;
    }
}
```

6.6 游戏控制窗体模块设计

6.6.1 游戏控制窗体模块概述

游戏控制窗体实现的主要功能包括开始、悔棋、和棋、认输和游戏回放，其运行效果如图 6.5 所示。

图 6.5 游戏控制窗体的运行效果

6.6.2 界面设计

游戏控制窗体界面设计如下：

（1）创建一个对话框类，类名为 CLeftPanel。

（2）向对话框中添加按钮和图片控件。

主要控件属性如表 6.2 所示。

表 6.2 控制窗体控件属性设置

控件 ID	控件属性	关联变量
IDC_STATIC	Type：Bitmap Image：IDB_PLAYER	无
IDC_BEGINGAME	Caption：开始	无
IDC_BT_BACK	Caption：悔棋	无
IDC_GIVE_UP	Caption：认输	无
IDC_BACK_PLAY	Caption：游戏回放	无
IDC_DRAW_CHESS	Caption：和棋	无

6.6.3 实现开始功能

处理“开始”按钮的单击事件，向对方发送开始游戏的请求。代码如下：

```
void CLeftPanel::OnBegingame()
{
    //获取所在的父窗口
    CClientFiveChessDlg *pDlg = (CClientFiveChessDlg *)GetParent();
    //启动游戏
    pDlg->OnBegin();
}
```

6.6.4 实现悔棋功能

处理“悔棋”按钮的单击事件，向对方发送悔棋请求。代码如下：

```
//单击“悔棋”按钮
void CLeftPanel::OnBtBack()
{
    //判断游戏是否正在进行中
    CClientFiveChessDlg *pDlg = (CClientFiveChessDlg *)GetParent();
    //如果游戏正在进行中,就执行回悔棋操作
    if(pDlg->m_ChessBoard.m_State == esBEGIN) {
        //用户已经下棋
        if(pDlg->m_ChessBoard.IsCanBack()) {
            pDlg->m_ChessBoard.DoBack();
        }
        else {
            MessageBox("当前不允许悔棋!", "提示");
        }
    }
}
```

6.6.5 实现和棋功能

处理“和棋”按钮的单击事件，向对方发送和棋请求。代码如下：

```
//和棋
void CLeftPanel::OnDrawChess()
{
    //判断游戏是否正在进行中
    CClientFiveChessDlg *pDlg = (CClientFiveChessDlg *)GetParent();
    if(pDlg->m_ChessBoard.m_State == esBEGIN) {
        pDlg->m_ChessBoard.DoDrawChess();
    }
}
```

6.6.6 实现认输功能

处理“认输”按钮的单击事件，向对方发送认输消息，同时结束当前游戏。代码如下：

```
//认输
void CLeftPanel::OnGiveUp()
{
    //判断游戏是否正在进行中
    CClientFiveChessDlg *pDlg = (CClientFiveChessDlg *)GetParent();
    if(pDlg->m_ChessBoard.m_State == esBEGIN) {
        if(MessageBox("确实要认输吗?", "提示", MB_YESNO) == IDYES) {
            pDlg->m_ChessBoard.DoGiveup();
            MessageBox("您输了!", "提示");
        }
```

```
    }
}
```

6.6.7 实现游戏回放功能

处理“游戏回放”按钮的单击事件，如果当前游戏已结束，则进行游戏回放。代码如下：

```
//游戏回放
void CLeftPanel::OnBackPlay()
{
    //游戏进行中不允许回放
    CClientFiveChessDlg *pDlg = (CClientFiveChessDlg *)GetParent();
    if(pDlg->m_ChessBoard.m_State == esEND) {
        pDlg->m_ChessBoard.DoBackPlay();
    }
    else {
        MessageBox("当前不允许回放!", "提示");
    }
}
```

6.7 客户端主窗体模块设计

6.7.1 客户端主窗体模块设计

客户端主窗体主要由游戏控制窗体、棋盘窗体和对方信息窗体 3 个子窗体构成，其运行效果如图 6.6 所示。

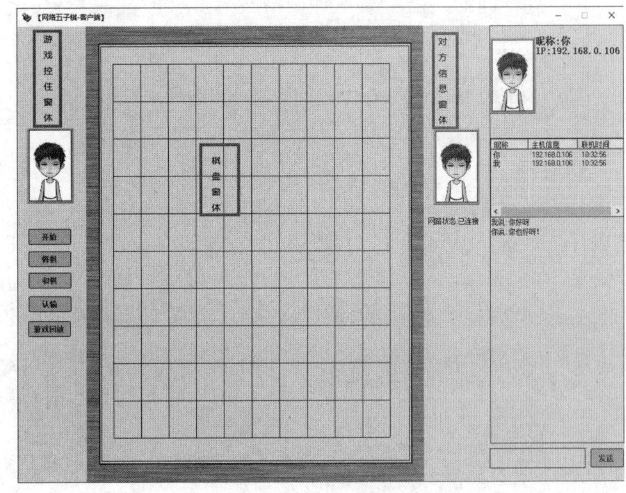

图 6.6 客户端主窗体

6.7.2 创建 3 个窗体

客户端主窗体实现过程如下。

（1）创建一个基于对话框的工程，工程名称为 ClientFiveChess。工程向导将创建一个默认的对话框类—CClientFiveChessDlg，该类将作为网络五子棋客户端的主窗体。

（2）定义 3 个子窗体变量，分别表示游戏控制窗体、棋盘窗体和对方信息窗体，代码如下：

```
CLeftPanel    m_LeftPanel;                    //左边的列表信息窗口
CRightPanel m_RightPanel;                     //右边的列表信息窗口
CChessBorad m_ChessBoard;                     //棋盘窗口
```

（3）在窗口初始化时创建游戏控制窗体、棋盘窗体和对方信息窗体，并调整这 3 个窗体的大小和位置。代码如下：

```
BOOL CClientFiveChessDlg::OnInitDialog()
{
    CDialog::OnInitDialog();


    ASSERT((IDM_ABOUTBOX & 0xFFF0) == IDM_ABOUTBOX);
    ASSERT(IDM_ABOUTBOX < 0xF000);

    CMenu *pSysMenu = GetSystemMenu(FALSE);
```

```
if(pSysMenu != NULL) {
      CString strAboutMenu;
      strAboutMenu.LoadString(IDS_ABOUTBOX);
      if(!strAboutMenu.IsEmpty()) {
            pSysMenu->AppendMenu(MF_SEPARATOR);
            pSysMenu->AppendMenu(MF_STRING, IDM_ABOUTBOX, strAboutMenu);
      }
}

AfxInitRichEdit();

SetIcon(m_hIcon, TRUE);                              //设置大图标
SetIcon(m_hIcon, FALSE);                             //设置小图标




//创建窗口列表
m_RightPanel.Create(IDD_RIGHTPANEL_DIALOG, this);
m_RightPanel.ShowWindow(SW_SHOW);

CRect wndRC;
m_RightPanel.GetWindowRect(wndRC);
int nWidth = wndRC.Width();

CRect cltRC;                                         //客户区域
GetClientRect(cltRC);
int nHeight = cltRC.Height();

//定义窗口列表显示的区域
CRect pnlRC;
pnlRC.left = cltRC.right - nWidth;
pnlRC.top = 0;
pnlRC.bottom = nHeight;
pnlRC.right = cltRC.right;
//显示窗口
m_RightPanel.MoveWindow(pnlRC);

//记录右边窗口的宽度
int nRightWidth = nWidth;

//创建左边的列表信息窗口
m_LeftPanel.Create(IDD_LEFTPANEL_DIALOG, this);
m_LeftPanel.ShowWindow(SW_SHOW);

m_LeftPanel.GetWindowRect(wndRC);
nWidth = wndRC.Width();

pnlRC.left = 0;
pnlRC.top = 0;
pnlRC.bottom = nHeight;
pnlRC.right = nWidth;

//记录左边窗口的宽度
int nLeftWidth = nWidth;
//显示窗口
m_LeftPanel.MoveWindow(pnlRC);

//创建棋盘窗口
m_ChessBoard.Create(IDD_CHESSBORAD_DIALOG, this);
m_ChessBoard.ShowWindow(SW_SHOW);
//计算棋盘的显示区域

pnlRC.left = nLeftWidth;                             //左边窗口的宽度
pnlRC.top = 0;
pnlRC.bottom = nHeight;                              //主窗口的高度
pnlRC.right = cltRC.Width() - nRightWidth;           //整个窗口的宽度减去右边窗口的宽度

m_ChessBoard.MoveWindow(pnlRC);
```

```
    m_bCreatePanel = TRUE;
    return TRUE;
}
```

6.7.3 调整窗体大小

（1）处理对话框的 WM_SIZE 消息，在对话框大小改变时，调整子窗体的大小和位置。代码如下：

```
void CClientFiveChessDlg::OnSize(UINT nType, int cx, int cy)
{
    CDialog::OnSize(nType, cx, cy);
    if(m_bCreatePanel) {
        CRect wndRC;
        m_RightPanel.GetWindowRect(wndRC);
        int nWidth = wndRC.Width();

        CRect cltRC;                                    //客户区域
        GetClientRect(cltRC);
        int nHeight = cltRC.Height();

        //定义窗口列表显示的区域
        CRect pnlRC;
        pnlRC.left = cltRC.right - nWidth;
        pnlRC.top = 0;
        pnlRC.bottom = nHeight;
        pnlRC.right = cltRC.right;
        //显示窗口
        m_RightPanel.MoveWindow(pnlRC);
        int nRightWidth = nWidth;
        m_RightPanel.Invalidate();

        //显示左边的窗口列表区域
        m_LeftPanel.GetWindowRect(wndRC);
        nWidth = wndRC.Width();

        pnlRC.left = 0;
        pnlRC.top = 0;
        pnlRC.bottom = nHeight;
        pnlRC.right = nWidth;
        //显示窗口
        m_LeftPanel.MoveWindow(pnlRC);
        int nLeftWidth = nWidth;

        pnlRC.left = nLeftWidth;                        //左边窗口的宽度
        pnlRC.top = 0;
        pnlRC.bottom = nHeight;                         //主窗口的高度
        pnlRC.right = cltRC.Width() - nRightWidth;      //整个窗口的宽度减去右边窗口的宽度
        m_ChessBoard.MoveWindow(pnlRC);
        m_ChessBoard.Invalidate();

    }
}
```

（2）处理对话框的 WM_GETMINMAXINFO 消息，限制对话框的最小窗体大小。代码如下：

```
void CClientFiveChessDlg::OnGetMinMaxInfo(MINMAXINFO FAR *lpMMI)
{
    lpMMI->ptMinTrackSize.x = 800;
    lpMMI->ptMinTrackSize.y = 500;
    CDialog::OnGetMinMaxInfo(lpMMI);
}
```

客户端的主窗体中包含游戏控制窗体、棋盘窗体和对方信息窗体，这 3 个窗体的设计过程与服务器端对应的窗体设计过程是完全相同的，因此不再分别进行介绍。其设计过程请参考 6.4 节、6.5 节和 6.6 节。

6.8 项目运行

通过前述步骤，我们已经设计并完成了“网络五子棋”项目的开发。接下来，我们将运行该项目，以检验我们的开发成果。本项目一共有两部分：服务器端和客户端。下面，我们分别介绍在 Visual Studio 2022 中如何运行这两部分。

（1）服务器端：在项目名称“SrvFiveChess”上右击，选择“设为启动项目”，如图 6.7 所示。在调试位置中选择 Debug、x86，然后单击“本地 Windows 调试器”，如图 6.8 所示。

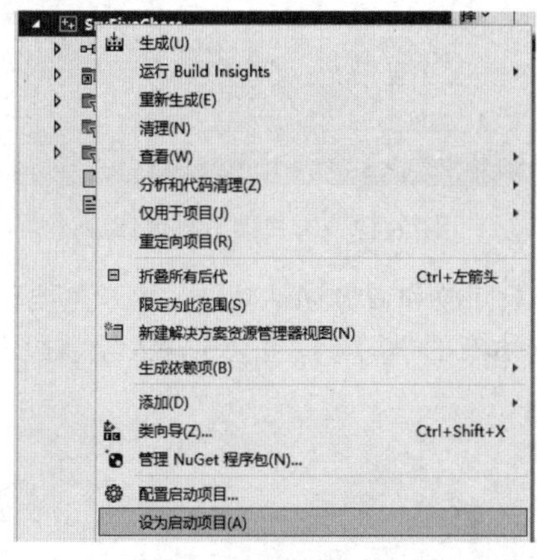

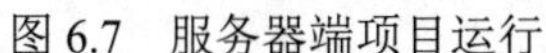

图 6.7 服务器端项目运行

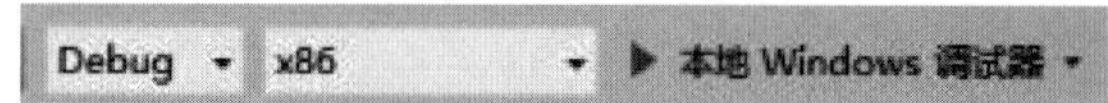

图 6.8 项目运行

这样，该项目将成功运行，并自动打开项目的服务器端窗口界面，如图 6.9 所示。在此界面中，单击菜单项“游戏设置”下的服务器设置，为自己起一个昵称。

（2）客户端：在项目名称“ClientFiveChess”上右击，选择“设为启动项目”，如图 6.10 所示。在调试位置中选择 Debug、x86，然后单击“本地 Windows 调试器”。

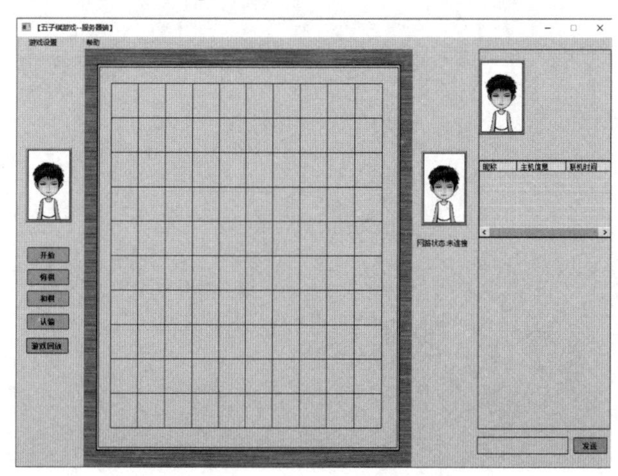

图 6.9 服务器端主窗体

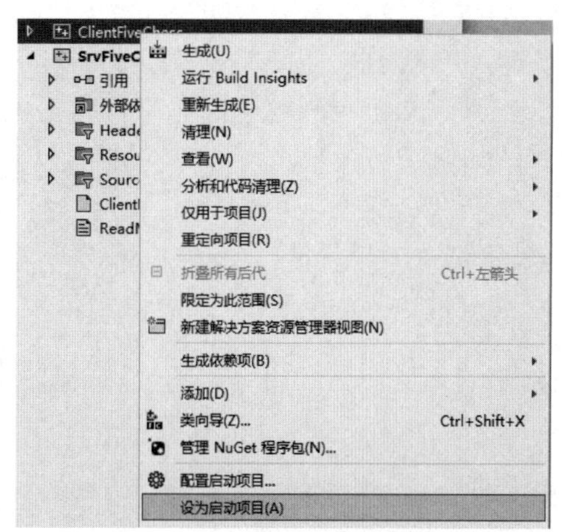

图 6.10 客户端项目运行

这样，客户端将成功运行，并自动打开项目的客户端主窗体，如图 6.11 所示。在此界面中单击“开始”按钮，为自己起一个昵称，单击设置之后，就会显示连接成功，然后双方玩家在棋盘中下棋，如图 6.12 所示。这样，我们就成功地检验了该项目的运行。

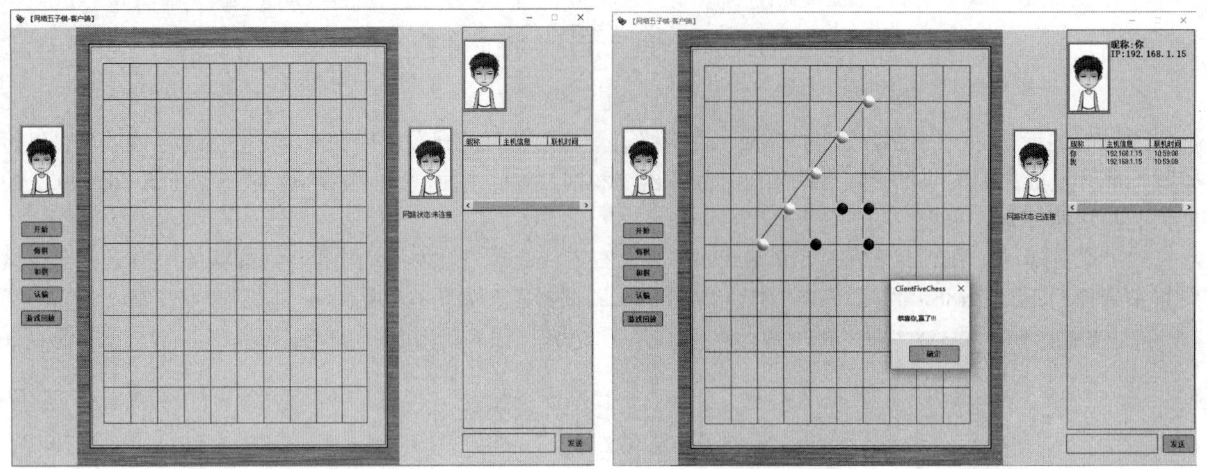

图 6.11　客户端主窗体　　　　图 6.12　客户端下棋窗体

本章实现了一个网络五子棋项目，并增加了游戏悔棋、游戏回放和双方通话功能。本章主要使用的是 GUI 绘图、链表、Socket 网络编程、消息处理等关键技术。通过本章的学习，读者会更深入地掌握这几个关键技术，并能熟练地运用它们。

6.9　源 码 下 载

本章虽然详细地讲解了如何编码实现“网络五子棋”的各个功能，但给出的代码都是代码片段，而非完整的源码。为了方便读者学习，本书提供了用于下载源码的二维码。

第 7 章 坦克动荡游戏

——结构体 + 泛型 + GDI 绘图 + 碰撞检测算法 + 最短路径算法 + 自动寻路算法 + 键盘消息处理

坦克动荡是一款简约而有趣的坦克对战游戏，其游戏场景设定在一个随机生成的小迷宫中。游戏中，对战双方操控自己的坦克，相互攻击直到有一方的坦克爆炸。本游戏特色在于能够连续发射多颗子弹，但必须谨慎，因为子弹撞击墙壁会反弹，反弹的子弹甚至可能击毁自己的坦克。因此，发射时务必要精准选择角度，否则等同于自毁。这款游戏特色包括动态游戏菜单、人机对战、双人对战、自动寻路、寻找最短路径以及子弹反弹等多样化功能。本项目采用 C++语言进行开发，具体技术包括：碰撞检测算法技术，用于实现子弹撞击功能；最短路径算法和自动寻路算法技术，它们使得在人机大战中，计算机控制的坦克能够自动寻路；键盘消息处理技术，负责实现选择对战模式和发射子弹的功能。项目还整合了结构体、泛型和 GDI 绘图等关键技术，开发一款坦克动荡游戏，目的是让用户能够选择参与人机大战或双人大战的游戏模式。

本项目的核心功能及实现技术如下：

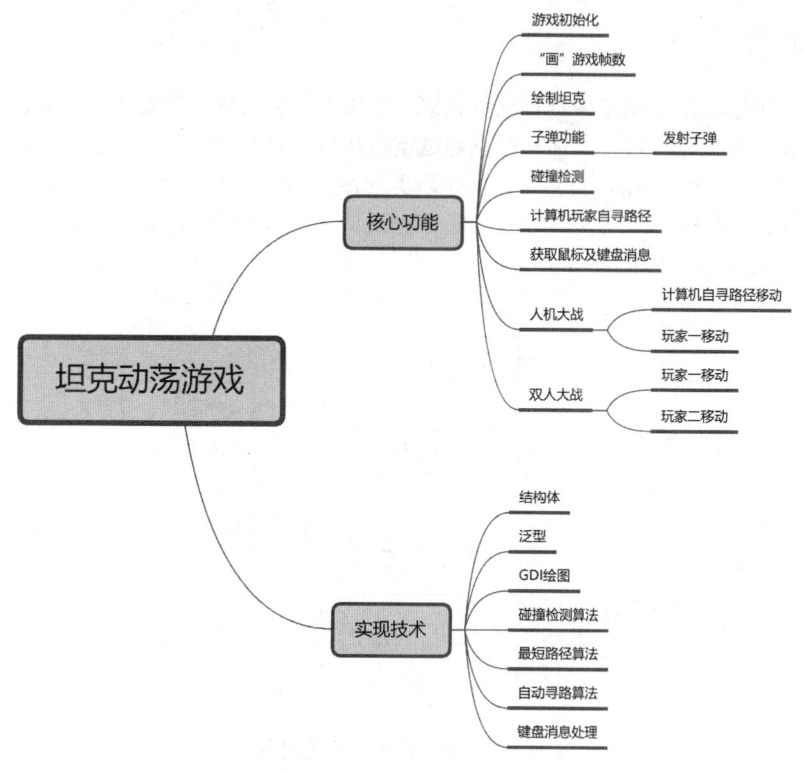

7.1 开发背景

相信大家都有玩过一款非常有趣的益智游戏——“坦克大战”。在游戏中，敌方坦克发起攻击，而玩家则需要操控自己的坦克来保卫家园，双方通过发射子弹进行对战。然而，在传统的坦克大战游戏中，坦克的移动仅限于上、下、左、右四个基本方向，无法实现任意方向的自由移动，并且子弹的攻击也仅限于横向和纵向四个方向。为了提升游戏趣味性，本章将介绍如何使用 Windows 平台下的 C++语言，并结合 Windows API 来开发一款更具挑战性的坦克动荡游戏。

本项目实现目标如下：

☑ 游戏菜单：用户需要在游戏菜单中选择对战模式。

☑ 人机对战：人机对战模式是指玩家和计算机对战。

☑ 双人对战：双人对战模式是指两个玩家进行对战。

7.2 系统设计

7.2.1 开发环境

本项目的开发及运行环境如下：

☑ 操作系统：推荐 Windows 10、Windows 11 或更高版本。

☑ 开发工具：Visual Studio 2022。

☑ 开发语言：C++。

7.2.2 业务流程

在启动项目后，玩家在游戏菜单中选择对战模式。单击“人机对战”，就会进入玩家与计算机的对战模式，计算机玩家会自动寻路进行移动，玩家可以通过键盘按键实现移动，按 M 键时发射子弹。一方被打中，游戏结束。单击“双人对战”按钮，就会进入两个玩家对战，玩家一和玩家二可以通过键盘按键实现移动，其中玩家一按 M 键时发射子弹，玩家二按 Q 键时发射子弹。一方被打中，游戏结束。

本项目的业务流程如图 7.1 所示。

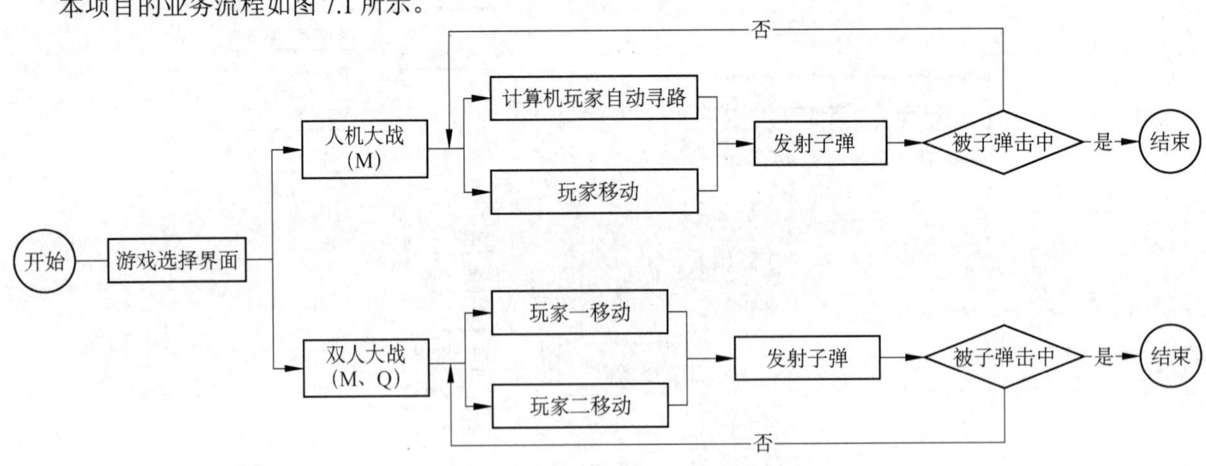

图 7.1 坦克动荡游戏业务流程图

7.2.3 功能结构

本项目的功能结构已经在章首页中给出。本项目实现的具体功能如下：

☑ 游戏初始化：负责初始化本项目的方法。

- ☑ 显示游戏帧数：能够实时展示当前游戏的运行帧率。
- ☑ 绘制坦克：坦克是玩家的代表。
- ☑ 子弹功能：作为攻击对方的武器，用于击毁坦克。
- ☑ 碰撞检测：用于检测坦克是否与墙壁发生碰撞。
- ☑ 电脑玩家自动寻路：在人机对战模式中，玩家将与计算机进行对战。计算机控制的坦克能够自动寻找路径移动，并自动发射子弹。
- ☑ 获取鼠标和键盘消息：玩家可以使用鼠标选择对战模式，通过键盘输入 M 和 Q 来进入游戏以及执行发射子弹的操作。
- ☑ 人机对战：在此模式下，玩家与计算机进行对战，计算机坦克会自动寻路移动，而玩家则可通过键盘按键来控制坦克的移动。
- ☑ 双人对战：这一模式允许两位玩家相互对战，双方均可通过键盘按键来操控各自的坦克进行移动。

7.3 技术准备

7.3.1 技术概览

- ☑ 结构体：C++中的结构体（struct）是一种用户定义的数据类型，它允许将不同类型的数据组合在一起。结构体类似于类（class），但默认情况下，其成员是公共（public）的。结构体在组织和管理相关数据时非常有用。
- ☑ 泛型：C++中的泛型编程主要通过模板（template）实现。模板允许在编写代码时使用类型参数，这样代码就可以在编译时针对不同的数据类型生成相应的实现。模板有两种主要形式：函数模板和类模板。以函数模板为例，它允许我们定义一个函数，该函数可以适用于不同的数据类型。代码如下：

```
#include <iostream>

//定义一个函数模板
template <typename T>
T add(T a, T b) {
    return a + b;
}

int main() {
    int intResult = add(3, 4);                    //使用模板函数进行整数相加
    double doubleResult = add(2.5, 3.7);          //使用模板函数进行双精度浮点数相加

    std::cout << "Int result: " << intResult << std::endl;
    std::cout << "Double result: " << doubleResult << std::endl;

    return 0;
}
```

以类模板为例，它允许我们定义一个类，该类可以适用于不同的数据类型，代码如下：

```
#include <iostream>

//定义一个类模板
template <typename T>
class Box {
private:
    T value;
public:
    Box(T v) : value(v) {}
```

```
    T getValue() const { return value; }
    void setValue(T v) { value = v; }
};

int main() {
    Box<int> intBox(123);                    //使用模板类进行整数类型的实例化
    Box<double> doubleBox(456.789);          //使用模板类进行双精度浮点数类型的实例化

    std::cout << "Int box value: " << intBox.getValue() << std::endl;
    std::cout << "Double box value: " << doubleBox.getValue() << std::endl;

    intBox.setValue(987);
    doubleBox.setValue(654.321);

    std::cout << "Updated int box value: " << intBox.getValue() << std::endl;
    std::cout << "Updated double box value: " << doubleBox.getValue() << std::endl;

    return 0;
}
```

☑ GDI 绘图：是 Windows 操作系统提供的用于绘图的 API。它允许程序在设备上下文中进行绘图，设备上下文可以是屏幕、打印机或者其他输出设备。在 C++中使用 GDI 进行绘图时，主要步骤包括获取设备上下文句柄、设置绘图属性、执行绘图操作以及释放设备上下文句柄。

☑ 碰撞检测算法：在坦克游戏中，碰撞检测是一个重要的机制，用于确保游戏中的物体（如坦克、子弹和障碍物）不会发生穿透或重叠现象。本项目采用的碰撞检测方法包括圆与旋转矩形、圆与圆是否相交之间的相交检测，代码如下：

```
//碰撞检测：圆与旋转矩形,圆与圆是否相交
namespace game_hit
{
    //计算两点之间的距离
    inline float distance(float x1, float y1, float x2, float y2)
    {
        return sqrt(pow(x1 - x2, 2) + pow(y1 - y2, 2));
    }

    //判断两个圆是否相交
    inline bool check_collision(const Circle &A, const Circle &B)
    {
        return true;
    }

    //圆是否与未旋转的矩形相交
    inline bool check_collision(const Circle &A, const RectF &B)
    {
        float cX, cY;
        if(A.x < B.X) {
            cX = B.X;
        }
        else if(A.x > (B.X + B.Width)) {
            cX = B.X + B.Width;
        }
        else {
            cX = A.x;
        }

        if(A.y < B.Y) {
            cY = B.Y;
        }
        else if(A.y > (B.Y + B.Height)) {
            cY = B.Y + B.Height;
        }
        else {
            cY = A.y;
        }
```

```
    if(distance(A.x, A.y, cX, cY) < A.r) {
        return true;
    }

    return false;
}

//多个矩形同时判断
inline bool check_collisions(const Circle &A, const std::vector<RectF> &vRects)
{
    for(auto r : vRects) {
        if(check_collision(A, r)) {
            return true;
        }
    }

    return false;
}

//获得点在旋转之后的坐标
inline PointF GetRotatePoint(const PointF &pt, const float fRadius, const PointF &ptCenter, const float dir)
{
    PointF ptLeftTop = pt;
    //原来的角度
    float theta = 2 * PI - atan2(ptLeftTop.Y - ptCenter.Y, ptLeftTop.X - ptCenter.X);
    //旋转之后的角度
    float alpha = dir - theta;
    float offsetX = ptCenter.X + cos(alpha) * fRadius;
    float offsetY = ptCenter.Y + sin(alpha) * fRadius;
    ptLeftTop.X = offsetX;
    ptLeftTop.Y = offsetY;
    return ptLeftTop;
}

//判断圆与旋转矩形相交
//theta：为矩形的角度
inline bool check_collision(const Circle &A, const RectF &B, const float alpha)
{
    //这里我们不旋转矩形,而是旋转圆
    //圆的角度 = 矩形逆向旋转的角度
    float theta = 2 * PI - alpha;
    //矩形中心，也是旋转圆的中心
    Circle A2;
    A2.r = A.r;
    PointF ptCenter(B.X + B.Width / 2.0f, B.Y + B.Height / 2.0f);
    auto pt = GetRotatePoint(PointF(A.x, A.y), distance(A.x, A.y, ptCenter.X, ptCenter.Y), ptCenter, theta);
    A2.x = pt.X;
    A2.y = pt.Y;
    return check_collision(A2, B);
}

//矩形旋转一定角度之后，四个顶点的坐标
inline void GetRotateRectPoints(const RectF &rect, const float dir, std::vector<PointF> &vPts)
{
    /*
      这里使用三角函数进行计算
    */
    using namespace std;
    vPts.clear();

    //中心点坐标
    PointF ptCenter(rect.X + rect.Width / 2, rect.Y + rect.Height / 2);
    //对角线长度的一半
    float fRadius = sqrt(pow(rect.Width / 2, 2) + pow(rect.Height / 2, 2));
    //计算第一个点
    {
        //原来的坐标
        PointF ptLeftTop(rect.X, rect.Y);
        vPts.push_back(GetRotatePoint(ptLeftTop, fRadius, ptCenter, dir));
    }
    {
```

```
            //原来的坐标
            PointF ptLeftTop(rect.X + rect.Width, rect.Y);
            vPts.push_back(GetRotatePoint(ptLeftTop, fRadius, ptCenter, dir));
        }
        {
            //原来的坐标
            PointF ptLeftTop(rect.X + rect.Width, rect.Y + rect.Height);
            vPts.push_back(GetRotatePoint(ptLeftTop, fRadius, ptCenter, dir));
        }
        {
            //原来的坐标
            PointF ptLeftTop(rect.X, rect.Y + rect.Height);
            vPts.push_back(GetRotatePoint(ptLeftTop, fRadius, ptCenter, dir));
        }
        return ;
    }
}
```

- ☑ 最短路径算法：最短路径算法用于在图中寻找从一个顶点到另一个顶点的最短路径。
- ☑ 自动寻路算法：自动寻路算法广泛应用于游戏开发、机器人导航和地图应用等领域。常用的自动寻路算法包括 A*算法、Dijkstra 算法和贪婪最佳优先搜索。
- ☑ 键盘消息处理：在 Windows API 中，应用程序可以处理键盘事件，从而响应用户的输入，例如在游戏中控制角色移动或在应用程序中执行快捷键操作。处理键盘事件宏定义如下：

```
#define KEYDOWN(vk) (GetAsyncKeyState(vk) & 0x8000)
```

结构体、泛型等基础知识在《C++从入门到精通（第 6 版）》中有详细的讲解；最短路径算法、自动寻路算法等知识在《算法从入门到实践》中有讲解；GDI 绘图、键盘消息处理等基础知识在《VC++从入门到精通（第 5 版）》中有介绍。对这些知识不太熟悉的读者，可以参考该书对应的内容。本项目关键技术是 GDI 绘图，下面我们将对它进行必要的介绍，以确保读者可以顺利完成本项目。

7.3.2 绘图库 GDIPlus 的使用

在游戏运行时，绘图和文字输出是必不可少的。本程序采用 GDIPlus 库来实现这些功能。在 C++中，调用外部库提供的函数时，通常需要包含相应的头文件并指定链接库（.lib）文件。这些操作通常在名为 stdafx.h 的头文件中进行。此外，在使用 GDIPlus 库时，还需要对其进行初始化。程序启动时，会立即执行初始化操作，以确保在整个程序运行期间都能够使用 GDIPlus 库的功能。

1. 绘图库的引入

在 stdafx.h 文件中，由于它会被工程中的所有其他.cpp 文件所包含，因此在该文件中包含的头文件会自动被引入所有其他文件中。由于 GDIPlus 库需要在多处使用，因此将其引入操作放在 stdafx.h 文件中是合适的。打开 stdafx.h 文件，在最底部添加以下代码：

```
#include <gdiplus.h>
#pragma comment(lib, "Gdiplus.lib")
using namespace Gdiplus; //使用 Gdiplus 命名空间
```

这里，我们引入了 GDIPlus 库的头文件，并链接了 GDIPlus 库。由于后面各个文件中都要使用 GDIPlus 库，因此在文件 stdafx.h 中引入头文件。在本工程中，大部分文件都会包含 stdafx.h 文件。在此文件中引入的库，相当于已经包含在了项目的所有文件中，在任何地方都可以使用。

2. 绘图库的初始化

在使用 GDIPlus 库之前，必须对其进行初始化。这个初始化步骤是在整个程序的初始化阶段进行的。在本项目中，CTank 类可以视为程序的整体代表。该类中的 InitInstance()函数会在程序启动后、窗口显示前执行，因此，将 GDIPlus 库的初始化操作放在 CTank::InitInstance()函数中是最合适的。具体步骤如下。

（1）在 Tank.h 文件中声明初始化所需的变量，并在获取到 deviceConfiguration 对象后，将原图片填充为透明图片，代码如下：

```
private:
    //引入 GDIPlus 所需的变量
    ULONG_PTR m_tokenGdiplus;
    Gdiplus::GdiplusStartupInput input;
    Gdiplus::GdiplusStartupOutput output;
```

（2）在 Tank.cpp 文件中初始化 GDI+，代码如下：

```
//GDI+初始化
Status s = GdiplusStartup(&m_tokenGdiplus, &input, &output);
```

说明

private 是 C++编程语言中的一个访问控制修饰符，用于指定类或结构体成员的访问权限。被声明为 private 的成员只能在定义它们的类或结构体内部访问，不能在类或结构体的外部访问。这种封装有助于保护对象的内部状态，防止外部代码对其进行不正确的修改。

7.4 公共设计

开发项目时，编写公共设计可以减少重复代码的编写，有利于代码的重用及维护。本节将介绍“坦克动荡游戏”项目的一些公共设计。

7.4.1 引进所有游戏对象声明

所有游戏对象的设计，都是服务于 CGame 类的，因此需要在 Game.h 文件中引入所有的头文件。代码如下：

```
#pragma once
#include "wall.h"
#include "Bullet.h"
#include "Player.h"
#include "Bot.h"
#include "GameMap.h"
#include "GameMenuPanel.h"
#include "GameMenuPanel2.h"
#include "KeyMenuPlayer02.h"
#include "KeyMenuPlayer01.h"
#include "GameMenuBackground.h"
```

7.4.2 声明核心对象之 CGame 类的公有方法

本节代码展示了 CGame 类的公有方法，这些方法包括类的初始化、游戏帧处理、鼠标消息处理和游戏步骤相关的成员。公有方法是提供给类外的其他代码调用的，例如游戏窗体相关代码会调用这些方法，以便将鼠标消息传递给 CGame 类。代码如下：

```
class CGame
{
public:
    CGame();
    ~CGame();
    //设置输出窗口的句柄
    void SetHandle(HWND hWnd);
```

```
//进入游戏帧
bool EnterFrame(DWORD dwTime);
//处理鼠标移动事件
void OnMouseMove(UINT nFlags, CPoint point);
//处理左键抬起事件
void OnLButtonUp(UINT nFlags, CPoint point);
//当前游戏所处的阶段
enum EGameType {
    EGameTypeMenu = 0,                    //选择阶段
    EGameTypeOne2BotMenu,                 //单人对计算机菜单阶段
    EGameTypeOne2Bot,                     //单人对计算机
    EGameTypeOne2BotEnd,                  //单人对计算机结束
    EGameTypeOne2OneMenu,                 //双人对战菜单阶段
    EGameTypeOne2One,                     //双人对战
    EGameTypeOne2OneEnd,                  //双人对战结束
    EGameTypeCount,                       //游戏阶段总数
};
//设置当前游戏所处的阶段,并根据步聚进行初始化
void SetStep(CGame::EGameType step);
```

7.4.3 声明私有方法

私有方法是仅供本类内部使用的方法，这些方法不对类外部的代码开放，这样类外的代码就不能随意修改本类的功能，实现隐藏内部实现的目的。

（1）声明初始化方法。这些方法包含游戏各个阶段的初始化，例如选择阶段初始化和人机对战阶段初始化等。程序运行时，会根据玩家的选择和游戏当前的阶段，调用相应的方法。同时，为了方便调用，将这些初始化方法放入一个方法指针数组中，这样可以根据游戏所处的阶段直接调用这些方法。具体代码如下：

```
private:
    //窗口
    HWND m_hWnd;
    /* 游戏初始化
    生成游戏对象、初始化地图、对象位置等
    */
    bool GameInit();
    bool GameInitMenu();                  //游戏初始化:选择阶段
    bool GameInitOne2BotMenu();           //游戏初始化:单人对计算机菜单阶段
    bool GameInitOne2Bot();               //游戏初始化:单人对计算机
    bool GameInitOne2BotEnd();            //游戏初始化:单人对计算机结束
    bool GameInitOne2OneMenu();           //游戏初始化:双人对战菜单阶段
    bool GameInitOne2One();               //游戏初始化:双人对战
    bool GameInitOne2OneEnd();            //游戏初始化:双人对战结束
    //把上述方法放入数组中，以便于调用
    bool (CGame::*m_initFunc[EGameTypeCount])() = {
        &CGame::GameInitMenu,             //选择阶段
        &CGame::GameInitOne2BotMenu,      //单人对计算机键盘提示
        &CGame::GameInitOne2Bot,          //单人对计算机
        &CGame::GameInitOne2BotEnd,       //单人对计算机结束
        &CGame::GameInitOne2OneMenu,      //双人对战键盘提示
        &CGame::GameInitOne2One,          //双人对战
        &CGame::GameInitOne2OneEnd        //双人对战结束
    };
```

（2）声明游戏逻辑处理方法。这些方法包含游戏各个阶段的逻辑处理。程序运行时，会根据游戏当前的阶段，调用相应的方法，以实现对各个阶段的不相同的逻辑处理例如，双人对战时需要同时处理两个玩家的键盘消息，而人机对战则需要自动寻路功能，具体代码如下：

```
/* 游戏逻辑处理：
    1. 维护子弹状态
    2. 维护机器人（即计算机控制的坦克）AI 的自动移动,自动发射子弹
    3. 维护玩家坦克的状态
```

```
    以测检测包括：撞墙，子弹命中坦克...*/
void GameRunLogic();
void GameRunLogicOnMenu();                    //游戏逻辑处理：选择阶段
void GameRunLogicOnOne2BotMenu();             //游戏逻辑处理：单人对计算机菜单阶段
void GameRunLogicOnOne2Bot();                 //游戏逻辑处理：单人对计算机
void GameRunLogicOnOne2BotEnd();              //游戏逻辑处理：单人对计算机结束
void GameRunLogicOnOne2OneMenu();             //游戏逻辑处理：双人对战菜单阶段
void GameRunLogicOnOne2One();                 //游戏逻辑处理：双人对战
void GameRunLogicOnOne2OneEnd();              //游戏逻辑处理：双人对战结束
//把上述方法放入数组中，以便于调用
void(CGame::*m_logicFunc[EGameTypeCount])() = {
    &CGame::GameRunLogicOnMenu,               //选择阶段
    &CGame::GameRunLogicOnOne2BotMenu,        //人机对战按键提示
    &CGame::GameRunLogicOnOne2Bot,            //单人对计算机
    &CGame::GameRunLogicOnOne2BotEnd,         //单人对计算机结束
    &CGame::GameRunLogicOnOne2OneMenu,        //双人对战按键提示
    &CGame::GameRunLogicOnOne2One,            //双人对战
    &CGame::GameRunLogicOnOne2OneEnd          //双人对战结束
};
```

（3）声明游戏绘图方法。本段代码是游戏各个阶段的绘图方法声明。各个阶段的绘图是不同的，如菜单阶段只需要绘制菜单，而人机对战阶段不需要绘制菜单，却需要绘制机器人（即计算机控制的坦克）、玩家坦克、地图和子弹等多个对象。具体代码如下：

```
/* 游戏绘图处理
    负责绘制游戏中的对象
    */
 void GameRunDraw();
 void GameRunDrawOnMenu(Graphics &gh);             //游戏绘图处理：选择阶段
 void GameRunDrawOnOne2BotMenu(Graphics &gh);      //游戏绘图处理：单人对计算机菜单阶段
 void GameRunDrawOnOne2Bot(Graphics &gh);          //游戏绘图处理：单人对计算机
 void GameRunDrawOnOne2BotEnd(Graphics &gh);       //游戏绘图处理：单人对计算机结束
 void GameRunDrawOnOne2OneMenu(Graphics &gh);      //游戏绘图处理：双人对战菜单阶段
 void GameRunDrawOnOne2One(Graphics &gh);          //游戏绘图处理：双人对战
 void GameRunDrawOnOne2OneEnd(Graphics &gh);       //游戏绘图处理：双人对战结束
 //把上述方法放入数组中，方便调用
 void(CGame::*m_drawFunc[EGameTypeCount])(Graphics &) = {
     &CGame::GameRunDrawOnMenu,                    //选择阶段
     &CGame::GameRunDrawOnOne2BotMenu,             //人机对战阶段
     &CGame::GameRunDrawOnOne2Bot,                 //单人对计算机
     &CGame::GameRunDrawOnOne2BotEnd,              //单人对计算机结束
     &CGame::GameRunDrawOnOne2OneMenu,             //双人对战阶段
     &CGame::GameRunDrawOnOne2One,                 //双人对战
     &CGame::GameRunDrawOnOne2OneEnd               //双人对战结束
 };
```

（4）声明辅助方法，这些方法分别负责移除超时子弹、维护子弹运行轨迹、计算机自动寻找和攻击以及输出游戏帧数。具体代码如下：

```
private:
    void RemoveTimeoutBullets();          //移除超时子弹,并重新为对应的坦克装弹
    void ProcessHitBullets();             //维护子弹的运行轨迹，处理子弹撞墙等情况
    void AI();                            //维护计算机的自动寻路攻击
    void DrawFps(Graphics &gh);           //输出 fps
```

（5）声明私有成员并初始化部分成员，包括游戏帧数、当前游戏阶段、两个玩家对象、机器人（即计算机控制的坦克）对象、发射出来的子弹的数组、地图对象、开始菜单，返回菜单及游戏准备阶段的按键提示菜单等。这些对象为整个游戏中需要用到的全部对象。具体代码如下：

```
private:
    int m_fps{ 0 };                           //记录游戏每秒多少帧
    EGameType m_eStep{ EGameTypeMenu };       //当前阶段：菜单选择阶段
    CPlayer m_player01;                       //两个玩家对象
    CPlayer m_player02;                       //玩家对象 2：双人对战时才会用到
    CBot m_bot;                               //一台计算机：人机对战时用到
    std::list<CBullet> m_lstBullets;          //存在于地图场景中的子弹对象数组
```

```
    CGameMap m_map{ 10, 10, 780, 580 };          //地图对象
    CGameMenuPanel m_menuSelect;                 //开始菜单
    CGameMenuBackground m_menu;                  //开始菜单背景图
    CGameMenuPanel2 m_menuBackup;                //返回菜单
    CKeyMenuPlayer01 m_keymenu01;                //提示按键的菜单
    CKeyMenuPlayer02 m_keymenu02;
};                                               //注意：此处有分号
```

（6）声明私有成员并初始化部分成员，包括游戏帧数、当前游戏阶段、两个玩家对象、机器人（即电脑控制的坦克）对象、发射出来的子弹的数组、地图对象、开始菜单，返回菜单及游戏准备阶段的按键提示菜单等。这些对象是整个游戏中需要用到的全部对象。具体代码如下：

```
private:
    int m_fps{ 0 };                              //记录游戏每秒多少帧
    EGameType m_eStep{ EGameTypeMenu };          //当前阶段：菜单选择阶段
    CPlayer m_player01;                          //两个玩家对象
    CPlayer m_player02;                          //玩家对象 2：双人对战时才会用到
    CBot m_bot;                                  //一台计算机：人机对战时用到
    std::list<CBullet> m_lstBullets;             //存在于地图场景中的子弹对象数组
    CGameMap m_map{ 10, 10, 780, 580 };          //地图对象
    CGameMenuPanel m_menuSelect;                 //开始菜单
    CGameMenuBackground m_menu;                  //开始菜单背景图
    CGameMenuPanel2 m_menuBackup;                //返回菜单
    CKeyMenuPlayer01 m_keymenu01;                //提示按键的菜单
    CKeyMenuPlayer02 m_keymenu02;
};                                               //注意：此处有分号
```

7.5 主窗体设计

为了呈现美观的视觉效果，游戏中的多数对象都会采用一系列图片来绘制。例如，背景菜单由一张图片构成，菜单项的移动实际上是改变这张图片的显示位置，，而菜单内容的变更则是通过切换到不同的图片来实现的。接下来，我们将进行一个简单的操作：展示游戏的菜单背景图片，也就是将项目目录中的 menu_background.png 文件显示出来。具体效果如图 7.2 所示。

图 7.2　主窗体的效果图

先载入这张图片，并将其保存为Image类型的指针。然后，调用GDIPlus库的DrawImage()函数来输出图片。代码如下：

```
//游戏绘图
void CGame::GameRunDraw()
{
    HDC hdc = ::GetDC(m_hWnd);
    //客户区的大小
    CRect rc;
    GetClientRect(m_hWnd, &rc);

    CDC *dc = CClientDC::FromHandle(hdc);

    //双缓冲绘图用
    CDC m_dcMemory;
    CBitmap bmp;
    bmp.CreateCompatibleBitmap(dc, rc.Width(), rc.Height());
    m_dcMemory.CreateCompatibleDC(dc);
    CBitmap *pOldBitmap = m_dcMemory.SelectObject(&bmp);

    //构造对象
    Graphics gh(m_dcMemory.GetSafeHdc());
    //清除背景
    gh.Clear(Color::White);
    gh.ResetClip();

    //画入内存
    (this->*m_drawFunc[m_eStep])(gh);

    //复制到屏幕上
    ::BitBlt(hdc, 0, 0, rc.Width(), rc.Height(),
        m_dcMemory.GetSafeHdc(), 0, 0, SRCCOPY);
    //释放
    ::ReleaseDC(m_hWnd, hdc);
    return;
}
```

说明

在Windows编程中，HDC代表"Handle to Device Context"（设备上下文句柄）。设备上下文是一个数据结构，它定义了一组图形对象及其相关的图形模式和属性，从而使得应用程序能够进行绘图操作。HDC是Windows图形设备接口（GDI）的一部分，用于绘制图形和文本。例如，你可以在窗口上绘制形状、文本、位图等。设备上下文提供了绘图所需的环境，这包括绘图模式、颜色、字体等。

7.6 功能设计

7.6.1 游戏初始化

游戏的每一阶段都需要准备一些资源以便于后续代码的使用，同时要设置各对象的初始状态。例如在人机对战阶段，需要随机生成地图并随机设置机器人（即计算机控制的坦克）和玩家在地图中的初始位置等，这些准备工作的相关代码位于初始化方法中。初始化方法的具体实现代码如下：

```
/* 游戏初始化
   生成游戏对象，初始化地图，对象位置等
*/
bool CGame::GameInit()
{
```

```
    srand(GetTickCount());                                      //初始化随机数生成器
    return (this->*m_initFunc[m_eStep])();                      //根据不同阶段调用不同的处理方法
}
//游戏初始化：选择阶段
bool CGame::GameInitMenu()
{
    return true;
}
//游戏初始化：单人对计算机菜单阶段
bool CGame::GameInitOne2BotMenu()
{
    RECT rc;
    GetWindowRect(m_hWnd, &rc);
    PointF pt;
    pt.X = rc.left + (rc.right - rc.left) / 2.0f;
    pt.Y = rc.top + (rc.bottom - rc.top) / 2.0f;
    m_keymenu01.SetCenterPoint(pt);                             //设置单人对战 keyMenu 位置为屏幕正中间
    m_keymenu01.SetStop(false);                                 //设置“不”停止播放动画
    return true;
}
//游戏初始化：单人对计算机
bool CGame::GameInitOne2Bot()
{
    for (; ;) {                                                 //死循环的一种写法
        m_map.LoadMap();                                        //载入地图
        //玩家一
        {
            m_player01 = CPlayer(0, 0, _T("tank_player1.png")); //制造玩家一对象
            PointF ptCenter;
            if (!m_map.FindRandomPosition(ptCenter)) {          //随机查找地图中的空地
                AfxMessageBox(_T("调整 Player01 位置失败"));    //提示调整位置失败
            }
            else {
                m_player01.SetCenterPoint(ptCenter);            //放置玩家一到空地正中
            }
        }
        //机器人（即计算机控制的坦克）
        {
            m_bot = CBot(0, 0, _T("tank_bot.png"));             //制造机器人（即计算机控制的坦克）对象
            PointF ptCenter;
            if (!m_map.FindRandomPosition(ptCenter)) {          //随机查找地图中的空地
                AfxMessageBox(_T("调整 Bot 位置失败"));         //提示调整位置失败
            }
            else {
                m_bot.SetCenterPoint(ptCenter);                 //放置机器人（即计算机控制的坦克）到空地正中
            }
        }
        m_lstBullets.clear();                                   //清空子弹数组
        //判断是否合法
        {
            //获取机器人（即计算机控制的坦克），玩家所在的位置
            int startX, startY, targetX, targetY;
            if (!m_map.FindObjPosition(m_bot, startX, startY) ||
                !m_map.FindObjPosition(m_player01, targetX, targetY)) {
                AfxMessageBox(_T("获取坦克位置发生错误"));
                goto __Init_End;
            }
            //判断玩家和机器人（即计算机控制的坦克）之间是否连通。如果两者不连通，则无法进行游戏，因此需要重新设置
            VPath path;
            m_map.FindPath(startX, startY, targetX, targetY, path);
            if (!path.empty()) {
                goto __Init_End; //可以连通，跳出循环，直接跳到函数尾部，初始化结束
            }
        }
    }
__Init_End:
    return true;
}
//游戏初始化：单人对计算机结束
```

```
bool CGame::GameInitOne2BotEnd()
{
    return true;
}
//游戏初始化：双人对战菜单阶段
bool CGame::GameInitOne2OneMenu()
{
    //设置两个玩家的 keyMenu 位置：屏幕正中间
    RECT rc;
    GetWindowRect(m_hWnd, &rc);
    PointF pt;
    pt.X = rc.left + m_keymenu01.GetRect().Width / 2.0f + 100;
    pt.Y = rc.top + (rc.bottom - rc.top) / 2.0f;
    m_keymenu01.SetCenterPoint(pt);                        //设置该菜单项的位置
    m_keymenu01.SetStop(false);                            //设置不停止播放动画
    pt.X = rc.right - m_keymenu02.GetRect().Width / 2.0f - 100;
    pt.Y = rc.top + (rc.bottom - rc.top) / 2.0f;
    m_keymenu02.SetCenterPoint(pt);                        //设置该菜单项的位置
    m_keymenu02.SetStop(false);                            //设置不停止播放动画
    return true;
}
//游戏初始化：双人对战
bool CGame::GameInitOne2One()
{
    for (;;) {
        m_map.LoadMap();                                   //载入地图
        //中间放置坦克
        {
            m_player01 = CPlayer(0, 0, _T("tank_player1.png"));    //构造玩家一对象
            PointF ptCenter;
            if (!m_map.FindRandomPosition(ptCenter)) {            //查找随机的空地位置
                AfxMessageBox(_T("调整 Player01 位置失败"));     //提示查找失败
            }
            else {
                m_player01.SetCenterPoint(ptCenter);              //将玩家一位置设置到这块空地中心
            }
        }
        {
            m_player02 = CPlayer(0, 0, _T("tank_player2.png"));    //构造玩家二对象
            PointF ptCenter;
            if (!m_map.FindRandomPosition(ptCenter)) {            //随机查找地图中的空地
                AfxMessageBox(_T("调整 Player02 位置失败"));     //提示查找失败
            }
            else {
                m_player02.SetCenterPoint(ptCenter);              //将玩家二的位置设置到这块空地中心
            }
        }
        m_lstBullets.clear();                                     //清空子弹数组
        //判断是否合法
        {
            //查找机器人（即计算机控制的坦克），玩家所在的位置
            int startX, startY, targetX, targetY;
            if (!m_map.FindObjPosition(m_player02, startX, startY) ||
                !m_map.FindObjPosition(m_player01, targetX, targetY)) {
                AfxMessageBox(_T("获取坦克位置发生错误"));        //提示查找失败
                break;
            }
            //判断两个玩家是否可以连通
            VPath path;
            m_map.FindPath(startX, startY, targetX, targetY, path);
            if (!path.empty()) {
                break;                                            //可以连通跳出循环,初始化完成
            }
            //不可以连通，说明本次初始化失败，不跳出循环，继续尝试初始化
        }
    }
    return true;
}
//游戏初始化：双人对战结束
```

```
bool CGame::GameInitOne2OneEnd()
{
    return true;                                   //不需要初始化动作，直接返回 true 表示初始化成功
}
```

7.6.2 “画”游戏帧数

游戏帧数可以实时显示当前游戏的运行速度。在本程序中，CGame 类负责协调游戏中各部分处理代码的运行。因此，接下来我们需要频繁修改这个类以实现各种功能。首先，我们尝试使用 Gdiplus 绘制游戏帧数。

（1）在 Game.h 文件中增加函数和变量的声明。代码如下：

```
//游戏绘图处理
//负责绘制游戏中的对象
void GameRunDraw();
//输出 fps
void DrawFps(Graphics &gh);
//记录游戏每秒多少帧
int m_fps{ 0 };
```

（2）在 Game.cpp 文件中，我们调用 GameRunDraw()方法，目的是确保每次进入游戏帧时，都能调用一次 GameRunDraw()方法。在 GameRunDraw()方法内，实现具体的输出图像和文字等功能。代码如下：

```
GameRunDraw();
```

（3）在 GameRunDraw()函数的实现代码中，首先在内存中创建一张图片，然后调用 DrawFps()函数，把游戏帧数绘制到这张图片上，最后将该内存中的图片一次性复制到游戏窗口中。代码如下：

```
//游戏绘图
void CGame::GameRunDraw()
{
    HDC hdc = ::GetDC(m_hWnd);
    CRect rc;                                              //客户区的大小
    GetClientRect(m_hWnd, &rc);
    CDC *dc = CClientDC::FromHandle(hdc);
    CDC m_dcMemory;                                        //双缓冲绘图用
    CBitmap bmp;
    bmp.CreateCompatibleBitmap(dc, rc.Width(), rc.Height());
    m_dcMemory.CreateCompatibleDC(dc);
    CBitmap *pOldBitmap = m_dcMemory.SelectObject(&bmp);
    Graphics gh(m_dcMemory.GetSafeHdc());                  //构造对象
    gh.Clear(Color::White);                                //清除背景
    gh.ResetClip();
    DrawFps(gh);                                           //画入内存
    ::BitBlt(hdc, 0, 0, rc.Width(), rc.Height(),           //复制到屏幕上
             m_dcMemory.GetSafeHdc(), 0, 0, SRCCOPY);
    dc->DeleteDC();                                        //释放
    return;
}
//画 fps
void CGame::DrawFps(Graphics &gh)
{
    static int fps = 0;                                    //定义静态变量，每次进入函数时保存上次的值
    m_fps++;                                               //记录已经画了多少帧
    static DWORD dwLast = GetTickCount();                  //记录上次输出 fps 的时间
    if(GetTickCount() - dwLast >= 1000) {                  //判数是否超过 1 秒，如果超过，则输出 fps
        fps = m_fps;
        m_fps = 0;                                         //清零，方便对帧进行重新记数
        dwLast = GetTickCount();                           //记录本次输出的时间
    }
    //输出 fps
    {
        CString s;
        s.Format(_T("FPS:%d"), fps);                       //将 fsp 格式化到字符串中
```

```
        SolidBrush brush(Color(0x00, 0x00, 0xFF));              //创建蓝色的画刷
        Gdiplus::Font font(_T("宋体"), 10.0);                    //创建输出的字体
        CRect rc;
        ::GetClientRect(m_hWnd, &rc);                            //获得输出窗口的大小，用来定位文字的输出位置
        PointF origin(static_cast<float>(rc.right - 50),         //在窗口右上角显示文字
                      static_cast<float>(rc.top + 2));
        gh.DrawString(s.GetString(), -1, &font, origin, &brush); //输出文字
    }
}
```

7.6.3 绘制坦克

坦克代表玩家，坦克有两种形态，一种是正常的坦克，如图 7.3 所示；另一种是被子弹击中爆炸的坦克，如图 7.4 所示。接下来分别介绍如何绘制这两种坦克。实现的代码如下：

图 7.3 正常坦克

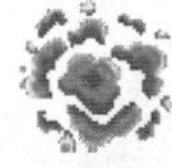

图 7.4 爆炸坦克

```
//画正常的坦克
void CTankEntry::DrawTank(Graphics &gh) const
{
    if(!IsActive()) {
        return;
    }
    gh.DrawImage(m_imgTank, GetRect());
}
//画爆炸的坦克
void CTankEntry::DrawExplosion(Graphics &gh) const
{
    if(!IsActive()) {
        return;
    }
    //绘制爆炸图片
    auto p = m_imgExplosion[m_explosionIndex];
    if(p) {
        RectF rect;
        //自己的中心点
        PointF pCenter = GetCenterPoint();
        rect.Width = static_cast<float>(p->GetWidth());
        rect.Height = static_cast<float>(p->GetHeight());
        rect.X = 0;
        rect.Y = 0;
        rect.Offset(pCenter.X - rect.Width / 2, pCenter.Y - rect.Height / 2);
        gh.DrawImage(p, rect);
    }
    //切换到下一张图片
    static unsigned long last = GetTickCount();
    if(GetTickCount() - last > 50) {
        m_explosionIndex++;
        if(m_explosionIndex >= _countof(m_imgExplosion)) {
            m_explosionIndex = _countof(m_imgExplosion) - 1;
        }
    }
}
```

7.6.4 子弹功能

子弹的用途是打爆坦克，它是用来攻击对方的武器。如图 7.5 所示的是发射子弹的示例。接下来，我们将实现子弹的功能。

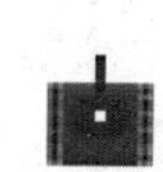

图 7.5 发射子弹

（1）定义一个子弹的类，代码如下：

```
class CBullet : public CGameEntryMoveable
{
public:
    CBullet();
    CBullet(float x, float y, float speed, float direction);
    virtual ~CBullet();

    CBullet(const CBullet &rhs);

    CBullet &operator=(const CBullet &rhs);

    //画自己
    virtual void Draw(Graphics &gh) const;

    //移动子弹
    void Move();

    //是否超时了
    bool IsTimeout() const;

    //设置子弹位置
    void SetPositionForCenter(PointF pfCenter);

    //设置子弹所有者(子弹是由谁发出的)
    void SetOwner(CTankEntry *pOwner);

    //获得所有者(子弹是由谁发出的)
    CTankEntry *GetOwner() const;

    //设置存在时间
    void SetKeepTime(unsigned long keepTime);

    //设置开始时间，并设置为有效
    void SetFireTime(unsigned long fireTime);

    //获得直径
    float GetDiameter() const;

    //设置直径
    void SetDiameter(float diameter);

    //设置子弹为首次发出
    void SetFirst();

    //是否是首次发出
    bool IsFirstFire() const;

private:
    int m_step{0};
    //直径
    float m_iDiameter{10};
    //子弹存在的时间 ：默认 10 秒
    unsigned long m_keepTime{10 * 1000};
    //记录子弹发射时间
    unsigned long m_fireTime{0};
    //属于谁的
    CTankEntry *m_pOwner{nullptr};
};
```

（2）使用了标准库 std::list 来定义一个名为 m_lstBullets 的链表。链表的元素类型是 CBullet，这是一个用户定义的类，用于表示子弹，代码如下：

```
//子弹
std::list<CBullet> m_lstBullets;
```

（3）在链表 m_lstBullets 中添加 5 个 CBullet 对象。每个对象初始化时都使用相同的参数。这些参数可能代表子弹的初始位置、速度，代码如下：

```
//子弹信息
for(int i = 0; i < 5; ++i) {
    m_lstBullets.push_back(CBullet(0, 0, 12, 0));
```

```
    }
```

（4）设置一些子弹的信息，包括子弹存在的时间（默认是 10 秒）、记录子弹发射的时间、子弹属于哪方玩家，实现代码如下：

```
CBullet::CBullet(const CBullet &rhs)
    : CGameEntryMoveable(rhs)
{
    if(this != &rhs) {
        m_step = rhs.m_step;
        //直径
        m_iDiameter = rhs.m_iDiameter;
        //子弹存在的时间：默认 10 秒
        m_keepTime = rhs.m_keepTime;
        //记录子弹发射的时间
        m_fireTime = rhs.m_fireTime;
        //属于谁的
        m_pOwner = rhs.m_pOwner;
    }
}
//设置子弹所有者（子弹是由谁发出的）
void CBullet::SetOwner(CTankEntry *pOwner)
{
    m_pOwner = pOwner;
}

//获得所有者（子弹是由谁发出的）
CTankEntry *CBullet::GetOwner() const
{
    return m_pOwner;
}

//设置存在时间
void CBullet::SetKeepTime(unsigned long keepTime)
{
    m_keepTime = keepTime;
}

//设置开始时间，并设置为有效
void CBullet::SetFireTime(unsigned long fireTime)
{
    m_fireTime = fireTime;
    SetActive(true);
};

//获得直径
float CBullet::GetDiameter() const
{
    return m_iDiameter;
}

//设置直径
void CBullet::SetDiameter(float diameter)
{
    m_iDiameter = diameter;
}
```

（5）设置子弹的位置，代码如下：

```
//设置子弹位置
void CBullet::SetPositionForCenter(PointF pfCenter)
{
    //子弹的位置
    RectF rect{
        pfCenter.X - m_iDiameter / 2,
        pfCenter.Y - m_iDiameter / 2,
        m_iDiameter, m_iDiameter
    };
    SetRect(rect);
}
```

（6）设置子弹首次发出并控制其移动，代码如下：

```
//设置子弹为首次发出
void CBullet::SetFirst()
{
    m_step = 0;
};

//检查子弹是否是首次发出
bool CBullet::IsFirstFire() const
{
    return m_step == 0;
}

//移动子弹
void CBullet::Move()
{
    if(!IsActive()) {
        return;
    }
    ++m_step;
    //子弹只能向前进
    Forward();
}
```

（7）子弹在撞墙时会改变方向，代码如下：

```
//子弹运动的维护：撞墙拐弯
void CGame::ProcessHitBullets()
{
    //检查子弹是否撞上墙：如果撞上了，则改变方向等
    for (auto &blt : m_lstBullets) {
        //进行撞墙处理
        m_map.HitWallProcess(blt);
        blt.Move();
    }
}
```

（8）当子弹击中坦克时，坦克会发生爆炸。由于游戏在此时结束，因此无须移除子弹。实现代码如下：

```
    //检查子弹是否击中坦克，如果击中则使坦克爆炸
    for (auto &blt : m_lstBullets) {
        if (!blt.IsActive()) {
            continue;
        }
        //击中玩家 1
        if (m_player01.IsHitted(blt)) {
            m_player01.Bomb();
            //游戏结束
            m_eStep = EGameTypeOne2OneEnd;
            blt.SetActive(false);
        }
        //击中玩家 2
        if (m_player02.IsHitted(blt)) {
            m_player02.Bomb();
            //游戏结束
            m_eStep = EGameTypeOne2OneEnd;
            blt.SetActive(false);
        }
    }
```

（9）移除超时子弹，并为对应的坦克重新装弹，代码如下：

```
//移除超时子弹，并为对应的坦克增加子弹
void CGame::RemoveTimeoutBullets()
{
    //定义一个函数来检查子弹是否超时
    auto itRemove = std::remove_if(m_lstBullets.begin(),
        m_lstBullets.end(),
        [](CBullet & blt)->bool {return blt.IsTimeout(); });

    //遍历移除的子弹列表，并为对应的坦克增加子弹
    for (auto it = itRemove; it != m_lstBullets.end(); ++it) {
```

```
            //设置子弹为无效
            it->SetActive(false);
            //从地图列表中移除子弹
            //为对应的坦克增加子弹
            it->GetOwner()->AddBullet(*it);
    }
    //从本地列表中删除超时子弹
    m_lstBullets.erase(itRemove, m_lstBullets.end());
}
```

（10）判断当前发射的子弹是否能够击中玩家，代码如下：

```
//判断当前发射子弹是否能够击中玩家
bool CGameMap::IsCanKillTarget(const CGameEntryMoveable &bot, const CGameEntryMoveable &target, float *dir/* = nullptr*/) const
{
    //获取机器人与玩家所在的位置
    int startRow, startCol, targetRow, targetCol;
    if(!FindObjPosition(bot, startRow, startCol) || !FindObjPosition(target, targetRow, targetCol)) {
        return false;
    }
    //横竖都不在一个方向上
    if(startRow != targetRow && startCol != targetCol) {
        return false;
    }
    //查看四方向，是否可以打到目标
    if(startCol == targetCol && startRow == targetRow) {
        if(dir) {
            *dir = 0;
        }
        return true;
    }
    //竖向查看
    if(startCol == targetCol) {
        //向下查看
        if(startRow < targetRow) {
            int col = startCol;
            for(int row = startRow; row <= targetRow; ++row) {
                auto &ele = m_arr[row][col];
                if(row == startRow) {
                    if(ele.m_bBottom) {
                        return false;
                    }
                }
                else if(row == targetRow) {
                    if(ele.m_bTop) {
                        return false;
                    }
                }
                else {
                    if(ele.m_bBottom || ele.m_bTop) {
                        return false;
                    }
                }
            }
            if(dir) {
                *dir = PI;
            }
            return true;
        }
        //向上查看
        else {
            int col = startCol;
            for(int row = startRow; row >= targetRow; --row) {
                auto &ele = m_arr[row][col];
                if(row == targetRow) {
                    if(ele.m_bBottom) {
                        return false;
                    }
                }
                else if(row == startRow) {
                    if(ele.m_bTop) {
                        return false;
```

```
                    }
                }
                else {
                    if(ele.m_bBottom || ele.m_bTop) {
                        return false;
                    }
                }
            }
            if(dir) {
                *dir = 0;
            }
            return true;
        }
    }
    //横向查看
    if(startRow == targetRow) {
        //向右查看
        if(startCol < targetCol) {
            int row = startRow;
            for(int col = startCol; col <= targetCol; ++col) {
                auto &ele = m_arr[row][col];
                if(col == startCol) {
                    if(ele.m_bRight) {
                        return false;
                    }
                }
                else if(col == targetCol) {
                    if(ele.m_bLeft) {
                        return false;
                    }
                }
                else {
                    if(ele.m_bLeft || ele.m_bRight) {
                        return false;
                    }
                }
            }
            if(dir) {
                *dir = PI / 2.0f;
            }
            return true;
        }
        //向左查看
        else {
            int row = startRow;
            for(int col = startCol; col >= targetCol; --col) {
                auto &ele = m_arr[row][col];
                if(col == targetCol) {
                    if(ele.m_bRight) {
                        return false;
                    }
                }
                else if(col == startCol) {
                    if(ele.m_bLeft) {
                        return false;
                    }
                }
                else {
                    if(ele.m_bLeft || ele.m_bRight) {
                        return false;
                    }
                }
            }

            if(dir) {
                *dir = PI * 1.5f;
            }
            return true;
        }
    }

    return false;
}
```

（11）子弹发射的实现代码如下：

```
//坦克开火
bool CTankEntry::Fire(CBullet &_blt)
{
    if(!IsActive()) {
        return false;
    }
    //检查是否达到开枪间隔时间
    if(!m_timer_fire.IsTimeval()) {
        return false;
    }

    //获取坦克头部的位置作为子弹的起始位置
    PointF front = GetGunPosition();
    //检查子弹信息
    //如果还有子弹，就在炮塔位置发射子弹,并将其从当前列表中移除，同时加到另一个列表中
    if(!m_lstBullets.empty()) {
        CBullet &blt = m_lstBullets.back();
        //设置初始坐标
        blt.SetPositionForCenter(front);
        //设置运动方向
        blt.SetDirection(GetDirection());
        //设置初始速度
        blt.SetSpeed(5);
        //设置为有效
        blt.SetActive(true);
        //设置发射时间
        blt.SetFireTime(GetTickCount());
        //设置所有者
        blt.SetOwner(this);
        //设置为首次发射
        blt.SetFirst();
        //加入地图列表中
        _blt = blt;
        //本地删除
        m_lstBullets.pop_back();
        //记录开枪时间
        m_timer_fire.SetLastTime();
        return true;
    }
    return false;
}

//增加子弹
void CTankEntry::AddBullet(CBullet &blt)
{
    if(!IsActive()) {
        return;
    }
    m_lstBullets.push_back(blt);
}

//判断是否被子弹击中
bool CTankEntry::IsHitted(const CBullet &blt) const
{
    if(blt.IsFirstFire() && blt.GetOwner() == this) {
        return false;
    }
    return GetHitInfo(blt);
}
```

7.6.5 碰撞检测

碰撞检测检测主要是向量计算。

（1）实现碰撞算法的代码如下：

```
//碰撞检测：主要是向量计算
namespace game_hit
{
```

```
//输入四个向量参数（分别代表直线 ab 和 cd），判断这两条直线是否相交，如果相交，则返回交点的位置
//如果相交，返回 true 并包含交点位置；否则返回 false
inline bool intersectionPoint(const CVector2D &a, const CVector2D &b, const CVector2D &c, const CVector2D &d, CVector2D *pCorssPoint)
{
    float tc1 = b.x - a.x;
    float tc2 = b.y - a.y;

    float sc1 = c.x - d.x;
    float sc2 = c.y - d.y;

    float con1 = c.x - a.x;
    float con2 = c.y - a.y;

    float det = tc2 * sc1 - tc1 * sc2;
    if(det == 0) {
        return false;
    }
    float con = tc2 * con1 - tc1 * con2;
    float s = con / det;
    if(pCorssPoint) {
        *pCorssPoint = c + s * (d - c);
    }
    return true;
}

//计算两条直线的相交时间
//返回 t 为时间 如果 t = [0,1]
//t>1 : t 位于 B 点一侧
//t<0 : t 位于 A 点一侧
inline bool intersectionTime(const CVector2D &p1, const CVector2D &v1, const CVector2D &p2, const CVector2D &v2, float *pt = nullptr)
{
    auto tc1 = v1.x;
    auto tc2 = v1.y;

    auto sc1 = v2.x;
    auto sc2 = v2.y;

    auto con1 = p2.x - p1.x;
    auto con2 = p2.y - p1.y;

    auto det = tc2 * sc1 - tc1 * sc2;

    if(det == 0) {
        return false;
    }
    auto con = sc1 * con2 - sc2 * con1;
    auto t = con / det;
    if(pt) {
        *pt = t;
    }
    return true;
}

//计算两条线段的交点
inline bool intersection(const CVector2D &a, const CVector2D &b, const CVector2D &c, const CVector2D &d, float *pt = nullptr)
{
    auto tc1 = b.x - a.x;
    auto tc2 = b.y - a.y;

    auto sc1 = c.x - d.x;
    auto sc2 = c.y - d.y;

    auto con1 = c.x - a.x;
    auto con2 = c.y - a.y;
    auto det = tc2 * sc1 - tc1 * sc2;
    if(det == 0) {
        return false;
    }
    auto con = tc2 * con1 - tc1 * con2;
    auto s = con / det;
```

```
        if(s < 0 || s > 1) {
            return false;
        }
        float t = 0;
        if(tc1 != 0) {
            t = (con1 - s * sc1) / tc1;
        }
        else {
            t = (con2 - s * sc2) / tc2;
        }

        if(t < 0 || t > 1) {
            return false;
        }
        if(pt) {
            *pt = t;
        }
        return true;
}

//全局 0 向量
extern const CVector2D kZeroVector2D;

//计算三角形外积
inline float signed2DTriArea(CVector2D a, CVector2D b, CVector2D c)
{
    return ((a.x - c.x) * (b.y - c.y) - (a.y - c.y) * (b.x - c.x));
}

//判断两条线段是否相交，如果相交，则返回交点的位置和相交比例(pIntersectionTime)
inline bool IntersectLineSegments(const CLine a, const CLine b,
                                  __out CVector2D *pIntersectionPoint = nullptr,
                                  __out float *pIntersectionTime = nullptr)
{
    auto a1 = signed2DTriArea(a.startPoint, a.endPoint, b.endPoint);
    auto a2 = signed2DTriArea(a.startPoint, a.endPoint, b.startPoint);
    if(a1 * a2 < 0) {
        auto a3 = signed2DTriArea(b.startPoint, b.endPoint, a.startPoint);
        auto a4 = a3 + a2 - a1;
        if(a3 * a4 < 0) {
            auto intersectionTime = a3 / (a3 - a4);
            auto intersectionPoint = CVector2D(a.endPoint.x, a.endPoint.y);
            intersectionPoint -= a.startPoint;
            intersectionPoint = intersectionPoint * intersectionTime;
            intersectionPoint += a.startPoint;
            if(pIntersectionPoint) {
                *pIntersectionPoint = intersectionPoint;
            }
            if(pIntersectionTime) {
                *pIntersectionTime = intersectionTime;
            }
            return true;
        }
    }
    return false;
}

//判断移动点（可以视为射线）是否与直线发生碰撞，如果发生碰撞，则返回碰撞的点以及反射之后的速度
inline bool IsHit(const CMovePoint &Ray, const CLine &line,
                  __out CVector2D &newSpeed,
                  __out CVector2D &crossPoint,
    __out float * pHitDelay = nullptr)
{
    using namespace game_hit;
    //下一帧之位置
    auto next = Ray.pos + Ray.speed;
    //两个位置构成一条线段
    CLine a(Ray.pos.x, Ray.pos.y, next.x, next.y);
    //相交点
    CVector2D hitPoint;
    //相交时间
    float hitDelay;
```

```
        //判断是否相交
        bool b = IntersectLineSegments(a, line, &hitPoint, &hitDelay);

        if(b) {
            if (pHitDelay) * pHitDelay = hitDelay;
            //设置新的坐标为碰撞位置
            crossPoint = hitPoint;
            //求被撞直线的法线
            auto N = (line.endPoint - line.startPoint);
            N = N.NormalizeRight();
            //新的速度 R = I - 2(I.N)N, I=原速度
            //求点积
            auto dot = dotProduct(Ray.speed, N);
            //最终结果
            auto R = Ray.speed - N * 2 * dot;
            newSpeed = R;
            return true;
        }
        else {
            return false;
        }
    }

}
```

（2）查找与子弹产生碰撞的墙，代码如下：

```
//判断子弹是否撞上墙，如果撞上了，则返回反射角度和撞墙的时间
bool CGameMap::GetHitWallInfo(const CBullet &blt, float *pTime /*= nullptr*/, float *pDir /*= nullptr*/) const
{
    //查找与子弹产生碰撞的墙
    struct info {
        CWall const &w;                          //碰撞的墙
        PointF ptHit;                            //碰撞点
        float dir;                               //反射速度
        float delay;                             //碰撞时间
    };

    vector<struct info> v;
    for(auto &line : m_arr) {                    //遍历地图的每一行
        for(auto &ele : line) {                  //遍历地图的每一列
            //检查是否有墙，且子弹是否与之碰撞
            PointF ptHit;
            float dir;
            float delay;
            if(ele.m_bLeft && ele[CGameMapElement::EWLeft].CheckHit(blt, &ptHit, &dir, &delay)) {
                struct info s {
                    ele[CGameMapElement::EWLeft], ptHit, dir, delay
                };
                v.push_back(s);
            }
            if(ele.m_bTop && ele[CGameMapElement::EWTop].CheckHit(blt, &ptHit, &dir, &delay)) {
                struct info s {
                    ele[CGameMapElement::EWTop], ptHit, dir, delay
                };
                v.push_back(s);
            }
            if(ele.m_bRight && ele[CGameMapElement::EWRight].CheckHit(blt, &ptHit, &dir, &delay)) {
                struct info s {
                    ele[CGameMapElement::EWRight], ptHit, dir, delay
                };
                v.push_back(s);
            }
            if(ele.m_bBottom && ele[CGameMapElement::EWBottom].CheckHit(blt, &ptHit, &dir, &delay)) {
                struct info s {
                    ele[CGameMapElement::EWBottom], ptHit, dir, delay
                };
                v.push_back(s);
            }
        }
    }
```

```
    if(v.empty()) {
        return false;
    }
    //查找最先撞击的墙面
    auto it = std::min_element(v.begin(), v.end(), [](auto & lhs, auto & rhs)->bool {
        return lhs.delay < rhs.delay;
    });

    //返回撞墙信息
    if(pTime) {
        *pTime = it->delay;
    }

    if(*pDir) {
        *pDir = it->dir;
    }
    return true;
}
```

（3）判断所有的墙是否都与坦克产生碰撞，代码如下：

```
//判断坦克是否与任何一面墙产生碰撞
bool CGameMap::IsHitTheWall(const CTankEntry &tank, bool bForward) const
{
    //遍历所有墙壁，检查是否与坦克产生碰撞
    for(auto &line : m_arr) {  //遍历地图的每一行
        for(auto &ele : line) {  //遍历地图的每一列
            //检查是否有墙壁存在，并且坦克与墙壁产生碰撞
            if(ele.m_bLeft && ele[CGameMapElement::EWLeft].IsWillHit(tank, bForward)) {
                return true;
            }
            if(ele.m_bTop && ele[CGameMapElement::EWTop].IsWillHit(tank, bForward)) {
                return true;
            }
            if(ele.m_bRight && ele[CGameMapElement::EWRight].IsWillHit(tank, bForward)) {
                return true;
            }
            if(ele.m_bBottom && ele[CGameMapElement::EWBottom].IsWillHit(tank, bForward)) {
                return true;
            }
        }
    }
    return false;
}
```

（4）获取子弹与坦克碰撞的信息，包含检查是否发生碰撞以及防止子弹因快速移动而穿过坦克导致的碰撞检测失败等功能，实现的代码如下：

```
//获取子弹与坦克碰撞的信息
bool CTankEntry::GetHitInfo(const CBullet &blt, float *pDelay /*= nullptr*/) const
{
      //如果子弹是初次发射，且发射者是当前坦克，则不进行碰撞检测
    if(blt.IsFirstFire() && blt.GetOwner() == this) {
        return false;
    }
//检查子弹与坦克是否发生碰撞
 //定义子弹当前位置的圆形碰撞区域
    game_hit::Circle A;
    A.r = blt.GetDiameter() / 2.0f;
    A.x = blt.GetCenterPoint().X;
    A.y = blt.GetCenterPoint().Y;

//移动子弹的函数，用于逐像素检测碰撞
    auto move_step = [](game_hit::Circle & A, float dir, float distance) {
        A.x += distance * sin(dir);
        A.y -= distance * cos(dir);
    };

    //定义坦克的矩形碰撞区域
    RectF B = GetRect();
```

```
    //为了防止子弹快速移动导致穿过坦克而未检测到碰撞
    //将子弹在行进方向上逐像素移动，并进行碰撞检测
    for(int step = 0; step < blt.GetSpeed(); ++step) {
        move_step(A, blt.GetDirectionArc(), step);                    //假设每次移动一个像素
        if(game_hit::check_collision(A, B, GetDirectionArc())) {      //碰撞检测函数
            if(pDelay) {
                *pDelay = step;
            }
            return true;
        }
    }
    return false;
}
```

（5）当检测到碰撞时，应返回碰撞点和发射角度，实现的代码如下：

```
//检测碰撞，如果发生碰撞，返回碰撞点和反射角度
bool CWall::CheckHit(const CBullet &blt, PointF *ptHit/*=nullptr*/, float *dir/*=nullptr*/, float *pDelay/*=nullptr*/) const
{
    return CheckHitEx(blt, ptHit, dir, pDelay);
}
```

（6）判断子弹与墙体的碰撞情况，并返回最先碰撞的那一边的碰撞信息，实现的代码如下：

```
bool CWall::CheckHitEx(const CBullet &blt, PointF *ptHit/*=nullptr*/, float *dir/*=nullptr*/, float *pDelay/*=nullptr*/) const
{
    using namespace game_hit;

    auto ptCenter = blt.GetCenterPoint();
    auto speed = blt.GetSpeed();
    //圆心 + 速度
    CMovePoint ray(ptCenter.X, ptCenter.Y,
                   speed * sin(blt.GetDirectionArc()),          //x 方向分量
                   -speed * cos(blt.GetDirectionArc())          //y 方向分量
                  );


    RectF rc = GetRect();
    vector<tuple<CVector2D, float, float>> v;
    {
        //左线
        {
            CLine line;
            line.startPoint.x = rc.X;
            line.startPoint.y = rc.Y;
            line.endPoint.x = rc.X;
            line.endPoint.y = rc.Y + rc.Height;

            //新速度
            CVector2D newSpeed;
            //撞击点
            CVector2D crossPoint;
            //相交比例
            float fDelay;
            if(game_hit::IsHit(ray, line, newSpeed, crossPoint, &fDelay)) {
                //反射角度
                float theta = atan2f(newSpeed.x, -newSpeed.y);
                v.push_back(make_tuple(crossPoint, fDelay, theta));
            }

        }

        //上线
        {
            CLine line;
            line.startPoint.x = rc.X;
            line.startPoint.y = rc.Y;
            line.endPoint.x = rc.X + rc.Width;
            line.endPoint.y = rc.Y;

            //新速度
            CVector2D newSpeed;
```

```
            //撞击点
            CVector2D crossPoint;
            //相交比例
            float fDelay;
            if(game_hit::IsHit(ray, line, newSpeed, crossPoint, &fDelay)) {
                //反射角度
                float theta = atan2f(newSpeed.x, -newSpeed.y);
                v.push_back(make_tuple(crossPoint, fDelay, theta));
            }

        }

        //右线
        {
            CLine line;
            line.startPoint.x = rc.X + rc.Width;
            line.startPoint.y = rc.Y;
            line.endPoint.x = rc.X + rc.Width;
            line.endPoint.y = rc.Y + rc.Height;

            //新速度
            CVector2D newSpeed;
            //撞击点
            CVector2D crossPoint;
            //相交比例
            float fDelay;
            if(game_hit::IsHit(ray, line, newSpeed, crossPoint, &fDelay)) {
                //反射角度
                float theta = atan2f(newSpeed.x, -newSpeed.y);
                v.push_back(make_tuple(crossPoint, fDelay, theta));
            }

        }

        //下线
        {
            CLine line;
            line.startPoint.x = rc.X;
            line.startPoint.y = rc.Y + rc.Height;
            line.endPoint.x = rc.X + rc.Width;
            line.endPoint.y = rc.Y + rc.Height;

            //新速度
            CVector2D newSpeed;
            //撞击点
            CVector2D crossPoint;
            //相交比例
            float fDelay;
            if(game_hit::IsHit(ray, line, newSpeed, crossPoint, &fDelay)) {
                //反射角度
                float theta = atan2f(newSpeed.x, -newSpeed.y);
                v.push_back(make_tuple(crossPoint, fDelay, theta));
            }

        }
    }
    //进行排序
    if(!v.empty()) {
        auto it = std::min_element(v.begin(), v.end(), [](auto & lhs, auto & rhs)->bool {
            return std::get<1>(lhs) < std::get<1>(rhs);
        });
        if(ptHit) {
            ptHit->X = get<0>(*it).x;
            ptHit->Y = get<0>(*it).y;
        }
        if(pDelay) {
            * pDelay = get<1>(*it);
        }
        if(dir) {
            *dir = get<2>(*it);
        }
        return true;
```

```
    }

    return false;
}
```

（7）判断坦克下一步是否会与墙壁发生碰撞，实现的代码如下：

```
bool CWall::IsWillHit(const CTankEntry &tank, bool bForward) const
{
    //获得坦克下一步的位置，如果坦克会撞上墙，则不进行移动
    if(bForward) {
        RectF r = tank.ForwardNextRect();
        if(r.Intersect(GetRect())) {
            return true;
        }
    }
    else {
        RectF r = tank.BackwardNextRect();
        if(r.Intersect(GetRect())) {
            return true;
        }
    }
    return false;
}
```

7.6.6 计算机玩家自寻路径

人机对战模式下，玩家与计算机进行对战，计算机控制的坦克能够自寻路径进行行走，并自动发射子弹，实现的代码如下：

```
//维护计算机的自动寻路攻击
void CGame::AI()
{
    //计算机运动状态维护
    static CGameTimer acTimer(-1, 150);
    if (acTimer.IsTimeval()) {
        //机器人与玩家所在的位置
        int startX, startY, targetX, targetY;
        if (!m_map.FindObjPosition(m_bot, startX, startY) ||
            !m_map.FindObjPosition(m_player01, targetX, targetY)) {
            return;
        }
        float fDirNext = 0; //机器人下一步的方向
        if (!m_map.FindNextDirection(&fDirNext,
            startX, startY,
            targetX, targetY)) {
            return;
        }

        PointF ptTankCenter = m_bot.GetCenterPoint();
        PointF ptAreaCenter = m_map.GetElementAreaCenter(startX, startY);
        RectF rc(ptAreaCenter.X - 5, ptAreaCenter.Y - 5, 10, 10);


        //判断坦克是否已经到达中心点位置
        if (!rc.Contains(ptTankCenter)) {
            m_bot.Forward(); //没有到达中心点，继续前进
            return;
        }
        else {
            m_bot.SetDirection(fDirNext);
            float dir;
            if (m_map.IsCanKillTarget(m_bot, m_player01, &dir)) {
                CBullet blt;
                if (m_bot.Fire(blt)) {
                    m_lstBullets.push_back(blt);
                }
                return;
            }
```

```
            m_bot.Forward();
        }
    }
}
```

7.6.7 获取鼠标及键盘消息

在游戏的主窗体中，玩家可以通过鼠标选择“人机大战”或“双人大战”模式，如图 7.6 所示。单击对战模式后，会显示一个相应的图标。玩家可以通过按 M 键和 Q 键来分别进入游戏界面和控制发射子弹的功能。如图 7.7 所示，玩家需要按 M 键进入游戏中。

图 7.6 用鼠标选择对战模式

图 7.7 按 M 键进入游戏中

（1）处理鼠标左键消息，实现代码如下：

```
//处理左键抬起事件
void CGame::OnLButtonUp(UINT nFlags, CPoint point)
{
    //选择阶段
    if (m_eStep == EGameTypeMenu) {
        //选择游戏类型
        m_menuSelect.OnLButtonUp(nFlags, point);
    }
    else {
        //返回主菜单
        m_menuBackup.OnLButtonUp(nFlags, point);
    }
}
```

（2）处理鼠标移动事件，实现代码如下：

```
//处理鼠标移动事件
void CGame::OnMouseMove(UINT nFlags, CPoint point)
{
    //选择阶段
    if (m_eStep == EGameTypeMenu) {
        //选择游戏类型
        m_menuSelect.OnMouseMove(nFlags, point);
    }
    else {
        //返回主菜单
        m_menuBackup.OnMouseMove(nFlags, point);
    }
}
```

（3）获取按键处理，代码如下：

```
//按键处理
{
    if (KEYDOWN(VK_LEFT)) {
        m_player01.RotateLeft();
    }
    if (KEYDOWN(VK_RIGHT)) {
        m_player01.RotateRight();
    }
    if (KEYDOWN(VK_UP)) {
        //坦克撞墙检测
        {
            if (m_map.IsHitTheWall(m_player01, true)) {
                m_player01.ChangeDirection(true);
            }
            else {
                m_player01.Forward();
            }
        }
    }
    if (KEYDOWN(VK_DOWN)) {
        {
            //坦克撞墙检测
            {
                if (m_map.IsHitTheWall(m_player01, false)) {
                    m_player01.ChangeDirection(true);
                }
                else {
                    m_player01.Backward();
                }
            }
        }
    }
    if (KEYDOWN('M')) {
        CBullet blt;
        if (m_player01.Fire(blt)) {
            //加入地图列表中
            m_lstBullets.push_back(blt);
        }
    }
    if (KEYDOWN('I')) {
        //机器人与玩家所在的位置
        int startX, startY, targetX, targetY;
        if (!m_map.FindObjPosition(m_bot, startX, startY) ||
            !m_map.FindObjPosition(m_player01, targetX, targetY)) {
            return;
        }
        float fDirNext = 0; //机器人下一步的方向
        if (!m_map.FindNextDirection(&fDirNext, startX, startY,
            targetX, targetY)) {
            return;
        }

        PointF ptTankCenter = m_bot.GetCenterPoint();
        PointF ptAreaCenter = m_map.GetElementAreaCenter(startX, startY);
        RectF rc(ptAreaCenter.X - 5, ptAreaCenter.Y - 5, 10, 10);


        //判断坦克是否已经到达中心点位置
        if (!rc.Contains(ptTankCenter)) {
            m_bot.Forward(); //没有到达中心点，继续前进
            return;
        }
        else {
            m_bot.SetDirection(fDirNext);
            m_bot.Forward();
        }
```

```
        }
    }
```

（4）当选择“人机大战”时，按M键以进入游戏；当选择“双人大战”时，先按M键，随后按Q键，即可进入游戏。实现代码如下：

```
    //如果M键被按下，则正式开始人机游戏
    if (KEYDOWN('M')) {
        m_keymenu01.SetStop();
    }

    //如果M键和Q键都被按下，则正式开始游戏
    if (m_keymenu01.GetStop()) {
        SetStep(EGameTypeOne2Bot);
    }
    //如果M键被按下，则停止动画并准备双人大战
   if (KEYDOWN('M')) {
       m_keymenu01.SetStop();
   }
   //如果Q键被按下，则停止动画状态
   if (KEYDOWN('Q')) {
       m_keymenu02.SetStop();
   }

   //如果M键和Q键都被按下，则正式开始游戏
   if (m_keymenu01.GetStop() && m_keymenu02.GetStop()) {
       SetStep(EGameTypeOne2One);
   }
```

（5）在坦克执行动作时，通过检测键盘的左键和右键，实现每次旋转30度的操作。实现代码如下：

```
//设置方向角度，单位为弧度（π）
virtual void SetDirectionArc(float dir)
{
    m_direction = dir * 180.0f / PI;
}

//设置方向角度，单位为度
virtual void SetDirection(float dir)
{
    m_direction = dir;
}

//获取当前方向角度，单位为弧度（π）
virtual float GetDirectionArc() const
{
    return PI * m_direction / 180.0f;
}

//获取当前方向角度，单位为度
virtual float GetDirection() const
{
    return m_direction;
}

//设置每次旋转的角度，单位为弧度
virtual void SetDirectionTurnArc(float dir)
{
    m_directionTurn = PI * dir / 180.0f;
}

//设置每次旋转的角度，单位为度
virtual void SetDirectionTurn(float dir)
{
    m_directionTurn = dir;
```

```
}

//获取当前旋转的角度，单位为弧度（π）
virtual float GetDirectionTurnArc() const
{
    return PI * m_directionTurn / 180.0f;
}

//获取当前旋转的弧度，单位为度
virtual float GetDirectionTurn() const
{
    return m_directionTurn;
}

//检查是否处于活动状态
virtual bool IsActive() const
{
    return m_bActive;
}

//设置活动状态
virtual void SetActive(bool bActive)
{
    m_bActive = bActive;
}
```

7.6.8 人机大战

在游戏的主窗体中，选择“人机大战”后，将进入人机大战模式，如图 7.8 所示，按 M 键，即可进入游戏界面，如图 7.9 所示。

图 7.8 人机大战模式

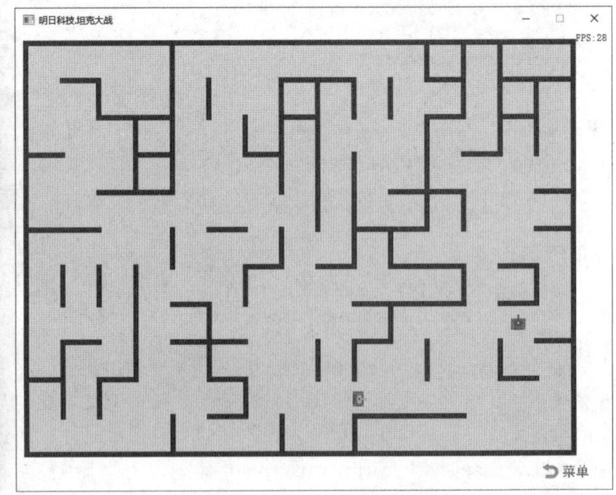

图 7.9 人机大战游戏界面

（1）实现游戏主界面的人机大战模式选择功能，代码如下：

```
//游戏初始化：单人对计算机的菜单阶段
bool CGame::GameInitOne2BotMenu()
{
    //将玩家一的菜单键位置设置在屏幕中央
    RECT rc;
    GetWindowRect(m_hWnd, &rc);
    PointF pt;
    pt.X = rc.left + (rc.right - rc.left) / 2.0f;
    pt.Y = rc.top + (rc.bottom - rc.top) / 2.0f;
```

```
    m_keymenu01.SetCenterPoint(pt);
    m_keymenu01.SetStop(false);
    return true;
}
```

（2）实现人机大战模式的游戏逻辑，代码如下：

```
bool CGame::GameInitOne2Bot()
{
    for (; ;) {
        //地图
        m_map.LoadMap();
        //玩家一
        {
            m_player01 = CPlayer(0, 0, _T("tank_player1.png"));
            PointF ptCenter;
            if (!m_map.FindRandomPosition(ptCenter)) {
                AfxMessageBox(_T("调整 Player01 位置失败"));
            }
            else {
                m_player01.SetCenterPoint(ptCenter);
            }
        }

        //敌军
        {
            m_bot = CBot(0, 0, _T("tank_bot.png"));
            PointF ptCenter;
            if (!m_map.FindRandomPosition(ptCenter)) {
                AfxMessageBox(_T("调整 Bot 位置失败"));
            }
            else {
                m_bot.SetCenterPoint(ptCenter);
            }
        }
        //子弹
        m_lstBullets.clear();

        //判断是否合法
        {
            //机器人与玩家所在的位置
            int startX, startY, targetX, targetY;
            if (!m_map.FindObjPosition(m_bot, startX, startY) ||
                !m_map.FindObjPosition(m_player01, targetX, targetY)) {
                AfxMessageBox(_T("获取坦克位置发生错误"));
                goto __Init_End;
            }
            VPath path;
            m_map.FindPath(startX, startY, targetX, targetY, path);
            if (!path.empty()) {
                goto __Init_End;
            }
        }
    }
__Init_End:
    return true;
}
```

（3）实现人机大战模式的游戏介绍功能，代码如下：

```
//游戏初始化：单人对计算机模式的结束阶段
bool CGame::GameInitOne2BotEnd()
{

    return true;
}
```

7.6.9　双人大战

在游戏的主窗体中，选择“双人大战”后，将会进入双人大战模式，如图 7.10 所示。按 M 键和 Q 键，即可进入游戏界面，如图 7.11 所示。

图 7.10　双人大战模式

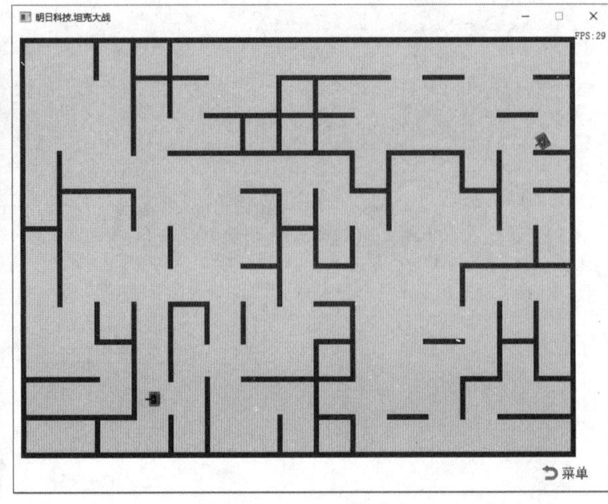

图 7.11　双人大战游戏界面

（1）实现游戏主界面选择双人大战模式的功能，代码如下：

```
//游戏初始化：双人大战模式的菜单阶段
bool CGame::GameInitOne2OneMenu()
{
    //将两个玩家的菜单位置设置在屏幕中央
    RECT rc;
    GetWindowRect(m_hWnd, &rc);
    PointF pt;
    pt.X = rc.left + m_keymenu01.GetRect().Width / 2.0f + 100;
    pt.Y = rc.top + (rc.bottom - rc.top) / 2.0f;
    m_keymenu01.SetCenterPoint(pt);
    m_keymenu01.SetStop(false);


    pt.X = rc.right - m_keymenu02.GetRect().Width / 2.0f - 100;
    pt.Y = rc.top + (rc.bottom - rc.top) / 2.0f;
    m_keymenu02.SetCenterPoint(pt);
    m_keymenu02.SetStop(false);

    return true;
}
```

（2）实现双人大战模式的游戏逻辑，代码如下：

```
bool CGame::GameInitOne2One()
{
    for (;;) {
        //加载地图
        m_map.LoadMap();
        //在地图中间放置坦克
        {
            m_player01 = CPlayer(0, 0, _T("tank_player1.png"));
            PointF ptCenter;
            if (!m_map.FindRandomPosition(ptCenter)) {
                AfxMessageBox(_T("调整 Player01 位置失败"));
            }
```

```
            else {
                m_player01.SetCenterPoint(ptCenter);
            }
        }
        {
            m_player02 = CPlayer(0, 0, _T("tank_player2.png"));
            PointF ptCenter;
            if (!m_map.FindRandomPosition(ptCenter)) {
                AfxMessageBox(_T("调整 Player02 位置失败"));
            }
            else {
                m_player02.SetCenterPoint(ptCenter);
            }
        }

        //子弹
        m_lstBullets.clear();
        //判断是否合法
        {
            //机器人与玩家所在的位置
            int startX, startY, targetX, targetY;
            if (!m_map.FindObjPosition(m_player02, startX, startY) ||
                !m_map.FindObjPosition(m_player01, targetX, targetY)) {
                AfxMessageBox(_T("获取坦克位置发生错误"));
                break;
            }
            VPath path;
            m_map.FindPath(startX, startY, targetX, targetY, path);
            if (!path.empty()) {
                break;
            }
        }
    }
    return true;
}
```

（3）实现双人大战模式的游戏介绍功能，代码如下：

```
//游戏初始化 : 双人大战模式结束阶段
bool CGame::GameInitOne2OneEnd()
{
    return true;
}
```

7.7 项 目 运 行

通过前述步骤，我们已经设计并完成了“坦克动荡游戏”项目的开发。接下来，我们运行该项目，以检验我们的开发成果。如图 7.12 所示，在 Visual Studio 2022 中打开该项目的项目结构，选择 Debug、x86，然后单击“本地 Windows 调试器”。

图 7.12 项目运行

该项目即可成功运行，并自动打开项目的主窗体，如图 7.13 所示。当选择“人机大战”，并按 M 键，即可进入人机大战模式；当选择“双人大战”，并按 M 键和 Q 键，即可进入双人大战模式。这样，我们就成功地检验了该项目的运行。

图 7.13　成功运行项目后进入主窗体

本章通过开发一个完整的游戏程序，帮助用户逐步了解了事件驱动程序的编程机制，熟悉了 MFC 应用程序的开发方法，掌握了碰撞算法、最短路径算法以及自动寻路算法，同时也掌握了 GDIPlus 绘图技巧。对读者来说，这是一次全方位的学习体验。

7.8　源 码 下 载

本章虽然详细地讲解了如何编码实现“坦克动荡游戏”的各个功能，但给出的代码都是代码片段，而非完整的源码。为了方便读者学习，本书提供了用于下载源码的二维码。

源码下载

第8章

桌面破坏王游戏

——容器＋迭代器＋GDI 绘图＋鼠标消息处理＋屏幕截图技术

桌面破坏王游戏是一款模拟破坏计算机桌面的游戏。玩家在游戏中通过在桌面上绘制各种图片来实现模拟“破坏”桌面的效果。本游戏的功能包括：粉刷匠，可以以多种颜色涂抹屏幕；忍者，可以发射飞镖；橡皮擦，可以“啃食”屏幕；锤子，可以“砸碎”屏幕。本游戏使用 C++语言进行开发，其中：GDI 绘图技术实现绘制精美的游戏盒子图案、忍者工具、粉刷匠工具、锤子工具以及橡皮人工具；鼠标消息处理技术可以实现选择不同破坏桌面工具功能；屏幕截图技术实现将选择的屏幕区域进行截图保存功能。此外，本游戏还结合容器、迭代器等关键技术，以实现选择不同工具对计算机桌面进行不同程度破坏的效果。

项目微视频

本项目的核心功能和实现技术如下：

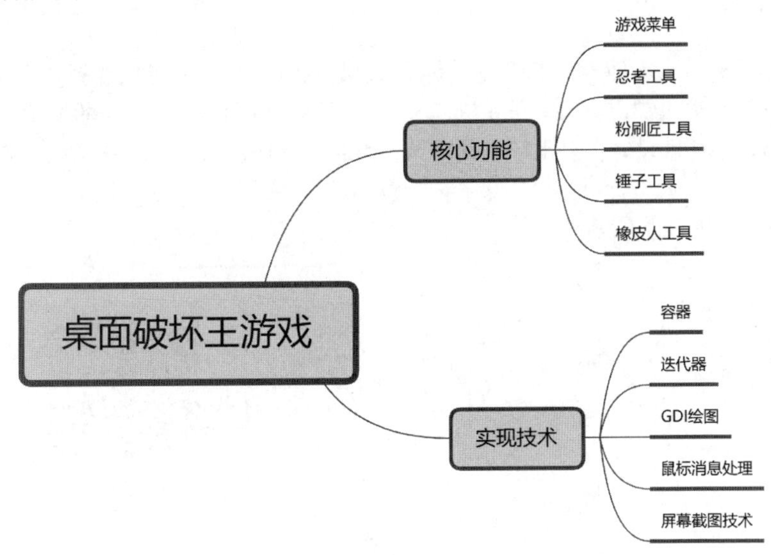

8.1 开发背景

桌面破坏王游戏是一款独特的模拟破坏计算机桌面的游戏，旨在通过在桌面上绘制和互动各种图片来实现“破坏”桌面的效果。游戏的开发灵感源于开发者对传统桌面美化和互动游戏的兴趣，他们希望通过一种全新的方式为玩家提供释放压力和展现创意的平台。因此，开发者确定了几种主要的破坏工具，力求模拟真实的破坏效果，从而增强游戏的趣味性和互动性。例如：

（1）粉刷匠，角色玩家可以使用多种颜色涂抹屏幕，创造各种涂鸦效果。

（2）忍者：可以发射飞镖，模拟在屏幕上留下飞镖痕迹的效果。

（3）橡皮擦：能够“啃食”屏幕，逐渐擦除屏幕上的图像。

（4）锤子：模拟真实的砸碎效果，让玩家体验到屏幕被砸裂的快感。

本项目实现目标如下：

☑ 提供一个简洁易用的界面。

☑ 确保玩家能够轻松上手。

☑ 使玩家能够享受破坏的乐趣。

☑ 帮助玩家解压，释放压力。

8.2 系统设计

8.2.1 开发环境

本项目的开发及运行环境如下：

☑ 操作系统：推荐 Windows 10、Windows 11 或更高版本。

☑ 开发工具：Visual Studio 2022。

☑ 开发语言：C++。

8.2.2 业务流程

在启动项目后，玩家需要选择一个工具进行桌面破坏。共有四种工具可供选择：第一种是忍者工具，它可以飞行，并且向桌面发射飞镖；第二种是粉刷匠工具，它可以粉刷桌面，并且粉刷痕迹能变色；第三种是锤子工具，它可以随着鼠标移动，可以砸碎桌面屏幕；第四种是橡皮人工具，它可以擦除桌面，还有闭眼小特效。

本项目的业务流程如图 8.1 所示。

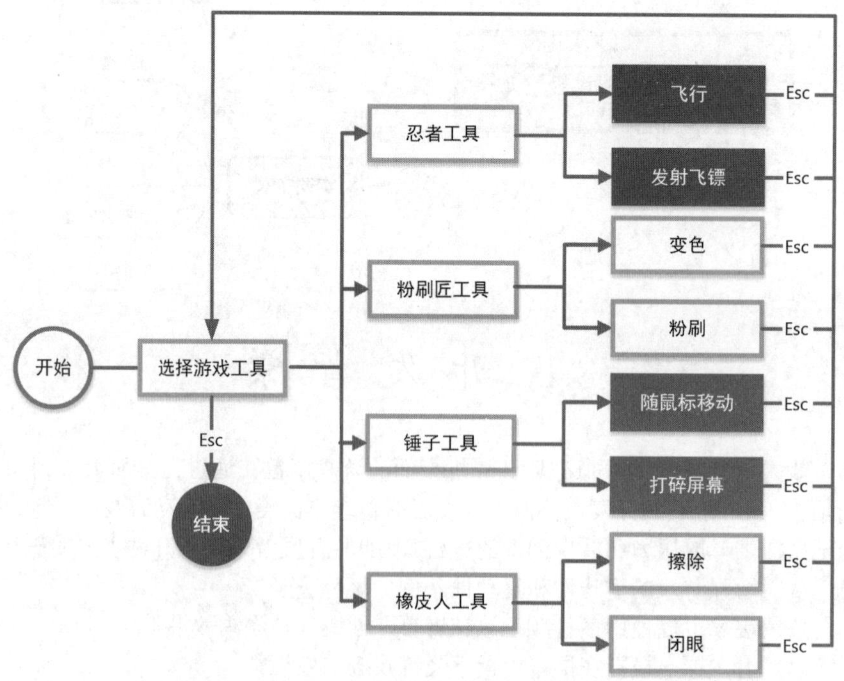

图 8.1　桌面破坏王游戏业务流程

8.2.3 功能结构

本项目的功能结构已经在章首页中给出。本项目实现的具体功能如下：

- ☑ 游戏菜单：显示选择可使用的破坏桌面工具。
- ☑ 忍者工具模块：右击，忍者飞行到单击地点，单击以发射飞镖，并在桌面上留下破坏痕迹。
- ☑ 粉刷匠工具模块：移动鼠标，让粉刷匠在楼梯上上下移动，长按鼠标左键可以粉刷痕迹，右击，可以更换粉刷痕迹的颜色。
- ☑ 锤子工具模块：锤子跟随鼠标移动。当按下鼠标左键时，锤子会做出一个砸下的动作，并展现屏幕碎裂的效果；释放鼠标左键时，锤子会抬起。
- ☑ 橡皮人工具模块：按住鼠标左键，橡皮人工具会不断“啃食”屏幕上的内容。

8.3 技 术 准 备

8.3.1 技术概览

- ☑ 容器：C++中有很多容器，本项目使用 vector 和 list 容器。其中：vector 容器可以根据需要动态调整大小，在末尾添加或删除元素，其元素在内存中是连续存储的，并且通过索引在常数时间内访问任意元素；list 容器是 C++标准库中实现的双向链表容器，它的元素不是连续存储的，而是通过指针链接的节点。
- ☑ 迭代器：在 C++标准库中，迭代器（iterator）是用于遍历容器中的元素的对象。迭代器类似于指针，但比指针更灵活和安全。不同容器提供不同类型的迭代器，以支持特定的操作。
- ☑ GDI 绘图：是 Windows 操作系统提供的用于绘图的 API。它允许程序在设备上下文中进行绘图，设备上下文可以是屏幕、打印机或者其他输出设备。在 C++中使用 GDI 进行绘图时，主要步骤包括获取设备上下文句柄、设置绘图属性、执行绘图操作以及释放设备上下文句柄。
- ☑ 鼠标消息处理：处理鼠标消息通常涉及图形用户界面（GUI）编程或与图形相关的应用程序开发。在 Windows 平台上，处理鼠标消息通常涉及使用 WinAPI 或者更高级别的 GUI 框架提供的相关函数和类。
- ☑ 屏幕截图技术：屏幕截图技术是指从计算机屏幕上获取图像或截取特定区域的图像的技术。这种技术在许多领域都有广泛的应用，包括软件开发、用户支持、教育、游戏录制和网络安全等。

容器、迭代器等基础知识在《C++从入门到精通（第 6 版）》中有详细的讲解，GDI 绘图在本书的第 7 章也有详细的讲解，对这些知识不太熟悉的读者，可以参考对应的内容。然而，鼠标消息处理、屏幕截图技术通常不会在一般的 C++基础编程类图书中涉及。下面，我们将对它们进行必要的介绍，以确保读者可以顺利完成本项目。

8.3.2 鼠标消息处理

本程序主要使用鼠标进行控制，例如，程序启动时会显示菜单选项。当玩家单击某个项目（如橡皮擦）时，游戏菜单会消失，取而代之的是一个随鼠标移动的橡皮擦。在屏幕的任意位置单击，橡皮擦将开始擦除操作；在屏幕的任意位置右击，橡皮擦会闭上眼睛。

从上面的描述中可以看出，至少要处理以下几个鼠标消息：

- ☑ WM_LBUTTONDOWN：鼠标左键被按下。
- ☑ WM_LBUTTONUP：鼠标左键被释放。

- ☑ WM_RBUTTONDOWN：鼠标右键被按下。
- ☑ WM_RBUTTONUP：鼠标右键被释放。
- ☑ WM_MOUSEMOVE：鼠标在屏幕上移动。

实现的代码如下：

```
//鼠标左键按下事件处理
void CDesktopToysDlg::OnLButtonDown(UINT nFlags, CPoint point)
{
    m_pGame->OnLButtonDown(nFlags, point);
    CDialogEx::OnLButtonDown(nFlags, point);
}
//鼠标左键抬起事件处理
void CDesktopToysDlg::OnLButtonUp(UINT nFlags, CPoint point)
{
    m_pGame->OnLButtonUp(nFlags, point);
    CDialogEx::OnLButtonUp(nFlags, point);
}
//鼠标右键按下事件处理
void CDesktopToysDlg::OnRButtonDown(UINT nFlags, CPoint point)
{
    m_pGame->OnRButtonDown(nFlags, point);
    CDialogEx::OnRButtonDown(nFlags, point);
}
//鼠标右键抬起事件处理
void CDesktopToysDlg::OnRButtonUp(UINT nFlags, CPoint point)
{
    m_pGame->OnRButtonUp(nFlags, point);
    CDialogEx::OnRButtonUp(nFlags, point);
}
//鼠标移动事件处理
 void CDesktopToysDlg::OnMouseMove(UINT nFlags, CPoint point)
{
    m_pGame->OnMouseMove(nFlags, point);
    CDialogEx::OnMouseMove(nFlags, point);
}
```

8.3.3 屏幕截图技术

本节设计的屏幕截图工具可以截取整个计算机屏幕的图片，并将图片保存为文件。此外，它还可以返回一个 HBITMAP 类型的图片句柄，以便在其他程序中位置使用，例如，可以将整个屏幕的截图“画”到本程序的窗口上。实现代码如下：

```
#pragma once
class CScreenTools
{
private:

    CScreenTools()
    {
    }

    ~CScreenTools()
    {
    }

private:
    //计算位图文件每个像素所占字节数
    static int GetBits()
    {
        //当前显示分辨率下每个像素所占字节数
        int iBits;
        HDC hDC = CreateDC(_T("DISPLAY"), NULL, NULL, NULL);
        iBits = GetDeviceCaps(hDC, BITSPIXEL) *   GetDeviceCaps(hDC, PLANES);
```

```
        DeleteDC(hDC);
        return iBits;
    }
    //确定是多少位的位图
    static int GetBitCount(int iBits)
    {
        int wBitCount;
        if(iBits <= 1) {
            wBitCount = 1;
        }
        else if(iBits <= 4) {
            wBitCount = 4;
        }
        else if(iBits <= 8) {
            wBitCount = 8;
        }
        else if(iBits <= 24) {
            wBitCount = 24;
        }
        else {
            wBitCount = 32;
        }
        return wBitCount;
    }
    static BOOL WriteBmpDataToFile(PCTSTR szFileName,
                                   PBITMAPINFOHEADER pBitmapInfoHeader,
                                   DWORD dwPaletteSize, DWORD dwBmBitsSize)
    {
        //写入的字节数
        DWORD dwWrite;
        //位图文件头结构
        HANDLE hFile = CreateFile(szFileName, GENERIC_WRITE, 0, NULL, CREATE_ALWAYS,
                                  FILE_ATTRIBUTE_NORMAL | FILE_FLAG_SEQUENTIAL_SCAN,
                                  NULL);
        if(hFile == INVALID_HANDLE_VALUE) {
            return FALSE;
        }
        BITMAPFILEHEADER bitmapFileHeader;
        //设置位图文件头
        bitmapFileHeader.bfType = 0x4D42; //0x4D42 即"BM"
        bitmapFileHeader.bfSize = sizeof(BITMAPFILEHEADER) +
                                    sizeof(BITMAPINFOHEADER) +
                                  dwPaletteSize + dwBmBitsSize;
        bitmapFileHeader.bfReserved1 = 0;
        bitmapFileHeader.bfReserved2 = 0;
        bitmapFileHeader.bfOffBits = (DWORD)sizeof(BITMAPFILEHEADER) +
                                    (DWORD)sizeof(BITMAPINFOHEADER) + dwPaletteSize;
        //写入位图文件头
        WriteFile(hFile, (LPSTR)&bitmapFileHeader, sizeof(BITMAPFILEHEADER),
                &dwWrite, NULL);
        //写入位图文件其余内容
        WriteFile(hFile, (LPSTR)pBitmapInfoHeader, sizeof(BITMAPINFOHEADER) +
                dwPaletteSize + dwBmBitsSize,
                &dwWrite, NULL);
        //关闭文件句柄
        CloseHandle(hFile);
        return TRUE;
    }

public:
    //将位图保存为文件
    static int SaveBitmapToFile(HBITMAP hBitmap, LPCTSTR lpFileName)
    {
        /*
        位图文件结构如下:
        BITMAPFILEHEADER
        BITMAPINFOHEADER
        RGBQUAD array
        Color-index array
```

```
    */
    //返回值
    BOOL bRet = FALSE;
    //位图中每个像素所占字节数
    WORD wBitCount;
    //定义调色板大小、位图中像素字节大小、位图文件大小和写入文件字节数
    DWORD dwPaletteSize = 0;
    DWORD dwBmBitsSize;
    BITMAP Bitmap;                                          //位图属性结构
    BITMAPINFOHEADER bitmapInfoHeader;                      //位图信息头结构
    LPBITMAPINFOHEADER pBitmapInfoHeader;                   //指向位图信息头结构
    wBitCount = GetBitCount(GetBits());                     //确定多几位(1,4,8,24,32)位图
    if(wBitCount <= 8) {                                    //计算调色板大小
        dwPaletteSize = (1 << wBitCount) * sizeof(RGBQUAD);
    }
    //设置位图信息头结构
    GetObject(hBitmap, sizeof(BITMAP), (LPSTR)&Bitmap);
    bitmapInfoHeader.biSize = sizeof(BITMAPINFOHEADER);
    bitmapInfoHeader.biWidth = Bitmap.bmWidth;
    bitmapInfoHeader.biHeight = Bitmap.bmHeight;
    bitmapInfoHeader.biPlanes = 1;
    bitmapInfoHeader.biBitCount = wBitCount;
    bitmapInfoHeader.biCompression = BI_RGB;
    bitmapInfoHeader.biSizeImage = 0;
    bitmapInfoHeader.biXPelsPerMeter = 0;
    bitmapInfoHeader.biYPelsPerMeter = 0;
    bitmapInfoHeader.biClrUsed = 0;
    bitmapInfoHeader.biClrImportant = 0;
    //像素数据的大小
    //每一行的大小(必须是 4 的整数倍)
    dwBmBitsSize = ((Bitmap.bmWidth * wBitCount + 31) / 32) * 4
                   * Bitmap.bmHeight;
    HANDLE hDib = GlobalAlloc(GHND, dwBmBitsSize + dwPaletteSize +
                              sizeof(BITMAPINFOHEADER));
    pBitmapInfoHeader = (LPBITMAPINFOHEADER)GlobalLock(hDib);
    *pBitmapInfoHeader = bitmapInfoHeader;
    //获取调色板下新的像素值
    {
        HDC hDC;                                            //设备描述表
        HPALETTE hOldPal = NULL;                            //获取旧的调色板
        hDC = ::GetDC(NULL);                                //获取屏幕 DC
        HANDLE hPal = GetStockObject(DEFAULT_PALETTE);      //获取默认调色板
        if(hPal) {
            hOldPal = SelectPalette(hDC, (HPALETTE)hPal, FALSE);
            RealizePalette(hDC);
        }
        //获取该调色板下新的像素值
        GetDIBits(hDC, hBitmap
                , 0
                , (UINT)Bitmap.bmHeight
                , (LPSTR)pBitmapInfoHeader + sizeof(BITMAPINFOHEADER) +
                    dwPaletteSize
                , (BITMAPINFO *)pBitmapInfoHeader
                , DIB_RGB_COLORS);                          //位图属性结构
        if(hOldPal) {                                       //恢复调色板
            SelectPalette(hDC, hOldPal, TRUE);
            RealizePalette(hDC);
        }
        ::ReleaseDC(NULL, hDC);                             //释放屏幕 DC
    }
    //创建位图文件,并写入
    {
        if(!WriteBmpDataToFile(lpFileName, pBitmapInfoHeader, dwPaletteSize,
                               dwBmBitsSize)) {
            goto __Cleanup;
        }
    }
    bRet = TRUE;
__Cleanup:                                                  //清除
```

```
        GlobalUnlock(hDib);
        GlobalFree(hDib);
        return bRet;
}

//获取位图句柄
static HBITMAP CopyScreenToBitmap(LPRECT lpRect)                //lpRect 代表选定区域
{
        HDC hScrDC, hMemDC;
        HBITMAP hBitmap, hOldBitmap;                            //屏幕和内存设备描述表
        int nX, nY, nX2, nY2;                                   //位图句柄
        int nWidth, nHeight;                                    //选定区域坐标
        int xScrn, yScrn;                                       //位图宽度和高度
        if(IsRectEmpty(lpRect)) {                               //确保选定区域不为空矩形
                return NULL;
        }
        hScrDC = CreateDC(_T("DISPLAY"), NULL, NULL, NULL);  //为屏幕创建设备描述表
        hMemDC = CreateCompatibleDC(hScrDC);                    //为屏幕设备描述表创建兼容的内存设备描述表
        //获得选定区域坐标
        nX = lpRect->left;
        nY = lpRect->top;
        nX2 = lpRect->right;
        nY2 = lpRect->bottom;
        //获得屏幕分辨率
        xScrn = GetDeviceCaps(hScrDC, HORZRES);
        yScrn = GetDeviceCaps(hScrDC, VERTRES);
        //确保选定区域是可见的
        if(nX < 0) {
                nX = 0;
        }
        if(nY < 0) {
                nY = 0;
        }
        if(nX2 > xScrn) {
                nX2 = xScrn;
        }
        if(nY2 > yScrn) {
                nY2 = yScrn;
        }
        nWidth = nX2 - nX;
        nHeight = nY2 - nY;
        //创建一个与屏幕设备描述表兼容的位图
        hBitmap = CreateCompatibleBitmap(hScrDC, nWidth, nHeight);
        //把新位图选到内存设备描述表中
        hOldBitmap = (HBITMAP)SelectObject(hMemDC, hBitmap);
        //把屏幕设备描述表复制到内存设备描述表中
        BitBlt(hMemDC, 0, 0, nWidth, nHeight, hScrDC, nX, nY, SRCCOPY);
        //得到屏幕位图的句柄
        hBitmap = (HBITMAP)SelectObject(hMemDC, hOldBitmap);
        //清除
        DeleteDC(hScrDC);
        DeleteDC(hMemDC);
        //返回位图句柄
        return hBitmap;
}

//全屏截图
static HBITMAP PrintScreen()
{
        CRect rect;
        rect.left = 0;
        rect.top = 0;
        rect.right = GetSystemMetrics(SM_CXSCREEN);
        rect.bottom = GetSystemMetrics(SM_CYSCREEN);
        return CopyScreenToBitmap(rect);
}

//截指定窗体
static HBITMAP PrintWindow(HWND hwnd)
```

```
    {
        RECT rrrr;
        LPRECT lpRect = &rrrr;
        ::GetWindowRect(hwnd, &rrrr);
        HDC hScrDC, hMemDC;                                    //屏幕和内存设备描述表
        HBITMAP hBitmap, hOldBitmap;                           //位图句柄
        hScrDC = ::GetWindowDC(hwnd);                          //为屏幕创建设备描述表
        hMemDC = CreateCompatibleDC(hScrDC);                   //为屏幕设备描述表创建兼容的内存设备描述表
        int nWidth = lpRect->right - lpRect->left;             //位图宽度和高度
        int nHeight = lpRect->bottom - lpRect->top;;
        //创建一个与屏幕设备描述表兼容的位图
        hBitmap = CreateCompatibleBitmap(hScrDC, nWidth, nHeight);
        //把新位图选到内存设备描述表中
        hOldBitmap = (HBITMAP)SelectObject(hMemDC, hBitmap);
        //把屏幕设备描述表复制到内存设备描述表中
        BitBlt(hMemDC, 0, 0, nWidth, nHeight, hScrDC, 0, 0, SRCCOPY);
        hBitmap = (HBITMAP)SelectObject(hMemDC, hOldBitmap); //得到屏幕位图的句柄
        DeleteDC(hScrDC);                                      //释放资源
        DeleteDC(hMemDC);
        return hBitmap;                                        //返回位图句柄
    }

    static void DawMouse(POINT pnt)
    {
        HWND DeskHwnd = ::GetDesktopWindow();                  //取得桌面窗口的句柄
        HDC DeskDC = ::GetWindowDC(DeskHwnd);                  //取得桌面窗口的设备场景
        int oldRop2 = SetROP2(DeskDC, R2_NOTXORPEN);
        HPEN newPen = ::CreatePen(0, 1, RGB(255, 0, 0));       //建立新画笔,并将其加载到 DeskDC 中
        HGDIOBJ oldPen = ::SelectObject(DeskDC, newPen);       //选择新的画笔,并保存旧画笔对象
        ::MoveToEx(DeskDC, pnt.x - 10, pnt.y, NULL);           //在窗口四周画一个方框
        ::LineTo(DeskDC, pnt.x + 10, pnt.y);                   //在窗口四周画一个方框
        ::MoveToEx(DeskDC, pnt.x, pnt.y + 10, NULL);           //在窗口四周画一个方框
        ::LineTo(DeskDC, pnt.x, pnt.y - 10);                   //在窗口四周画一个方框
        ::SetROP2(DeskDC, oldRop2);
        ::SelectObject(DeskDC, oldPen);                        //恢复原始画笔
        ::DeleteObject(newPen);                                //删除新画笔
        ::ReleaseDC(DeskHwnd, DeskDC);                         //释放桌面窗口的设备场景
        DeskDC = NULL;
    }
};
```

8.4 公共设计

开发项目时，采用公共设计可以减少重复代码的编写，这有利于提高代码的重用性及维护性。本项目有 3 个公共设计：游戏调度器 CGame 类设计、引入资源图片、实现工具及破坏标记接口。接下来，我们将详细介绍这三个类。

8.4.1 游戏调度器 CGame 类设计

本程序中的 CGame 类负责整合所有其他功能，主要包括显示整个屏幕的截图、分发鼠标消息、处理定时器消息和调用本程序中其他类的功能等。接下来，我们将设计 CGame 类。

（1）在添加了 CGame 类之后，我们需要打开 Game.h 和 Game.cpp 文件。在 Game.h 文件中，我们将找到 CGame 类的声明代码，这包括了对类的游戏帧处理函数、键盘和鼠标消息处理函数、窗口的位置和大小属性、背景图片的指针以及记录破坏标记的数组等的声明。我们将 Game.h 文件的内容替换为以下代码：

```
#pragma once
class IMark;                                   //前向声明,因为下面要用到该接口类型的指针
```

```
class CGame
{
public:
    /* 构造函数:
     * hWnd:游戏窗口句柄
     * x,y:窗口起始位置
     * w,h:窗口宽度和高度
     */
    CGame(HWND hWnd, float x, float y, float w, float h);
    ~CGame();

public:
    //处理游戏的一帧
    bool EnterFrame(DWORD dwTime);
    ////////////////////////////////////////////////////////////////////
    //处理鼠标消息
    //鼠标左键按下
    void OnLButtonDown(UINT nFlags, CPoint point);
    //鼠标左键抬起
    void OnLButtonUp(UINT nFlags, CPoint point);
    //鼠标左键双击
    void OnLButtonDblClk(UINT nFlags, CPoint point);
    //鼠标右键按下
    void OnRButtonDown(UINT nFlags, CPoint point);
    //鼠标右键抬起
    void OnRButtonUp(UINT nFlags, CPoint point);
    //鼠标右键双击
    void OnRButtonDblClk(UINT nFlags, CPoint point);
    //鼠标移动
    void OnMouseMove(UINT nFlags, CPoint point);
    //按下 Esc 键时的处理:返回 FALSE 不处理,则由父窗口处理
    BOOL OnESC();
     //增加一个破坏物
    void Append(std::shared_ptr<IMark> pMark)
    {
        m_vMarks.push_back(pMark);
    }
    //获得游戏窗口的宽度
    float GetWidth() const
    {
        return m_width;
    }
    //获得游戏窗口的高度
    float GetHeigth() const
    {
        return m_height;
    }
    //获得范围
    RectF GetRectF() const
    {
        return RectF(m_x, m_y, m_width, m_height);
    }

private:
    HWND m_hWnd;
    //窗口的起始位置
    float m_x;
    float m_y;
    //游戏窗口的宽度和高度
    float m_width;
    float m_height;
    //游戏只分为两个阶段:菜单选择阶段和正式游戏阶段
    typedef enum EGameStatus {EGameStatusSelect, EGameStatusNormal} EGameStatus;
    EGameStatus    m_eStatus{EGameStatusSelect};

private:
    //客户区的大小
    CRect m_rcClient;
    //记录游戏每秒多少帧
```

```
    int m_fps{ 0 };
    //输出 FPS 文字用的画刷
    SolidBrush m_brush{Color(254, 0xFF, 0x00, 0x00)};
    //输出 FPS 文字字体
    Gdiplus::Font m_font{L"宋体", 10.0};
    //在左上角显示
    PointF origin{0.0f, 0.0f};
    //画出所有对象
    void Draw();
    //输出 FPS
    void DrawFps(Gdiplus::Graphics &gh);
    //破坏窗口留下的东西
    std::vector<std::shared_ptr<IMark>> m_vMarks;
    //背景图
    Gdiplus::Bitmap *m_imgBk;
};
```

（2）在上述代码中，我们定义了鼠标消息处理函数，这些函数用于接管所有的鼠标消息。在后续的代码中，窗口接收到的鼠标消息将被传递给本类进行处理，因此本类是程序的核心。随着项目的继续，我们将不断添加更多的代码。Game.cpp 文件包含了 CGame 类的实现代码。目前，许多方法的具体实现仍然是空的。我们首先建立这个框架，然后在将来逐步填充这些方法的具体实现。下面是 Game.cpp 文件的内容，代码如下：

```
#include "stdafx.h"
#include "Game.h"
#include "ScreenTools.h"

CGame::CGame(HWND hWnd, float x, float y, float w, float h)
    : m_hWnd(hWnd)
    , m_x(x)
    , m_y(y)
    , m_width(w)
    , m_height(h)
{
    //保存全局指针
    g_game = this;
    {
        //截图整个屏幕，并画在自己的窗口上
        RECT r{(long)x, (long)y, (long)(x + w), (long)(y + h)};
        HBITMAP hBmp = CScreenTools::CopyScreenToBitmap(&r);
        //保存屏幕截图作为背景图
        m_imgBk = Bitmap::FromHBITMAP(hBmp, NULL);
    }
    //获取窗口客户区大小
    GetClientRect(m_hWnd, &m_rcClient);
}

CGame::~CGame()
{
}

//处理游戏的一帧
bool CGame::EnterFrame(DWORD dwTime)
{
    Draw();
    return false;
}

//鼠标左键按下事件处理
void CGame::OnLButtonDown(UINT nFlags, CPoint point)
{
    switch(m_eStatus) {
        case CGame::EGameStatusSelect: {
            //菜单阶段：将事件将交由 m_menu 菜单进行处理
            break;
        }
```

```
        case CGame::EGameStatusNormal: {
            //游戏阶段
            break;
        }
        default: {
            break;
        }
    }
}

//鼠标左键抬起事件处理
void CGame::OnLButtonUp(UINT nFlags, CPoint point)
{
    switch(m_eStatus) {
        case CGame::EGameStatusSelect: {
            //菜单阶段：将事件交由 m_menu 菜单进行处理
            break;
        }
        case CGame::EGameStatusNormal: {
            //游戏阶段
            break;
        }
        default: {
            break;
        }
    }
}

//鼠标左键双击事件处理
void CGame::OnLButtonDblClk(UINT nFlags, CPoint point)
{
}

//鼠标右键按下
void CGame::OnRButtonDown(UINT nFlags, CPoint point)
{
    switch(m_eStatus) {
        case CGame::EGameStatusSelect: {
            //菜单阶段：将事件交由 m_menu 菜单进行处理
            break;
        }
        case CGame::EGameStatusNormal: {
            //游戏阶段
            break;
        }
        default: {
            break;
        }
    }
}

//鼠标右键抬起事件处理
void CGame::OnRButtonUp(UINT nFlags, CPoint point)
{
    switch(m_eStatus) {
        case CGame::EGameStatusSelect: {
            //菜单阶段：将事件交由 m_menu 菜单进行处理
            break;
        }
        case CGame::EGameStatusNormal: {
            //游戏阶段
            break;
        }
        default: {
            break;
        }
    }
}
```

```
//鼠标右键双击
void CGame::OnRButtonDblClk(UINT nFlags, CPoint point)
{
    //此处不执行任何操作
}

//鼠标移动事件处理
void CGame::OnMouseMove(UINT nFlags, CPoint point)
{
    switch(m_eStatus) {
        case CGame::EGameStatusSelect: {
            //菜单阶段：将事件交由 m_menu 菜单进行处理
            break;
        }
        case CGame::EGameStatusNormal: {
            //游戏阶段
            break;
        }
        default: {
            break;
        }
    }
}

//按下 Esc 键时的处理
BOOL CGame::OnESC()
{
    switch(m_eStatus) {
        case CGame::EGameStatusSelect:
            //当前不在游戏阶段，无须处理
            return FALSE;
        case CGame::EGameStatusNormal:
            //当前在游戏阶段，返回菜单
            m_eStatus = EGameStatusSelect;
            //显示鼠标光标
            {
                //初始状态,计数值为 0,因此保持计数为 0 即可显示光标
                int i = ShowCursor(TRUE);
                if(i > 0) {
                    //减少到 0
                    while(ShowCursor(FALSE) > 0) {
                        ;
                    }
                }
                else if(i < 0) {
                    //增加到 0
                    while(ShowCursor(TRUE) < 0) {
                        ;
                    }
                }
            }
            return TRUE;
        default:
            break;
    }
    return FALSE;
}

void CGame::Draw()
{
    HDC hdc = ::GetDC(m_hWnd);                                    //这个是窗口设备上下文
    ON_SCOPE_EXIT([&]() {                                         //离开函数作用域时，释放设备上下文
        ::ReleaseDC(m_hWnd, hdc);
    });
    CDC *dc = CClientDC::FromHandle(hdc);                         //此指针是一个临时指针，不用释放
    //用于双缓冲绘图
    CDC m_dcMemory;                                               //内存设备上下文
    CBitmap bmp;                                                  //创建兼容位图对象
    bmp.CreateCompatibleBitmap(dc, m_rcClient.Width(), m_rcClient.Height());
```

```
    m_dcMemory.CreateCompatibleDC(dc);
    CBitmap *pOldBitmap = m_dcMemory.SelectObject(&bmp);        //将位图选入内存设备上下文中
    Graphics gh(m_dcMemory.GetSafeHdc());                       //构造对象
    gh.SetPageUnit(Gdiplus::UnitPixel);                         //设置单位
    Color clr;                                                  //清除背景
    clr.SetFromCOLORREF(BACK_GROUND_LAYER);
    gh.Clear(clr);
    gh.ResetClip();
    gh.DrawImage(m_imgBk, m_x, m_y, m_width, m_height);         //画背景图片
    //根据游戏当前阶段，画不同的内容
    {
        switch(m_eStatus) {
            case CGame::EGameStatusSelect:
                //画菜单暂时注释掉,因为后面的代码还没实现
                //m_menu->Draw(gh);
                break;
            case CGame::EGameStatusNormal:
                //画出工具 暂时注释掉,因为后面的代码还没实现
                //m_pTool->Draw(gh);
                break;
            default:
                break;
        }
    }
    DrawFps(gh);                                                //画出帧数
    ::BitBlt(hdc, 0, 0, m_rcClient.Width(), m_rcClient.Height(),  //复制到屏幕上
             m_dcMemory.GetSafeHdc(), 0, 0, SRCCOPY);
    return;
}

//画帧数
void CGame::DrawFps(Gdiplus::Graphics &gh)
{
    static int fps = 0;                                         //记录当前帧数
    m_fps++;                                                    //每帧+1
    static DWORD dwLast = GetTickCount();                       //最后一次输出时间
    if(GetTickCount() - dwLast >= 1000) {                       //如果超过 1 秒，则输出帧数,并清零计数器
        fps = m_fps;
        m_fps = 0;
        dwLast = GetTickCount();
    }
    //输出 FPS
    {
        //输出的文字
        CString s;
        s.Format(_T("FPS:%d"), fps);
        gh.DrawString(s.GetString(), -1, &m_font, origin, &m_brush);
    }
}
```

（3）由于 CGame 类是游戏的调度器，游戏中各部分代码都可能需要引用 CGame 类的功能，因此定义一个 CGame 类的全局变量，以便后续代码使用。本游戏中只有一个 CGame 类型的变量。打开 stdafx.h 文件，在该文件最下方增加以下代码：

```
//定义用于背景色透明的颜色
#define BACK_GROUND_LAYER RGB(0x00, 0x00, 0x00)
#define PI(n) (3.1415926f * n)                                  //定义一个宏,代表圆周率的一个近似值
#define Radian2Degree(r) ((180.0f * (r)) / PI(1.0f))            //定义一个宏，将弧度转换为角度
#define Degree2Radian(a) ((a) * PI(1.0f) / 180.0f)              //定义一个宏，将角度转换为弧度
#include "Game.h"
extern CGame* g_game;                                           //声明全局的 CGame 类变量
```

（4）打开 stdafx.cpp 文件，在该文件最下方增加以下代码：

```
extern CGame *g_game{nullptr};                                  //定义全局的 CGame 类变量
```

（5）为了实现 CGame 类接管鼠标消息和游戏循环，需要打开 DesktopToysDlg.h 文件，在该文件上方，

#pragma once 声明下面，添加以下代码：

```
#include "Game.h"                                    //引入头文件
```

（6）上述代码引入了 CGame 类的头文件，这样就可以在 DesktopToysDlg.h 和 DesktopToysDlg.cpp 文件中使用 CGame 类了。

在 DesktopToysDlg.h 文件的最后面，找到 afx_msg void OnTimer(UINT_PTR nIDEvent);函数声明，在此行下方插入以下代码：

```
private:
    std::shared_ptr<CGame> m_pGame;          //声明一个智能指针成员变量，用于持有 CGame 对象，并处理所有游戏功能
```

（7）此处声明了一个持有 CGame 对象智能指针的成员变量。智能指针可以根据引用计数自动释放资源，从而减少工作量。声明之后。其用法与普通指针一样。

找到 afx_msg HCURSOR OnQueryDragIcon();函数声明，在此行下方插入以下代码：

```
virtual BOOL PreTranslateMessage(MSG *pMsg);
```

（8）打开 DesktopToysDlg.cpp 文件，找到以下代码：

```
/****下面代码演示屏幕截图功能的用法****/
{
    {
        //截图部分屏幕
        RECT r{0, 0, 100, 300};                                        //定义截图的大小
        HBITMAP hBmp = CScreenTools::CopyScreenToBitmap(&r);
        //转化为 Bitmap* 类型,因为下面需要使用
        bmp = Bitmap::FromHBITMAP(hBmp, NULL);
    }
}
/****演示完毕****/
```

这是演示用的代码，现在将这段代码替换为以下代码：

```
//初始化游戏对象：向本窗口绘图
m_pGame = std::make_shared<CGame>(GetSafeHwnd(), 0.0f, 0.0f, float(w), float(y));
//启动定时器，用于更新游戏帧
SetTimer(1, 0, nullptr);
```

这段代码构造了 CGame 类的对象。从此之后，就可以开始使用这个对象了。使用方法是将消息处理直接交给 m_pGame 进行处理。找到 oid CDesktopToysDlg::OnLButtonDown(UINT nFlags, CPoint point)函数声明，在此行上方插入如下代码：

```
BOOL CDesktopToysDlg::PreTranslateMessage(MSG *pMsg)
{
    //按下 Esc 键时
    if(pMsg->message == WM_KEYDOWN && pMsg->wParam == VK_ESCAPE) {
        if(m_pGame->OnESC()) {
            return TRUE;
        }
        else {
            //继续本窗口处理
        }
    }
    return CDialogEx::PreTranslateMessage(pMsg);
}
```

上述代码处理了键按下消息，如果发现是 Esc 键，则通知 CGame 对象退出。

接着处理鼠标消息。找到 void CDesktopToysDlg::OnLButtonDown(UINT nFlags,CPoint point)函数声明，删除本行（包括本行）以下，直到文件尾部的所有的鼠标事件处理代码，并输入如下代码：

```
void CDesktopToysDlg::OnLButtonDown(UINT nFlags, CPoint point)
{
    m_pGame->OnLButtonDown (nFlags, point);                //转发鼠标消息
    CDialogEx::OnLButtonDown(nFlags, point);
}

void CDesktopToysDlg::OnLButtonUp(UINT nFlags, CPoint point)
{
    m_pGame->OnLButtonUp(nFlags, point);                   //转发鼠标消息
    CDialogEx::OnLButtonUp(nFlags, point);
}

void CDesktopToysDlg::OnRButtonDown(UINT nFlags, CPoint point)
{
    m_pGame->OnRButtonDown(nFlags, point);                 //转发鼠标消息
    CDialogEx::OnRButtonDown(nFlags, point);
}

void CDesktopToysDlg::OnRButtonUp(UINT nFlags, CPoint point)
{
    m_pGame->OnRButtonUp (nFlags, point);                  //转发鼠标消息
    CDialogEx::OnRButtonUp(nFlags, point);
}

void CDesktopToysDlg::OnMouseMove(UINT nFlags, CPoint point)
{
    m_pGame->OnMouseMove(nFlags, point);                   //转发鼠标消息
    CDialogEx::OnMouseMove(nFlags, point);
}

void CDesktopToysDlg::OnTimer(UINT_PTR nIDEvent)
{
    m_pGame->EnterFrame (0);                               //进入游戏帧
    CDialogEx::OnTimer(nIDEvent);
}
```

8.4.2 引入资源图片

本程序使用了大量的图片，读者可以直接在“\\DesktopToys\res（\\是共享路径的含义）”目录下找到这些图片，如图 8.2 所示。本书并不讲解图片本身的处理，为了简化开发过程，读者可以直接把该目录下的所有图片都复制到自己的工程目录下以便使用。

图 8.2 引入图片资源目录

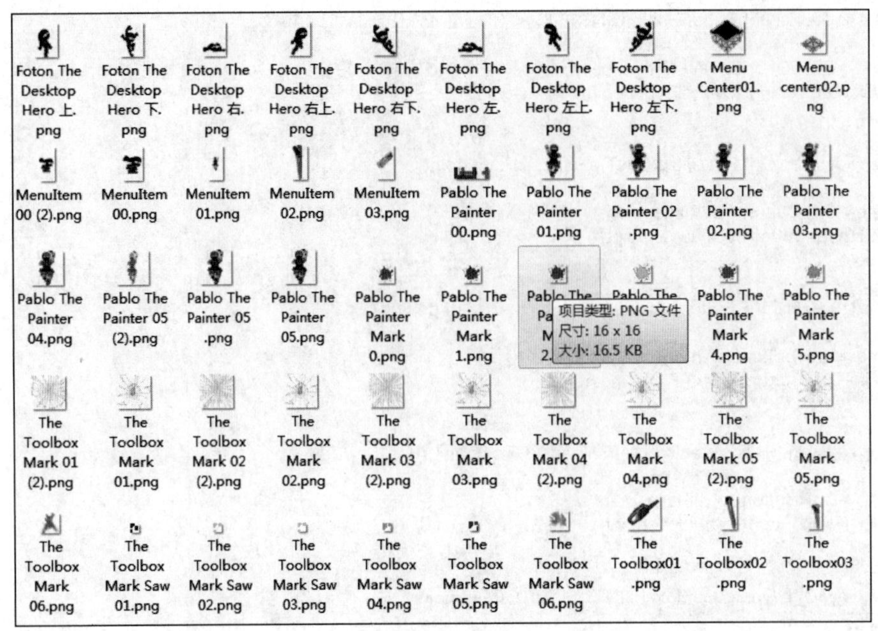

图 8.2　引入图片资源目录（续图）

请确保将上述图片复制到自己工程的 res 目录下。如果复制到其他目录下，程序运行时将无法找到这些图片。

8.4.3　实现工具及破坏标记接口

程序中有许多可移动的对象，例如：可以跟随鼠标移动的“锤子”和会飞行的“忍者”等；同时有许多对象需要被绘制，如：锤子砸碎屏幕的效果，以及锤子本身也需要被绘制。因此在设计程序时，我们抽象出几个接口（在 C++中接口也是类），用来规范这些对象的共通的特性，例如：

- ☑ IDrawable：所有需要输出的图形对象都要继承本类，并实现自己的 Draw 方法。
- ☑ IMouseAction：所有需要处理鼠标消息的类都要继承本类，并对感兴趣的鼠标消息进行处理。
- ☑ CShooter：所有工具类的父类。
- ☑ IMark：所有标记类的父类，代表工具类在屏幕上留下的标记。

通过类图，我们能够快速了解程序中各个类的体系结构，这有助于理解程序的设计思路。接下来，我们将进行实际操作，在项目中新增 4 个类：IDrawable、IMouseAction、CShooter 和 IMark。添加这些类之后，我们将按顺序完成各个文件的代码编写。

（1）修改 IDrawable.h 文件内容：此文件包含类 IDrawable 的主要代码，其中某些函数是直接在此头文件中声明的。该类包含一个 Draw()方法，该方法是一个供子类实现的接口，用于绘制对象本身。同时，该类还提供了与对象范围和中心点相关的方法。代码如下：

```
#pragma once

/*
定义一个可以绘制自身的对象接口，IDrawable 类是一个抽象类，其子类必须实现
virtual void Draw(Gdiplus::Graphics &gh) 接口
*/
class IDrawable
```

```
{
public:
    IDrawable();
    virtual ~IDrawable();
    //根据自己当前的属性绘制自身
    virtual void Draw(Gdiplus::Graphics &gh) = 0;

    //获得自身范围
    RectF GetRect() const
    {
        return m_rect;
    }

    //设置自身范围
    void SetRect(RectF &rect)
    {
        m_rect = rect;
    };

    //设置自身范围
    void SetRect(float X, float Y, float Width, float Height)
    {
        m_rect.X = X;
        m_rect.Y = Y;
        m_rect.Width = Width;
        m_rect.Height = Height;
    };

    //设置中心点位置
    void SetCenterPos(float x, float y)
    {
        PointF ptCenter(x, y);
        SetCenterPos(ptCenter);
    };

    //设置中心点位置
    void SetCenterPos(const PointF &ptCenter)
    {
        RectF r = m_rect;
        r.X = ptCenter.X - r.Width / 2.0f;
        r.Y = ptCenter.Y - r.Height / 2.0f;
        SetRect(r);
    };

    //获得中心点位置
    PointF GetCenterPos()
    {
        PointF pt;
        pt.X = m_rect.X + m_rect.Width / 2.0f;
        pt.Y = m_rect.Y + m_rect.Height / 2.0f;
        return pt;
    }

    //设置大小
    void SetSize(float w, float h)
    {
        PointF ptCenter = GetCenterPos();
        RectF rr = m_rect;
        rr.Width = w;
        rr.Height = h;
        SetRect(rr);
        SetCenterPos(ptCenter);
    }
protected:
    RectF m_rect;
};
```

（2）修改 IMouseAction.h 文件内容：该文件主要负责提供响应鼠标消息的方法。子类在继承该接口后，可以实现感兴趣的方法。例如，某子类如果需要响应左键单击消息，那么只需重写 OnLButtonDown()方法即可，无须重写其他方法。该文件中的代码如下：

```
#pragma once

/*
IMouseAction 接口定义了能够响应鼠标事件的对象。子类可以覆盖这些方法以实现特定的行为
*/
class IMouseAction
{
public:
	IMouseAction();
	virtual ~IMouseAction();
	//////////////////////////////////////////////////////////////////////////
	//处理鼠标消息：子类必须实现以下方法
	//如果子类不处理特定消息，则返回 false，这样父类就可以根据这个返回值判断是否继续进行处理
	//鼠标左键按下事件
	virtual bool OnLButtonDown(UINT nFlags, CPoint point) { return false; }
	//鼠标左键抬起事件
	virtual bool OnLButtonUp(UINT nFlags, CPoint point) { return false; }
	//鼠标左键双击事件
	virtual bool OnLButtonDblClk(UINT nFlags, CPoint point) { return false; }
	//鼠标右键按下事件
	virtual bool OnRButtonDown(UINT nFlags, CPoint point) { return false; }
	//鼠标右键抬起事件
	virtual bool OnRButtonUp(UINT nFlags, CPoint point) { return false; }
	//鼠标右键双击事件
	virtual bool OnRButtonDblClk(UINT nFlags, CPoint point) { return false; }
	//鼠标移动事件
	virtual bool OnMouseMove(UINT nFlags, CPoint point) { return false; }
};
```

（3）修改 IMark.h 文件内容：该文件包含了 IMark 类的主要内容，其中代码量很少。该类主要提供了一个 IsChanging()方法。该方法用于确定标记是否仍在改变。因为有些标记是会随着时间变化的，如砸碎玻璃的碎片。如果标记不再改变，则可以将其合并到整个背景图片中一起进行绘制，这可以提高程序性能。代码如下：

```
#pragma once
#include "IDrawable.h"
/*
IMark 类是所有标记（喷射，涂抹到屏幕上面的东西及碎裂效果）的父类，
它是一个抽象类
*/
class IMark :
	public IDrawable
{
public:
	IMark();
	virtual ~IMark();
	//标记本类当前是否是动态的
	virtual bool IsChanging() const = 0;
};
```

（4）修改 Shooter.h 文件内容：Shooter 类为 4 种工具的父类，也是 IDrawable 和 IMouseAction 的子类。本程序的 4 种工具需要实现 Shooter 类中规定的接口，包括绘制函数、鼠标消息处理函数。这说明这 4 种工具需要处理鼠标消息，并提供绘制自身的功能。代码如下：

```
#pragma once

#include "IDrawable.h"
#include "IMouseAction.h"

/*
本游戏中的发泄工具父类，可以绘制自身及响应鼠标消息
*/
class CShooter
```

```
	: public IDrawable
	, public IMouseAction
{
public:
	CShooter();
	virtual ~CShooter();
};
```

8.5 游戏菜单模块

本游戏提供了 4 种破坏桌面的工具，因此需要提供一种机制来展示这些工具。在一般的 Windows 程序中，这通常是通过菜单控件来实现。然而，本游戏只有一个“空白”的窗口，并没有使用菜单控件。为了提升游戏体验，我们决定自己开发一个游戏模块，以代替菜单功能。

菜单模块所使用的图片如图 8.3 所示。

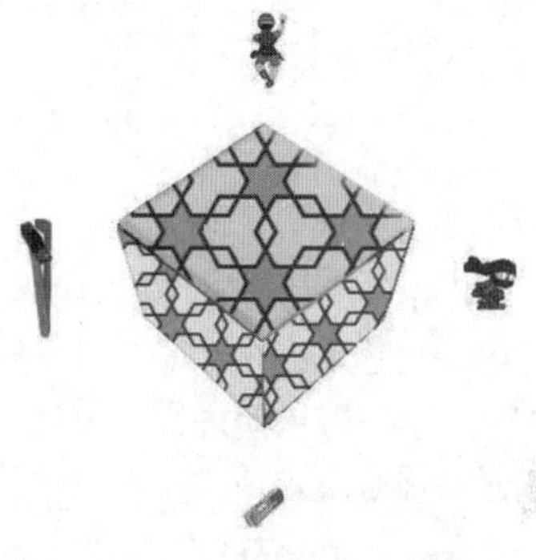

图 8.3 游戏菜单模块

8.5.1 盒子的实现

游戏菜单是一个带盖子的小盒子，当打开这个盒子时，4 个工具会“飞”出来，然后盖子会关闭。在项目中增加 CDMenu 类。接着，我们打开 DMenu.h 文件，该文件中包含了 CDMenu 类的声明代码。这些代码声明了绘制自身的方法、处理鼠标消息的方法，并声明了 4 个菜单子项、盒子本身、盖子等成员变量。现在，删除该文件中原有的内容，并输入以下代码：

```
#pragma once

#include "MenuItem.h"
#include "IMouseAction.h"

/*
	选择工具的菜单界面
*/
class CDMenu
	: public IDrawable
	, public IMouseAction
{
public:
	CDMenu(HWND hWnd);
	virtual ~CDMenu();
	//重新初始化各菜单子项及其位置信息
	void InitAnimateInfo0();
	//根据自己当前的属性画自己
	virtual void Draw(Gdiplus::Graphics &gh);
	//////////////////////////////////////////////////////////////////////////
	//处理鼠标消息
	//如果不处理，则返回 false,父类可以据此判断是否继续进行处理
	//鼠标左键按下
	virtual bool OnLButtonDown(UINT nFlags, CPoint point);
	//鼠标右键按下
	virtual bool OnRButtonDown(UINT nFlags, CPoint point);
	//鼠标移动
	virtual bool OnMouseMove(UINT nFlags, CPoint point);

private:
	HWND m_hWnd;
	//菜单子项
	//箱子
	std::shared_ptr<CMenuItem> m_box;
```

```
    //盖子 1:打开
    std::shared_ptr<CMenuItem> m_cover;
    //盖子 2:关闭
    std::shared_ptr<CMenuItem> m_cover2;
    //选项
    std::shared_ptr<CMenuItem> m_item0;
    std::shared_ptr<CMenuItem> m_item1;
    std::shared_ptr<CMenuItem> m_item2;
    std::shared_ptr<CMenuItem> m_item3;
    //结束动画播放
    void EndAnimate();
    typedef enum {EStatusOverCover1,
                  EStatusItem0,          //播放动画
                  EStatusItem1,          //播放动画
                  EStatusItem2,          //播放动画
                  EStatusItem3,          //播放动画
                  EStatusOverCover2,     //播放关盖子的动画
                  EStatusAll
                 } EStatus;
    EStatus m_eStatus{ EStatusOverCover1 };
};
```

打开 DMenu.cpp 文件，并在此文件中输入该类的实现代码。在构造函数中，我们首先设置各个部件的图片，并将菜单放置在屏幕的中间位置，然后开始播放盒子打开的动画。因此，当菜单一显示，盒子就开始打开，小工具随之“飞”出。在鼠标消息处理函数中，我们暂时弹出一个对话框来提示响应了鼠标消息，这是为了验证效果而进行的测试。在后续的开发中，我们将这些代码替换为真正的实现代码。现在，删除该文件中原有的内容，并输入以下代码：

```
#include "stdafx.h"
#include "DMenu.h"
#include "Shooter.h"

CDMenu::CDMenu(HWND hWnd) : m_hWnd(hWnd)
{
    //载入菜单子项
    m_box = make_shared<CMenuItem> (100.0f, 100.0f,
        _T ("res/Menu Center01.png"), _T (""));
    m_cover = make_shared<CMenuItem> (100.0f, 100.0f,
        _T ("res/Menu Center02.png"), _T (""));
    m_cover2 = make_shared<CMenuItem> (100.0f, 100.0f,
        _T ("res/Menu Center02.png"), _T (""));
    m_item0 = make_shared<CMenuItem> (200.0f, 100.0f,
        _T ("res/MenuItem00.png"), _T ("I'm 忍者"));
    m_item1 = make_shared<CMenuItem> (300.0f, 100.0f,
        _T ("res/MenuItem01.png"), _T ("你敢小看粉刷匠??"));
    m_item2 = make_shared<CMenuItem> (400.0f, 100.0f,
        _T ("res/MenuItem02.png"), _T ("其实我不是锤子"));
    m_item3 = make_shared<CMenuItem> (500.0f, 100.0f,
        _T ("res/MenuItem03.png"), _T ("同桌的橡皮"));
    {
        RECT rc;
        GetWindowRect (m_hWnd, &rc);
        PointF pt ((rc.right - rc.left) / 2.0f, (rc.bottom - rc.top) / 2.0f);
        SetCenterPos (pt);
    }
    InitAnimateInfo0 ();
}

CDMenu::~CDMenu()
{

}

//重新初始化各菜单子项及其位置信息
void CDMenu::InitAnimateInfo0()
{
```

```
    //获取屏幕中心点的位置，并设置各项的位置
    RECT rc;
    GetWindowRect(m_hWnd, &rc);
    //中心点
    PointF pt = GetCenterPos();
    //设置各项的中心点
    m_box->SetCenterPos(pt);
    //菜单的中心点在箱子中心
    m_item0->SetCenterPos(pt);
    m_item1->SetCenterPos(pt);
    m_item2->SetCenterPos(pt);
    m_item3->SetCenterPos(pt);
    //盖子的中心点在箱子的上面
    {
        PointF pt2 = pt;
        pt2.Y -= 30;
        m_cover->SetCenterPos(pt2);          //m_cover 为打开的盖子
    }
    {
        PointF pt2 = pt;
        pt2.Y -= 30;
        m_cover2->SetCenterPos(pt2);         //m_cover2 为关闭的盖子
    }
    //初始化动画信息
    m_box->InitAnimateInfo3(pt.X, pt.Y);
    m_cover->InitAnimateInfo1(pt.X, pt.Y - 100, PI(0.5f));
    //初始化 4 个菜单子项的动画
    m_item0->InitAnimateInfo0(pt.X, pt.Y, 0.0f);
    m_item1->InitAnimateInfo0(pt.X, pt.Y, PI(0.5f));
    m_item2->InitAnimateInfo0(pt.X, pt.Y, PI(1.0f));
    m_item3->InitAnimateInfo0(pt.X, pt.Y, PI(1.5f));
     //初始化动画信息
    m_cover2->InitAnimateInfo1(pt.X, pt.Y - 100, PI(0.5f));
    m_cover2->InitAnimateInfoReverse();
}

//根据自己当前的属性画自己
void CDMenu::Draw(Gdiplus::Graphics &gh)
{
    switch(m_eStatus) {
        case EStatusOverCover1: {                //当前状态为盖子打开过程
            PointF pt = GetCenterPos();
            if(m_cover->IsAnimateEnd()) {        //如果动画完毕
                m_eStatus = EStatusItem0;        //转化为第一个菜单项飞出过程动画
                break;
            }
            m_box->Draw(gh);                     //此时需要画盒子
            m_cover->Draw(gh);                   //此时需要画盖子(打开状态)
            break;
        }
        case EStatusItem0: {                     //菜单项一飞出过程
            if(m_item0->IsAnimateEnd()) {
                m_eStatus = EStatusItem1;
                break;
            }
            m_box->Draw(gh);
            m_cover->Draw(gh);
            m_item0->Draw(gh);
            break;
        }
        case EStatusItem1: {                     //菜单项二飞出过程
            if(m_item1->IsAnimateEnd()) {
                m_eStatus = EStatusItem2;
                break;
            }
            m_box->Draw(gh);
            m_cover->Draw(gh);
            m_item0->Draw(gh);
            m_item1->Draw(gh);
```

```
                break;
            }
            case EStatusItem2: {                    //菜单项三飞出过程
                if(m_item2->IsAnimateEnd()) {
                    m_eStatus = EStatusItem3;
                    break;
                }
                m_box->Draw(gh);
                m_cover->Draw(gh);
                m_item0->Draw(gh);
                m_item1->Draw(gh);
                m_item2->Draw(gh);
                break;
            }
            case EStatusItem3: {                    //菜单项四飞出过程
                if(m_item3->IsAnimateEnd()) {
                    m_eStatus = EStatusOverCover2;
                    break;
                }
                m_box->Draw(gh);
                m_cover->Draw(gh);
                m_item0->Draw(gh);
                m_item1->Draw(gh);
                m_item2->Draw(gh);
                m_item3->Draw(gh);
                break;
            }
            case EStatusOverCover2: {               //盒子关闭过程
                if(m_cover2->IsAnimateEnd()) {
                    m_eStatus = EStatusAll;
                    break;
                }
                m_box->Draw(gh);                    //画盒子
                m_cover2->Draw(gh);                 //盖子
                m_item0->Draw(gh);
                m_item1->Draw(gh);
                m_item2->Draw(gh);
                m_item3->Draw(gh);
                break;
            }
            case EStatusAll: {                      //到此，动画过程结束
                m_box->Draw(gh);
                m_cover2->Draw(gh);
                m_item0->Draw(gh);
                m_item1->Draw(gh);
                m_item2->Draw(gh);
                m_item3->Draw(gh);
                break;
            }
            default:
                break;
        }
}

void CDMenu::EndAnimate()                           //调用此函数结束所有的动画过程
{
    m_eStatus = EStatusAll;                         //设置状态为动画全部结束
    m_item0->EndAnimate();                          //结束菜单项一动画过程
    m_item1->EndAnimate();                          //结束菜单项二动画过程
    m_item2->EndAnimate();                          //结束菜单项三动画过程
    m_item3->EndAnimate();                          //结束菜单项四动画过程
    m_cover->EndAnimate();                          //结束盖子动画过程
    m_cover2->EndAnimate();                         //结束盖子动画过程
}
//鼠标左键按下
bool CDMenu::OnLButtonDown(UINT nFlags, CPoint point)
{
    //查看命中了哪个菜单
    if(m_item0->OnLButtonDown(nFlags, point)) {
```

```
            //结束动画
            EndAnimate();
            AfxMessageBox (_T ("设置游戏进入游戏阶段，并设置当前工具为 CShooter0"));
            return true;
        }
        if(m_item1->OnLButtonDown(nFlags, point)) {
            //结束动画
            EndAnimate();
            //获得屏幕高度
            RECT rc;
            GetClientRect(m_hWnd, &rc);
            AfxMessageBox (_T ("设置游戏进入游戏阶段，并设置当前工具为 CShooter1"));
            return true;
        }
        if(m_item2->OnLButtonDown(nFlags, point)) {
            //结束动画
             EndAnimate();
            AfxMessageBox(_T("设置游戏进入游戏阶段，并设置当前工具为 CShooter2"));
            return true;
        }
        if(m_item3->OnLButtonDown(nFlags, point)) {
            //结束动画
            EndAnimate();
            AfxMessageBox(_T("设置游戏进入游戏阶段，并设置当前工具为 CShooter3"));
            return true;
        }
        return false;
}

//鼠标右键按下
bool CDMenu::OnRButtonDown(UINT nFlags, CPoint point)
{
        return false;
}

//鼠标移动
bool CDMenu::OnMouseMove(UINT nFlags, CPoint point)
{
        //调用各个菜单项的函数，把鼠标消息转发给它们,以便各自进行处理
        if(m_item0->OnMouseMove(nFlags, point)) {
            return true;
        }
        if(m_item1->OnMouseMove(nFlags, point)) {
            return true;
        }
        if(m_item2->OnMouseMove(nFlags, point)) {
            return true;
        }
        if(m_item3->OnMouseMove(nFlags, point)) {
            return true;
        }
        return false;
}
```

8.5.2 “飞出”的工具

菜单的盒子打开后，会“飞”出 4 个小工具。

这些小工具的类名为 CMenuItem。该类能够播放动画（实现由小到大的飞出效果）并响应鼠标消息（用于确定选择哪个工具）。该类为 IDrawable 和 IMouseAction 的子类，主要实现 Draw()函数和鼠标消息处理函数。在工程中增加 CMenuItem 类。打开 MenuItem.h 文件，删除原有内容，并输入以下代码：

```
#pragma once

#include "IDrawable.h"
#include "IMouseAction.h"
```

```
/*
    选择工具的菜单界面的菜单项
*/
class CMenuItem
    : public IDrawable
    , public IMouseAction
{
public:
    CMenuItem();
    CMenuItem(float x, float y, const TCHAR *szImg, const TCHAR *szTips);
    virtual ~CMenuItem();
    //根据自己当前的属性画自己
    virtual void Draw(Gdiplus::Graphics &gh);
    ////////////////////////////////////////////////////////////////////////////
    //处理鼠标消息
    //如果不处理，则返回 false，父类可以据此判断是否继续进行处理
    //鼠标左键按下
    virtual bool OnLButtonDown(UINT nFlags, CPoint point);
    //鼠标右键按下
    virtual bool OnRButtonDown(UINT nFlags, CPoint point);
    //鼠标移动
    virtual bool OnMouseMove(UINT nFlags, CPoint point);
    //开始播放动画
    void StartAnimate();
    //设置动画信息：飞出，散布在四周
    void InitAnimateInfo0(float x, float y, float dir);
    //设置动画信息：以中心点为轴进行翻转
    void InitAnimateInfo1(float x, float y, float dir);
    //设置动画信息：以中心点为轴进行翻转，并设置为逆向翻传
    void InitAnimateInfoReverse();
    //设置动画信息：什么也不做
    void InitAnimateInfo3(float x, float y);
    //停止播放动画，直接跳到最后（静止下来）
    void EndAnimate()
    {
        m_indexAnimate = m_vAnimateInfo.size();
    }
    //检查动画是否播放完毕
    bool IsAnimateEnd() const
    {
        return m_indexAnimate != 0 && m_indexAnimate >= m_vAnimateInfo.size();
    }
private:
    //图片
    Image *m_img{ nullptr };
    //最初的大小
    SizeF m_sizeInit;
    //动画相关信息
    typedef struct {
        SizeF size;
        PointF pos;
    } SAnimateInfo;
    std::vector<SAnimateInfo> m_vAnimateInfo;
    //当前动画帧的位置
    size_t m_indexAnimate;
    //标记当前是否为飞出动画
    bool m_bAnimate{ false };
    //标记当前是否为翻转动画
    bool m_bAnimate2{ false };
};
```

MenuItem.cpp 文件包含了 CMenuItem 类的实现代码。该类主要实现了 3 种动画效果：翻转、逆向翻转及由小到大飞出。该文件中的完整代码如下：

```
#include "stdafx.h"
#include "MenuItem.h"
```

```
CMenuItem::CMenuItem()
{
}

CMenuItem::CMenuItem(float x, float y, PCTSTR szImg, PCTSTR szTips)
{
    m_img = Image::FromFile(szImg);
    int width = m_img->GetWidth();
    int height = m_img->GetHeight();
    //计算菜单占用的区域
    RectF r(static_cast<float>(x)
            , static_cast<float>(y)
            , static_cast<float>(width)
            , static_cast<float>(height));
    SetRect(r);
    m_sizeInit.Width = (float)width;
    m_sizeInit.Height = (float)height;

}

CMenuItem::~CMenuItem()
{
}

//根据自己当前的属性画自己
void CMenuItem::Draw(Gdiplus::Graphics &gh)
{
    if(m_indexAnimate >= m_vAnimateInfo.size()) {
        //不进行缩放移动位置等操作
        m_indexAnimate = m_vAnimateInfo.size();
        if(m_indexAnimate == 0) {
            return;
        }
        m_indexAnimate--;
    }
    {
        auto const &info = m_vAnimateInfo[m_indexAnimate++];
        SetCenterPos(info.pos);                                 //移动位置
        SetSize(info.size.Width, info.size.Height);             //缩放
    }
    gh.DrawImage(m_img, GetRect());
}

//鼠标左键按下
bool CMenuItem::OnLButtonDown(UINT nFlags, CPoint point)
{
    //查看命中了哪个菜单
    if(this->GetRect().Contains((float)point.x, (float)point.y)) {
        return true;
    }
    else {
        return false;
    }
}

//鼠标右键按下
bool CMenuItem::OnRButtonDown(UINT nFlags, CPoint point)
{
    //什么也不做
    return false;
}

//鼠标移动
bool CMenuItem::OnMouseMove(UINT nFlags, CPoint point)
{
    return false;
}

//开始播放动画;
```

```
void CMenuItem::StartAnimate()
{

}

//设置动画信息:飞出，散布在四周
void CMenuItem::InitAnimateInfo0(float x, float y, float dir)
{
    if(m_bAnimate) {
        return;
    }
    else {
        m_bAnimate = true;
    }
    //初始
    m_indexAnimate = 0;
    //清空运动路径信息
    m_vAnimateInfo.clear();
    //初始大小
    float w = m_sizeInit.Width * 0.01f, h = m_sizeInit.Height * 0.01f;
    //原始大小
    float ww = m_sizeInit.Width, hh = m_sizeInit.Height;
    //最大
    float www = m_sizeInit.Width * 2.0f, hhh = m_sizeInit.Height * 2.0f;
    SAnimateInfo info;
    //第一个位置
    {
        info.size.Width = w;
        info.size.Height = h;
        info.pos.X = x;
        info.pos.Y = y;
        m_vAnimateInfo.push_back(info);
    }
    float distance = 1.0f;
    //达到最大值
    while(true) {
        //大小每次增加 10%
        w *= (1 + 0.1f);
        h *= (1 + 0.1f);
        if(w > www && h > hhh) {
            break;
        }
        //位置每次移动 Distance 像素
        x += distance * cos(PI(2) - dir);
        y += distance * sin(PI(2) - dir);
        {
            info.size.Width = w;
            info.size.Height = h;
            info.pos.X = x;
            info.pos.Y = y;
            m_vAnimateInfo.push_back(info);
        }
    }
    distance = 4.0f;
    //恢复到原始值
    while(true) {
        //大小每次增加 10%
        w *= (1.0f - 0.03f);
        h *= (1.0f - 0.03f);
        if(w <= ww && h <= hh) {
            break;
        }
        //位置每次移动 Distance 像素
        x += distance * cos(PI(2) - dir);
        y += distance * sin(PI(2) - dir);
        {
            info.size.Width = w;
            info.size.Height = h;
            info.pos.X = x;
```

```
            info.pos.Y = y;
            m_vAnimateInfo.push_back(info);
        }
    }
    //将初始大小信息放入数组中
    info.size = m_sizeInit;
    info.pos.X = x;
    info.pos.Y = y;
    m_vAnimateInfo.push_back(info);
}
```

8.5.3 显示游戏菜单

游戏启动时，首先显示游戏菜单。前文已经编写好了游戏菜单的代码，接下来我们将把这些代码整合到程序中，以激活游戏菜单的功能。具体步骤如下。

（1）引入头文件。打开 Game.h 文件，并在#pragma once 下方增加以下代码：

```
#include "DMenu.h"
#include "Shooter.h"
```

（2）声明菜单和工具类的变量。在 Gdiplus::Bitmap *m_imgBk;下方增加以下代码：

```
std::shared_ptr<CDMenu> m_menu;                    //菜单

std::shared_ptr<CShooter> m_pTool;                 //当前选择的工具
```

（3）打开 Game.cpp 文件，在#include "ScreenTools.h"下方增加以下代码：

```
#include "IMark.h"
```

（4）在 g_game = this;下方增加以下代码：

```
#include "IMark.h"
```

（5）找到 void CGame::OnLButtonDown(UINT nFlags, CPoint point)，然后在其下方找到 case CGame::EGameStatusSelect: { 这一分支。在该分支下方增加以下代码，以便菜单能够接收到左键按下的消息：

```
//菜单阶段：交给 m_menu 菜单进行处理
if (m_menu->OnLButtonDown (nFlags, point)) {
    break;
}
```

（6）找到 void CGame::OnLButtonDown(UINT nFlags, CPoint point)，然后在其下方找到 case CGame::EGameStatusSelect: { 这一分支。在该分支下方增加以下代码，以便菜单可以接收到左键按下的消息：

```
//菜单阶段：交给 m_menu 菜单进行处理
if (m_menu->OnLButtonDown (nFlags, point)) {
    break;
}
```

（7）找到 void CGame::OnRButtonDown(UINT nFlags, CPoint point)，然后在其下方找到 case CGame::EGameStatusSelect: { 这一分支。在该分支下方增加以下代码：

```
//菜单阶段：交给 m_menu 菜单进行处理
if (m_menu->OnRButtonDown (nFlags, point)) {
    break;
}
```

（8）找到 void CGame::OnRButtonUp(UINT nFlags,CPoint point)，然后在其下方找到 case CGame::EGameStatusSelect: { 这一分支。在该分支下方增加以下代码：

```
//菜单阶段：交给 m_menu 菜单进行处理
if (m_menu->OnRButtonUp (nFlags, point)) {
```

```
    break;
}
```

（9）找到 void CGame::Draw()，然后在其下方找到 case CGame::EGameStatusSelect: 这一分支。在该分支下方增加以下代码：

```
//画菜单
if (m_menu) {
    m_menu->Draw (gh);
}
```

（10）找到 case CGame::EGameStatusNormal: ，在其下方插入以下代码以绘制工具：

```
//画出工具
if (m_pTool) {
    m_pTool->Draw (gh);
}
```

8.6 忍者工具模块

本节将设计破坏工具中的“忍者”工具。本节的目标如下：当用户单击菜单上的忍者图标（位于右侧的菜单项）时，菜单将消失，屏幕上会出现一个忍者。用户右击屏幕，忍者将飞到单击的位置；再次右击，忍者将发射飞镖，并在击中处留下破坏痕迹。

8.6.1 实现忍者破坏标记功能

下面，我们先设计忍者发射飞镖之后留下的标记。这个标记类在射到屏幕上之后不再产生变化，仅显示一张图片。由于图片数量有限，为了创造出丰富的视觉效果。每次输出图片时，我们随机选一张图片进行展示，同时变换该图片的角度。图 8.4 显示了忍者破坏标记。

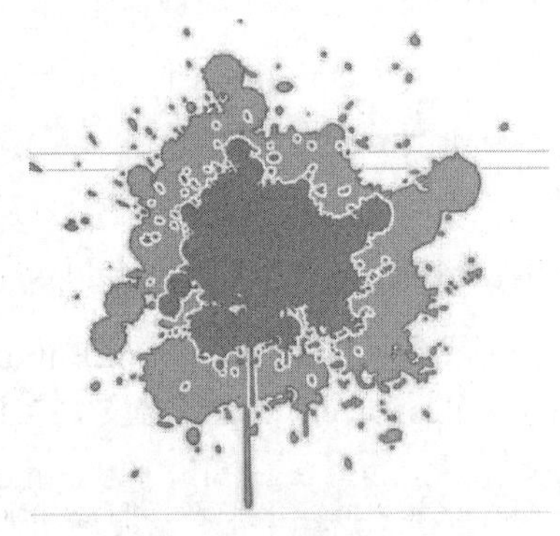

图 8.4 忍者破坏标记

在工程中增加新类，类名为 CShooter0Mark。增加新类之后，打开 Shooter0Mark.h 文件，删除其原有的内容，并输入如下代码：

```
#pragma once
#include "IMark.h"

/*
    忍者在窗口上留下的痕迹
*/
class CShooter0Mark :
    public IMark
{
public:
    CShooter0Mark(float x, float y);
    virtual ~CShooter0Mark();

    //画自己
    virtual void Draw(Gdiplus::Graphics &gh);

    //状态是否在改变中
    virtual bool IsChanging() const;

private:
    std::vector<Image *> m_img;                    //图片
    size_t m_index{ 0 };                           //第几张图片
```

```
    float m_dir;                                           //旋转的角度
};
```

打开文件 Shooter0Mark.cpp，这是一个实现类文件。在构造函数中，我们加载了全部图片，并随机选择一张图片，以一个随机的角度进行绘制。由于飞镖标记发射到屏幕上以后不再变化，因此 IsChanging()函数直接返回 false。现在，清空该文件中原有的内容，并输入以下代码：

```
#include "stdafx.h"
#include "Shooter0Mark.h"

CShooter0Mark::CShooter0Mark(float x, float y)
{
    //载入图片
    m_img.push_back(Image::FromFile(
        _T("res/Foton The Desktop Hero Left Fire Marks 0.png")));
    m_img.push_back(Image::FromFile(
        _T("res/Foton The Desktop Hero Left Fire Marks 1.png")));
    m_img.push_back(Image::FromFile(
        _T("res/Foton The Desktop Hero Left Fire Marks 2.png")));
    m_img.push_back(Image::FromFile(
        _T("res/Foton The Desktop Hero Left Fire Marks 3.png")));
    m_img.push_back(Image::FromFile(
        _T("res/Foton The Desktop Hero Left Fire Marks 4.png")));
    srand(GetTickCount());                                 //生成[0,5)之间的随机整数
    m_index = rand() % 5;
    m_dir = Degree2Radian((rand() / 360));                 //生成 [0,360) 之间的随机整数
    //设置自己的大小
    RectF rc;
    rc.X = 0;                                              //设置位置为屏幕左上角(0,0)
    rc.Y = 0;
    rc.Width = (float)m_img[0]->GetWidth();                //设置宽度为图片本身的宽度
    rc.Height = (float)m_img[0]->GetHeight();              //设置高度为图片本身的高度
    SetRect(rc);
    SetCenterPos(x, y);                                    //设置中心点
}

CShooter0Mark::~CShooter0Mark()
{
    //析构函数不执行任何操作
}

void CShooter0Mark::Draw(Gdiplus::Graphics &gh)
{
    gh.DrawImage(m_img[m_index], GetRect());               //绘制代表自身的图片
}

bool CShooter0Mark::IsChanging() const
{
    return false;                                          //直接返回 false,代表该标记没有变化
}
```

8.6.2 实现忍者工具功能

下面，我们先设计忍者发射飞镖之后留下的标记。这个标记类在射到屏幕上之后不再产生变化，仅显示一张图片。由于图片数量有限，为了创造出丰富的视觉效果。每次显示图片时，我们会随机选一张图片进行展示，同时变换该图片的角度。本节设计“忍者”工具本身。该工具通过处理鼠标消息，根据鼠标位置发射飞镖，而飞镖即是前一节设计的 CShooter0Mark 类。忍者工具如图 8.5 所示。

图 8.5　忍者工具

在工程中增加一个新类，类名为 CShooter0。增加该类之后，打开 Shooter0.h 文件，并输入以下代码：

```
#pragma once
```

```
#include "Shooter.h"
#include "GameTimer.h"

/*
    忍者类
*/
class CShooter0 :
    public CShooter
{
public:
    CShooter0();
    virtual ~CShooter0();
    //根据自己当前的属性画自己
    virtual void Draw(Gdiplus::Graphics &gh);
    ////////////////////////////////////////////////////////////////////////
    //处理鼠标消息：需要在子类中进行处理
    //如果不处理，则返回 false，父类可以据此判断是否继续进行处理
    //鼠标左键按下
    virtual bool OnLButtonDown(UINT nFlags, CPoint point);

    //鼠标左键抬起
    virtual bool OnLButtonUp(UINT nFlags, CPoint point)
    {
        return false;                                           //代表本类不处理该消息
    }

    //鼠标左键双击
    virtual bool OnLButtonDblClk(UINT nFlags, CPoint point)
    {
        return false;                                           //代表本类不处理该消息
    }

    //鼠标右键按下
    virtual bool OnRButtonDown(UINT nFlags, CPoint point);

    //鼠标右键抬起
    virtual bool OnRButtonUp(UINT nFlags, CPoint point)
    {
        return false;                                           //代表本类不处理该消息
    }

    //鼠标右键双击
    virtual bool OnRButtonDblClk(UINT nFlags, CPoint point)
    {
        return false;                                           //代表本类不处理该消息
    }

    //鼠标移动
    virtual bool OnMouseMove(UINT nFlags, CPoint point)
    {
        return false;                                           //代表本类不处理该消息
    }

private:
    std::vector<Image *> m_vImage;
    //当前处于的阶段
    typedef enum {EStatus0 = 0,
                  EStatusMove0,                                 //移动向右
                  EStatusMove1,                                 //移动向右上
                  EStatusMove2,                                 //移动向上
                  EStatusMove3,                                 //移动向左上
                  EStatusMove4,                                 //移动向左
                  EStatusMove5,                                 //移动向左下
                  EStatusMove6,                                 //移动向下
                  EStatusMove7,                                 //移动向右下
                  EStatusFireLeft,                              //开火向左
                  EStatusFireRight,                             //开火向右
                 } EStatus;
    EStatus m_eStatus{EStatus0};
```

```
    //当前显示的图片
    size_t m_index{0};
    //无动作时，上下晃动
    CGameTimeval m_timer0{500};
    //记录当前是向上还是向下
    bool m_bUp{ false };
    /* 向某方向上移动
        开始移动
        到达后恢复静止状态
    */
    void DrawMove(Gdiplus::Graphics &gh);
    //右击的位置
    PointF m_moveTo;
    //移动的方向
    float m_moveDir;
    /*开火动画处理:开火共有 4 帧动画
        0 原地转身
        1 聚集能量
        2 聚集能量
        3 射击开始
        4 射击中
        5 射击完成
    */
    //两帧图片之间的时间间隔
    CGameTimeval m_timerFire{100};
    //当前显示第几张图片
    size_t m_index_fire{0};
    //绘制开火动画
    void DrawFire(Gdiplus::Graphics &gh);
    //右击的位置
    PointF m_fireTo;
};
```

下面是该类的实现代码：在构造函数中，载入后续输出所需的图片；在 Draw()函数中，根据不同的状态绘制不同的图片；在 DrawFire()函数中，调用 g_game->Append()函数，增加一个飞镖标记，达到发射飞镖的目的。打开 Shooter0.cpp 文件，清空该文件中的原有内容，然后输入以下类的实现代码：

```
#include "stdafx.h"
#include "Shooter0.h"
#include "Shooter0Mark.h"

CShooter0::CShooter0()
{
    //载入图片
    m_vImage.push_back(Image::FromFile(
        _T("res/Foton The Desktop Hero 静.png")));
    m_vImage.push_back(Image::FromFile(
        _T("res/Foton The Desktop Hero 右.png")));
    m_vImage.push_back(Image::FromFile(
        _T("res/Foton The Desktop Hero 右上.png")));
    m_vImage.push_back(Image::FromFile(
        _T("res/Foton The Desktop Hero 上.png")));
    m_vImage.push_back(Image::FromFile(
        _T("res/Foton The Desktop Hero 左上.png")));
    m_vImage.push_back(Image::FromFile(
        _T("res/Foton The Desktop Hero 左.png")));
    m_vImage.push_back(Image::FromFile(
        _T("res/Foton The Desktop Hero 左下.png")));
    m_vImage.push_back(Image::FromFile(
        _T("res/Foton The Desktop Hero 下.png")));
    m_vImage.push_back(Image::FromFile(
        _T("res/Foton The Desktop Hero 右下.png")));
    m_vImage.push_back(Image::FromFile(
        _T("res/Foton The Desktop Hero Fire Path.png")));
    m_vImage.push_back(Image::FromFile(
        _T("res/Foton The Desktop Hero Left Fire 00.png")));
    m_vImage.push_back(Image::FromFile(
```

```
            _T("res/Foton The Desktop Hero Left Fire 01.png")));
        m_vImage.push_back(Image::FromFile(
            _T("res/Foton The Desktop Hero Left Fire 02.png")));
        m_vImage.push_back(Image::FromFile(
            _T("res/Foton The Desktop Hero Left Fire 03.png")));
        m_vImage.push_back(Image::FromFile(
            _T("res/Foton The Desktop Hero Left Fire 04.png")));
        m_vImage.push_back(Image::FromFile(
            _T("res/Foton The Desktop Hero Right Fire 00.png")));
        m_vImage.push_back(Image::FromFile(
            _T("res/Foton The Desktop Hero Right Fire 01.png")));
        m_vImage.push_back(Image::FromFile(
            _T("res/Foton The Desktop Hero Right Fire 02.png")));
        m_vImage.push_back(Image::FromFile(
            _T("res/Foton The Desktop Hero Right Fire 03.png")));
        m_vImage.push_back(Image::FromFile(
            _T("res/Foton The Desktop Hero Right Fire 04.png")));
        //设置本类的大小
        RectF rc;
        rc.Width = (float)m_vImage[0]->GetWidth();
        rc.Height = (float)m_vImage[0]->GetHeight();
        rc.X = 800.0f;
        rc.Y = 600.0f;
        SetRect(rc);
}

CShooter0::~CShooter0()
{
}

//根据自己当前的属性画自己
void CShooter0::Draw(Gdiplus::Graphics &gh)
{
        switch(m_eStatus) {
            case EStatus0: {
                //当前阶段，机器上下晃动
                //设置显示的图片
                m_index = 0;
                //判断时间
                if(m_timer0.IsTimeval()) {
                    m_bUp = !m_bUp;
                    if(m_bUp) {
                        //位置向上移
                        auto pt = GetCenterPos();
                        pt.Y += 1.0f;
                        SetCenterPos(pt);
                    }
                    else {
                        //位置向下移
                        auto pt = GetCenterPos();
                        pt.Y -= 1.0f;
                        SetCenterPos(pt);
                    }
                }
                gh.DrawImage(m_vImage[m_index], GetRect());
                break;
            }
            case EStatusMove0: {                                    //向右移动，画向右的图片
                m_index = 1 + (EStatusMove0 - EStatusMove0);
                gh.DrawImage(m_vImage[m_index], GetRect());
                DrawMove(gh);
                break;
            }
            case EStatusMove1: {                                    //向右上移动，画向右上的图片
                m_index = 1 + (EStatusMove1 - EStatusMove0);
                gh.DrawImage(m_vImage[m_index], GetRect());
                DrawMove(gh);
                break;
            }
```

```
        case EStatusMove2: {                                    //向上移动，画向上的图片
            m_index = 1 + (EStatusMove2 - EStatusMove0);
            gh.DrawImage(m_vImage[m_index], GetRect());
            DrawMove(gh);
            break;
        }
        case EStatusMove3: {                                    //向左上移动，画左上的图片
            m_index = 1 + (EStatusMove3 - EStatusMove0);
            gh.DrawImage(m_vImage[m_index], GetRect());
            DrawMove(gh);
            break;
        }
        case EStatusMove4: {                                    //向左移动，画向左的图片
            m_index = 1 + (EStatusMove4 - EStatusMove0);
            gh.DrawImage(m_vImage[m_index], GetRect());
            DrawMove(gh);
            break;
        }
        case EStatusMove5: {                                    //向左下移动，画向左下的图片
            m_index = 1 + (EStatusMove5 - EStatusMove0);
            gh.DrawImage(m_vImage[m_index], GetRect());
            DrawMove(gh);
            break;
        }
        case EStatusMove6: {                                    //向下移动，画向下的图片
            m_index = 1 + (EStatusMove6 - EStatusMove0);
            gh.DrawImage(m_vImage[m_index], GetRect());
            DrawMove(gh);
            break;
        }
        case EStatusMove7: {                                    //向右下移动，画右下的图片
            m_index = 1 + (EStatusMove7 - EStatusMove0);
            gh.DrawImage(m_vImage[m_index], GetRect());
            DrawMove(gh);
            break;
        }
        case EStatusFireLeft: {                                 //向左开火
            DrawFire(gh);
            break;
        }
        case EStatusFireRight: {                                //向右开火
            DrawFire(gh);
            break;
        }
        default:
            break;
    }
}

void CShooter0::DrawMove(Gdiplus::Graphics &gh)
{
    //只更新位置，直到到达目标位置
    //如果已到达目标位置,则更新状态
    if(GetRect().Contains(m_moveTo)) {
        m_eStatus = EStatus0;
        return;
    }
    //否则移动忍者
    PointF pt = GetCenterPos();
    pt.X += 20.0f * cos(PI(2.0f) - m_moveDir);
    pt.Y += 20.0f * sin(PI(2.0f) - m_moveDir);
    //设置中心位置
    SetCenterPos(pt);
}

void CShooter0::DrawFire(Gdiplus::Graphics &gh)
{
    //画图片
    switch(m_eStatus) {
```

```
case EStatusFireLeft: {
    switch(m_index_fire) {
        case 0: {                                               //小人转身
            auto img = m_vImage[10];
            RectF r = GetRect();
            r.Width = (float)img->GetWidth();
            r.Height = (float)img->GetHeight();
            gh.DrawImage(img, r);
            break;
        }
        case 1: {                                               //聚集能量
            auto img = m_vImage[11];
            RectF r = GetRect();
            r.Width = (float)img->GetWidth();
            r.Height = (float)img->GetHeight();
            gh.DrawImage(img, r);
            break;
        }
        case 2: {                                               //聚集能量
            auto img = m_vImage[12];
            RectF r = GetRect();
            r.Width = (float)img->GetWidth();
            r.Height = (float)img->GetHeight();
            gh.DrawImage(img, r);
            break;
        }
        case 3: {                                               //发射子弹
                                                                //射击开始：发出一颗子弹
            g_game->Append(std::make_shared<CShooter0Mark>(
                m_fireTo.X, GetRect().Y));
            /* break **** 注意此处没有 break ****; */
        }
        case 4: {                                               //发射激光
            const float Y = GetRect().Y;
            const float X = GetRect().X;
            const float YY = Y;
            const float XX = m_fireTo.X + 30.0f;
            //绘制小人身体及其动作
            {
                auto img = m_vImage[13];
                gh.DrawImage(img, X, Y);
            }
            //绘制激光中间部分
            {
                auto img = m_vImage[9];
                float left = X + 52;
                //拼接图片进行输出，因为中间部分长度不确定，不能事先确定图片的长度
                while(left >= (XX + 60.0f)) {
                    gh.DrawImage(img, left, Y, (float)img->GetWidth(),
                        (float)img->GetHeight());
                    left -= (-2.0f + (float)img->GetWidth());
                }
            }
            //绘制击中部分
            {
                //这个要根据单击的位置绘制图片
                auto img = m_vImage[14];
                gh.DrawImage(img, XX, Y);                       //绘制出图片
            }
            break;
        }
        case 5: {                                               //再转身回去
            auto img = m_vImage[10];
            RectF r = GetRect();
            r.Width = (float)img->GetWidth();
            r.Height = (float)img->GetHeight();
            gh.DrawImage(img, r);                               //绘制出图片
            break;
        }
```

```
            case 6: {
                m_eStatus = EStatus0;
                return;
            }
            default:
                break;
        }
        break;
    }
    case EStatusFireRight: {
        switch(m_index_fire) {
            case 0: {                                              //小人转身
                auto img = m_vImage[15];
                RectF r = GetRect();
                r.Width = (float)img->GetWidth();
                r.Height = (float)img->GetHeight();
                gh.DrawImage(img, r);
                break;
            }
            case 1: {                                              //聚集能量
                auto img = m_vImage[16];
                RectF r = GetRect();
                r.Width = (float)img->GetWidth();
                r.Height = (float)img->GetHeight();
                gh.DrawImage(img, r);
                break;
            }
            case 2: {                                              //聚集能量
                auto img = m_vImage[17];
                RectF r = GetRect();
                r.Width = (float)img->GetWidth();
                r.Height = (float)img->GetHeight();
                gh.DrawImage(img, r);
                break;
            }
            case 3: {                                              //发射子弹
                //射击开始:发出一颗子弹
                g_game->Append(std::make_shared<CShooter0Mark>(
                    m_fireTo.X, GetRect().Y));
            }
            case 4: {
                const float Y = GetRect().Y;
                const float X = GetRect().X;
                const float YY = Y;
                const float XX = m_fireTo.X - m_vImage[19]->GetWidth() + 30.0f;
                //绘制小人身体及其动作
                {
                    auto img = m_vImage[18];
                    gh.DrawImage(img, X, Y, (float)m_vImage[18]->GetWidth(),
                        (float)m_vImage[18]->GetHeight());
                }
                //画激光中间部分
                {
                    auto img = m_vImage[9];
                    float left = X + 50;
                    while(left <= (XX)) {
                        gh.DrawImage(img, left, Y + 4,
                            (float)img->GetWidth(),
                            (float)img->GetHeight());
                        left += (-2 + (float)img->GetWidth());
                    }
                }
                //绘制击中部分
                {
                    //根据单击的位置绘制图片
                    auto img = m_vImage[19];
                    gh.DrawImage(img, XX, Y,
                        (float)m_vImage[19]->GetWidth(),
                        (float)m_vImage[19]->GetHeight());
```

```
                    }
                    break;
                }
                case 5: {
                    auto img = m_vImage[15];
                    RectF r = GetRect();
                    r.Width = (float)img->GetWidth();
                    r.Height = (float)img->GetHeight();
                    gh.DrawImage(img, r);
                    break;
                }
                case 6: {
                    m_eStatus = EStatus0;
                    return;
                }
                default:
                    break;
            }
            break;
        }
        default:
            break;
    }
    //判断状态
    if(m_timerFire.IsTimeval()) {      //如果时间间隔到达，才进行切换状态的操作，这样是为了防止速度过快
        int times = m_timerFire.GetTimes();
        if(times > 6) {
            m_index_fire = 6;
        }
        else if(times > 5) {
            m_index_fire = 5;
        }
        else if(times > 4) {
            m_index_fire = 4;
        }
        else if(times > 3) {
            m_index_fire = 3;
        }
        else if(times > 2) {
            m_index_fire = 2;
        }
        else if(times > 1) {
            m_index_fire = 1;
        }
        else if(times > 0) {
            m_index_fire = 0;
        }
    }
}

////////////////////////////////////////////////////////////////////////////////
//处理鼠标消息：需要在子类中进行处理
//如果不处理，则返回 false，父类可以据此判断是否继续进行处理
//鼠标左键按下
bool CShooter0::OnLButtonDown(UINT nFlags, CPoint point)
{
    //根据当前位置和单击位置计算角度
    PointF ptCenter = GetCenterPos();
    //单击位置
    PointF ptDest(static_cast<float>(point.x), static_cast<float>(point.y));
    //记录移动的目的地
    m_moveTo = ptDest;
    //计算夹角
    float theta = std::atan2<float>(- (ptDest.Y - ptCenter.Y),
        ptDest.X - ptCenter.X);
    if(theta < 0.0f) {
        theta = PI(2.0f) + theta;
    }
    //记录移动的方向
```

```
    m_moveDir = theta;
    //平面直角坐标系统被分成8分，当角度落在某个区间时，分别进行处理(如：显示不同的图片)
    float a_per = PI(2.0f / 8.0f); /* 2PI / 8 */
    float a_per_half = (a_per / 2.0f);
    float a_start = -a_per_half;
    int i = 0;
    for(; i < 7; ++i) {
        float min = a_start + i * a_per;
        float max = a_start + (1 + i) * a_per;
        if(min <= theta && theta < max) {
            //设置当前的状态
            m_eStatus = (EStatus)(i + EStatusMove0);
            break;
        }
    }
    //直接落入第8个位置;
    if(i == 7) {
        //设置当前的状态
        m_eStatus = (EStatus)(i + EStatusMove0);
        return true;
    }
    //这里是不可能走到的
    return false;
}

//鼠标右键按下
bool CShooter0::OnRButtonDown(UINT nFlags, CPoint point)
{
    //根据当前位置和单击位置计算射击距离等
    PointF ptCenter = GetCenterPos();
    //单击位置
    PointF ptDest(static_cast<float>(point.x), static_cast<float>(point.y));
    //记录鼠标单击的位置，也是开火目的地
    m_fireTo = ptDest;
    //向右开火
    if(ptDest.X > ptCenter.X) {
        m_eStatus = EStatusFireRight;
    }
    //向左开火
    else {
        m_eStatus = EStatusFireLeft;
    }
    //重新开始计时
    m_timerFire.Restart();
    //重置帧序号
    m_index_fire = 0;
    return true;
}
```

8.6.3 使用忍者破坏桌面

忍者破坏桌面的效果如图 8.6 所示。

单击菜单右侧的菜单项后，忍者工具将被绘制到屏幕上同时游戏场景会立即切换到破坏桌面的阶段。之前的代码仅弹出一个对话框，下面我们修改代码，以便在屏幕上绘制忍者工具。

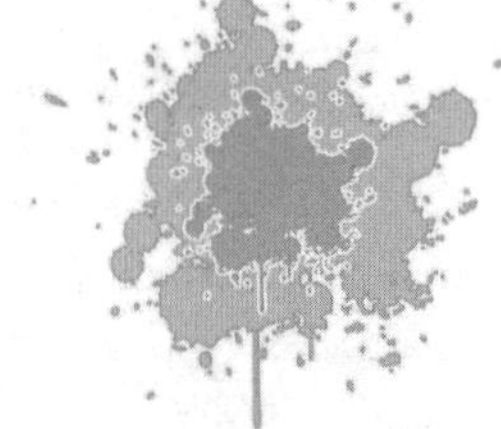

图 8.6　忍者破坏桌面的效果

（1）打开 Game.h 文件，在 BOOL OnESC();下方增加以下代码：

```
//设置进入游戏阶段，并设置工具
void SetStatusNormal (std::shared_ptr<CShooter> pTool, BOOL bCursor = FALSE)
{
    //设置使用的工具
    m_pTool = pTool;
    //设置游戏状态
    m_eStatus = EGameStatusNormal;
```

```
    //隐藏鼠标
    if (!bCursor) {
        while (true) {
            int i = ShowCursor (FALSE);
            TRACE ("隐藏光标 %d \r\n", i);
            if (i < 0) {
                break;
            }
        }
    }
    else {
        int i = ShowCursor (bCursor);
        TRACE ("显示光标 %d \n", i);
    }
}
```

（2）打开 DMenu.cpp，在#include "Shooter.h"一行下面，添加以下代码：

```
#include "Shooter0.h"
```

（3）在文件中找到 if(m_item0->OnLButtonDown(nFlags, point)) {，然后向下找到邻近的 EndAnimate(); 语句，删除与原有的提示对话框相关代码，即“AfxMessageBo...”这一行，之后在其下方添加以下代码：

```
//设置游戏进入游戏阶段，并设置当前工具为 CShooter0
g_game->SetStatusNormal (make_shared<CShooter0> (), TRUE);
```

（4）打开 Game.cpp 文件，找到 void CGame::OnLButtonDown(UINT nFlags,CPoint point)，然后向下寻找最近的 case CGame::EGameStatusNormal: { ，在其下方添加以下代码：

```
//游戏阶段
m_pTool->OnLButtonDown(nFlags, point);
```

（5）找到 void CGame::OnLButtonUp (UINT nFlags, CPoint point)，然后向下寻找最近的 case CGame::EGameStatusNormal: { ，在其下方添加以下代码：

```
//游戏阶段
m_pTool-> OnLButtonUp (nFlags, point);
```

（6）找到 void CGame::OnRButtonDown(UINT nFlags, CPoint point)，然后向下寻找最近的 case CGame::EGameStatusNormal: { ，在其下方添加以下代码：

```
//游戏阶段
m_pTool->OnRButtonDown(nFlags, point);
```

（7）找到 void CGame::OnRButtonUp (UINT nFlags, CPoint point)，然后向下寻找最近的 case CGame::EGameStatusNormal: { ，在其下方添加以下代码：

```
//游戏阶段
m_pTool-> OnRButtonUp (nFlags, point);
```

（8）找到 void CGame::OnMouseMove(UINT nFlags, CPoint point)，然后向下寻找最近的 case CGame::EGameStatusNormal: { ，在其下方添加以下代码：

```
//游戏阶段
m_pTool-> OnMouseMove (nFlags, point);
```

（9）找到 gh.ResetClip(); ，在其下方添加以下代码：

```
//合并背景图和不再变动的标记
if (!m_vMarks.empty ()) {
    Graphics gh (m_imgBk);
    for (auto ptr : m_vMarks) {
        //对于不再变化的标记，直接将其合并到背景图片中，以提高绘图效率
        if (!ptr->IsChanging ()) {
            ptr->Draw (gh);
```

```
        }
    }
    //删除不再变化的标记
    m_vMarks.erase (std::remove_if (m_vMarks.begin (),
        m_vMarks.end (),
        [](auto & lhs)->bool {return !lhs->IsChanging (); })
        , m_vMarks.end ());
}
```

8.7 粉刷匠工具模块

本节将设计破坏工具中的“粉刷匠”工具。本节的目标是：用户可以通过鼠标控制粉刷匠在楼梯上上下移动，长按鼠标左键可以粉刷痕迹，右击一次则可以更换粉刷痕迹的颜色。

8.7.1 实现粉刷匠粉刷痕迹功能

粉刷痕迹为一系列连续输出的图片组成，这些图片连在一起就形成了一条曲线。如图 8.7 所示。

图 8.7 粉刷匠粉刷痕迹

该类具有通击右击来改变颜色的功能，能够绘制并输出多种颜色的线条。因此，该标记类需要载入多种不同颜色的图片，并在用户右击后切换要显示的图片。在工程中增加一个名为 CShooter1Mark 的类，然后打开 Shooter1Mark.h 文件，清空其原有的内容，并输入以下代码：

```
#pragma once
#include "IMark.h"

/*
    忍者，激光在窗口上留下的痕迹
 */
class CShooter1Mark :
    public IMark
{
public:
    CShooter1Mark(float x, float y, int index=0);
    virtual ~CShooter1Mark();
    //画自己
    virtual void Draw(Gdiplus::Graphics &gh);
    //状态是否正在变化中
    virtual bool IsChanging() const;

private:
    //图片
    std::vector<Image*> m_img;
    //第几张图片
    size_t m_index{0};
};
```

下面是该类的具体实现。如前文所述，在构造函数中，我们将载入 6 张图片；同时，我们初始化 m_index 成员变量，该变量用于记住当前正在显示的是哪一张图片。接下来，打开 Shooter1Mark.cpp 文件，删除其原有的内容，并输入以下代码：

```
#include "stdafx.h"
#include "Shooter1Mark.h"

CShooter1Mark::CShooter1Mark(float x, float y, int index)
{
    //载入图片
    m_img.push_back(Image::FromFile(_T("res/Pablo The Painter Mark 0.png")));
```

```
    m_img.push_back(Image::FromFile(_T("res/Pablo The Painter Mark 1.png")));
    m_img.push_back(Image::FromFile(_T("res/Pablo The Painter Mark 2.png")));
    m_img.push_back(Image::FromFile(_T("res/Pablo The Painter Mark 3.png")));
    m_img.push_back(Image::FromFile(_T("res/Pablo The Painter Mark 4.png")));
    m_img.push_back(Image::FromFile(_T("res/Pablo The Painter Mark 5.png")));
    //记录第几张图片
    m_index = index;
    //设置大小
    RectF rc;
    rc.X = 0;
    rc.Y = 0;
    rc.Width = (float)m_img[0]->GetWidth();
    rc.Height = (float)m_img[0]->GetHeight();
    SetRect(rc);
    //设置中心点
    SetCenterPos(x, y);
}

CShooter1Mark::~CShooter1Mark()
{
}

void CShooter1Mark::Draw(Gdiplus::Graphics &gh)
{
    //画当前的图片
    gh.DrawImage(m_img[m_index], GetRect());
}

bool CShooter1Mark::IsChanging() const
{
    //状态始终保持不变
    return false;
}
```

8.7.2 实现粉刷匠工具功能

粉刷匠工具是一个在梯子上爬行的小人。粉刷匠工具如图 8.8 所示。

单击鼠标开始输出标记，单击右键变换输出标记的颜色。因此，该类需要响应鼠标移动消息、鼠标左键单击消息和鼠标右键单击消息。在工程中增加一个名为 CShooter1 的类，之后打开 Shooter1.h 文件，删除其原有的内容，并输入以下代码：

图 8.8　粉刷匠工具

```
#pragma once
#include "Shooter.h"

/*
    粉刷匠
*/
class CShooter1 :
    public CShooter
{
public:
    CShooter1(int height);
    virtual ~CShooter1();
    //根据自己当前的属性绘制自己
    virtual void Draw(Gdiplus::Graphics &gh);
    ////////////////////////////////////////////////////////////////////////////
    //处理鼠标消息：需要在子类中进行处理
    //如果不处理，则返回 false，父类可以据此判断是否继续进行处理
    //鼠标左键按下
    virtual bool OnLButtonDown(UINT nFlags, CPoint point);

    //鼠标左键抬起
    virtual bool OnLButtonUp(UINT nFlags, CPoint point);

    //鼠标左键双击
```

```
    virtual bool OnLButtonDblClk(UINT nFlags, CPoint point)
    {
        return false;
    }

    //鼠标右键按下
    virtual bool OnRButtonDown(UINT nFlags, CPoint point);

    //鼠标右键抬起
    virtual bool OnRButtonUp(UINT nFlags, CPoint point)
    {
        return false;
    }

    //鼠标右键双击
    virtual bool OnRButtonDblClk(UINT nFlags, CPoint point)
    {
        return false;
    }

    //鼠标移动
    virtual bool OnMouseMove(UINT nFlags, CPoint point);

private:
    //梯子的高度
    int m_nHeight{1024};
    //0:梯子;1:右,2:右回头;3:左,4 左回头;5:粉刷
    int m_status{ 1 };
    //前一次的状态
    int m_statusLast{1};
    //当前鼠标所在的位置
    PointF m_mousePos{0.0f, 0.0f};
    //上一步绘制之前鼠标所在的位置
    PointF m_mousePosLast{0.0f, 0.0f};
    //鼠标上下移动，小人也跟着移动
    //这里记录上次换腿时的位置,以及需要换腿的纵向距离
    PointF m_lastChangePos{0.0f, 0.0f};
    //变化的距离(纵向变化超过距离，换腿,即显示另一张图片)
    const float m_distanceChange{23.0f};
    //记录当前的颜色[0, 6)
    int m_iColorIndex{ 0 };
    //梯子的图片
    Image *m_img0;
    Image *m_img1;
    Image *m_img2;
    Image *m_img3;
    Image *m_img4;
    //绘制图片
    Image *m_img5;
};
```

在类的实现部分，我们需要加载该工具对应的图片、实现鼠标消息响应函数，以及实现绘制函数。在绘制函数中，由于屏幕高度在设计程序时无法确定，因此梯子的长度也无法确定，这就导致无法使用一张完整的图片来展示梯子。这里，我们采用重复绘制同一张图片的方法，将其拼接成一架完整的梯子。接下来，请打开 Shooter1.cpp 文件，删除该文件中的原有内容，并输入以下代码：

```
#include "stdafx.h"
#include "Shooter1.h"
#include "Shooter1Mark.h"

CShooter1::CShooter1 (int height) : m_nHeight (height)
{
    //载入图片
    m_img0 = Image::FromFile (_T ("res/Pablo The Painter 00.png"));
    m_img1 = Image::FromFile (_T ("res/Pablo The Painter 01.png"));
    m_img2 = Image::FromFile (_T ("res/Pablo The Painter 02.png"));
    m_img3 = Image::FromFile (_T ("res/Pablo The Painter 03.png"));
```

```
    m_img4 = Image::FromFile (_T ("res/Pablo The Painter 04.png"));
    m_img5 = Image::FromFile (_T ("res/Pablo The Painter 05.png"));
}

CShooter1::~CShooter1 ()
{
}

//根据自己当前的属性画自己
void CShooter1::Draw (Gdiplus::Graphics &gh)
{
    //先画梯子它是通过拼接而成的
    //画图片
    auto drawImg = [&](Image * img) {
        RectF rc;
        rc.X = m_mousePos.X;
        rc.Y = m_mousePos.Y;
        rc.Width = (float)img->GetHeight ();
        rc.Height = (float)img->GetWidth ();
        rc.Offset (-(rc.Width / 3.0f - 10.0f), 0);
        gh.DrawImage (img, rc);
    };
    //重复画出相同的图片，将其拼接成一架梯子
    {
        //获得图片大小
        float h = (float)m_img0->GetHeight ();
        float w = (float)m_img0->GetWidth ();
        RectF rc;
        rc.Width = w;
        rc.Height = h;
        rc.X = m_mousePos.X;
        //循环绘制，X 位置不变，Y 位置一直增加，直到到达屏幕高度
        for (int y = 0; y < m_nHeight; ++y) {
            rc.Y = y * h;
            gh.DrawImage (m_img0, rc);
        }
    }
    //根据当前状态，绘制不同的图片
    switch (m_status) {
    case 0: {
        break;
    }
    case 1: {
        drawImg (m_img1);
        break;
    }
    case 2: {
        drawImg (m_img2);
        break;
    }
    case 3: {
        drawImg (m_img3);
        break;
    }
    case 4: {
        drawImg (m_img4);
        break;
    }
    case 5: {
        drawImg (m_img5);
        break;
    }
    default:
        break;
    }
}

///////////////////////////////////////////////////////////////////////////////
//处理鼠标消息：需要在子类中进行处理
```

```
//如果不处理，则返回 false,父类可以据此判断是否继续进行处理

//鼠标左键按下
bool CShooter1::OnLButtonDown (UINT nFlags, CPoint point)
{
    //粉刷状态
    m_status = 5;
    return true;
}

//鼠标左键抬起
bool CShooter1::OnLButtonUp (UINT nFlags, CPoint point)
{
    //恢复前一个状态
    m_status = 1;
    return true;
}

//鼠标右键按下
bool CShooter1::OnRButtonDown (UINT nFlags, CPoint point)
{
    //变颜色
    if (1 + m_iColorIndex >= 6) {
        m_iColorIndex = 0;
    }
    else {
        m_iColorIndex++;
    }
    return false;
}

//鼠标移动
bool CShooter1::OnMouseMove (UINT nFlags, CPoint point)
{
    //记录当前鼠标位置
    m_mousePos.X = (float)point.x;
    m_mousePos.Y = (float)point.y;
    //切换到粉刷状态
    if (m_status == 5) {
        m_status = 5;
        //判断是否需要增加一个标记
        RectF rc;
        rc.X = m_mousePosLast.X;
        rc.Y = m_mousePosLast.Y;
        rc.Width = 1;
        rc.Height = 1;
        if (!rc.Contains (m_mousePos)) {
            //记录最后一次的位置
            m_mousePosLast = m_mousePos;
            //在背景图上增加一个标记
            g_game->Append (std::make_shared<CShooter1Mark> (
                m_mousePos.X, m_mousePos.Y, m_iColorIndex));
        }
        return true;
    }
    /* 如果不是粉刷状态，则绘制人物的移动动画*/
    //判断是否需要更换腿部动作
    //如果鼠标向下移动
    if ((point.y > m_lastChangePos.Y) &&
        (m_distanceChange <= abs (point.y - m_lastChangePos.Y))) {
        //0：梯子；1：右，2：右回头；3：左，4 左回头；5：粉刷
        switch (m_status) {
        case 1: {
            m_status = 3;
            break;
        }
        case 2: {
            m_status = 3;
            break;
```

```
        }
        case 3: {
            m_status = 1;
            break;
        }
        case 4: {
            m_status = 1;
            break;
        }
        default:
            break;
        }
        //记录最后一次的位置
        m_lastChangePos = m_mousePos;
    }
    //如果鼠标向上移动
    else if ((point.y < m_lastChangePos.Y) &&
             (m_distanceChange <= abs (point.y - m_lastChangePos.Y))) {
        //0：梯子；1：右，2：右回头；3：左，4 左回头；5：粉刷
        switch (m_status) {
        case 1: {
            m_status = 3;
            break;
        }
        case 2: {
            m_status = 3;
            break;
        }
        case 3: {
            m_status = 1;
            break;
        }
        case 4: {
            m_status = 1;
            break;
        }
        default:
            break;
        }
        //记录最后一次的位置
        m_lastChangePos = m_mousePos;
    }
    else {
        //移动距离过小，不进行状态变更
    }
    return true;
}
```

8.7.3 使用粉刷匠破坏桌面

图 8.9 展示了粉刷匠破坏桌面的效果。

图 8.9 粉刷匠破坏桌面的效果

完成工具类和标记类之后，需要将粉刷匠工具和菜单进行关联，使工具生效。

打开 DMenu.cpp 文件，在#include "Shooter0.h" 这行代码下方添加以下代码：

```
#include "Shooter1.h"
```

然后，在文件中找到 GetClientRect(m_hWnd, &rc); 这行代码，并删除其下方的 AfxMessageBox...代码行，接着添加以下代码：

```
//设置游戏进入游戏阶段，并设置当前工具为 CShooter1
g_game->SetStatusNormal (make_shared<CShooter1> (
    static_cast<int>(rc.bottom - rc.top)), FALSE);
```

8.8 锤子工具模块

本节将设计破坏工具中的“锤子”工具。本节的目的是：单击菜单中的“锤子”选项后，菜单将消失，屏幕上会出现一个锤子，该锤子跟随鼠标移动。当按下鼠标左键时，锤子会做出一个砸下的动作，并展示屏幕碎裂的效果；当释放鼠标左键时，锤子将恢复至抬起状态。

8.8.1 实现破碎效果

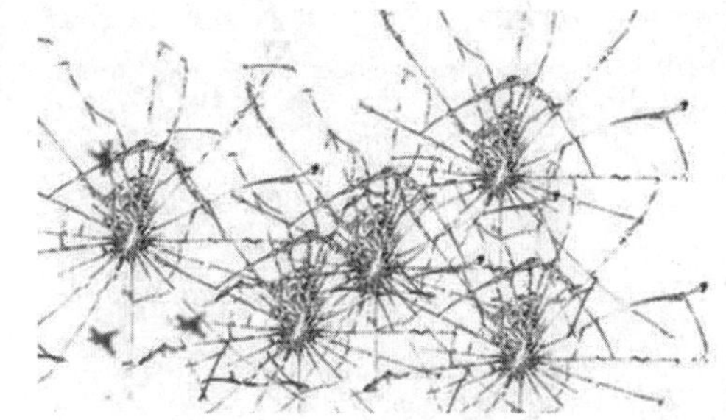

图 8.10 破碎效果

图 8.10 展示了破碎效果。

破碎效果的实现方式是在屏幕上绘制一张图片，并伴随落下一些碎屑。由于图片数量有限，为了创造出丰富的视觉效果，每次显示图片时，将随机选择一张进行展示。在项目中新增一个类，命名为 CShooter2Mark，打开 Shooter2Mark.h 文件，删除该文件中的原有的内容，并输入以下代码：

```
#pragma once
#include "IMark.h"

/*
    锤子在窗口上留下的痕迹
*/
class CShooter2Mark :
    public IMark
{
public:
    CShooter2Mark(float x, float y);
    virtual ~CShooter2Mark();
    //画自己
    virtual void Draw(Gdiplus::Graphics &gh);
    //状态是否还在变化
    virtual bool IsChanging() const;

private:
    //固定图片
    Image *m_img;
    //动态下落的东西
    typedef struct {
        Image *m_img2;
        //位置
        PointF m_pos;
        //速度（包含方向）
        PointF m_speed{ 10.0f, 15.0f };
        //当前角度（用于旋转）
        float m_dir{ 0.0f };
        //是否显示
        bool m_bShow{ true };
    } SDynamic;
    //动态下落的对象数组
    std::vector<SDynamic> m_vD;
};
```

在实现代码中，我们首先随机加载一张图片作为主标记，然后随机加载一定数量的碎屑图片，并为这些碎屑图片设置初始速度和方向。以后每次绘制碎屑时，我们都会重新调整其速度，以模拟自然下落状态。当碎屑图片落到屏幕下方时，我们会将其从标记中移除，表示它不再有效，并且在绘制时不再进行绘制。IsChanging() 函数会根据当前碎屑的数量来判断标记对象是否还在变化，如果数量为 0，则返回 false 表示不再变化。请打开 Shooter2Mark.cpp 文件，删除该文件中的原有内容，并输入以下代码：

```
#include "stdafx.h"
```

```
#include "Shooter2Mark.h"

CShooter2Mark::CShooter2Mark(float x, float y)
{
    SetCenterPos(x, y);
    //生成[1,5]之间的随机数
    int i = 1 + rand() % 5;
    TCHAR szFilename[MAX_PATH] = { 0 };
    _stprintf_s(szFilename, _T("res/The Toolbox Mark %02d.png"), i);
    m_img = Image::FromFile(szFilename);
    for(int i = 0; i < (1 + rand() % 3); ++i) {
        SDynamic dy;
        //下落物体
        dy.m_img2 = Image::FromFile(_T("res/The Toolbox Mark 06.png"));
        //速度(包含方向) [-5, 4 / -5, 4]
        dy.m_speed = PointF(float(rand() % 10 - 5), float(rand() % 10 - 5));
        //位置
        dy.m_pos.X = x + float(rand() % 80 - 40);
        dy.m_pos.Y = y + float(rand() % 80 - 40);
        //当前角度(用于旋转)
        dy.m_dir = Degree2Radian(rand() % 360);
        //是否显示
        dy.m_bShow = true;
        m_vD.push_back(dy);
    }
}

CShooter2Mark::~CShooter2Mark()
{
}

//顺时针旋转绘制的图像
static void DrawImageRotate(PointF mousePt, Graphics &gh, Image *img, float degree)
{
    //旋转绘图平面
    PointF center = mousePt;
    center.X += img->GetWidth() / 2.0f;
    center.Y += img->GetHeight() / 2.0f;
    //1.平移变换：移动坐标点到坦克中心
    gh.TranslateTransform(center.X, center.Y);
    //2.旋转变换：旋转图像以匹配坦克的角度
    gh.RotateTransform(degree);
    //3.恢复原点
    gh.TranslateTransform(-center.X, -center.Y);
    //方法退出时恢复对坐标系和平移的转换
    ON_SCOPE_EXIT([&]() {
        //重置坐标变换：精度是否够呢?
        //1.移动到中心点
        gh.TranslateTransform(center.X, center.Y);
        //2.逆向转
        gh.RotateTransform(-degree);
        //3.再移动回去
        gh.TranslateTransform(-center.X, -center.Y);
        //ScaleTransform：缩放
    });
    //画出图像
    {
        RectF rc;
        rc.X = mousePt.X;
        rc.Y = mousePt.Y;
        rc.Width = (float)img->GetWidth();
        rc.Height = (float)img->GetHeight();
        gh.DrawImage(img, rc);
    }
}

void CShooter2Mark::Draw(Gdiplus::Graphics &gh)
{
    //主图片
    gh.DrawImage(m_img, GetCenterPos());
    //画下落物体
    for(auto &dy : m_vD) {
        if(dy.m_bShow) {
```

```
            //判断物体是否落到游戏窗口外面
            if(!g_game->GetRectF().Contains(dy.m_pos)) {
                continue;
            }
            //物体没有落到游戏窗口外面
            //画出来
            DrawImageRotate(dy.m_pos, gh, dy.m_img2, Radian2Degree(dy.m_dir));
            //
            {
                //调整位置
                dy.m_pos.X += dy.m_speed.X;
                dy.m_pos.Y += dy.m_speed.Y;
                //调整速度:Y 方向符合重力加速度
                dy.m_speed.Y += 1.0f;
                //调整当前的角度
                dy.m_dir += PI(0.1f);
                if(dy.m_dir >= PI(2.0f)) {
                    dy.m_dir = 0.0f;
                }
            }
        }
    }
    //移除落到游戏窗口外的物体
    m_vD.erase(std::remove_if(m_vD.begin(),
                              m_vD.end(),
    [&](auto & lhs)->bool {
        //移除所有不在游戏在窗口内的物体
        return (!g_game->GetRectF().Contains(lhs.m_pos));
    }), m_vD.end());
}

bool CShooter2Mark::IsChanging() const
{
    //没有空，说明还有动态对象
    return !m_vD.empty();
}
```

8.8.2 实现锤子工具功能

锤子工具如图 8.11 所示。

图 8.11 锤子工具

当鼠标左键被按下时，锤子会落下（即画出一张图片），而当鼠标左键被释放时，锤子则会抬起（即画出另一张图片）。显然：锤子工具需要响应鼠标左键的按下和释放消息；锤子会随着鼠标移动，因此还需要响应鼠标移动消息。在项目中新增一个类，命名为 CShooter2，然后打开 Shooter2.h 文件，删除该文件中的原有内容，并输入以下代码：

```
#pragma once
#include "Shooter.h"

/*
    锤子
*/

class CShooter2 :
    public CShooter
{
public:
    CShooter2();
    virtual ~CShooter2();
    //根据自己当前的属性画自己
    virtual void Draw(Gdiplus::Graphics &gh);
    ////////////////////////////////////////////////////////////////////////
    //处理鼠标消息：需要在子类中进行处理
    //如果不处理，则返回 false，父类可以据此判断是否继续进行处理
    //鼠标左键按下事件
    virtual bool OnLButtonDown(UINT nFlags, CPoint point);
    //鼠标左键抬起事件
```

```
    virtual bool OnLButtonUp(UINT nFlags, CPoint point);
    //鼠标左键双击事件
    virtual bool OnLButtonDblClk(UINT nFlags, CPoint point)
    {
        return false;
    }
    //鼠标右键按下事件
    virtual bool OnRButtonDown(UINT nFlags, CPoint point);
    //鼠标右键抬起事件
    virtual bool OnRButtonUp(UINT nFlags, CPoint point)
    {
        return false;
    }
    //鼠标右键双击事件
    virtual bool OnRButtonDblClk(UINT nFlags, CPoint point)
    {
        return false;
    }
    //鼠标移动事件
    virtual bool OnMouseMove(UINT nFlags, CPoint point);

private:

    //当前工具
    enum class EStatus {EStatusHammer, EStatusSaw} ;
    EStatus m_status{EStatus::EStatusHammer};
    //上次变换角度时鼠标的位置
    PointF m_mousePosLast{0.0f, 0.0f};
    //当前鼠标所在的位置
    PointF m_mousePos{0.0f, 0.0f};
};
```

说明

锤子工具的实现代码原理同前面讲过的其他工具类似，具体代码请参见资源包中的 Shooter2.cpp 文件。

8.8.3 使用锤子碎屏破坏效果

使用锤子碎屏破坏效果如图 8.12 所示。

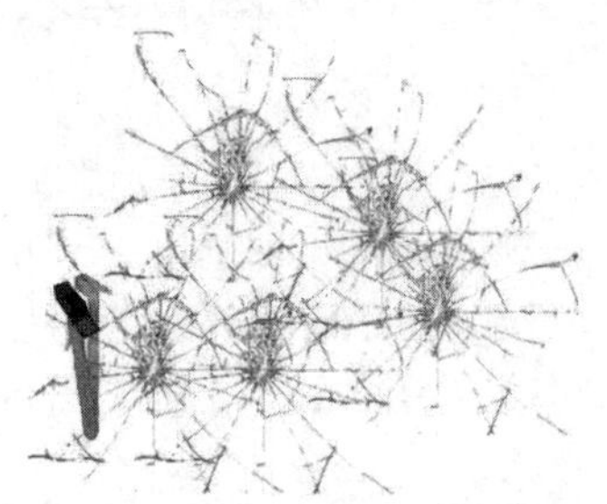

图 8.12 锤子碎屏破坏效果

本节使用前面设计的锤子工具和标记类实现碎屏效果。使用步骤如下。

（1）打开 DMenu.cpp 文件，在#include "Shooter1.h"下方输入以下代码：

```
#include "Shooter2.h"
```

（2）找到 if(m_item2->OnLButtonDown(nFlags, point)) { ，将其下方的 AfxMessageBox(...); 替换为以下代码：

```
g_game->SetStatusNormal (make_shared<CShooter2> (), TRUE);
```

（3）打开 Game.cpp 文件，找到 gh.DrawImage(m_imgBk, m_x, m_y, m_width, m_height); ，在其下方添加以下代码：

```
//画出继续变动的对象:不变动的对象已经被绘制在背景图片中
for (auto &ptr : m_vMarks) {
    ptr->Draw (gh);
}
```

8.9 橡皮人工具模块

选择橡皮人后，持续按住鼠标左键，橡皮人工具会不断地“啃食”屏幕上的内容。在啃食过程中，碎片会四处飞溅，随后屏幕上留下一片白色的痕迹。这痕迹由一张图片来表示。

8.9.1 实现橡皮人擦除痕迹功能

图 8.13 橡皮人擦除痕迹效果

图 8.13 展示了橡皮人擦除痕迹效果。

当按下鼠标左键时，橡皮人开始擦除屏幕上的内容。擦除痕迹是由几张随机输出的图片组成，在擦除过程中会有碎屑掉落，这种效果类似于锤子打击屏幕。在项目中增加新类，命名为 CShooter3Mark，打开 Shooter3Mark.h 文件，删除该文件中的原有内容，并输入以下代码：

```
#pragma once
#include "IMark.h"

class CShooter3Mark :
    public IMark
{
public:
    CShooter3Mark(float x, float y);
    virtual ~CShooter3Mark();
    //画自己
    virtual void Draw(Gdiplus::Graphics &gh);
    //状态是否还在变化
    virtual bool IsChanging() const;

private:
    //固定图片
    Image *m_img;
    //图片的角度
    float m_degree;
    //动态下落的物体
    typedef struct {
        Image *m_img2;
        //位置
        PointF m_pos;
        //速度(包含方向)
        PointF m_speed{ 10.0f, 15.0f };
        //当前角度(用于自身旋转)
        float m_dir{ 0.0f };
        //是否显示
        bool m_bShow{ true };
    } SDynamic;
    std::vector<SDynamic> m_vD;
};
```

下面是擦除痕迹的实现代码。打开 Shooter3Mark.cpp 文件，删除该文件中的原有内容，并输入以下代码：

```
#include "stdafx.h"
#include "Shooter3Mark.h"

CShooter3Mark::CShooter3Mark(float x, float y)
{
    SetCenterPos(x, y);
    //生成[1,5]之间的随机数
    int i = 1 + rand() % 5;
    TCHAR szFilename[MAX_PATH] = { 0 };
    _stprintf_s(szFilename, _T("res/Eraser Ed Marks %02d.png"), i);
    m_img = Image::FromFile(szFilename);
    //图片的角度
    m_degree = (float)(rand() % 360);
    for (int i = 0; i < (1 + rand() % 20); ++i) {
        SDynamic dy;
        //下落物体
        dy.m_img2 = Image::FromFile(_T("res/Eraser Ed Marks 06.png"));
        //速度(包含方向) [-5, 4 / -5, 4]
        dy.m_speed = PointF(float(rand() % 10 - 5), float(rand() % 10 - 5));
        //位置
        dy.m_pos.X = x + float(rand() % 80 - 40);
```

```
            dy.m_pos.Y = y + float(rand() % 80 - 40);
            //当前角度(用于自身旋转)
            dy.m_dir = Degree2Radian(rand() % 360);
            //是否显示
            dy.m_bShow = true;
            m_vD.push_back(dy);
        }
}

CShooter3Mark::~CShooter3Mark()
{
}

//绘制顺时针旋转的图像
static void DrawImageRotate(PointF mousePt, Graphics &gh, Image *img, float degree)
{
    //旋转绘图平面
    PointF center = mousePt;
    center.X += img->GetWidth() / 2.0f;
    center.Y += img->GetHeight() / 2.0f;
    //1.平移变换:移动坐标原点到目标点
    gh.TranslateTransform(center.X, center.Y);
    //2.旋转变换:使坐标系旋转对应角度
    gh.RotateTransform(degree);
    //3.恢复原点
    gh.TranslateTransform(-center.X, -center.Y);
    //方法退出时恢复
    ON_SCOPE_EXIT([&]() {
        //重置坐标变换：精度是否够呢?
        //1.移动到中心点
        gh.TranslateTransform(center.X, center.Y);
        //2.逆向转
        gh.RotateTransform(-degree);
        //3.再移动回去
        gh.TranslateTransform(-center.X, -center.Y);
    });
    //画出图像
    {
        RectF rc;
        rc.X = mousePt.X;
        rc.Y = mousePt.Y;
        rc.Width = (float)img->GetWidth();
        rc.Height = (float)img->GetHeight();
        gh.DrawImage(img, rc);
    }
}

void CShooter3Mark::Draw(Gdiplus::Graphics &gh)
{
    //主图片
    DrawImageRotate(GetCenterPos(), gh, m_img, m_degree);
    //画下落物体
    for (auto &dy : m_vD) {
        if (dy.m_bShow) {
            //判断物体是否落到游戏窗口的外面
            if (!g_game->GetRectF().Contains(dy.m_pos)) {
                continue;
            }
            //否则
            {
                //画出来
                DrawImageRotate(dy.m_pos, gh, dy.m_img2, Radian2Degree(dy.m_dir));
            }
            {
                //调整位置
                dy.m_pos.X += dy.m_speed.X;
                dy.m_pos.Y += dy.m_speed.Y;
                //调整速度:Y 方向符合重力加速度
                dy.m_speed.Y += 1.0f;
                //调整当前的角度
                dy.m_dir += PI(0.1f);
                if (dy.m_dir >= PI(2.0f)) {
                    dy.m_dir = 0.0f;
```

```
                    }
                }
            }
        }
        //移除落到游戏窗口外面的物体
        m_vD.erase(std::remove_if(m_vD.begin(),
            m_vD.end(),
            [&](auto & lhs)->bool {
            //移除不包含在窗口中的所有物体
            return (!g_game->GetRectF().Contains(lhs.m_pos));
        }), m_vD.end());
}

bool CShooter3Mark::IsChanging() const
{
    //数组不为空，说明还有动态对象
    return !m_vD.empty();
}
```

8.9.2 实现橡皮人工具功能

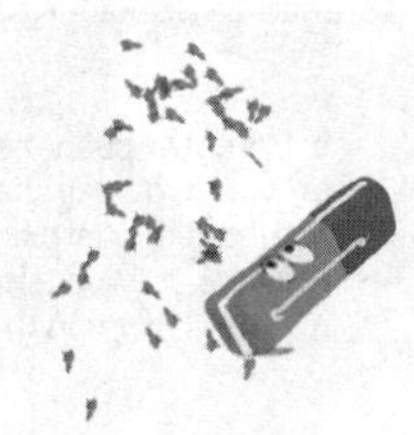

图 8.14 橡皮人工具

橡皮人工具如图 8.14 所示。

橡皮人会疯狂地啃掉屏幕上的所有内容。其实现原理是：当按下鼠标左键时，每隔一段时间，就在屏幕上绘制一个擦除痕迹。橡皮人工具的实现过程如下。

（1）在项目中增加一个新类，命名为 CShooter3，接着打开 Shooter3.h 文件，删除该文件中的原有内容，并输入以下代码：

```
#pragma once
#include "Shooter.h"

/*
    橡皮人类
*/
class CShooter3 :
    public CShooter
{
public:
    CShooter3();
    virtual ~CShooter3();
    //根据自己当前的属性画自己
    virtual void Draw(Gdiplus::Graphics &gh);
    ////////////////////////////////////////////////////////////////////////////////
    //处理鼠标消息：需要在子类中进行处理
    //如果不处理，则返回 false，父类可以据此判断是否继续进行处理
    //鼠标左键按下
    virtual bool OnLButtonDown(UINT nFlags, CPoint point);
    //鼠标左键抬起
    virtual bool OnLButtonUp(UINT nFlags, CPoint point);
    //鼠标左键双击
    virtual bool OnLButtonDblClk(UINT nFlags, CPoint point)
    {
        return false;
    }
    //鼠标右键按下
    virtual bool OnRButtonDown(UINT nFlags, CPoint point);
    //鼠标右键抬起
    virtual bool OnRButtonUp(UINT nFlags, CPoint point);
    //鼠标右键双击
    virtual bool OnRButtonDblClk(UINT nFlags, CPoint point)
    {
        return false;
    }
    //鼠标移动
    virtual bool OnMouseMove(UINT nFlags, CPoint point);

private:
    enum class EStatus {EStatusLeftUp/*左键抬起*/, EStatusLeftDown/*左键按下*/};
```

```
    EStatus m_status{EStatus::EStatusLeftUp};
    bool m_bRightDown{ false };
    //当前鼠标所在的位置
    PointF m_mousePos{0.0f, 0.0f};
    //鼠标左键抬起图片
    std::vector<Image *> m_vImgUp;
    //鼠标左键按下图片
    std::vector<Image *> m_vImgDown;
};
```

（2）下面是橡皮人类的实现代码。该代码通过在绘制函数中反复显示两张图片来实现橡皮人振动的效果。打开 Shooter3.cpp 文件，删除该文件中的原有内容，并输入以下代码：

```
#include "stdafx.h"
#include "Shooter3.h"
#include "Shooter3Mark.h"
#include "GameTimer.h"

CShooter3::CShooter3()
{
    //载入图片
    m_vImgUp.push_back(Image::FromFile(_T("res/Eraser Ed 0.png")));
    m_vImgUp.push_back(Image::FromFile(_T("res/Eraser Ed 1.png")));
    m_vImgUp.push_back(Image::FromFile(_T("res/Eraser Ed 2.png")));
    m_vImgDown.push_back(Image::FromFile(_T("res/Eraser Ed 00.png")));
    m_vImgDown.push_back(Image::FromFile(_T("res/Eraser Ed 01.png")));
}

CShooter3::~CShooter3()
{
}

//根据自己当前的属性画自己
void CShooter3::Draw(Gdiplus::Graphics &gh)
{
    switch(m_status) {
        //右键按下，眨眼
        case CShooter3::EStatus::EStatusLeftUp: {
            if(!m_bRightDown) {
                //反复显示三幅图片：眨眼
                static size_t index = 0;
                if(index >= 3) {
                    index = 0;
                }
                //画当前图片
                {
                    auto img = m_vImgUp[index];
                    RectF rect;
                    rect.X = m_mousePos.X;
                    rect.Y = m_mousePos.Y;
                    rect.Width = (float)img->GetWidth();
                    rect.Height = (float)img->GetHeight();
                    gh.DrawImage(img, rect);
                }
                //到达时间间隔，增加
                static CGameTimeval val(200);
                if(val.IsTimeval()) {
                    index++;
                }
                //判断是否需要眨眼
                if(index == 2) {
                    if((0 == rand() % 4)) {
                        //不改动 index，此时会闭眼
                    }
                    else {
                        index = 0;
                    }
                }
            }
            else {
                //只显示闭眼的图片
                size_t index = 2;
```

```
                {
                    auto img = m_vImgUp[index];
                    RectF rect;
                    rect.X = m_mousePos.X;
                    rect.Y = m_mousePos.Y;
                    rect.Width = (float)img->GetWidth();
                    rect.Height = (float)img->GetHeight();
                    gh.DrawImage(img, rect);
                }
            }
            break;
        }
        //左键按下，擦屏幕
        case CShooter3::EStatus::EStatusLeftDown: {
            //反复显示两张图片
            static size_t index = 0;
            if(index > 1) {
                index = 0;
            }
            auto img = m_vImgDown[index];
            RectF rect;
            rect.X = m_mousePos.X;
            rect.Y = m_mousePos.Y;
            rect.Width = (float)img->GetWidth();
            rect.Height = (float)img->GetHeight();
            gh.DrawImage(img, rect);
            if(index == 1) {
                //释放碎屑
                g_game->Append(std::make_shared<CShooter3Mark>(
                                    m_mousePos.X, m_mousePos.Y));
            }
            //30 毫秒画一次
            static CGameTimeval val(30);
            if(val.IsTimeval()) {
                index++;
            }
            break;
        }
        default:
            break;
    }
}

//////////////////////////////////////////////////////////////////////////
//处理鼠标消息：需要在子类中进行处理
//如果不处理，则返回 false，父类可以据此判断是否继续进行处理
//鼠标左键按下
bool CShooter3::OnLButtonDown(UINT nFlags, CPoint point)
{
    m_status = EStatus::EStatusLeftDown;
    return true;
}
//鼠标左键抬起
bool CShooter3::OnLButtonUp(UINT nFlags, CPoint point)
{
    m_status = EStatus::EStatusLeftUp;
    return true;
}
//鼠标右键按下
bool CShooter3::OnRButtonDown(UINT nFlags, CPoint point)
{
    m_bRightDown = true;
    return true;
}
//鼠标右键抬起
bool CShooter3::OnRButtonUp(UINT nFlags, CPoint point)
{
    m_bRightDown = false;
    return true;
}
//鼠标移动
bool CShooter3::OnMouseMove(UINT nFlags, CPoint point)
{
```

```
    //记录鼠标位置
    m_mousePos.X = (float)point.x;
    m_mousePos.Y = (float)point.y;
    return true;
}
```

8.9.3 使用橡皮人擦除屏幕

图 8.15 橡皮人擦除屏幕效果

使用橡皮人擦除屏幕效果如图 8.15 所示。

本节将使用橡皮擦工具和擦除标记来实现擦除屏幕效果。

打开 DMenu.cpp 文件，找到 if(m_item3->OnLButtonDown(nFlags, point)) {，然后删除其下方的 AfxMessageBox(…); 代码，并输入以下代码：

```
//设置游戏进入游戏阶段，并设置当前工具为 CShooter3
g_game->SetStatusNormal (make_shared<CShooter3> (), FALSE);
```

8.10 项目运行

通过前述步骤，我们设计并完成了“桌面破坏王游戏”项目的开发。接下来，我们将运行该项目，以检验我们的开发成果。如图 8.16 所示，在 Visual Studio 2022 中打开该项目的项目结构，选择 Debug、x64，然后单击“本地 Windows 调试器”来运行该项目。

图 8.16 运行程序

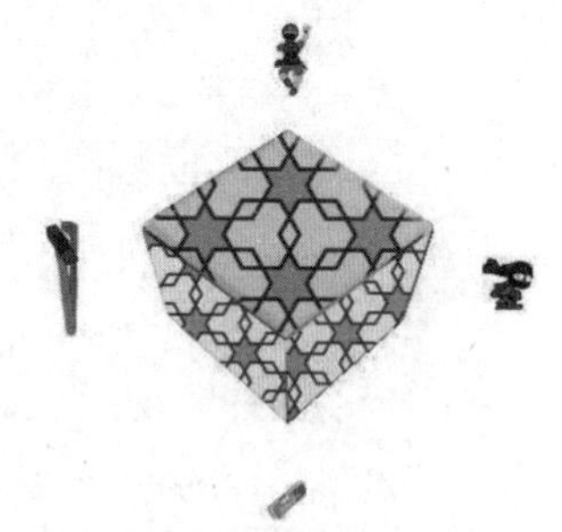
图 8.17 成功运行项目后进入主窗体

该项目成功运行后，将自动打开项目的游戏菜单窗体，如图 8.17 所示。当单击忍者工具时，右击桌面，将发射破坏标记；当单击粉刷匠工具时，拖动左键可以粉刷桌面；当单击锤子工具时，再次右击桌面，将出现碎屏效果；当单击橡皮人工具时，可以擦除桌面上的痕迹。通过这些操作，我们可以验证项目的运行情况。

本章实现了一个桌面破坏王游戏项目，该项目采用了多种技术，包括容器、迭代器、GDI 绘图、鼠标消息处理和屏幕截图技术。这些技术的运用使得游戏不仅互动性强，而且趣味十足。其中：容器和迭代器技术用于管理和遍历游戏中的对象，实现破坏效果和其他可交互元素；GDI 绘图技术用于实现游戏的视觉效果；鼠标消息处理技术是游戏交互的核心，通过捕获和处理鼠标单击、移动和拖曳等事件，游戏能够实时响应玩家的操作；屏幕截图技术在游戏中用于捕获当前桌面的图像。通过这些技术的结合，我们成功打造了一个互动性强、视觉效果丰富的桌面游戏。通过本章的学习，读者会更深入地理解并掌握这些关键技术，从而更加熟练地运用它们。

8.11 源码下载

本章虽然详细地讲解了如何编码实现“桌面破坏王游戏”的各个功能，但给出的代码都是代码片段，而非完整的源代码。为了方便读者学习，本书提供了用于下载完整源代码的二维码。

源码下载

第 9 章

一站式文档管家

——文件操作＋ADO 技术＋SQL Server 数据库＋Word 操作

文档管理涵盖文件的创建、编辑、传递、审批、保存、销毁和归档等一系列操作。文档管理系统是企业运营管理中不可或缺的部分，它为企业提供了一个安全、可靠、开放和高效的文档管理平台。通过文档信息管理系统，企业能够实现文档的自动化管理，这不仅简化了日常操作，还避免了手工管理中可能出现的一系列错误，从而提高了企业的办公效率和企业文件管理的综合水平。本项目采用 C++语言进行开发。其中：文件操作技术实现对本地文件系统中各种文档的处理功能；ADO 技术则用于实现应用程序与数据库之间的通信功能；Word 操作技术则用于实现对 Word 文档的自动化处理功能。结合 SQL Server 数据库技术，我们开发一个一站式文档管家，旨在实现对文档的统一管理。

本项目的核心功能和实现技术如下：

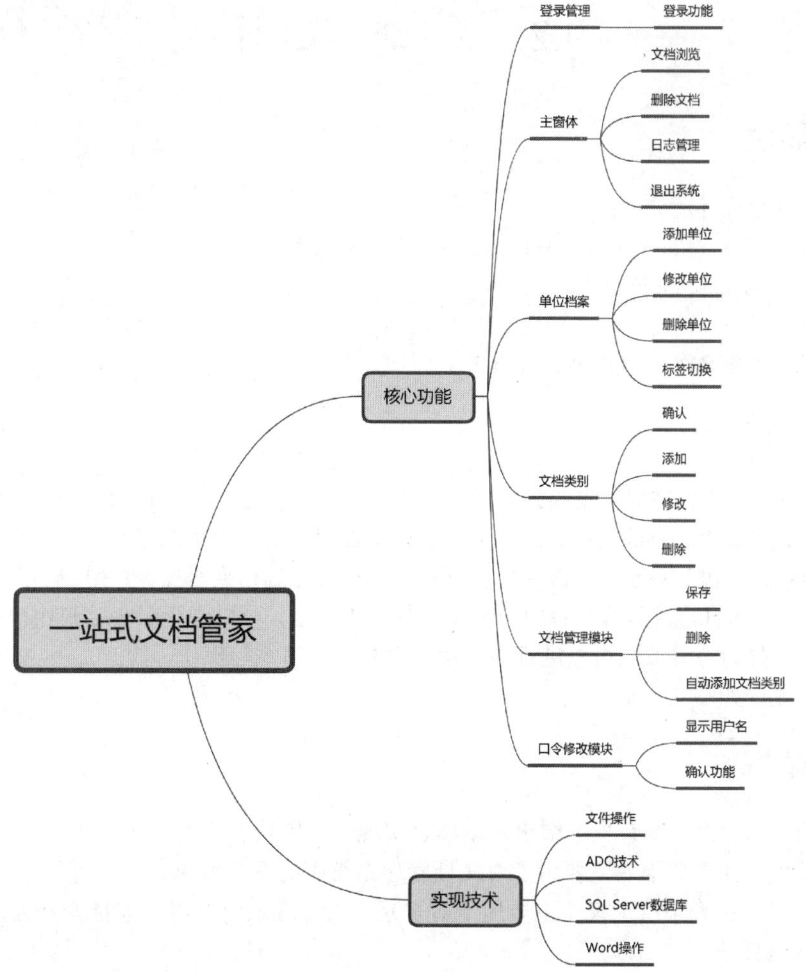

9.1 开 发 背 景

目前，大多数文档管理系统在实现了企业各部门日常文件管理的基本功能之外，还增设了很多新功能，以满足文档管理电子化、标准化的需求。这些功能强大的档案查询模块极大地简化了管理者日常查找文档的工作，解决了传统管理中查找困难、查找耗时等问题。现代化的文档管理系统满足了企业实行“无纸化”办公的需求，并实现了通过计算机对文档管理进行全程跟踪的目标。

本项目实现目标如下：

☑ 处理大量的复合文档型的数据信息。

☑ 通过系统查看文档内容和属性。

☑ 通过系统可以完成对文档的一系列日常操作。

☑ 保证系统的安全性和可靠性。

☑ 考虑到操作人员的计算机操作能力普遍较低，系统必须具备良好的人机交互界面。

☑ 完全人性化设计，无须专业人士指导，即可操作本系统。

☑ 系统具有数据备份及数据还原功能，能够保证系统数据的安全性。

9.2 系 统 设 计

9.2.1 开发环境

本项目的开发及运行环境如下：

☑ 操作系统：推荐 Windows 10、Windows 11 或更高版本。

☑ 开发工具：Visual Studio 2022。

☑ 开发语言：C++。

☑ 数据库管理系统软件：SQL Server 2022。

9.2.2 业务流程

在启动项目后，用户需要完成登录验证以进入系统。如果登录失败，系统将弹出提示信息；登录成功后，用户将进入主窗体，可以进行删除文档、浏览文档、日志管理以及退出系统等操作。在主窗体中：用户如果选择单位档案，可以进行添加单位、修改单位、删除单位以及标签切换等操作；用户如果选择文档类别，可以进行确认、添加、修改和删除等操作；用户如果选择文档管理，可以进行保存、删除和自动添加文档类别等操作；用户如果选择口令修改，可以进行显示用户名和确认口令等操作。

本项目的业务流程如图 9.1 所示。

9.2.3 功能结构

本项目的功能结构已经在章首页中给出。本项目实现的具体功能如下：

☑ 主窗体模块：主窗体模块主要用于对文档管理系统中的各个模块进行调用。

☑ 登录管理模块：登录管理模块主要用于对登录文档管理系统的用户进行安全性检查，以防止非法用户进入该系统。

☑ 单位档案模块：用于查看、添加、修改和删除单位信息。
☑ 文档类别模块：用于添加、修改和删除文档类别信息。
☑ 文档管理模块：用于查看、添加、修改和删除文档信息。
☑ 口令修改模块：用于修改用户口令。

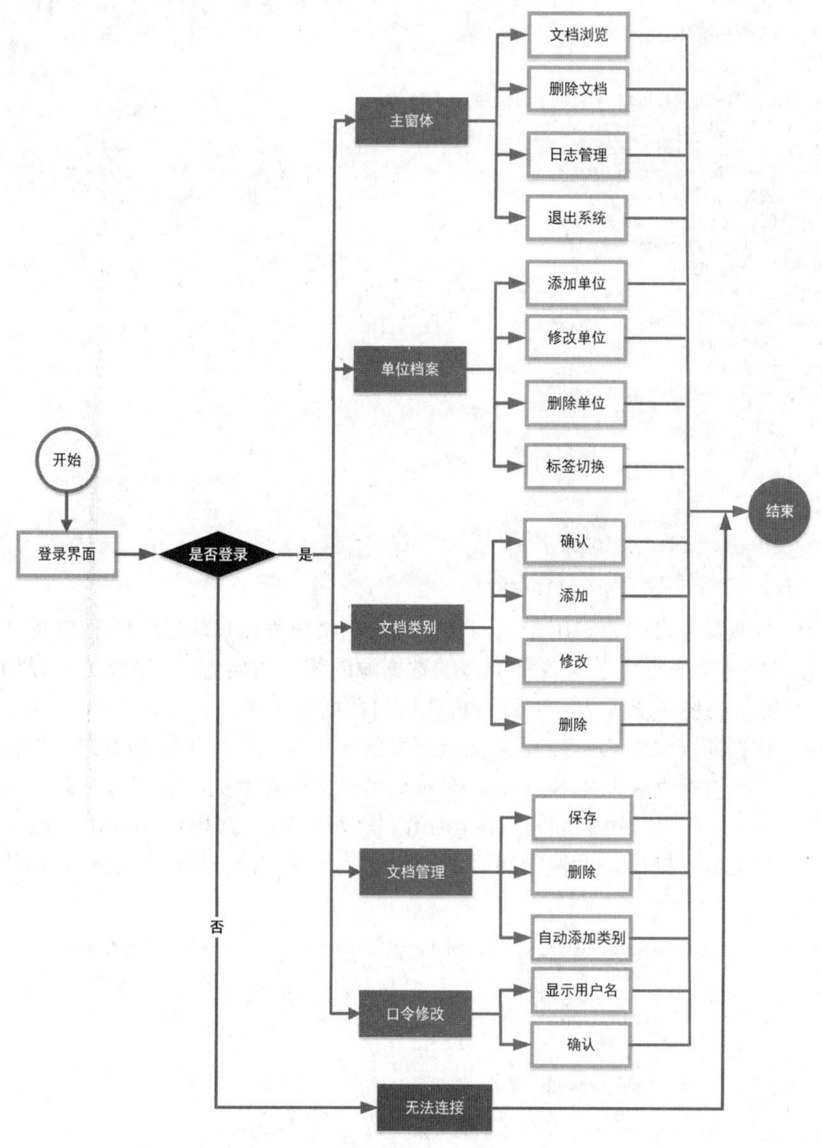

图 9.1　一站式文档管家业务流程

9.3 技术准备

9.3.1 技术概览

☑ 文件操作：C++文件操作可以把数据保存到文本文件、二进制文件，甚至是.dat 文件中，以满足到永久性保存数据的需求。例如，将添加的文件保存在 book.dat 文件中，代码如下：

```
void CBook::GetBookFromFile(int iCount)
{
    char cName[NUM1];
    char cIsbn[NUM1];
    char cPrice[NUM2];
    char cAuthor[NUM2];
    ifstream ifile;
    ifile.open("book.dat",ios::binary);
    try
    {
        ifile.seekg(iCount*(NUM1+NUM1+NUM2+NUM2),ios::beg);
        ifile.read(cName,NUM1);
        if(ifile.tellg()>0)
            strncpy_s(m_cName,cName,NUM1);
        ifile.read(cIsbn,NUM1);
        if(ifile.tellg()>0)
            strncpy_s(m_cIsbn,cIsbn,NUM1);
        ifile.read(cPrice,NUM2);
        if(ifile.tellg()>0)
            strncpy_s(m_cIsbn,cIsbn,NUM2);
        ifile.read(cAuthor,NUM2);
        if(ifile.tellg()>0)
            strncpy_s(m_cAuthor,cAuthor,NUM2);
    }
    catch(...)
    {
        throw "file error occurred";
        ifile.close();
    }
    ifile.close();
}
```

☑ ADO 技术：是微软开发的一种用于访问数据源的高级编程接口。它是基于 COM（component object model）技术构建的，提供了对各种类型的数据源的统一访问方式。ADO 可以用于访问关系数据库、文件系统、邮件系统等。本项目用它来访问数据库。

☑ SQL Server 数据库：SQL Server 是由微软开发的一种关系数据库管理系统，广泛用于存储、管理和检索数据。本项目使用 SQL Server 数据库来实现文档的增加、修改以及删除功能。

☑ Word 操作：在 C++中，可以通过 Microsoft 的 COM 接口来操作 Word 文档。Microsoft Office 提供了丰富的 COM 接口，这使得可以用多种编程语言来自动化 Office 应用程序，包括 Word。代码如下：

```
BOOL CreateDispatch(LPCTSTR lpszProgID, COleException* pError = NULL); //创建一个 COM 对象并将其附加到该对象的
IDispatch 接口上，用于控制自动化 Office 应用程序
//启动和关闭应用程序、打开和管理文档、设置应用程序的属性用类（部分代码）
class _Application : public COleDispatchDriver
{
public:
    _Application() {}            //调用 ColeDispatchDriver 的默认构造函数
    _Application(LPDISPATCH pDispatch) : COleDispatchDriver(pDispatch) {}
    _Application(const _Application& dispatchSrc) : COleDispatchDriver(dispatchSrc) {}

};
        //Word 应用程序的调用
        _Application app;
        if(!app.CreateDispatch("word.Application"))    //启动 Word
        {
            MessageBox("Word 启动失败！","文档管理系统");
            return ;
        }
```

《C++从入门到精通（第 6 版）》详细讲解了文件操作的基础知识，而《SQL Server 从入门到精通（第 5 版）》则详细地介绍了 ADO 技术和 SQL Server 数据库等知识。其中，ADO 技术是本项目关键技术，接下来我们将对该技术进行必要的介绍，以便读者能够顺利完成本项目。

9.3.2 添加 ADO 连接类

本实例采用 ADO 来连接 SQL Server 2022 数据库，在使用 ADO 技术时，需要导入一个 ADO 动态链接库 msado15.dll，该动态库位于系统盘下的 Program Files\Common Files\System\ado\目录下。例如，如果系统盘为 C 盘，则该动态库位于 C:\Program Files\Common Files\System\ado\目录下。在 Visual C++中，需要使用预处理命令#import，将该动态库导入系统中，代码如下：

```
#import "C:\Program Files\Common Files\System\ado\msado15.dll" no_namespace
    rename("EOF","adoEOF")rename("BOF","adoBOF")
```

添加一个用来连接 ADO 的类。在系统菜单中选择“项目”→“添加类”命令，打开“添加类”对话框，选择“C++类”，并单击“添加”按钮，然后输入类名，即可完成类的添加。创建 ADO 连接类的代码如下：

```
class ADOConn
{
public:
    //添加一个指向 Connection 对象的指针
    _ConnectionPtr m_pConnection;
    //添加一个指向 Recordset 对象的指针
    _RecordsetPtr m_pRecordset;

public:
    ADOConn();
    virtual ~ADOConn();

    //初始化并连接数据库
    void OnInitADOConn();
    //执行查询
    _RecordsetPtr& GetRecordSet(_bstr_t bstrSQL);
    //执行 SQL 语句
    BOOL ExecuteSQL(_bstr_t bstrSQL);
    //断开数据库连接
    void ExitConnect();
};
```

实现 ADO 连接类函数和程序的代码如下：

```
void ADOConn::OnInitADOConn()
{
    //初始化 OLE/COM 库环境
    ::CoInitialize(NULL);
    try {
        //创建 Connection 对象
        //下面语句等效于：m_pConnection.CreateInstance("ADODB.Connection");
        m_pConnection.CreateInstance(__uuidof(Connection));

        //获得配置文件的路径
        TCHAR szFilename[MAX_PATH] = { 0 };
        GetModuleFileName(NULL, szFilename, _countof(szFilename));
        PathRemoveFileSpec(szFilename);
        //读取配置文件
        const PCTSTR szAppName = _T("数据配置");
        CString strFilename = szFilename;
        strFilename += _T("\\Database.ini");

        CString strInitialCatalog, strDataSource, strUserID, strPassword;
        GetPrivateProfileString(szAppName,    _T("InitialCatalog"),    _T("WenDGL"),    strInitialCatalog.GetBuffer(1024),    1024,
strFilename);
        GetPrivateProfileString(szAppName, _T("DataSource"), _T("127.0.0.1"), strDataSource.GetBuffer(1024), 1024, strFilename);
        GetPrivateProfileString(szAppName, _T("UserID"), _T("sa"), strUserID.GetBuffer(1024), 1024, strFilename);
        GetPrivateProfileString(szAppName, _T("Password"), _T("sql2012"), strPassword.GetBuffer(1024), 1024, strFilename);
        strInitialCatalog.ReleaseBuffer();
        strDataSource.ReleaseBuffer();
        strUserID.ReleaseBuffer();
        strPassword.ReleaseBuffer();

        //设置连接字符串
```

```
        CString str;
        str.Format(_T("Provider=SQLOLEDB.1;Integrated Security=SSPI;Persist Security Info=True;Initial Catalog=%s;Data Source=%s;User ID=%s;Password=%s;")
                    , strInitialCatalog.GetString()
                    , strDataSource.GetString()
                    , strUserID.GetString()
                    , strPassword.GetString()
                    );
        /*str.Format(_T("driver={SQL Server};Server=%s;Database=%s;UID=%s;PWD=%s;")
                    , strDataSource.GetString()
                    , strInitialCatalog.GetString()
                    , strUserID.GetString()
                    , strPassword.GetString()
                    );
                    */
        _bstr_t strConnect = str;

        //根据实际情况设置 SERVER、UID 和 PWD
        m_pConnection->Open(strConnect, strUserID.GetString(), strPassword.GetString(), adModeUnknown);
    }
    //捕捉异常
    catch(_com_error e) {
        //显示错误信息
        AfxMessageBox(_T("连接数据库失败!"));
        AfxMessageBox(e.Description());
    }
    catch(...) {
        AfxMessageBox(_T("连接数据库失败!"));
    }
}
```

9.4 数据库设计

本系统使用的数据库是 SQL Server 2022，其系统数据库的名称为 WenDGL，该数据库包含 5 张数据表。接下来，我们将分别对这些数据表进行简要说明，并详细展示主要数据表的结构。为了帮助读者更清晰地理解本系统后台数据库中的数据表结构，我们特别设计了一张数据表树形结构图。该图展示了系统中的所有数据表，如图 9.2 所示。

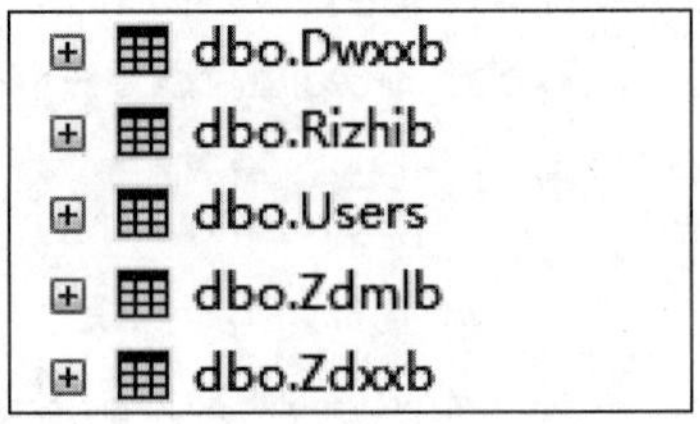

⊞ dbo.Dwxxb
⊞ dbo.Rizhib
⊞ dbo.Users
⊞ dbo.Zdmlb
⊞ dbo.Zdxxb

图 9.2　数据表树形结构图

9.4.1　数据表结构

下面是数据表的表结构。

☑　单位表（Dwxxb）：用于存储企业信息。该表的结构如表 9.1 所示。

表 9.1　单位表结构

字段名	数据类型	长度	描述
DWbh	int	4	单位编号
DWmc	varchar	50	单位名称
Lxr	varchar	50	联系人
Lxdh	varchar	50	联系电话
Lxdz	varchar	50	联系地址
Memo	varchar	200	备注

☑　类别表（Zdmlb）：用于存储在企业中创建的文档类别。该表的结构如表 9.2 所示。

表 9.2 类别表结构

字段名	数据类型	长度	描述
DWbh	int	4	单位编号
LBbh	int	4	类别编号
LBmc	varchar	50	类别名称

☑ 文档表（Zdxxb）：用于存储日常使用的文档信息。该表的结构如表 9.3 所示。

表 9.3 文档表结构

字段名	数据类型	长度	描述
DWbh	int	4	单位编号
LBbh	int	4	类别编号
WDbh	int	4	文档编号
WDmc	varchar	300	文档名称
GJz	varchar	200	关键字
WJlj	varchar	300	文件路径
Memo	varchar	200	备注
Tjrxm	varchar	50	添加人姓名

☑ 日志表（Rizhib）：用于存储入库物料的详细信息。该表的结构如表 9.4 所示。

表 9.4 日志表结构

字段名	数据类型	长度	描述
Name	varchar	50	用户名
DLsj	varchar	50	登录时间
DZ	varchar	200	动作

☑ 用户表（Users）：用于存储用户的相关信息。该表的结构如表 9.5 所示。

表 9.5 用户表结构

字段名	数据类型	长度	描述
Username	varchar	50	用户名
Pwd	varchar	30	密码
JB	varchar	2	级别

9.4.2 添加数据库表的类

为了利用 ADO 访问数据库，建议为数据库中的每个表分别创建一个类，其中类的成员变量应对应表的列，而类的成员函数则应负责实现对这些成员变量以及表的操作。

为单位表创建新类的代码如下：

```
class CDwxxb
{
private:
    int DWbh;
    CString DWmc;
    CString Lxr;
    CString Lxdh;
    CString Lxdz;
```

```
    CString Memo;

public:
    CDwxxb();
    virtual ~CDwxxb();

    CStringArray a_DWbh;                                    //用数组来存储文档编号
    CStringArray a_DWmc;                                    //用数组来存储文档名称

    int GetDWbh();
    void SetDWbh(int iDWbh);
    CString GetDWmc();
    void SetDWmc(CString cDWmc);
    CString GetLxr();
    void SetLxr(CString cLxr);
    CString GetLxdh();
    void SetLxdh(CString cLxdh);
    CString GetLxdz();
    void SetLxdz(CString cLxdz);
    CString GetMemo();
    void SetMemo(CString cMemo);
    void sql_insert();
    void sql_update(int iDWbh);
    void sql_delete(int iDWbh);
    //批量读取表中的数据
    void Load_dep();
    //判断是否存在相同记录
    int HaveId(int iDWbh);
};
```

单位表的类的函数实现代码如下：

```
int CDwxxb::GetDWbh(){ return DWbh; }
void CDwxxb::SetDWbh(int iDWbh) { DWbh=iDWbh; }
CString CDwxxb::GetDWmc(){ return DWmc; }
void CDwxxb::SetDWmc(CString cDWmc) { DWmc=cDWmc; }
CString CDwxxb::GetLxr(){ return Lxr; }
void CDwxxb::SetLxr(CString cLxr) { Lxr=cLxr; }
CString CDwxxb::GetLxdh(){ return Lxdh; }
void CDwxxb::SetLxdh(CString cLxdh) { Lxdh=cLxdh;}
CString CDwxxb::GetLxdz(){return Lxdz; }
void CDwxxb::SetLxdz(CString cLxdz) { Lxdz=cLxdz; }
CString CDwxxb::GetMemo(){return Memo; }
void CDwxxb::SetMemo(CString cMemo) { Memo=cMemo; }
void CDwxxb::sql_insert()                                   //插入一条记录
{
    ADOConn m_AdoConn;
    CString vSQL;
    vSQL.Format("INSERT INTO Dwxxb(DWbh,DWmc,Lxr,Lxdh,Lxdz,Memo)VALUES(%d,'"
    +DWmc+"','"+Lxr+"','"+Lxdh+"','"+Lxdz+"','"+Memo+"')",DWbh);  //设置插入语句
    m_AdoConn.ExecuteSQL(_bstr_t(vSQL));                   //执行插入语句
    m_AdoConn.ExitConnect();                               //断开数据库连接
}
void CDwxxb::sql_update(int iDWbh)                          //更新一条记录
{
    ADOConn m_AdoConn;
    CString vSQL;
    vSQL.Format("UPDATE Dwxxb SET DWmc='"+DWmc+"',Lxr='"+Lxr+"',Lxdh='"
        +Lxdh+"',Lxdz='"+Lxdz+"',Memo='"+Memo+"' WHERE DWbh=%d",iDWbh);
        m_AdoConn.ExecuteSQL(_bstr_t(vSQL));               //执行修改语句
    m_AdoConn.ExitConnect();                               //关闭数据库连接
}
void CDwxxb::sql_delete(int iDWbh)
{
    ADOConn m_AdoConn;
    m_AdoConn.OnInitADOConn();                             //连接数据库
    CString sql;
    sql.Format("delete from Dwxxb where DWbh='%i'",iDWbh);   //设置删除语句
    m_AdoConn.ExecuteSQL((_bstr_t)sql);                    //执行删除语句
```

```
    m_AdoConn.ExitConnect();                                      //断开数据库连接
}
void CDwxxb::Load_dep()
{
    ADOConn m_AdoConn;
    m_AdoConn.OnInitADOConn();                                    //连接数据库
    _bstr_t vSQL="SELECT*FROM Dwxxb ORDER BY DWbh";               //设置 SQL 语句
    _RecordsetPtr m_pRecordset=m_AdoConn.GetRecordSet(vSQL);
                                                                  //初始化数组
    a_DWbh.RemoveAll();                                           //单位编号
    a_DWmc.RemoveAll();                                           //单位名称
    while(m_pRecordset->adoEOF==0)
    {                                                             //获得记录中数据
        a_DWbh.Add((LPCTSTR)(_bstr_t)m_pRecordset->GetCollect("DWbh"));
        a_DWmc.Add((LPCTSTR)(_bstr_t)m_pRecordset->GetCollect("DWmc"));
        m_pRecordset->MoveNext();                                 //下一条记录
    }
    m_AdoConn.ExitConnect();                                      //断开数据库的连接
}
int CDwxxb::HaveId(int iDWbh)
{
    ADOConn m_AdoConn;
    m_AdoConn.OnInitADOConn();                                    //连接数据库
    CString strDWbh;                                              //声明字符串
    _RecordsetPtr m_pRecordset;
    strDWbh.Format("SELECT*FROM Dwxxb WHERE DWbh=%d",iDWbh);
    m_pRecordset=m_AdoConn.GetRecordSet(_bstr_t(strDWbh));        //查询
    return (m_pRecordset->adoEOF)?-1:1;                           //判断是否存在数据
    m_AdoConn.ExitConnect();                                      //断开数据库连接
}
```

为类别表创建新类的代码如下：

```
class CZdmlb
{
private:
    int DWbh;                                                     //单位编号
    int LBbh;                                                     //类别编号
    CString LBmc;                                                 //类别名称
public:
    CZdmlb();
    virtual ~CZdmlb();
    CStringArray a_DWbh;
    CStringArray a_LBbh;
    CStringArray a_LBmc;
    int GetDWbh();
    void SetDwbh(int iDWbh);
    int GetLBbh();
    void SetLBbh(int iLBbh);
    CString GetLBmc();
    void SetLBmc(CString cLBmc);
    void sql_insert();                                            //插入函数
    void sql_update(int iDWbh,int iLBbh);                         //更新函数
    void sql_delete(int iDWbh,int iLBbh);                         //删除函数
    void sql_deletedw(int iLBbh);                                 //删除单位
    void Load_dep();                                              //加载数据
    int HaveId(int iDWbh,int iLBbh);                              //判断记录是否存在
};
```

为文档表创建新类的代码如下：

```
class CZdxxb
{
private:
    int LBbh;                                                     //类别编号
    int WDbh;                                                     //文档编号
    int DWbh;                                                     //单位编号
    CString GJz;                                                  //关键字
    CString WDmc;                                                 //文档名称
```

```
    CString WJlj;                                           //文件路径
    CString Memo;                                           //备注信息
    CString Tjrxm;                                          //添加人姓名
public:
    CZdxxb();
    virtual ~CZdxxb();
    CStringArray a_WDbh;
    CStringArray a_LBbh;
    CStringArray a_WJlj;
    CStringArray a_DWbh;
    CStringArray a_WDmc;
    CStringArray a_GJz;
    int GetDWbh();
    void SetDWbh(int iDWbh);
    int GetLBbh();
    void SetLBbh(int iLBbh);
    int GetWDbh();
    void SetWDbh(int iWDbh);
    CString GetGJz();
    void SetGJz(CString cGJz);
    CString GetWDmc();
    void SetWDmc(CString cWDmc);
    CString GetWJlj();
    void SetWJlj(CString cWJlj);
    CString GetMemo();
    void SetMemo(CString cMemo);
    CString GetTjrxm();
    void SetTjrxm(CString cTjrxm);
    void sql_insert();                                      //插入
    void sql_update(int iWDbh);                             //更新
    void sql_deletelb(int iDWbh,int iLBbh);                 //删除类别
    void sql_delete(int iWDbh);                             //删除文档
    void sql_deletedw(int iDWbh);                           //删除单位
    int sql_selectwdmc(CString cWDmc);                      //查询文档名称
    void Load_dep();                                        //加载数据
    int HaveId(int iDWbh,int iLBbh,int iWDbh);              //判断文档是否存在
};
```

为日志表创建新类的代码如下：

```
class CRizhib
{
private:
    CString Name;                                           //用户名
    CString DLsj;                                           //登录时间
    CString DZ;                                             //动作
public:
    CRizhib();
    virtual ~CRizhib();
    CString GetName();
    void SetName(CString cName);
    CString GetDLsj();
    void SetDLsj(CString cDLsj);
    CString GetDZ();
    void SetDZ(CString cDZ);
    void sql_insert();                                      //插入数据
};
```

为用户表创建新类的代码如下：

```
class CUsers
{
private:
    CString Username;                                       //用户名
    CString Pwd;                                            //密码
    CString JB;                                             //级别
public:
    CUsers();
    virtual ~CUsers();
```

```
    CString GetUsername();
    void SetUsername(CString cUsername);                    //设置用户名
    CString GetPwd();
    void SetPwd(CString cPwd);                              //设置密码
    CString GetJB();
    void SetJB(CString cJB);                                //设置级别
    void sql_insert();                                      //插入记录
    void sql_update(CString cUsername);                     //更新记录
    void sql_delete(CString cUsername);                     //删除记录
    void sql_updatepwd(CString cUsername);
    int Havename(CString cUsername);                        //判断是否存在相同用户名
    int HaveCzy(CString cUsername,CString cPwd);            //判断用户名、密码是否存在
    //判断用户名、密码和级别是否存在
    int HaveCzyjb(CString cUsername,CString cPwd,CString cJB);
};
```

说明

需要在项目中的 Database.ini 文件里修改数据库的相关信息。

9.5 主窗体模块设计

9.5.1 主窗体模块概述

主窗体模块主要用于对文档管理系统中的各个模块进行调用，如图 9.3 所示。

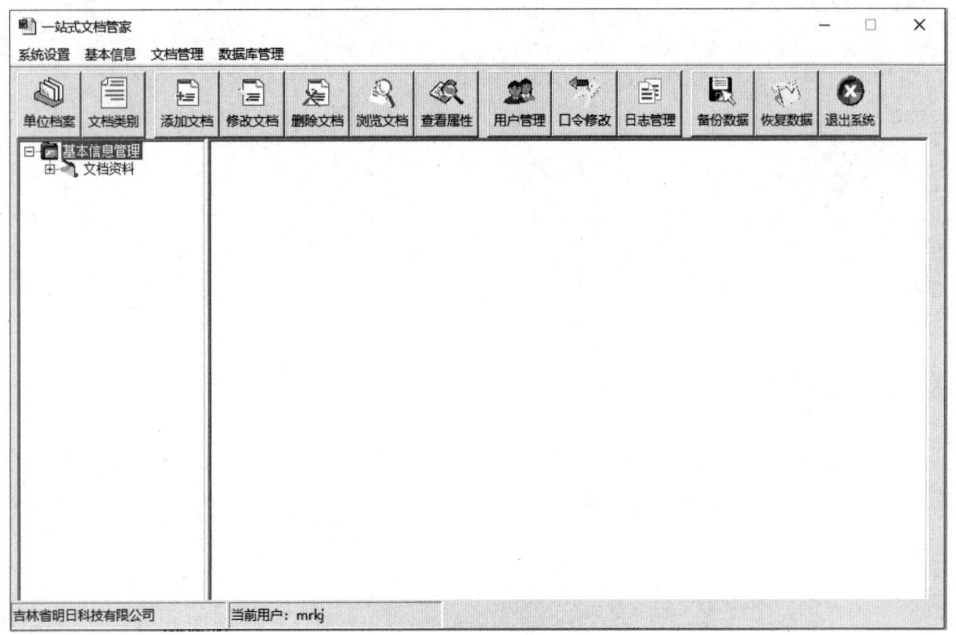

图 9.3 主窗体模块

9.5.2 初始化控件

（1）声明 CTime、CStatusBarCtrl 类对象实体，代码如下：

```
CTime t;
CStatusBarCtrl m_StatusBar;
```

（2）在程序中，引用外部变量的代码如下：

```
extern CWordGLXTApp theApp;
```

（3）在头文件中定义程序变量，代码如下：

```
HTREEITEM arrays[10],brrays[20],hitem[100];
HTREEITEM m_root,temp;
CDwxxb dwb;
CZdmlb mlb;
CZdxxb xxb;
CRizhib zhi;
CImageList m_treeImageList;
CTime t;
CStatusBarCtrl m_StatusBar;
CString strWordpath;                                   //记录 Word 路径
CString strText;                                       //暂存 Word 文档的内容
```

（4）在 OnInitDialog 成员函数中添加状态栏、为树形视图控件定义图标并添加数据，代码如下：

```
dwb.Load_dep();
mlb.Load_dep();
xxb.Load_dep();
m_treeImageList.Create(16,16,ILC_MASK,4,1);                        //创建图像列表
m_treeImageList.Add(theApp.LoadIcon(IDI_ROOTICON));
m_treeImageList.Add(theApp.LoadIcon(IDI_CHILDICON1));
m_treeImageList.Add(theApp.LoadIcon(IDI_CHILDICON2));
m_treeImageList.Add(theApp.LoadIcon(IDI_CHILDICON4));
m_tree.SetImageList(&m_treeImageList,LVSIL_NORMAL);
m_root=m_tree.InsertItem("基本信息管理",0,0);                      //插入根节点
AddtoTree(m_root);                                                 //向树控件中插入数据
m_tree.Expand(m_root,TVE_EXPAND);                                  //展开节点
m_StatusBar.EnableAutomation();
m_StatusBar.Create(WS_CHILD|WS_VISIBLE,CRect(0,0,0,0),this,0);     //创建状态栏
int width[]={200,400};
m_StatusBar.SetParts(4, &width[0]);                                //设置状态栏面板
m_StatusBar.SetText("吉林省明日科技有限公司",0,0);                 //设置文本
CString StatusText;
StatusText.Format("当前用户：%s",user.GetUsername());              //显示当前用户
m_StatusBar.SetText(StatusText,0,1);
t=CTime::GetCurrentTime();                                         //获得当前时间
CString strdate;
strdate.Format("当前日期:%s",t.Format("%y-%m-%d"));
m_StatusBar.SetText(strdate,0,2);
return TRUE;
```

9.5.3 树形视图控件设计

（1）定义 AddtoTree 函数，用于将各表中的数据按层次结构添加到树形视图控件中，其实现代码如下：

```
void CWordGLXTDlg::AddtoTree(HTREEITEM m_node)                     //定义 AddtoTree 函数，用于将各表中的
                                                                   //数据按层次结构添加到树形视图控件中
{
    int i,j;
    for(i=0;i<dwb.a_DWbh.GetSize();i++)
    {
        arrays[i]=m_tree.InsertItem(dwb.a_DWmc.GetAt(i),1,1,m_node);
        for(j=0;j<mlb.a_DWbh.GetSize();j++)
        {
            if(atoi(dwb.a_DWbh.GetAt(i))==atoi(mlb.a_DWbh.GetAt(j)))
            {
                brrays[j]=m_tree.InsertItem(mlb.a_LBmc.GetAt(j),2,2,arrays[i]);
            }
        }
    }
    for(i=0;i<xxb.a_WDbh.GetSize();i++)
```

```
    {
        for(j=0;j<mlb.a_DWbh.GetSize();j++)
        {
            if (atoi(xxb.a_DWbh.GetAt(i).GetString()) ==
              atoi(mlb.a_DWbh.GetAt(j).GetString())&&atoi(xxb.a_LBbh.GetAt(i).GetString())==
              atoi(mlb.a_LBbh.GetAt(j).GetString()))
            {
                CString str = xxb.a_WDmc.GetAt(i);
                hitem[i]=m_tree.InsertItem(xxb.a_WDmc.GetAt(i),3,3,brrays[j]);
            }
        }
    }
    m_tree.SetRedraw();//重绘树形视图控件
}
```

说明

GetSize 函数：用于返回 CstringArray 对象中元素的数量。

GetAt 函数：用于从 CstringArray 对象的指定索引位置返回一个 Cstring 元素。

SetRedraw 函数：用于重绘树形视图控件。

（2）为树形视图控件添加 OnDblclkTree1 双击事件，其实现代码如下：

```
void CWordGLXTDlg::OnDblclkTree1(NMHDR* pNMHDR, LRESULT* pResult) //树形视图控件的双击事件
{
    CString strWjian="";

    //读取当前节点
    temp = m_tree.GetSelectedItem();                            //获取当前选定树形视图控件的项目
    temp = m_tree.GetChildItem(temp);                           //获取指定树形视图控件的子项目
    if (temp != NULL)
    {
        while (temp!= NULL)
        {
            //取出 temp 中的文本
            CString strTemp = m_tree.GetItemText(temp);
            strWjian += strTemp + "\n";
            m_richedit.SetWindowText(strWjian);                 //RichEdit 控件显示数据
            temp = m_tree.GetNextItem(temp,TVGN_NEXT);          //将 temp 的兄弟节点赋值给 temp
        }
    }
    else
    {
        temp = m_tree.GetSelectedItem();                        //重新获得当前选定树形视图控件的项目
        for(int i=0;i<xxb.a_WDbh.GetSize();i++)
        {
            if(temp==hitem[i])
            {
                //取出 temp 对应的文档路径
                strWordpath = xxb.a_WJlj.GetAt(i);
                CFileFind file;
                if(!file.FindFile(strWordpath))
                {//查找文件是否存在，如果不存在，则清除数据库中的记录
                    MessageBox("文件不存在！","文档管理系统");

                    int wdbh=0;
                    wdbh = atoi(xxb.a_WDbh.GetAt(i));
                    //删除该文档
                    UpdateData(true);
                    xxb.sql_delete(wdbh);                       //删除该文档
                    MessageBox("数据库中该文件的记录已删除！","文档管理系统");
                    UpdateData(false);
                    return;
                }
```

```
            }
        }
        //Word 应用程序的调用
        _Application app;
        //初始化连接
        //***解决初始化连接时的进程冲突问题*****************
        LPDISPATCH    pDisp;
        LPUNKNOWN    pUnk;
        CLSID clsid;
        CLSIDFromProgID(L"word.Application",&clsid);
        if(GetActiveObject(clsid,NULL,&pUnk)==S_OK)
        {
            pUnk->QueryInterface(IID_IDispatch,(void**)&pDisp);
            app.AttachDispatch(pDisp);

        }
        else if(!app.CreateDispatch("word.Application"))                    //启动 Word
        {
            MessageBox("Word 启动失败！","文档管理系统");
            return ;
        }
        //***解决初始化连接时的进程冲突问题*****************

        Documents doc;
        CComVariant a (_T(strWordpath)),b(false),c(0),d(true),aa(0),bb(1);
        _Document doc1;

        doc.AttachDispatch( app.GetDocuments());
        doc1.AttachDispatch(doc.Add(&a,&b,&c,&d));
        Range range;

        //取出文档的所选区域
        range = doc1.GetContent();
        //取出文件内容
        strText = range.GetText();
        m_richedit.SetWindowText(strText);
        //关闭
        app.Quit(&b,&c,&c);
        //释放环境
        range.ReleaseDispatch();
        doc.ReleaseDispatch();
        doc1.ReleaseDispatch();
        app.ReleaseDispatch();

    }
    *pResult = 0;
}
```

说明

GetSelectedItem 函数：获取当前选定的树形视图控件的项目。

GetChildItem 函数：获取指定树形视图控件的子项目。

GetItemText 函数：返回项目的文本。

GetNextItem 函数：获取与指定关系相匹配的下一个树形视图控件的项目。

9.5.4 实现文档浏览功能

（1）打开“类向导”对话框，为菜单项 ID_MENULIULWD 添加代码，以实现文档浏览功能。其实现代码如下：

```
void CWordGLXTDlg::OnMenuliulwd()                                    //实现文档浏览功能
{
    CString strd,strs;
```

```
        xxb.Load_dep();
        for(int i=0;i<xxb.a_WDbh.GetSize();i++)
        {
            strd=xxb.a_WDmc.GetAt(i);
            strs+=strd+"\n";
            m_richedit.SetWindowText(strs);
        }
}
```

（2）为菜单项 ID_MENUADDWD 添加代码，以实现添加文档功能。其实现代码如下：

```
void CWordGLXTDlg::OnMenuaddwd()                                    //实现添加文档功能
{
        CWDgldlg dlg;
        dlg.str = 0;
        if(dlg.DoModal()==IDOK)
        {
            m_tree.DeleteAllItems();
            dwb.Load_dep();
            mlb.Load_dep();
            xxb.Load_dep();
            m_root=m_tree.InsertItem("基本信息管理",0,0);
            AddtoTree(m_root);
        }
}
```

9.5.5 实现删除文档功能

为菜单项 ID_MENUDELWD 添加代码，以实现删除文档功能。其实现代码如下：

```
void CWordGLXTDlg::OnMenudelwd()                                    //实现删除文档功能
{
        CWDgldlg dlg;
        dlg.tabindex = 1;
        if(dlg.DoModal()==IDOK)
        {
            m_tree.DeleteAllItems();
            dwb.Load_dep();
            mlb.Load_dep();
            xxb.Load_dep();
            m_root=m_tree.InsertItem("基本信息管理",0,0);
            AddtoTree(m_root);
        }
}
```

9.5.6 实现日志管理功能

为菜单项 ID_MENURZGL 添加代码，以实现日志管理功能。其实现代码如下：

```
void CWordGLXTDlg::OnMenurzgl()                                 //实现日志管理功能
{
        ADOConn m_AdoConn;
        m_AdoConn.OnInitADOConn();
        CString sql,sqlzd="用户名\t 登录时间\t 动作\n";
        sql.Format("select* from Rizhib");
        m_AdoConn.GetRecordSet((_bstr_t)sql);
        while(m_AdoConn.m_pRecordset->adoEOF==0)
        {
            sqlzd+=(char*)(_bstr_t)m_AdoConn.m_pRecordset->GetCollect("name");
            sqlzd+="   \t";
            sqlzd+=(char*)(_bstr_t)m_AdoConn.m_pRecordset->GetCollect("DLsj");
            sqlzd+="\t";
```

```
            sqlzd+=(char*)(_bstr_t)m_AdoConn.m_pRecordset->GetCollect("dz");
            sqlzd+="\n";
            m_AdoConn.m_pRecordset->MoveNext();
            m_richedit.SetWindowText(sqlzd);
        }
    m_AdoConn.ExitConnect();
}
```

9.5.7 实现退出系统功能

为菜单项 ID_EXIT 添加代码，程序调用 OnOK 函数以关闭对话框并退出系统，代码如下：

```
void CWordGLXTDlg::OnExit()
{
    OnOK();
}
```

9.6 登录管理模块设计

9.6.1 登录管理模块概述

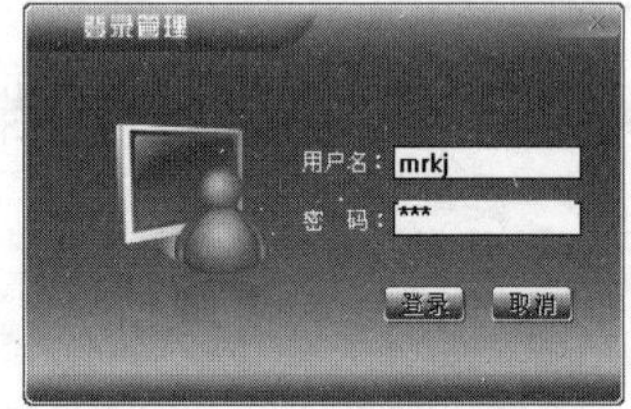

图 9.4 登录管理模块

登录管理模块主要用于对登录文档管理系统的用户进行安全性检查，以防止非法用户进入该系统，如图 9.4 所示。只有合法的用户才可以登录系统，同时根据操作员的不同给予其相应的操作权限。

验证操作员及其密码主要是通过对用户表进行查询，并结合 if 语句判断用户选定的操作员及其输入的密码是否符合数据库中的操作员和密码，如果符合，则允许用户登录，并授予相应的权限；否则，系统将提示错误信息。文档管理系统的“登录管理”界面如图 9.4 所示。

9.6.2 添加背景

（1）引用函数外部的变量的代码如下：

```
extern CUsers user;
```

（2）在头文件中定义程序变量的代码如下：

```
CString jb;
CRizhib zhi;
CTime t;
```

（3）为了使登录界面美观，还需要更换按钮的界面，代码如下：

```
BOOL CDialogin::OnInitDialog()
{
    CDialog::OnInitDialog();

    SetIcon(m_hIcon, TRUE);

    m_BitmapOK = ::LoadBitmap(::AfxGetInstanceHandle(), MAKEINTRESOURCE(IDB_BITMAP_QR));
    m_BitmapCancel = ::LoadBitmap(::AfxGetInstanceHandle(), MAKEINTRESOURCE(IDB_BITMAP_QX));
    m_BitmapClose = ::LoadBitmap(::AfxGetInstanceHandle(), MAKEINTRESOURCE(IDB_BITMAP_Close));
    m_OK.SetBitmap(m_BitmapOK);
    m_Cancel.SetBitmap(m_BitmapCancel);
    m_Close.SetBitmap(m_BitmapClose);
```

```
    return TRUE;  //返回 TRUE 以表示成功处理了此消息
}
```

（4）由于登录窗体属性被设置为隐藏标题栏，因此无法直接拖动窗体。要实现窗体的拖动功能，需要添加以下代码：

```
void CDialogin::OnLButtonDown(UINT nFlags, CPoint point)
{   //该函数实现在客户区能够拖动窗体
    CDialog::OnLButtonDown(nFlags, point);
    PostMessage(WM_NCLBUTTONDOWN,HTCAPTION,MAKELPARAM(point.x,point.y));
}
```

说明

PostMessage 函数：用于发送消息的函数。

9.6.3 实现登录功能

响应“登录”按钮的程序代码如下：

```
void CDialogin::OnOK()
{
    //从对话框的编辑框中读取数据并将其存储到成员变量中
    UpdateData(true);
    //检查数据有效性
    if (m_name.IsEmpty())
    {
        MessageBox("请输入用户名","文档管理系统");
        return;
    }
    if (m_pwd.IsEmpty())
    {
        MessageBox("请输入密码");
        return;
    }
    //如果读取的数据与用户输入不同，则返回
    if(user.HaveCzy(m_name,m_pwd)!=1)
    {
        MessageBox("用户名或密码错误!","文档管理系统");
        return;
    }
    user.SetUsername(m_name);
    //判断用户级别
    jb="1";
    if(user.HaveCzyjb(m_name,m_pwd,jb)==1)
    {
        user.SetJB(jb);
    }
    else
    {
        user.SetJB("0");
    }
    //读取当前系统时间
    t=CTime::GetCurrentTime();
    //将登录动作记录到日志表中
    zhi.SetDLsj(t.Format("%y-%m-%d"));
    zhi.SetName(user.GetUsername());
    zhi.SetDZ("登录");
    zhi.sql_insert();
    CDialog::OnOK();
}
```

说明

为了在该类中使用用户表和日志表的类，需要在头文件中包含用户表和日志表的头文件。

下面在“登录”对话框中添加代码，其作用是确保程序启动时首先弹出“登录”对话框。在主窗口中，选择 OnInitDialog 函数，该函数将负责打开“登录”对话框。如果用户不是通过单击“登录”按钮来关闭对话框的，那么主对话框将调用 OnOK 函数来关闭主对话框。具体代码如下：

```
BOOL CWordGLXTDlg::OnInitDialog()
{
	CDialog::OnInitDialog();

	ASSERT((IDM_ABOUTBOX & 0xFFF0) == IDM_ABOUTBOX);
	ASSERT(IDM_ABOUTBOX < 0xF000);

	CMenu* pSysMenu = GetSystemMenu(FALSE);
	if (pSysMenu != NULL)
	{
		CString strAboutMenu;
		strAboutMenu.LoadString(IDS_ABOUTBOX);
		if (!strAboutMenu.IsEmpty())
		{
			pSysMenu->AppendMenu(MF_SEPARATOR);
			pSysMenu->AppendMenu(MF_STRING, IDM_ABOUTBOX, strAboutMenu);
		}
	}


	//设置图标
	SetIcon(m_hIcon, TRUE);                                  //设置大图标
	SetIcon(m_hIcon, FALSE);                                 //设置小图标

	CDialogin gin;

	if(gin.DoModal()!=IDOK)                                  //启动“登录”对话框
				OnOK();
	dwb.Load_dep();                                          //批量加载单位表中的记录数据
	mlb.Load_dep();                                          //批量加载类别表中的记录数据
	xxb.Load_dep();                                          //批量加载文档表中的记录数据
	m_treeImageList.Create(16,16,ILC_MASK,4,1);
	m_treeImageList.Add(theApp.LoadIcon(IDI_ROOTICON));      //显示根目录图标
	m_treeImageList.Add(theApp.LoadIcon(IDI_CHILDICON1));    //显示一级目录的图标
	m_treeImageList.Add(theApp.LoadIcon(IDI_CHILDICON2));    //显示二级目录的图标
	m_treeImageList.Add(theApp.LoadIcon(IDI_CHILDICON4));    //显示三级目录的图标，就是那个 Word 的图标
	m_tree.SetImageList(&m_treeImageList,LVSIL_NORMAL);
	m_root=m_tree.InsertItem("基本信息管理",0,0);
	AddtoTree(m_root);
	m_tree.Expand(m_root,TVE_EXPAND);
	//状态栏显示内容的设置
	m_StatusBar.EnableAutomation();
	m_StatusBar.Create(WS_CHILD|WS_VISIBLE,CRect(0,0,0,0),this,0);

	int width[]={200,400};
	m_StatusBar.SetParts(4, &width[0]);
	m_StatusBar.SetText("吉林省明日科技有限公司",0,0);          //显示单位名称

	CString StatusText;
```

```
 StatusText.Format("当前用户：%s",user.GetUsername());        //显示当前用户
 m_StatusBar.SetText(StatusText,0,1);

 t=CTime::GetCurrentTime();
 CString strdate;
 strdate.Format("当前日期:%s",t.Format("%y-%m-%d"));          //显示当前时间
 m_StatusBar.SetText(strdate,0,2);
//工具栏显示内容的设置
 m_ImageList.Create(32,32,ILC_COLOR|ILC_MASK,1,1);           //创建图像列表

m_ImageList.Add(AfxGetApp()->LoadIcon(IDI_ICONDWDA));  //单位档案
 m_ImageList.Add(AfxGetApp()->LoadIcon(IDI_ICONWDLB));  //文档类别

 m_ImageList.Add(AfxGetApp()->LoadIcon(IDI_ICONAdd));       //添加文档
 m_ImageList.Add(AfxGetApp()->LoadIcon(IDI_ICONMod));       //修改文档
 m_ImageList.Add(AfxGetApp()->LoadIcon(IDI_ICONDel));       //删除文档
 m_ImageList.Add(AfxGetApp()->LoadIcon(IDI_ICONScan));      //浏览文档
 m_ImageList.Add(AfxGetApp()->LoadIcon(IDI_ICONFileAttri)); //查看属性
 m_ImageList.Add(AfxGetApp()->LoadIcon(IDI_ICONUser));      //用户管理
 m_ImageList.Add(AfxGetApp()->LoadIcon(IDI_ICONMIMA));      //口令修改
 m_ImageList.Add(AfxGetApp()->LoadIcon(IDI_ICONLog));       //日志管理
 m_ImageList.Add(AfxGetApp()->LoadIcon(IDI_ICONSJKBF));  //备份
 m_ImageList.Add(AfxGetApp()->LoadIcon(IDI_ICONSJKHF));  //恢复
 m_ImageList.Add(AfxGetApp()->LoadIcon(IDI_ICONExit));      //退出系统


 UINT array[16];
 for(int i=0;i<16;i++)
 {
        if(i==2||i==8||i==12)
        {
               array[i]=ID_SEPARATOR;                    //第三个和第九个按钮为分隔条
        }
        else   array[i]=i+1101;
 }

 m_ToolBar.Create(this);
 m_ToolBar.SetButtons(array,16);
 m_ToolBar.SetButtonText(0,"单位档案");
 m_ToolBar.SetButtonText(1,"文档类别");
 m_ToolBar.SetButtonText(3,"添加文档");
 m_ToolBar.SetButtonText(4,"修改文档");
 m_ToolBar.SetButtonText(5,"删除文档");
 m_ToolBar.SetButtonText(6,"浏览文档");
 m_ToolBar.SetButtonText(7,"查看属性");
 m_ToolBar.SetButtonText(9,"用户管理");
 m_ToolBar.SetButtonText(10,"口令修改");
 m_ToolBar.SetButtonText(11,"日志管理");
m_ToolBar.SetButtonText(13,"备份数据");
m_ToolBar.SetButtonText(14,"恢复数据");
 m_ToolBar.SetButtonText(15,"退出系统");
m_ToolBar.GetToolBarCtrl().SetImageList(&m_ImageList);      //关联图像列表

m_ToolBar.SetSizes(CSize(60,60),CSize(32,32));              //设置按钮和按钮位图大小
 m_ToolBar.EnableToolTips(true);
 RepositionBars(AFX_IDW_CONTROLBAR_FIRST, AFX_IDW_CONTROLBAR_LAST, 0);     //显示工具栏
::GetCurrentDirectory(512,buf);                             //获得当前路径，以便在备份数据库时使用
 return TRUE;
}
```

9.7 单位档案模块设计

9.7.1 单位档案模块概述

单位档案模块用于查看、添加、修改和删除单位信息，如图 9.5 所示。

若要添加单位，“单位编号”会默认自动增加。若修改或删除单位档案信息，可以通过“单位名称”下拉列表框选择单位名称，然后修改其内容，也可从“单位列表”选项卡中选择要修改或删除的单位，这些操作都非常方便。

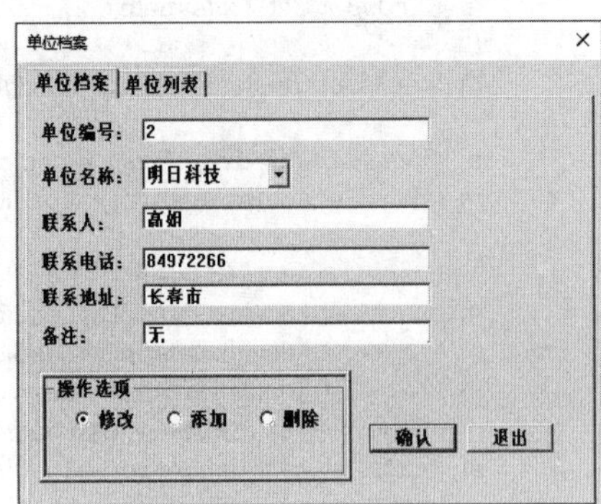

图 9.5 单位档案模块

9.7.2 添加 Tab 控件

（1）使用函数外部的变量的代码如下：

```
extern CUsers user;
```

（2）在头文件中定义变量的代码如下：

```
CRizhib zhi;
CTime t;
```

（3）添加 OnInitDialog 函数，此函数用于初始化 Tab 控件并为 ListControl 控件赋值，代码如下：

```
BOOL CDwdandlg::OnInitDialog()
{
    CDialog::OnInitDialog();

    SetIcon(m_hIcon, TRUE);
    t=CTime::GetCurrentTime();                          //获取当前时间
    TC_ITEM tci;                                        //一个标签可能包含文本/图片等属性
                                                        //TC_ITEM 结构的 mask 指定了标签的哪种属性是有效的
                                                        //mask=TCIF_IMAGE，图片有效
    tci.mask=TCIF_TEXT;                                 //文本有效
    tci.pszText="单位档案";
    m_tab.InsertItem(0,&tci);
    tci.pszText="单位列表";
    m_tab.InsertItem(1,&tci);

    GetDlgItem(IDC_LIST1)->ShowWindow(SW_HIDE);         //使 ListContro 控件不可见

    UpdateData(true);

    //为 ListContro 控件设置列
    m_list.SetExtendedStyle(LVS_EX_FLATSB|LVS_EX_FULLROWSELECT|LVS_EX_GRIDLINES);
    m_list.InsertColumn(0,"单位编号",LVCFMT_LEFT,100,0);
    m_list.InsertColumn(1,"单位名称",LVCFMT_LEFT,100,1);
    m_list.InsertColumn(2,"联系人",LVCFMT_LEFT,100,2);
    m_list.InsertColumn(3,"联系电话",LVCFMT_LEFT,100,3);
    m_list.InsertColumn(4,"联系地址",LVCFMT_LEFT,100,4);
    m_list.InsertColumn(6,"备注",LVCFMT_LEFT,100,5);

    ADOConn m_AdoConn;
    m_AdoConn.OnInitADOConn();                          //连接数据库

    CString sql;
    sql.Format("select* from Dwxxb order by dwbh desc");

    m_AdoConn.GetRecordSet((_bstr_t)sql);

    while(m_AdoConn.m_pRecordset->adoEOF==0)
```

```
    {
        m_list.InsertItem(0,"");
        m_list.SetItemText(0,0,(char*)(_bstr_t)m_AdoConn.m_pRecordset->GetCollect("dwbh"));
        m_list.SetItemText(0,1,(char*)(_bstr_t)m_AdoConn.m_pRecordset->GetCollect("dwmc"));
        m_combo_dwmc.AddString((char*)(_bstr_t)m_AdoConn.m_pRecordset->GetCollect("dwmc"));
        m_list.SetItemText(0,2,(char*)(_bstr_t)m_AdoConn.m_pRecordset->GetCollect("lxr"));
        m_list.SetItemText(0,3,(char*)(_bstr_t)m_AdoConn.m_pRecordset->GetCollect("lxdh"));
        m_list.SetItemText(0,4,(char*)(_bstr_t)m_AdoConn.m_pRecordset->GetCollect("lxdz"));
        m_list.SetItemText(0,5,(char*)(_bstr_t)m_AdoConn.m_pRecordset->GetCollect("memo"));
        m_AdoConn.m_pRecordset->MoveNext();
    }
    m_AdoConn.ExitConnect();                                    //断开数据库连接

    CDwxxb dwb;
    dwb.Load_dep();
    m_dwbh=     dwb.a_DWbh.GetSize()+1;;                        //设置单位档案中的默认单位编号

    UpdateData(false);
    return TRUE;  //返回 TRUE 以表示成功处理了此消息
}
```

（4）为 Radio 控件添加消息响应函数，代码如下：

```
void CDwdandlg::OnRADIOModify()
{
    GetDlgItem(IDC_EDIT1)->EnableWindow(TRUE);
    RadioFlag = 1;
}

void CDwdandlg::OnRadioAdd()
{
    CDwxxb dwb;
    dwb.Load_dep();
    m_dwbh=     dwb.a_DWbh.GetSize()+1;;                        //重新显示默认的单位编号
    GetDlgItem(IDC_EDIT1)->EnableWindow(FALSE);
    RadioFlag = 2;
    UpdateData(false);
}

void CDwdandlg::OnRADIODel()
{
    RadioFlag = 3;
}
```

9.7.3 实现添加单位功能

当用户选中“添加”单选按钮时，能够实现添加单位的功能，代码如下：

```
void CDwdandlg::AddDW()                                         //添加单位信息
{
    UpdateData(true);
    CString strdwmc;
    m_combo_dwmc.GetWindowText(strdwmc);
    CDwxxb dwb;
    if(strdwmc=="")
        ::AfxMessageBox("单位名称不能为空");

    else if(dwb.HaveId(m_dwbh)==1)
        MessageBox("单位编号已存在","文档管理系统");
    else if(m_lxdh.GetLength()>12)
        MessageBox("电话号码不正确","文档管理系统");
    else
    {
        dwb.SetDWbh(m_dwbh);
        dwb.SetDWmc(strdwmc);
        dwb.SetLxr(m_lxr);
        dwb.SetLxdh(m_lxdh);
        dwb.SetLxdz(m_lxdz);
        dwb.SetMemo(m_memo);
        dwb.sql_insert();
```

```
            zhi.SetDLsj(t.Format("%y-%m-%d"));
            zhi.SetName(user.GetUsername());
            zhi.SetDZ("单位添加");
            zhi.sql_insert();
        }
}
```

9.7.4 实现修改单位功能

当用户选中“修改”单选按钮时，实现修改单位的功能，代码如下：

```
void CDwdandlg::ModifyDW()                                                    //修改单位信息
{
    UpdateData(true);
    CString strdwmc;
    if(m_combo_dwmc.GetCurSel()!=CB_ERR)                                      //若从下拉列表中选择
            m_combo_dwmc.GetLBText(m_combo_dwmc.GetCurSel(),strdwmc);
    else                                                                      //若没有从下拉列表中选择
    {
        m_combo_dwmc.GetWindowText(strdwmc);
        int a =m_combo_dwmc.SelectString(-1,strdwmc);
        if(a == CB_ERR) strdwmc="";                                           //若数据库中没有该单位，则清空 strdwmc
    }

    if(strdwmc=="")
        MessageBox("单位名称不能为空","文档管理系统");
    else if(m_lxdh.GetLength()>12)
        MessageBox("电话号码不正确","文档管理系统");
    else
    {
        CDwxxb dwb;
        dwb.SetDWmc(strdwmc);
        dwb.SetLxr(m_lxr);
        dwb.SetLxdh(m_lxdh);
        dwb.SetLxdz(m_lxdz);
        dwb.SetMemo(m_memo);
        dwb.sql_update(m_dwbh);
        zhi.SetDLsj(t.Format("%y-%m-%d"));
        zhi.SetName(user.GetUsername());
        zhi.SetDZ("单位修改");
        zhi.sql_insert();
    }

}
```

说明

GetLength 函数：返回 int 类型值，用于获取字符串的长度。

9.7.5 实现删除单位功能

当用户选中“删除”单选按钮时，实现删除单位功能，代码如下：

```
void CDwdandlg::DelDW()                                                       //删除单位信息
{
    CDwxxb dwb;
    if(dwb.HaveId(m_dwbh)==-1)
        MessageBox("单位编号不存在,无法执行删除操作!","文档管理系统");
    else
    {

        dwb.sql_delete(m_dwbh);                                               //删除单位表中的该单位信息
        CZdmlb mlb;
        mlb.sql_deletedw(m_dwbh);                                             //删除类别表中的该单位信息
        CZdxxb xxb;
        xxb.sql_deletedw(m_dwbh);                                             //删除文档表中的该单位信息
        zhi.SetDLsj(t.Format("%y-%m-%d"));
```

```
            zhi.SetName(user.GetUsername());
            zhi.SetDZ("单位删除");
            zhi.sql_insert();
        }

    }
```

9.7.6 实现标签切换功能

标签控件发送两个重要的消息：TCN_SELCHANGING 和 TCN_SELCHANGE。TCN_SELCHANGING 消息是在改变当前标签之前发出的，而 TCN_SELCHANGE 消息则是在选择了新的标签页之后发出的。这样，我们就可以在 TCN_SELCHANGING 消息的响应函数中隐藏原来的控件，而在 TCN_SELCHANGE 消息的响应函数中显示新的控件。使用 Class Wizard 为 IDC_TAB1 标签控件建立 TCN_SELCHANGING 和 TCN_SELCHANGE 消息的响应函数，代码如下：

```
void CDwdandlg::OnSelchangeTab1(NMHDR* pNMHDR, LRESULT* pResult)      //在用户改变标签时产生
{
    switch(m_tab.GetCurSel())                                          //实现标签的切换功能
    {
    case 0:
        GetDlgItem(IDC_EDIT1)->ShowWindow(SW_SHOW);
        GetDlgItem(IDC_COMBO2)->ShowWindow(SW_SHOW);
        GetDlgItem(IDC_EDIT3)->ShowWindow(SW_SHOW);
        GetDlgItem(IDC_EDIT4)->ShowWindow(SW_SHOW);
        GetDlgItem(IDC_EDIT5)->ShowWindow(SW_SHOW);
        GetDlgItem(IDC_EDIT6)->ShowWindow(SW_SHOW);
        GetDlgItem(IDC_STATIC1)->ShowWindow(SW_SHOW);
        GetDlgItem(IDC_STATIC2)->ShowWindow(SW_SHOW);
        GetDlgItem(IDC_STATIC3)->ShowWindow(SW_SHOW);
        GetDlgItem(IDC_STATIC4)->ShowWindow(SW_SHOW);
        GetDlgItem(IDC_STATIC5)->ShowWindow(SW_SHOW);
        GetDlgItem(IDC_STATIC6)->ShowWindow(SW_SHOW);
        GetDlgItem(IDC_STATIC7)->ShowWindow(SW_SHOW);
        GetDlgItem(IDOK)->ShowWindow(SW_SHOW);
        GetDlgItem(IDCANCEL)->ShowWindow(SW_SHOW);

        break;
    case 1:
        GetDlgItem(IDC_LIST1)->ShowWindow(SW_SHOW);
        break;
    }
    *pResult = 0;
}
```

说明

GetCurSel 函数：用于在标签控件中确定当前选定的标签。

GetDlgItem 函数：用于获取当前控件的句柄。

当在“单位名称”下拉列表框中选择单位名称时，其他编辑框中的内容会自动显示，完成此功能的代码如下：

```
void CDwdandlg::OnSelchangeCombo2()
{
    GetDlgItem(IDC_EDIT1)->EnableWindow(false);
    CDwxxb dwb;
    CString strdwmc;

    m_combo_dwmc.GetLBText(m_combo_dwmc.GetCurSel(),strdwmc);

    dwb.Load_dep();
    int m =dwb.a_DWbh.GetSize();
    for(int i=0;i<m;i++)//根据单位编号搜索单位名称
    {
```

```
            if(strdwmc==dwb.a_DWmc.GetAt(i))
            {
                m_dwbh = atoi(dwb.a_DWbh.GetAt(i));
            }
        }
        UpdateData(false);
}
```

9.8 文档类别模块设计

9.8.1 文档类别模块概述

文档类别模块用于添加、修改和删除文档类别信息，如图 9.6 所示。

用户可以通过下拉列表框选择单位，随后，该单位所对应的“单位编号”会自动显示在对应的编辑框中，而类别编号也会自动增加，操作非常简便。

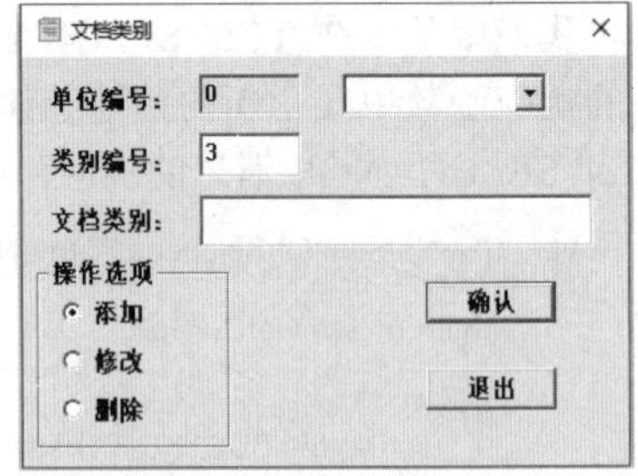

图 9.6 文档类别模块

9.8.2 实现确认功能

（1）使用函数外部的变量的代码如下：

```
extern CUsers user;
```

（2）在头文件中定义变量的代码如下：

```
CRizhib zhi;
CTime t;
```

（3）当用户单击“确认”按钮时，实现对文档类别的指定操作，代码如下：

```
void CWdlbiedlg::OnOK() //添加按钮
{
    switch(RadioFlag)
    {
    case 1: LBModify(); break;
    case 2: LBAdd(); break;
    case 3: LBDel(); break ;
    default :
        ::AfxMessageBox("请选择操作选项!");
        return ;
    }

    CDialog::OnOK();
}
```

（4）为 Radio 控件添加消息响应函数，代码如下：

```
void CDwdandlg::OnRADIOModify()
{
    GetDlgItem(IDC_EDIT1)->EnableWindow(TRUE);
    RadioFlag = 1;
}

void CDwdandlg::OnRadioAdd()
{
    CDwxxb dwb;
    dwb.Load_dep();
    m_dwbh=      dwb.a_DWbh.GetSize()+1;;//重新显示默认的单位编号
    GetDlgItem(IDC_EDIT1)->EnableWindow(FALSE);
    RadioFlag = 2;
    UpdateData(false);
}
```

```
void CDwdandlg::OnRADIODel()
{
    RadioFlag = 3;
}
```

9.8.3 实现添加功能

当用户选中“添加”单选按钮时，实现添加文档类别的功能，代码如下：

```
void CWdlbiedlg::LBAdd()
{
    UpdateData(true);
    if(m_lbmc=="")
    {
        MessageBox("类别名称不能为空","文档管理系统");
        return;
    }
    CZdmlb mlb;
    CDwxxb dwb;
    mlb.Load_dep();
    dwb.Load_dep();
    int dw=0;
    for(int i=0;i<dwb.a_DWbh.GetSize();i++)
    {
        int p=atoi(dwb.a_DWbh.GetAt(i));
        if(m_dwbh==atoi(dwb.a_DWbh.GetAt(i)))
        {
            dw++;
        }
    }
    if(dw==0)
    {
        MessageBox("单位编号不存在","文档管理系统");
        return;
    }
    dw=0;
    if(mlb.HaveId(m_dwbh,m_lbbh)==1)
    {
        MessageBox("类别已存在","文档管理系统");
        return;
    }
    mlb.SetDwbh(m_dwbh);
    mlb.SetLBbh(m_lbbh);
    mlb.SetLBmc(m_lbmc);
    mlb.sql_insert();
    zhi.SetDLsj(t.Format("%y-%m-%d"));
    zhi.SetName(user.GetUsername());
    zhi.SetDZ("类别添加");
    zhi.sql_insert();

}
```

9.8.4 实现修改功能

当用户选中“修改”单选按钮时，实现修改文档类别的功能，代码如下：

```
void CWdlbiedlg::LBModify()
{
    UpdateData(true);
    if(m_lbmc=="")
    {
        MessageBox("类别名称不能为空","文档管理系统");
        return;
    }
    CZdmlb mlb;
```

```
    CDwxxb dwb;
    dwb.Load_dep();
    mlb.Load_dep();
    int dw=0;
    for(int i=0;i<dwb.a_DWbh.GetSize();i++)
    {
        if(m_dwbh==atoi(dwb.a_DWbh.GetAt(i)))
        {
            dw++;
        }
    }
    if(dw==0)
    {
        MessageBox("单位编号不存在","文档管理系统");
        return;
    }
    dw=0;
    mlb.SetDwbh(m_dwbh);
    mlb.SetLBmc(m_lbmc);
    mlb.sql_update(m_dwbh,m_lbbh);
    zhi.SetDLsj(t.Format("%y-%m-%d"));
    zhi.SetName(user.GetUsername());
    zhi.SetDZ("类别修改");
    zhi.sql_insert();
}
```

9.8.5 实现删除功能

当用户选中“删除”单选按钮时，实现删除文档类别的功能，代码如下：

```
void CWdlbiedlg::LBDel()
{
    UpdateData(true);
    CZdmlb mlb;
    mlb.sql_delete(m_dwbh,m_lbbh);                    //删除类别表中的相关记录
    CZdxxb xxb;
    xxb.sql_deletelb(m_dwbh,m_lbbh);                  //删除文档表中相关的记录
    zhi.SetDLsj(t.Format("%y-%m-%d"));                //日志
    zhi.SetName(user.GetUsername());
    zhi.SetDZ("类别删除");
    zhi.sql_insert();

}
```

9.9 文档管理模块设计

9.9.1 文档管理模块概述

文档管理模块用于查看、添加、修改和删除文档信息，如图 9.7 所示。

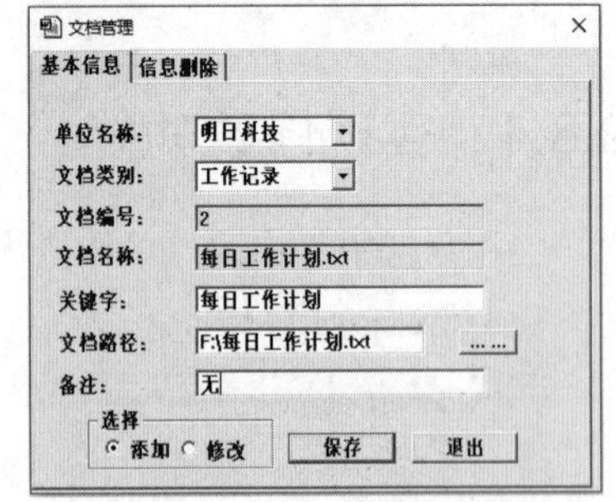

图 9.7　文档管理模块

9.9.2 初始化控件

（1）使用函数外部的变量的代码如下：

```
extern CUsers user;
```

（2）在头文件中定义变量的代码如下：

```
int wdbh;                                             //文档编号
```

```
int lbbh;                                                  //文档类别
int dwbh;                                                  //单位名称
int str;                                                   //选中单选按钮
CString strText;
CDwxxb dwb;
CZdmlb mlb;
CZdxxb xxb;
CRizhib zhi;
CTime t;
UINT tabindex;
```

（3）添加 OnInitDialog 函数，此函数用于初始化 Tab 控件以及为 ListControl 控件赋值，代码如下：

```
BOOL CWDgldlg::OnInitDialog()
{
    CDialog::OnInitDialog();
    m_hIcon = AfxGetApp()->LoadIcon(IDI_CHILDICON4);
    SetIcon(m_hIcon, TRUE);
    TC_ITEM tci;
    tci.mask=TCIF_TEXT;
    tci.pszText="基本信息";
    m_tab.InsertItem(0,&tci);
    tci.pszText="信息删除";
    m_tab.InsertItem(1,&tci);

    dwb.Load_dep();
    mlb.Load_dep();
    xxb.Load_dep();

    t=CTime::GetCurrentTime();

    UpdateData(true);
    for(int i=0;i<xxb.a_WDbh.GetSize();i++)                //根据文档编号在文档表中搜索文档名称

        m_combo1.AddString(xxb.a_WDmc.GetAt(i));           //向标签页 2 下的组合框中添加文档名称

    for(int i=0;i<dwb.a_DWbh.GetSize();i++)                //根据单位编号在单位表中搜索单位名称

        m_combo3.AddString(dwb.a_DWmc.GetAt(i));           //向标签页 1 下的组合框中添加单位名称


    m_list.SetExtendedStyle(LVS_EX_FLATSB|LVS_EX_FULLROWSELECT|LVS_EX_GRIDLINES);
    m_list.InsertColumn(0,"单位名称",LVCFMT_LEFT,100,0);
    m_list.InsertColumn(1,"文档类别",LVCFMT_LEFT,100,1);
    m_list.InsertColumn(2,"文档编号",LVCFMT_LEFT,100,2);
    m_list.InsertColumn(3,"文档名称",LVCFMT_LEFT,100,3);
    m_list.InsertColumn(4,"关键字",LVCFMT_LEFT,100,4);
    m_list.InsertColumn(5,"文档路径",LVCFMT_LEFT,100,5);
    m_list.InsertColumn(6,"备注",LVCFMT_LEFT,100,6);
    CString dwmc[100],wdlb[100],pp;
    //根据单位编号返回单位名称
    int i = 0;
    for(i=0;i<xxb.a_WDmc.GetSize();i++)
    {
        for(int j=0;j<dwb.a_DWbh.GetSize();j++)
        {
            if(atoi(xxb.a_DWbh.GetAt(i))==atoi(dwb.a_DWbh.GetAt(j)))
            {
                dwmc[i]=dwb.a_DWmc.GetAt(j);
            }
        }
        //根据类别编号返回类别名称
        for(int j=0;j<mlb.a_DWbh.GetSize();j++)
        {
            if(atoi(xxb.a_DWbh.GetAt(i))==atoi(mlb.a_DWbh.GetAt(j))&& atoi(xxb.a_LBbh.GetAt(i))==atoi(mlb.a_LBbh.GetAt(j)))
            {
                wdlb[i]=mlb.a_LBmc.GetAt(j);
            }
        }
```

```
    }
    ADOConn m_AdoConn;
    m_AdoConn.OnInitADOConn();
    CString sql;
    sql.Format("select* from Zdxxb order by wdbh desc");
    m_AdoConn.GetRecordSet((_bstr_t)sql);
    while(m_AdoConn.m_pRecordset->adoEOF==0)
    {
        m_list.InsertItem(0,"");
        m_list.SetItemText(0,0,dwmc[i-1]);
        m_list.SetItemText(0,1,wdlb[i-1]);
        m_list.SetItemText(0,2,(char*)(_bstr_t)m_AdoConn.m_pRecordset->GetCollect("wdbh"));
        m_list.SetItemText(0,3,(char*)(_bstr_t)m_AdoConn.m_pRecordset->GetCollect("wdmc"));
        m_list.SetItemText(0,4,(char*)(_bstr_t)m_AdoConn.m_pRecordset->GetCollect("gjz"));
        m_list.SetItemText(0,5,(char*)(_bstr_t)m_AdoConn.m_pRecordset->GetCollect("wjlj"));
        m_list.SetItemText(0,6,(char*)(_bstr_t)m_AdoConn.m_pRecordset->GetCollect("memo"));
        i--;
        m_AdoConn.m_pRecordset->MoveNext();
    }
    m_AdoConn.ExitConnect();
    //根据菜单选项使不同的单选按钮处于选中状态
    if(str==0)
    {
        CButton* tempbutton = (CButton*)GetDlgItem(IDC_RADIO1);
        tempbutton->SetCheck(1);
    }
    else
    {
        CButton* tempbutton = (CButton*)GetDlgItem(IDC_RADIO2);
        tempbutton->SetCheck(1);
    }
    //调用 SetCurTab 函数
    SetCurTab(tabindex);

    m_wdbh = xxb.a_WDmc.GetSize()+1;                    //将默认编号为 1 的改为自动排序的

    UpdateData(false);
    return TRUE;    //返回 TRUE 以表示成功处理了消息
}
```

9.9.3 实现查找文件路径功能

当用户单击“……”按钮时，将执行 OnWjljxz 函数以实现查找文件路径的功能，代码如下：

```
void CWDgldlg::OnWjljxz()                               //选择文件路径
{
    CFileDialog file(true,NULL,NULL,OFN_HIDEREADONLY|OFN_OVERWRITEPROMPT,"All Files(*.*)|*.*|
    |",AfxGetMainWnd());
        if(file.DoModal()==IDOK)
        {

            strText= file.GetPathName();
            m_wjlj.SetWindowText(strText);

            m_wdmc = file.GetFileName();                //自动添加文档名称
            int index=m_wdmc.ReverseFind('.');
            CString tem = m_wdmc;
            if(index!=-1) tem.Delete(index,m_wdmc.GetLength()-index);
            m_gjz   = tem;
            UpdateData(false);                          //将变量 m_wdmc 的数据输出到编辑框中
        }
}
```

9.9.4 实现保存功能

当用户单击“保存”按钮时，将执行 OnOK 函数以实现保存功能，代码如下：

```
void CWDgldlg::OnOK() //保存按钮的代码
{
	UpdateData(true);
	CString strdwmc,strwdlb;

	if(m_combo3.GetCurSel()==CB_ERR)
	{
		MessageBox("单位名称不能为空,请选择单位!","文档管理系统");
		return;
	}
	else
		m_combo3.GetLBText(m_combo3.GetCurSel(),strdwmc);


	if(m_combo4.GetCurSel()==CB_ERR)
	{
		MessageBox("文档类别不能为空,请选择文档类别!","文档管理系统");
		return;
	}
	else
		m_combo4.GetLBText(m_combo4.GetCurSel(),strwdlb);

	if(m_wdmc=="")
	{
		MessageBox("文档名称不能为空","文档管理系统");
		return;
	}
	CString strwjlj;
	m_wjlj.GetWindowText(strwjlj);
	if(strwjlj=="")
	{
		MessageBox("文档路径不能为空","文档管理系统");
		return;
	}

	int dw=0,lb=0;
	for(int i=0;i<dwb.a_DWbh.GetSize();i++)			//根据单位编号搜索单位名称
	{
		if(strdwmc==dwb.a_DWmc.GetAt(i))
		{
			dwbh=atoi(dwb.a_DWbh.GetAt(i));
			dw++;
		}
	}
	if(dw==0)
	{
		MessageBox("单位名称不存在","文档管理系统");
		return;
	}
	for(int i=0;i<mlb.a_DWbh.GetSize();i++)			//根据单位编号搜索单位类别
	{
		if(dwbh==atoi(mlb.a_DWbh.GetAt(i)) && strwdlb==mlb.a_LBmc.GetAt(i))
		{
			lbbh=atoi(mlb.a_LBbh.GetAt(i));			//类别编号
			lb++;
		}
	}
	if(lb==0)
	{
		MessageBox("文档类别不存在","文档管理系统");
		return;
	}

	xxb.SetDWbh(dwbh);
	xxb.SetLBbh(lbbh);
	xxb.SetWDbh(m_wdbh);
	xxb.SetWDmc(m_wdmc);
```

```
    xxb.SetGJz(m_gjz);

    xxb.SetWJlj(strwjlj);
    xxb.SetMemo(m_memo);
    xxb.SetTjrxm(user.GetUsername());
    switch(str)
    {
        case 0:                                                  //添加
            if(xxb.HaveId(dwbh,lbbh,m_wdbh)==1)
            {
                MessageBox("文档已存在","文档管理系统");
                return;
            }
            xxb.sql_insert();
            zhi.SetDLsj(t.Format("%y-%m-%d"));
            zhi.SetName(user.GetUsername());
            zhi.SetDZ("添加文档");
            zhi.sql_insert();

            break;
        case 1:                                                  //修改
            xxb.sql_update(m_wdbh);
            zhi.SetDLsj(t.Format("%y-%m-%d"));
            zhi.SetName(user.GetUsername());
            zhi.SetDZ("修改文档");
            zhi.sql_insert();
            break;
    }
    dw=0;
    lb=0;
    CDialog::OnOK();
}
```

9.9.5 实现删除功能

当用户单击“删除”按钮时，将执行 OnBUTTONDelWD 函数以实现删除功能，代码如下：

```
void CWDgldlg::OnBUTTONDelWD()                                   //删除文档的按钮响应函数
{

    CString wdmc;

    if(m_combo1.GetCurSel()==CB_ERR)
    {
        MessageBox("文档名称不能为空,请选择文档!","文档管理系统");
        return;
    }
    else
        m_combo1.GetLBText(m_combo1.GetCurSel(),wdmc);

    for(int i=0;i<xxb.a_WDbh.GetSize();i++)
    {
        if(wdmc==xxb.a_WDmc.GetAt(i))
        {
            wdbh=atoi(xxb.a_WDbh.GetAt(i));
        }
    }
    xxb.sql_delete(wdbh);
    zhi.SetDLsj(t.Format("%y-%m-%d"));
    zhi.SetName(user.GetUsername());
    zhi.SetDZ("文档删除");
    zhi.sql_insert();
    CDialog::OnOK();
```

```
}
```

9.9.6 实现自动添加文档类别功能

（1）在“单位名称”下拉列表框中选择单位时，将自动在“文档类别”下拉列表框中显示与该单位对应的文档类别，代码如下：

```
void CWDgldlg::OnSelchangeCombo3()                          //自己添加的函数
{
    UpdateData(TRUE);
    CString strdwmc;
    m_combo3.GetLBText(m_combo3.GetCurSel(),strdwmc);       //获得当前选中的单位名称

    dwb.Load_dep();
    mlb.Load_dep();
    xxb.Load_dep();
    m_combo4.ResetContent();                                //删除数据
    for(int i=0;i<dwb.a_DWbh.GetSize();i++)                 //根据单位编号在单位表中搜索单位名称
    {
        if(strdwmc == dwb.a_DWmc.GetAt(i))
        {
            for(int j=0;j<mlb.a_LBbh.GetSize();j++)         //根据类别编号在类别表中搜索类别名称
                if(atoi(dwb.a_DWbh.GetAt(i))==atoi(mlb.a_DWbh.GetAt(j)))
                    //自动往标签页 1 下的类别组合框添加文档类别
                    m_combo4.AddString(mlb.a_LBmc.GetAt(j));
        }
    }
}
```

（2）通过 SetCurTab 函数，根据菜单的消息响应确定显示 Tab 标签控件的第几页，代码如下：

```
void CWDgldlg::SetCurTab(UINT m_index)
{
    m_tab.SetCurSel(m_index);
    if(m_index==0)
    {
        //隐藏标签 1 的控件
        GetDlgItem(IDC_LIST1)->ShowWindow(SW_HIDE);
        GetDlgItem(IDC_COMBO1)->ShowWindow(SW_HIDE);
        GetDlgItem(IDC_BUTTONDEL)->ShowWindow(SW_HIDE);

        //标签 0 的控件显示
        GetDlgItem(IDC_COMBO3)->ShowWindow(SW_SHOW);
        GetDlgItem(IDC_COMBO4)->ShowWindow(SW_SHOW);
        GetDlgItem(IDC_EDIT3)->ShowWindow(SW_SHOW);
        GetDlgItem(IDC_EDIT4)->ShowWindow(SW_SHOW);
        GetDlgItem(IDC_EDIT5)->ShowWindow(SW_SHOW);
        GetDlgItem(IDC_EDIT6)->ShowWindow(SW_SHOW);
        GetDlgItem(IDC_EDIT7)->ShowWindow(SW_SHOW);
        GetDlgItem(IDC_STATIC1)->ShowWindow(SW_SHOW);
        GetDlgItem(IDC_STATIC2)->ShowWindow(SW_SHOW);
        GetDlgItem(IDC_STATIC3)->ShowWindow(SW_SHOW);
        GetDlgItem(IDC_STATIC4)->ShowWindow(SW_SHOW);
        GetDlgItem(IDC_STATIC5)->ShowWindow(SW_SHOW);
        GetDlgItem(IDC_STATIC6)->ShowWindow(SW_SHOW);
        GetDlgItem(IDC_STATIC7)->ShowWindow(SW_SHOW);
        GetDlgItem(IDC_STATIC8)->ShowWindow(SW_SHOW);
        GetDlgItem(IDC_WJLJXZ)->ShowWindow(SW_SHOW);
        GetDlgItem(IDOK)->ShowWindow(SW_SHOW);
        GetDlgItem(IDCANCEL)->ShowWindow(SW_SHOW);
        GetDlgItem(IDC_RADIO1)->ShowWindow(SW_SHOW);
        GetDlgItem(IDC_RADIO2)->ShowWindow(SW_SHOW);
    }
    else
    {   //隐藏标签 0 的控件
        GetDlgItem(IDC_COMBO3)->ShowWindow(SW_HIDE);
        GetDlgItem(IDC_COMBO4)->ShowWindow(SW_HIDE);
        GetDlgItem(IDC_EDIT3)->ShowWindow(SW_HIDE);
```

```
        GetDlgItem(IDC_EDIT4)->ShowWindow(SW_HIDE);
        GetDlgItem(IDC_EDIT5)->ShowWindow(SW_HIDE);
        GetDlgItem(IDC_EDIT6)->ShowWindow(SW_HIDE);
        GetDlgItem(IDC_EDIT7)->ShowWindow(SW_HIDE);
        GetDlgItem(IDC_STATIC1)->ShowWindow(SW_HIDE);
        GetDlgItem(IDC_STATIC2)->ShowWindow(SW_HIDE);
        GetDlgItem(IDC_STATIC3)->ShowWindow(SW_HIDE);
        GetDlgItem(IDC_STATIC4)->ShowWindow(SW_HIDE);
        GetDlgItem(IDC_STATIC5)->ShowWindow(SW_HIDE);
        GetDlgItem(IDC_STATIC6)->ShowWindow(SW_HIDE);
        GetDlgItem(IDC_STATIC7)->ShowWindow(SW_HIDE);
        GetDlgItem(IDC_STATIC8)->ShowWindow(SW_HIDE);
        GetDlgItem(IDC_WJLJXZ)->ShowWindow(SW_HIDE);
        GetDlgItem(IDOK)->ShowWindow(SW_HIDE);
        GetDlgItem(IDCANCEL)->ShowWindow(SW_HIDE);
        GetDlgItem(IDC_RADIO1)->ShowWindow(SW_HIDE);
        GetDlgItem(IDC_RADIO2)->ShowWindow(SW_HIDE);
        //显示标签 1 的控件
        GetDlgItem(IDC_LIST1)->ShowWindow(SW_SHOW);
        GetDlgItem(IDC_COMBO1)->ShowWindow(SW_SHOW);
        GetDlgItem(IDC_BUTTONDEL)->ShowWindow(SW_SHOW);
    }
}
```

9.10 口令修改模块设计

9.10.1 口令修改模块概述

口令修改模块用于修改用户口令，如图 9.8 所示。

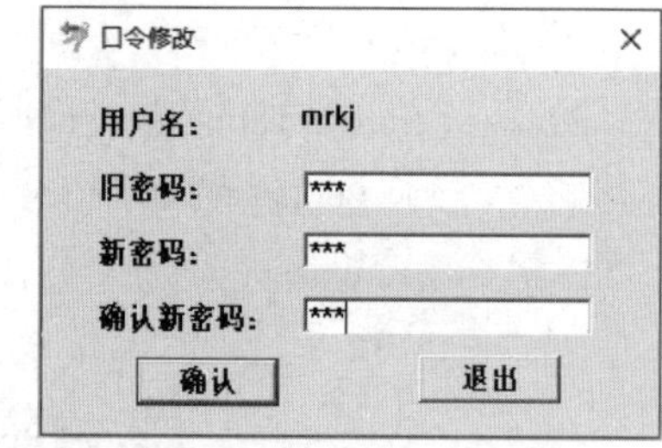

图 9.8 口令修改模块

9.10.2 实现显示用户名功能

（1）使用函数外部的变量的代码如下：

```
extern CUsers user;
```

（2）在头文件中定义变量的代码如下：

```
CRizhib zhi;
CTime t;
```

（3）添加 OnInitDialog 函数使用户名显示在文本框中，代码如下：

```
BOOL CKLxgdlg::OnInitDialog()
{
    CDialog::OnInitDialog();

    SetIcon(m_hIcon, TRUE);
    t=CTime::GetCurrentTime();
    m_name.SetWindowText(user.GetUsername());
    UpdateData(false);
    return TRUE;    //返回 TRUE 以表示成功处理了此消息
}
```

9.10.3 实现确认功能

为“确认”按钮添加单击事件，代码如下：

```
void CKLxgdlg::OnOK()
{
    UpdateData(true);
    CString name;
```

```
    m_name.GetWindowText(name);
    if(m_opwd=="")
    {
        MessageBox("请输入旧密码","文档管理系统");
        return;
    }
    if(m_npwd1=="")
    {
        MessageBox("请输入新密码","文档管理系统");
        return;
    }
    if(m_npwd2=="")
    {
        MessageBox("请确认新密码","文档管理系统");
        return;
    }
    if(m_npwd1!=m_npwd2)
    {
        MessageBox("两次输入密码不同","文档管理系统");
        return;
    }
    CUsers ser;
    if(ser.HaveCzy(name,m_opwd)!=1)
    {
        MessageBox("用户或密码错误","文档管理系统");
        return;
    }
    else
    {
        ser.SetPwd(m_npwd1);
        ser.sql_updatepwd(name);
        MessageBox("密码修改成功，下次登录请用新密码","文档管理系统");
    }
    zhi.SetDLsj(t.Format("%y-%m-%d"));
    zhi.SetName(user.GetUsername());
    zhi.SetDZ("修改密码");
    zhi.sql_insert();
    UpdateData(false);
    CDialog::OnOK();
}
```

9.11 项 目 运 行

通过前述步骤，我们设计并完成了“一站式文档管家”项目的开发。接下来，我们运行该项目，以检验我们的开发成果。如图 9.9 所示，在 Visual Studio 2022 中打开该项目的项目结构，选择 Debug、x86，然后单击“本地 Windows 调试器”来运行该项目。

图 9.9 项目运行

该项目成功运行后，将自动打开项目的登录界面，如图 9.10 所示。在“用户名”文本框中输入 mrkj，密码会自动跳出，单击“登录”按钮。如果登录成功，则会进入主窗体；如果登录失败，则会弹出提示信息。这样，我们就成功地检验了该项目的运行。

图 9.10 登录界面

本章主要讲述了“一站式文档管家”开发过程，通过本章的学习，读者可以了解应用程序开发的全过程。本章的文档管理系统可以实现文件的添加、修改、删除、查看等一系统操作。通过本章的学习，读者可以熟练地掌握 ADO 对象连接数据库和利用 CFileStatus 类获得文档属性等知识。

9.12 源码下载

源码下载

本章虽然详细地讲解了如何编码实现“一站式文档管家”的各个功能，但给出的代码都是代码片段，而非完整的源代码。为了方便读者学习，本书提供了用于下载完整源代码的二维码。

第 10 章

股票数据抓取分析系统

——GDI 绘图 + libcurl 第三方库 + SQL Server 数据库 + 数据爬取 + K 线图绘制技术

股市有风险，投资需谨慎。中国 A 股市场拥有数千支股票，如果没有合适的分析工具，仅依靠手工分析将非常耗时耗力。因此，市场上涌现出了多款股票分析软件。在本章中，我们将使用 C++来开发一款个人的股票数据抓取与分析系统。在该系统中，我们将利用 libcurl 第三方库技术进行数据爬取，libcurl 具备强大的 HTTP 请求功能，能够自动从互联网上抓取股票行情数据。随后，我们将使用 ADO 技术将抓取到的数据存储到 SQL Server 数据库中，SQL Server 数据库技术可以实现数据的保存功能。最后，结合 GDI 绘图技术，我们绘制 K 线图，以实现对股票数据的直观展示与有效管理。

项目微视频

本项目的核心功能和实现技术如下：

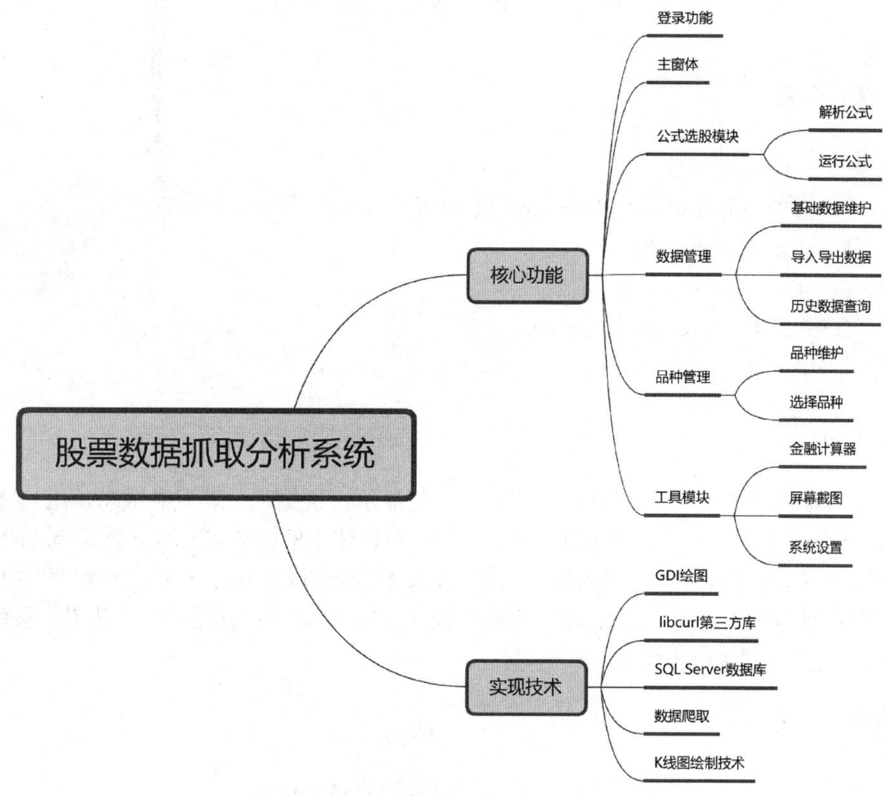

10.1 开 发 背 景

随着全球经济的快速发展以及股票市场的日益复杂化，投资者不仅需要实时掌握市场动态，还需要借助高效、精准的分析工具来制定投资策略。传统的手动分析方法已无法满足现代投资的需求，因此，引入数据爬取、处理和分析技术变得尤为重要。

在此背景下，开发一套股票数据抓取分析系统，旨在为投资者提供一个集成化的工具。该工具通过实时数据获取、历史数据分析和图表展示等功能，帮助用户更好地理解市场趋势和股票走势。该系统不仅能实时抓取股票市场数据，还能进行多维度的数据分析，并生成直观的 K 线图等技术指标，从而为投资决策提供有力支持。

此外，随着大数据和人工智能技术的发展，智能化分析和预测逐渐成为可能。通过引入这些先进技术，股票数据抓取分析系统不仅能够提高数据处理的效率，还能提供更加智能和个性化的分析结果，帮助用户在复杂多变的市场环境中做出更加科学和准确的投资决策。这不仅提高了投资者的决策效率和成功率，也推动了金融科技的发展。

本项目的开发及运行环境如下：

☑ 从网页上抓取数据。
☑ 将抓取到的数据转换为 K 线图。
☑ 将从网页上抓取的数据存储至数据库中。
☑ 设计一个简洁、直观且对用户友好的界面，确保系统的易用性，以便用户能够迅速熟悉操作。

10.2 系统设计

10.2.1 开发环境

本项目的开发及运行环境如下：

☑ 操作系统：推荐 Windows 10、Windows 11 或更高版本。
☑ 开发工具：Visual Studio 2022。
☑ 开发语言： C++/Win32API/SQL。
☑ 数据库管理系统软件：SQL Server 2022。
☑ 第三方库：libcurl。

10.2.2 业务流程

项目启动后，用户需进行登录。若登录失败，系统将显示错误提示；若登录成功，用户将进入主界面。主界面集成了多个模块功能。在“公式选股”模块，用户可以使用解析公式、运行公式等功能；在“数据管理”中，用户可以使用基础数据维护、导入导出数据、历史数据查询等功能；在“品种管理”中，用户可以使用品种维护、选择品种等功能；在“工具”选项中，用户可以使用金融计算器、屏幕截图、系统设置等功能。

本项目的业务流程如图 10.1 所示。

10.2.3 功能结构

本项目的功能结构已经在章首页中给出。本项目实现的具体功能如下：

☑ 登录模块：其主要作用是让用户通过输入正确的密码来登录股票数据抓取分析系统的主窗体，以此提高程序的安全性并防止数据泄露。
☑ 主窗体模块：用户可通过此模块快速访问系统的各个子模块，以便迅速掌握系统所提供的各项功能。
☑ 公式选股模块：提供公式选股功能，允许用户设定指定公式、股票范围和时间范围，自动筛选出符合条件的股票，从而高效地缩小筛选范围。

- ☑ 数据管理模块：该模块包含基础数据维护、导入导出数据和历史数据查询功能。
- ☑ 品种管理模块：包含品种维护和选择品种功能。
- ☑ 工具模块：包含金融计算器、屏幕截图和系统设置功能。

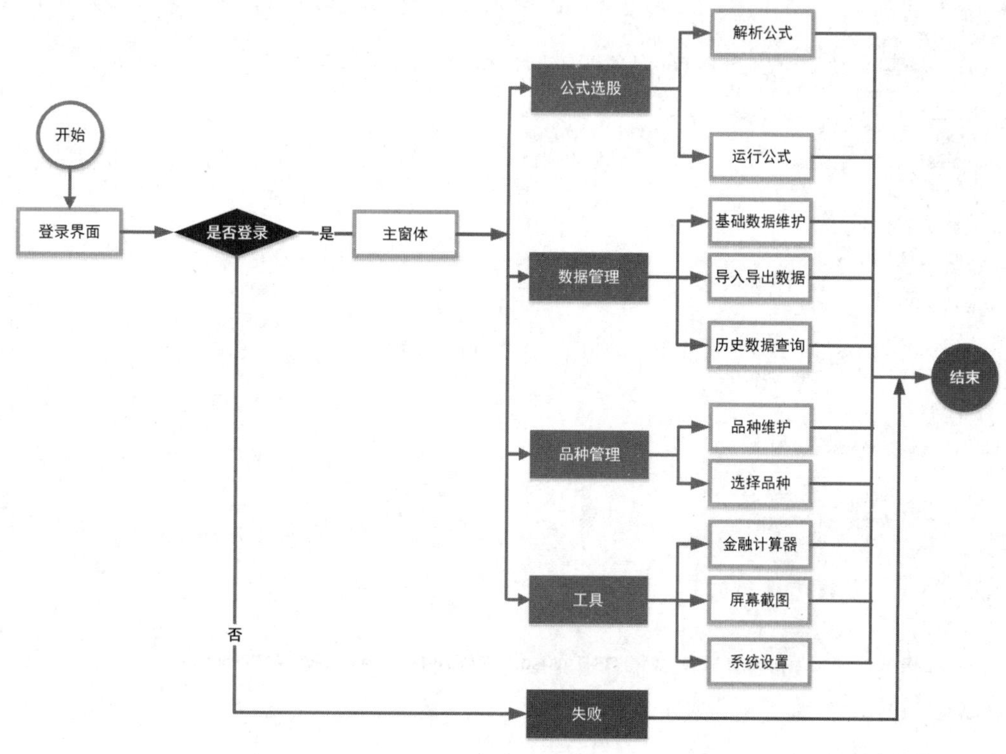

图 10.1 股票数据抓取分析系统业务流程

10.3 技术准备

10.3.1 技术概览

☑ GDI 绘图：GDI 是 Windows 操作系统提供的一组用于图形输出的 API，它允许程序在屏幕上绘制图形、文本和其他视觉元素。使用 GDI 可以创建简单的绘图应用程序，例如绘制基本图形、显示图像和文本等。以下是一个使用 GDI 进行绘图的 C++示例程序。代码如下：

```
#include <windows.h>

LRESULT CALLBACK WindowProc(HWND hwnd, UINT uMsg, WPARAM wParam, LPARAM lParam);

int WINAPI WinMain(HINSTANCE hInstance, HINSTANCE hPrevInstance, LPSTR lpCmdLine, int nCmdShow)
{
    const char CLASS_NAME[] = "Sample Window Class";

    WNDCLASS wc = { };

    wc.lpfnWndProc     = WindowProc;
    wc.hInstance        = hInstance;
    wc.lpszClassName = CLASS_NAME;
```

```
    RegisterClass(&wc);

    HWND hwnd = CreateWindowEx(
        0,                                          //可选窗口样式
        CLASS_NAME,                                 //窗口类
        "Learn to Program Windows",                 //窗口文本
        WS_OVERLAPPEDWINDOW,                        //窗口样式

        //大小和位置
        CW_USEDEFAULT, CW_USEDEFAULT, CW_USEDEFAULT, CW_USEDEFAULT,

        NULL,                                       //父窗口
        NULL,                                       //菜单
        hInstance,                                  //实例句柄
        NULL                                        //额外的应用程序数据
    );

    if (hwnd == NULL)
    {
        return 0;
    }

    ShowWindow(hwnd, nCmdShow);

    MSG msg = { };
    while (GetMessage(&msg, NULL, 0, 0))
    {
        TranslateMessage(&msg);
        DispatchMessage(&msg);
    }

    return 0;
}

LRESULT CALLBACK WindowProc(HWND hwnd, UINT uMsg, WPARAM wParam, LPARAM lParam)
{
    switch (uMsg)
    {
        case WM_PAINT:
        {
            PAINTSTRUCT ps;
            HDC hdc = BeginPaint(hwnd, &ps);

            //这里是你的绘图代码部分
            RECT rect;
            GetClientRect(hwnd, &rect);

            //绘制一个矩形
            Rectangle(hdc, rect.left + 50, rect.top + 50, rect.right - 50, rect.bottom - 50);

            //绘制一些文本
            DrawText(hdc, "Hello, GDI!", -1, &rect, DT_SINGLELINE | DT_CENTER | DT_VCENTER);

            EndPaint(hwnd, &ps);
        }
        return 0;

        case WM_DESTROY:
            PostQuitMessage(0);
            return 0;

        default:
            return DefWindowProc(hwnd, uMsg, wParam, lParam);
    }
    return 0;
}
```

☑ libcurl 第三方库：libcurl 是一个非常流行且功能强大的第三方库，它用于 C/C++程序中执行各种网

络传输任务，特别是 HTTP 请求。libcurl 支持多种协议，如 HTTP、HTTPS、FTP 等，这使得它成为数据抓取、文件上传/下载等网络操作的理想选择。

☑ SQL Server 数据库：SQL Server 是由微软开发的一种关系数据库管理系统，广泛用于存储、管理和检索数据。本项目使用 SQL Server 数据库来实现文档的增加、修改以及删除功能。

☑ 数据爬取：使用 C++进行数据爬取通常涉及以下几个步骤。

（1）发送 HTTP 请求：通过 HTTP 协议获取网页内容。

（2）解析 HTML：对获取的 HTML 内容进行解析，以提取所需的数据。

（3）处理和存储数据：对提取的数据进行处理，并按照合适的格式将其存储到数据库中。

代码如下：

```
bool CHttpDataSource::QueryStockKLineMin(const std::string& stockCode, const std::string& filename)
{
    using namespace std;
    //1.获取网页信息
    //拼接成完整的 URL:http://image.sinajs.cn/newchart/min/n/+stockCode+.gif
    std::string strURL = m_strQueryURLGif;
    strURL.append(stockCode);
    strURL.append(".gif");
    //获取数据
    std::string content;
    if(!m_http->Get(strURL, content, nullptr)) {
        return false;
    }
    //2.将文件内容保存到由 filename 指定的位置上
    try {
        //如果文件已存在,则先删除旧文件，然后创建新文件
        ofstream file(filename, ios::out | ios::binary);
        if(file) {
            file.write(content.c_str(), content.size());
            file.close();
        }
    }
    catch(const std::exception& e) {
        TRACE("%s", e.what());
    }
    catch(...) {
        TRACE("发生未知异常");
    }
    return true;
}
}
```

☑ K 线图绘制技术：每个 K 线由四个关键价格构成：开盘价（Open）、收盘价（Close）、最高价（High）和最低价（Low）。在绘制 K 线时，可以使用直线或矩形来表示这些价格。实现代码如下：

```
//绘制实时分钟 K 线图
void CDrawKLineImagePanel::Update(Gdiplus::Graphics& gh, int x, int y, PCTSTR szFilename)
{
    using namespace Gdiplus;
    //1.载入图片
    Image* image = new Image(szFilename);
    //2.绘制白色背景
    {
        SolidBrush brush(Color(0xFF, 0xFF, 0xFF, 0xFF));
        gh.FillRectangle(&brush, Rect(x, y, image->GetWidth(), image->GetHeight()));
    }
    //3.绘制图片
    gh.DrawImage(image, x, y, image->GetWidth(), image->GetHeight());
    //4.清除资源
    SAFE_DELETE(image);
}
```

在前几章中，我们介绍了 GDI 绘图的相关知识；读者可以在 http://curl.haxx.se/libcurl/上了解更多关于 libcurl 第三方库的信息；关于 SQL Server 数据库的知识，读者可以查阅《SQL Server 从入门到精通（第 5 版）》一书；数据爬取的知识在本项目中已有介绍。本项目的关键技术在于绘制 K 线图，接下来我们将对这一技术进行详细介绍，以确保读者能够顺利地完成本项目。

10.3.2 绘制股票日数据 K 线图

1. 自定义控件

Windows 本身已经提供了很多控件供开发者使用，如按钮控件、文本框控件等。然而，这些现有的控件无法实现 K 线图的功能。因此，我们在这里将自定义一个专门用于绘制 K 线图的控件。

本程序自定义控件所使用的源文件如图 10.2 所示。

其中，CStockChart（在 StockChart.h 和 StockChart.cpp 文件中）即为自定义控件类。其余文件包含供该类使用的小部件。在使用自定义控件时，在工具箱中选择 Custom Control，将其拖放到对话框上，并根据需要修改其属性，如图 10.3 所示。

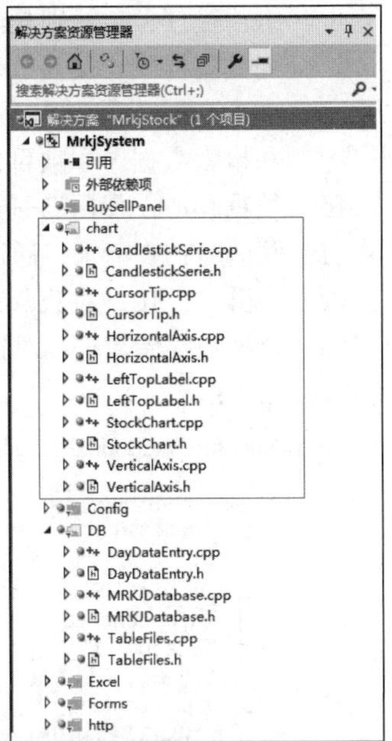

图 10.2 自定义控件之源文件

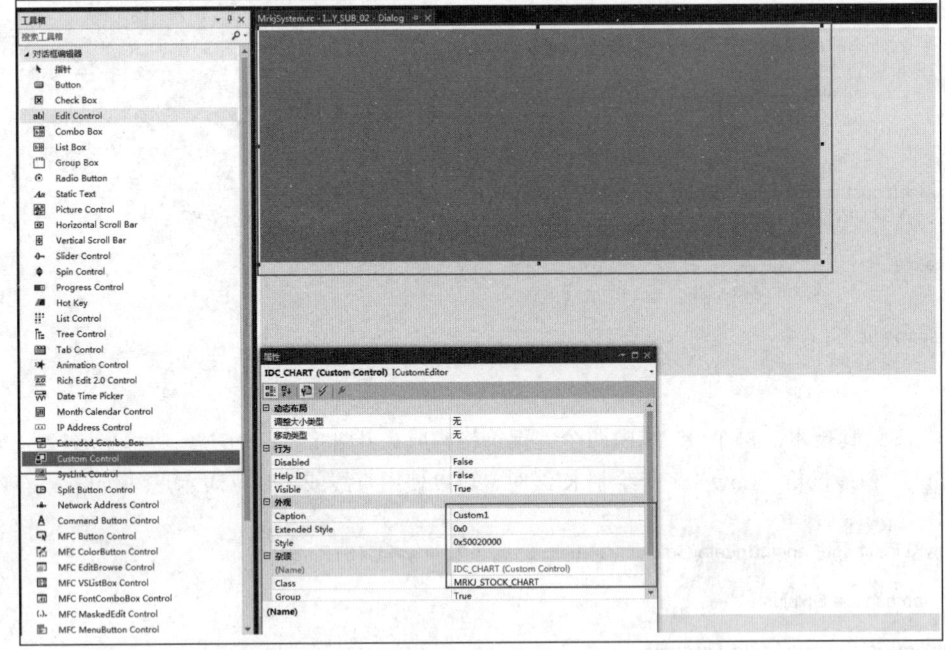

图 10.3 自定义控件的使用

在为自动定义控件添加关联变量时，应选择控件变量，并将其类型设置为 CStockChart。完成这一步骤后，我们就可以像使用普通控件一样使用自定义控件了。

2. K 线图的更新

为了绘制日线 K 线图，我们需要获取股票的日线数据，并将这些数据传递给自定义控件。获取日线数据的代码如下所示：

```
void CDialogHistorySub02::UpdateKLine(const CString &strCode,
                                      const CString &strDateStart,
                                      const CString &strDateEnd)
{
    using namespace std;
    //获取数据
    CMRKJDatabase::TupleStockInfo info;
    //从数据库中获取股票信息,如名称等.
    if(!DB.QueryStockInfoByCode(info, strCode)) {
        CTools::MessageBoxFormat(_T("没有股票信息[%s]"), strCode.GetString());
        return;
    }

    //查询日线数据
    VDayDataEntry v;
    if(!DB.QueryDayData(v, strCode, strDateStart, strDateEnd)) {
        CTools::MessageBoxFormat(_T("股票没有数据[%s]"), strCode.GetString());
        return;
    }
    //如果没有数据,则进行提示
    if(v.empty()) {
        CTools::MessageBoxFormat(_T("股票没有数据[%s]"), strCode.GetString());
        return;
    }
    //将数据传递给报表控件
    m_stockChart.ReSetData(info, v);
    //更新画面
    InvalidateRect(NULL);
}
```

上述代码通过调用 m_stockChart.ReSetData(info, v);将数据传递给了自定义控件，随后调用 InvalidateRect()更新画面。自定义控件会根据这些新数据更新其显示内容。

10.4 数据库设计

10.4.1 附加数据库

本程序使用的数据库是由 SQL Server 2022 自带的数据库管理软件 Microsoft SQL Server Management Studio 创建的。读者可以直接附加本程序已经创建好的数据库，该数据库主要由两个文件组成，分别是 MrkjStock.mdf 和 MrkjStock_log.ldf。附加方法如下：

（1）将 MrkjStock.mdf 和 MrkjStock_log.ldf 两个文件复制到数据库的 DATA 目录下，如果数据库安装在 C:\Program Files\Microsoft SQL Server 路径下，则应将文件复制到 C:\Program Files\Microsoft SQL Server\MSSQL11.MSSQLSERVER\MSSQL\DATA 目录下。

（2）打开 Microsoft SQL Server Studio，连接数据库。

（3）右击“数据库”项，弹出快捷菜单。选择“附加（A）”，打开“附加数据库”对话框；单击“添加（A）”按钮，弹出“定位数据库文件”对话框；选中 MrkjStock.mdf 并单击“确定”按钮，回到“附加数据库”对话框，再单击“确定”按钮，即可完成数据库的附加。

10.4.2 数据库表介绍

在创建数据表之前，需要根据实际需求规划相关的数据表结构，然后在数据库中创建相应的数据表。下面，我们对本数据库中的表进行介绍。

☑ T_USER 表用于保存股票数据抓取分析系统的用户信息，该表的结构如表 10.1 所示。

表 10.1　T_USER 表结构

字段名	数据类型	是否 Null 值	默认值或绑定	描述
ID	bigint	☐		自动编号
USERNAME	varchar(128)	☐		用户名
PASSWORD	varchar(128)	☐		密码
P001	varchar(10)	☑		系统权限
P002	varchar(10)	☑		基础数据维护权限
P003	varchar(10)	☑		品种维护权限
P004	varchar(10)	☑		导入导出权限
P005	varchar(10)	☑		查询权限
P006	varchar(10)	☑		即时数据权限
P007	varchar(10)	☑		工具权限
P008	varchar(10)	☑		金融计算器权限
P009	varchar(10)	☑		屏幕截图权限
P010	varchar(10)	☑		系统设置权限

☑　T_STOCK_INFO 表用于保存股票基础信息，该表的结构如表 10.2 所示。

表 10.2　T_STOCK_INFO 表结构

字段名	数据类型	是否 Null 值	默认值或绑定	描述
CODE	varchar(32)	☐		股票代码
NAME	varchar(64)	☐		股票名字
ID_KIND	bigint	☑	0	股票种类

☑　T_KIND 表用于保存股票种类信息，该表的结构如表 10.3 所示。

表 10.3　T_KIND 表结构

字段名	数据类型	是否 Null 值	默认值或绑定	描述
ID	bigint	☐		自动编号
NAME	varchar(128)	☐		股票种类名

☑　T_R_XXXXXX 表用于保存股票日线数据，每增加一支股票，系统都会增加一张对应的表，表名为 T_R_加上股票代码。该表的结构如表 10.4 所示。

表 10.4　T_R_XXXXXX 表结构

字段名	数据类型	是否 Null 值	默认值或绑定	描述
DATA_DATE	varchar(10)	☐		日期
PRICE_OPEN	varchar(32)	☐		开盘价
PRICE_CLOSE	varchar(32)	☐		收盘价
PRICE_MAX	varchar(32)	☐		最高价
PRICE_MIN	varchar(32)	☐		最低价
TURNOVER	varchar(32)	☐		交易量
TRADING_VOLUME	varchar(32)	☐		交易额

10.4.3 数据库操作

1. 数据模型类

CDayDataEntry 是一个数据模型公共类，它对应数据库中的所有 T_R_XXXXXX 数据表，这些模型将被访问数据库的 CMRKJDatabase 类和程序中各模块甚至各组件所使用。数据模型是对数据表中所有字段的封装，主要用于存储数据，并通过相应的 GetXXX()和 SetXXX()方法实现不同属性的访问原则。接下来，以收入信息表为例，我们将介绍它对应的数据模型类的实现代码。主要代码如下：

```
class CDayDataEntry
{
public:
	CDayDataEntry();
	virtual ~CDayDataEntry();
	CDayDataEntry(const CDayDataEntry& rhs);
	CDayDataEntry& operator= (const CDayDataEntry& rhs);

	std::wstring code;                          //股票代码
	std::wstring date;                          //日期
	std::wstring open;                          //开盘
	std::wstring max;                           //最高
	std::wstring min;                           //最低
	std::wstring close;                         //收盘
	std::wstring turnover;                      //成交量
	std::wstring tradingVolume;                 //成交额

	COleDateTime GetDate() const;
	double GetOpen() const;                     //开盘
	double GetMax() const;                      //最高
	double GetMin() const;                      //最低
	double GetClose() const;                    //收盘
	double GetTurnover() const;                 //成交量
	double GetTradingVolume() const;            //成交额
};
```

上面代码中，属性全部被定义为 std::wstring 类型。由于在计算过程中需要使用 double 类型，因此针对相关属性提供了 double GetXXX()方法。由于本类会经常需要进行赋值和复制操作，因此还定义了复制构造函数，并重载了赋值操作符 operator= 。

有时会从数据库中取出多条数据，因此我们定义了 typedef std::vector<CDayDataEntry> VDayDataEntry;，以便于使用。

整个类的实现代码如下：

```
#include "stdafx.h"
#include "DayDataEntry.h"


CDayDataEntry::CDayDataEntry()
{
}


CDayDataEntry::~CDayDataEntry()
{
}

CDayDataEntry::CDayDataEntry(const CDayDataEntry& rhs)
{
	if(this != &rhs) {
		this->code = rhs.code;                  //股票代码
		this->date = rhs.date;                  //日期
		this->open = rhs.open;                  //开盘
		this->max = rhs.max;                    //最高
```

```
            this->min = rhs.min;                                    //最低
            this->close = rhs.close;                                //收盘
            this->turnover = rhs.turnover;                          //成交量
            this->tradingVolume = rhs.tradingVolume;                //成交额
        }
}

CDayDataEntry& CDayDataEntry::operator= (const CDayDataEntry& rhs)
{
    if(this != &rhs) {
            this->code = rhs.code;                                  //股票代码
            this->date = rhs.date;                                  //日期
            this->open = rhs.open;                                  //开盘
            this->max = rhs.max;                                    //最高
            this->min = rhs.min;                                    //最低
            this->close = rhs.close;                                //收盘
            this->turnover = rhs.turnover;                          //成交量
            this->tradingVolume = rhs.tradingVolume;                //成交额
    }
    return *this;
}

static double ToFloat(const std::wstring& strVal)                   //将字符串转换为双精度浮点数
{
    using namespace std;                                            //使用标准库命名空间
    wstringstream s(strVal);                                        //构造 wstringstream 对象
    double d;
    s >> d;                                                         //从 wstringstream 中读取值，并将其存储到浮点型变量 d 中
    return d;
}
static int ToInt(const std::wstring& strVal)                        //字符串转换为整数
{
    using namespace std;                                            //使用标准库命名空间
    wstringstream s(strVal);                                        //构造 wstringstream 对象
    int d;
    s >> d;                                                         //从 wstringstream 中读取值，并将其存储到整型变量 d 中
    return d;
}

COleDateTime ToDateTime(const std::wstring& strVal)                 //将字符串转换为 DateTime 时间类型
{
    std::vector<std::wstring> v;
    StringHelper::SplitString(v, strVal, L"/");                     //拆分符串 2011/01/02=>2001 02 02
    return COleDateTime(ToInt(v[0]), ToInt(v[1]), ToInt(v[2]), 0, 0, 0); //返回日期对象
}

COleDateTime CDayDataEntry::GetDate() const                         //日期
{
    return ToDateTime(this->date);
}

double CDayDataEntry::GetOpen() const                               //开盘
{
    return ToFloat(this->open);
}
double CDayDataEntry::GetMax() const                                //最高
{
    return ToFloat(this->max);
}
double CDayDataEntry::GetMin() const                                //最低
{
    return ToFloat(this->min);
}
double CDayDataEntry::GetClose() const                              //收盘
{
    return ToFloat(this->close);
}
double CDayDataEntry::GetTurnover() const                           //成交量
{
```

```
    return ToFloat(this->turnover);
}
double CDayDataEntry::GetTradingVolume() const                          //成交额
{
    return ToFloat(this->tradingVolume);
}
```

2. 数据库操作类

本程序使用 ADO 来操作据库。ADO 是 Microsoft 提供的应用程序接口，用于访问关系型或非关系型数据库中的数据。以下是使用数据库的步骤。

（1）引入库文件：使用#import 指令引入 msado15.dll 即可，其中的路径以实际情况为准。代码如下：

```
//ADO 数据库支持
#import "C:\Program Files\Common Files\System\ado\msado15.dll" \
        no_namespace rename("EOF", "adoEOF")
```

（2）初始化：在类的构造函数中，我们主要对数据库操作进行初始化，并进行一些配置，例如设置连接超时时间。实现代码如下：

```
CMRKJDatabase::CMRKJDatabase()
{
    //创建一个连接指针
    if(S_OK != m_pConnection.CreateInstance(__uuidof(Connection))) {
        assert(false);
    }
    //设置连接超时时间为 5 秒
    m_pConnection->ConnectionTimeout = 5;
}
```

（3）连接和关闭数据库：在对数据库进行增删改查等操作之前，需要连接数据库。同样，在程序关闭之前，需要关闭数据库。实现代码如下：

```
bool CMRKJDatabase::Connect(const char *host                /*=nullptr*/
                            , const char *database          /*=nullptr*/
                            , const char *username          /*=nullptr*/
                            , const char *password          /*=nullptr*/)
{
    using namespace std;
    try {
        //构建连接字符串
        std::string connectionString = "driver={SQL Server};Server=" + string(host) +
                                       ";Database=" + string(database) + ";UID=" +
                                       string(username) + ";PWD=" +
                                       string(password) + ";";
        //尝试打开数据库连接
        HRESULT hr = m_pConnection->Open(connectionString.c_str(), username, password
                                         , adModeUnknown);
        //确保连接成功，如果连接失败，则显示错误信息并退出程序
        assert(SUCCEEDED(hr));
    }
    catch(_com_error &e) {
        CTools::MessageBoxFormat(_T("%s"), e.ErrorMessage());
        return false;
    }
    catch(...) {
        TRACE("发生异常\r\n");
        return false;
    }
    return true;
}

void CMRKJDatabase::Close()
{
    if(m_pConnection->State) {                              //如果数据库连接处于打开状态
        m_pConnection->Close();                             //关闭数据库连接
```

```
    }
    m_pConnection.Release();                              //释放连接对象
    m_pConnection = nullptr;                              //将连接指针置为空，以避免后续误用
}
```

3. 对数据库表的操作

打开数据库后，就可以对数据库中具体的表进行操作了。这些表中存储了相关的股票数据、用户数据等内容。

这里，我们以股票日线数据的操作为例进行说明。股票的日线数据量庞大，且股票种类繁多，因此这些数据是分开存储的。具体来说，每支股票的数据都被存放在各自独立的表中，这些表的命名遵循“T_R_XXXXX”的规则，其中“XXXXXX”代表具体的股票代码。因此，当我们需要对某支股票的日线数据进行操作时，首先需要依据该股票的代码来确定数据库中对应的表名。实现代码如下：

```
static const std::wstring DAY_NAME_PREFIX;
//获得表名
std::wstring GetDayTableName(const std::wstring &code)
{
    return DAY_NAME_PREFIX + code;                        //表名为 T_R_股票代码
}
```

接下来，我们对数据库表的常用操作“增删改查”操作进行介绍。

（1）增加数据主要通过调用 AddDayData 函数实现。该函数使用_RecordSetPtr 智能指针，首先打开对应表的结果集，然后增加一条新数据，并依次设置数据库表中各列的值，最后调用 Update()函数将数据存入数据库中。代码如下：

```
//增加数据
bool CMRKJDatabase::AddDayData(const CDayDataEntry &data)
{
    using namespace std;
    assert(!data.code.empty());
    //data.code + "r" = 表名
    const wstring wstrTableName = GetDayTableName(data.code);
    //拼接 SQL 语句
    const wstring sql = L"Select * from " + wstrTableName + L";";
    try {
        //创建
        _RecordsetPtr rs;
        rs.CreateInstance(__uuidof(Recordset));
        //打开记录集
        rs->Open(sql.c_str(), m_pConnection.GetInterfacePtr(),
                 adOpenStatic, adLockOptimistic, adCmdText);
        //移动到最后
        if(!rs->adoEOF) {
            rs->MoveLast();
        }
        //增加记录
        rs->AddNew();
        //设置各列的值
        rs->PutCollect(TableFiles::DATA_DATE, _variant_t(data.date.c_str()));
        rs->PutCollect(TableFiles::PRICE_OPEN, _variant_t(data.open.c_str()));
        rs->PutCollect(TableFiles::PRICE_CLOSE, _variant_t(data.close.c_str()));
        rs->PutCollect(TableFiles::PRICE_MAX, _variant_t(data.max.c_str()));
        rs->PutCollect(TableFiles::PRICE_MIN, _variant_t(data.min.c_str()));
        rs->PutCollect(TableFiles::TURNOVER, _variant_t(data.turnover.c_str()));
        rs->PutCollect(TableFiles::TRADING_VOLUME,
                       _variant_t(data.tradingVolume.c_str()));
        //更新
        rs->Update();
        //关闭记录集
        rs->Close();
        //把记录集设置为空，防止后面误用
        rs = nullptr;
```

```
    }
    catch(_com_error &e) {
        CTools::MessageBoxFormat(_T("%s"), e.ErrorMessage());
        return false;
    }
    catch(...) {
        TRACE("发生异常\r\n");
        return false;
    }
    return true;
}
```

（2）删除数据时，我们使用_RecordsetPtr 定位到指定的行数据，然后调用 Delete()方法来删除该数据。代码如下：

```
//删除数据:删除某支股票指定日期的数据
bool CMRKJDatabase::DelDayData(const std::wstring &strStockCode, const std::wstring &date)
{
    using namespace std;
    const wstring wstrTableName = GetDayTableName(strStockCode);
    const wstring sql = L"SELECT * FROM " + wstrTableName +
                        L" WHERE DATA_DATE = '" + date + L"';";
    try {
        //创建
        _RecordsetPtr m_pRecordset;
        m_pRecordset.CreateInstance(__uuidof(Recordset));
        //打开记录集
        m_pRecordset->Open(sql.c_str(), m_pConnection.GetInterfacePtr(),
                           adOpenStatic, adLockOptimistic, adCmdText);
        //判断是否到了结果集的尾部
        if(!m_pRecordset->adoEOF) {
            //删除数据
            m_pRecordset->Delete(adAffectCurrent);
            //更新,此处保存了上面的删除操作
            m_pRecordset->Update();
        }
        //关闭
        m_pRecordset->Close();
    }
    catch(_com_error &e) {
        CTools::MessageBoxFormat(_T("%s"), e.ErrorMessage());
        return false;
    }
    catch(...) {
        TRACE("发生异常\r\n");
        return false;
    }
    return true;
}
```

（3）修改数据时，我们使用_RecordsetPtr 定位到指定的行数据，然后调用 PutCollect()方法来设置要修改的列数据，最后调用 Update()方法保存对数据的修改。代码如下：

```
//修改数据
bool CMRKJDatabase::UpdateDayData(const CDayDataEntry &data)
{
    using namespace std;
    assert(!data.code.empty());
    //data.code + "r" = 表名
    const wstring wstrTableName = GetDayTableName(data.code);
    const wstring sql = L"SELECT * FROM " + wstrTableName +
                        L" WHERE DATA_DATE ='" + data.date + L"';";
    try {
        //创建
        _RecordsetPtr rs;
        rs.CreateInstance(__uuidof(Recordset));
        //打开记录集
```

```
        rs->Open(sql.c_str(), m_pConnection.GetInterfacePtr(), adOpenStatic,
                adLockOptimistic, adCmdText);
        //此时已经指定到目标记录上面了,因此不需要移动
        //修改记录
        rs->PutCollect(TableFiles::DATA_DATE, _variant_t(data.date.c_str()));
        rs->PutCollect(TableFiles::PRICE_OPEN, _variant_t(data.open.c_str()));
        rs->PutCollect(TableFiles::PRICE_CLOSE, _variant_t(data.close.c_str()));
        rs->PutCollect(TableFiles::PRICE_MAX, _variant_t(data.max.c_str()));
        rs->PutCollect(TableFiles::PRICE_MIN, _variant_t(data.min.c_str()));
        rs->PutCollect(TableFiles::TURNOVER, _variant_t(data.turnover.c_str()));
        rs->PutCollect(TableFiles::TRADING_VOLUME,
                    _variant_t(data.tradingVolume.c_str()));
        //保存修改：将修改的数据更新到数据库中
        rs->Update();
        //关闭
        rs->Close();
    }
    catch(_com_error &e) {
        CTools::MessageBoxFormat(_T("%s"), e.ErrorMessage());
        return false;
    }
    catch(...) {
        TRACE("发生异常\r\n");
        return false;
    }
    return true;
}
```

（4）查找数据：根据查找条件从数据库中获得结果集，并将获得的结果存储在一个 std::vector 向量中，其中一个函数的代码如下：

```
//查找数据
bool CMRKJDatabase::QueryDayData(VDayDataEntry &v, const wchar_t *szStockCode,
                                const wchar_t *szDateStart/* = nullptr*/,
                                const wchar_t *szDataEnd/* = nullptr*/)
{
    //拼接 SQL 语句:查找所有列的数据
    std::wstring sql = L"SELECT * FROM ";
    sql += GetDayTableName(szStockCode);
    if(szDateStart && szDataEnd) {
        //拼接查询条件:指定开始和结束日期
        wchar_t sqlbuf[1024] = {};
        //将语句输出到缓冲区中
        swprintf_s(sqlbuf, _countof(sqlbuf),
                  L" WHERE '%s' <= DATA_DATE and DATA_DATE <= '%s' "
                  L"ORDER BY DATA_DATE;", szDateStart, szDataEnd);
        sql += sqlbuf;
    }
    else if(szDateStart) {
        //拼接查询条件:指定开始日期
        wchar_t sqlbuf[1024] = {};
        //将语句输出到缓冲区中
        swprintf_s(sqlbuf, _countof(sqlbuf),
                  L" WHERE '%s' <= DATA_DATE ORDER BY DATA_DATE;",
                  szDateStart);
        sql = sql + sqlbuf;
    }
    else if(szDataEnd) {
        //拼接查询条件:指定开始日期
        wchar_t sqlbuf[1024] = {};
        //将语句输出到缓冲区中
        swprintf_s(sqlbuf, _countof(sqlbuf),
                  L" WHERE DATA_DATE <= '%s' ORDER BY DATA_DATE;",
                  szDataEnd);
        sql = sql + sqlbuf;
    }
    else {
        //没有条件
```

```
    }
    try {
        //创建
        _RecordsetPtr rs;
        rs.CreateInstance(__uuidof(Recordset));
        //查询,获得结果集
        rs->Open(sql.c_str(), m_pConnection.GetInterfacePtr(),
                 adOpenDynamic, adLockOptimistic, adCmdText);
        //循环直到最后一条记录
        while(!rs->adoEOF) {
            CDayDataEntry obj;
            //取出各列的值
            _variant_t date             = rs->GetCollect(TableFiles::DATA_DATE);
            _variant_t open             = rs->GetCollect(TableFiles::PRICE_OPEN);
            _variant_t close            = rs->GetCollect(TableFiles::PRICE_CLOSE);
            _variant_t max              = rs->GetCollect(TableFiles::PRICE_MAX);
            _variant_t min              = rs->GetCollect(TableFiles::PRICE_MIN);
            _variant_t turnover         = rs->GetCollect(TableFiles::TURNOVER);
            _variant_t tradingVolume    = rs->GetCollect(TableFiles::TRADING_VOLUME);
            assert(date.vt == VT_BSTR);
            //赋值给类对象相应的成员变量
            obj.code                    = szStockCode;
            obj.date                    = date.bstrVal;
            obj.open                    = open.bstrVal;
            obj.close                   = close.bstrVal;
            obj.max                     = max.bstrVal;
            obj.min                     = min.bstrVal;
            obj.turnover                = turnover.bstrVal;
            obj.tradingVolume           = tradingVolume.bstrVal;
            //放入缓冲区中
            v.push_back(obj);
            //移动到下一条记录
            rs->MoveNext();
        }
    }
    catch(_com_error &e) {
        CTools::MessageBoxFormat(_T("%s"), e.ErrorMessage());
        return false;
    }
    catch(...) {
        TRACE("发生异常\r\n");
        return false;
    }
    return true;
}
```

10.5 登录模块设计

10.5.1 登录模块概述

登录模块的功能是让用户通过输入正确的密码来进入股票数据抓取分析系统的主窗体，这一功能有助于增强程序的安全性，并防止数据资料的外泄。

登录模块如图 10.4 所示。

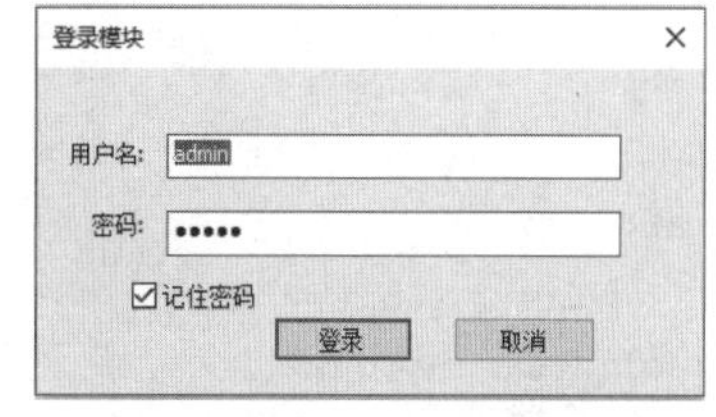

图 10.4 登录模块

10.5.2 实现登录功能

双击“登录”按钮后，将进入代码编辑器，此时 IDE 会自动生成此按钮的事件处理代码。我们在代码中执行以下处理流程。

（1）记录用户名和密码，并将密码存储到配置文件中。

（2）将用户名和密码与数据库存在的用户名和密码进行对比，如果不符，则弹出“用户名或密码错误”的提示，并退出系统。

（3）根据用户名，从数据库中查询用户的权限信息，代码如下：

```
void CDialogLogin::OnBnClickedButtonLogin()
{
    UpdateData(TRUE);
    //保存到配置文件中
    RecordInfo();
    //到数据库中进行对比
    if(!DB.CheckUser(m_strUsername, m_strPassword)) {
        AfxMessageBox(_T("用户名或密码错误"));
        return;
    }
    //查询数据库中的权限信息
    if(!DB.QueryUserByUsername(g_loginUser, m_strUsername)) {
        AfxMessageBox(_T("获取用户信息失败"));
        return;
    }
    //退出当前对话框
    OnOK();
}

void CDialogLogin::RecordInfo()
{
    //将“用户名”保存到配置文件中
    CFG.SaveFormat(L"登录用户", L"用户名", L"%s", m_strUsername.GetString());
    //将“是否记录密码”保存到配置文件中
    CFG.SaveFormat(L"登录用户", L"是否记录密码", L"%d", m_bRecordPass);
    //如果选中了“记住密码”复选框，则将密码记录到配置文件中
    if(m_bRecordPass) {
        CFG.SaveFormat(L"登录用户", L"密码", L"%s", m_strPassword.GetString());
    }
}
```

说明

本系统中，配置文件操作是通过 CConfig 类实现的，详细的代码可以参考 CConfig 头文件和类文件。

10.5.3 实现取消功能

双击“取消”按钮，会触发该按钮的监听事件。在监听事件中，我们将调用 OnCancel()方法来实现退出当前程序的功能。代码如下：

```
void CDialogLogin::OnBnClickedButtonCancel()
{
    //调用该方法，可以退出系统
    OnCancel();
}
```

10.6 主窗体模块设计

10.6.1 主窗体模块概述

主窗体在程序运行过程中扮演着不可或缺的角色，是用户与系统进行交互的关键环节。通过主窗体，用户可以调用系统中的各个子模块，并快速掌握本系统所提供的各项功能。在股票数据抓取分析系统中，用户

在登录窗体验证成功后，将直接进入主窗体。主窗体包括菜单栏、状态栏和客户区，用户可以通过单击相应的菜单项来打开相应的功能对话框。主窗体模块如图 10.5 所示。

图 10.5 主窗体模块

10.6.2 主窗体和各模块功能组织方式

各个功能模块均以对话框窗口的形式呈现。主窗口作为这些功能模块窗口的父窗口。当用户在主窗口中单击菜单项时，当前正在显示的子窗口会被隐藏，而所选的功能模块窗口则会显示出来。

在类 CMrkjSystemDlg 中，我们定义一个成员变量 m_vDlgPtr，用于保存并初始化各子功能模块窗口的指针。这样做可以方便地管理这些子窗口的显示和隐藏操作。实现代码如下：

```
//代码来自文件 MrkjSystemDlg.h

    //主页：沪深分类股票
    CDialogHuShen *m_pDlgHuShen{ new CDialogHuShen()};

    //子对话框：数据维护
    CDialogDataMaintenance *m_pDlgDataMaintenance{new CDialogDataMaintenance()};

    //子对话框：数据导入导出
    CDialogDataImpExp *m_pDlgDataImpExp{new CDialogDataImpExp()};

    //子对话框：类型维护
    CDialogDataKind *m_pDlgDataKind{new CDialogDataKind()};

    //子对话框：类型选择
    CDialogKindSelect *m_pDlgKindSelect{new CDialogKindSelect()};

    //子对话框：历史数据
    CDialogHostoryData *m_pDlgHostoryData{new CDialogHostoryData()};

    //子对话框：实时数据
    CDialogRealtimeData *m_pDlgRealtimeData{new CDialogRealtimeData()};

    //子对话框：计算器
```

```
    CDialogCalc *m_pDlgCalc{new CDialogCalc()};

    //子对话框：屏幕截图
    //没有对话框

    //子对话框：系统设置
    CDialogSetting *m_pDlgSetting{new CDialogSetting()};

    //子对话框：帮助
    //没有对话框，弹出网页

    //子对话框：关于
    //模态对话框，不必定义成成员变量

    //存储所有对话框的指针
    std::vector<CDialogEx *> m_vDlgPtr;

    //只显示自己的窗口,隐藏其他窗口,并返回上次显示的窗口
    void ShowChange(CDialogEx *pDlg);

    //记录当前正在显示的对话框
    CDialogEx *m_pDlgLastShow{nullptr}
```

10.6.3 实现窗口显示隐藏的切换功能

窗口显示隐藏的切换：主要集中在 void ShowChange(CDialogEx * pDlg)方法中。该方法首先记录最后显示的窗口，然后更新窗口显示所需的数据，最后显示新窗口，并隐藏前一个显示的窗口。代码如下：

```
//只显示自己的窗口,隐藏其他窗口
void CMrkjSystemDlg::ShowChange(CDialogEx *pDlg)
{
    //查找当前已经显示的窗口
    for(auto p : m_vDlgPtr) {
        if(p->IsWindowVisible()) {
            m_pDlgLastShow = p;
            break;
        }
    }
    //更新窗口数据
    {
        if(pDlg == m_pDlgDataMaintenance) {
            m_pDlgDataMaintenance->UpdateKindList();
        }
        if(pDlg == m_pDlgHostoryData) {
            m_pDlgHostoryData->UpdateStockInfoComboBox();
        }
        if(pDlg == m_pDlgRealtimeData) {
            m_pDlgRealtimeData->UpdateStockInfoComboBox();
        }
    }
    //显示新窗口
    if(pDlg && pDlg->GetSafeHwnd()) {
        pDlg->ShowWindow(SW_SHOW);
    }
    //隐藏其他窗口
    for(auto p : m_vDlgPtr) {
        if(p != pDlg) {
            p->ShowWindow(SW_HIDE);
        }
    }
    m_statusBar.ShowWindow(SW_SHOW);
}
```

10.7 公式选股模块设计

10.7.1 公式选股模块概述

股票数量众多，若要快速筛选出优质股票，我们必须依赖工具的力量，而非仅通过人工方式进行烦烦的查看。因此，本工具提供了公式选股功能，该功能允许用户指定选股公式，并指定股票范围与时间范围，实现自动筛选符合条件的股票，从而有效缩小选股范围，提高选股效率。

公式选股模块如图 10.6 所示。

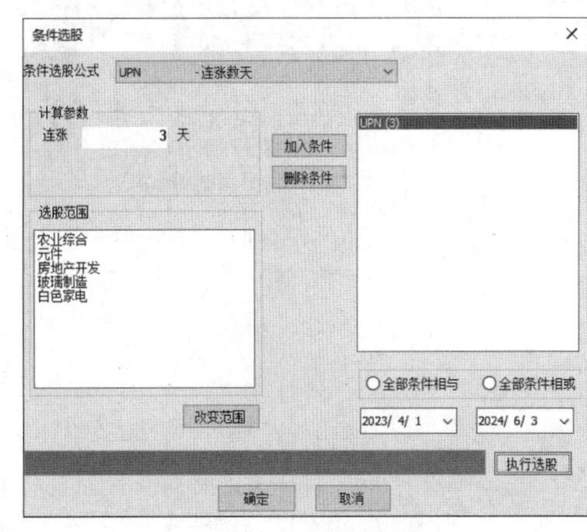

图 10.6　公式选股模块

10.7.2 解析公式

首先，需要对用户选择的公式进行解析，这包括获取公式名称、获取公式参数，这一步骤是预处理环节。在获取了公式的相关信息之后，后续代码便能够根据不同的公式进行相应的判断处理。具体代码如下：

```
BOOL CDialogStockFilter::DoFilter(BOOL bFilter)
{
    if(bFilter) {
        //清空上一次的选股结果
        m_vFilterStocks.clear();

        //将进度条放到初始位置
        m_process.SetPos(0);

        //缩短命名空间,以便于使用
        namespace t = filter_tread;

        //取得条件：全部与，或者全部或
        t::query_condition.bAndOr = (((CButton *)GetDlgItem(IDC_RADIO_ADN))->GetCheck() == BST_CHECKED);

        //取得所有条件公式，并进行解析
        {
            auto &tmp = t::query_condition;
            tmp.vFuncs.clear();
            for(int index = 0; index < m_listFilters.GetCount(); ++index) {
                CString str;
                m_listFilters.GetText(index, str);
                //拆分字符串
                int iStart = 0;
                //函数名
                CString s = str.Tokenize(_T(" ()"), iStart);
                assert(!s.IsEmpty());
                t::SFunc fun;
                fun.strFunc = s;

                //参数
                s = str.Tokenize(_T(" ()"), iStart);
                for(; !s.IsEmpty(); s = str.Tokenize(_T(" ()"), iStart)) {
                    fun.vParams.push_back(s);
                }
                //存起来
                t::query_condition.vFuncs.push_back(fun);
```

```
            }

            if(tmp.vFuncs.empty()) {
                AfxMessageBox(_T("请至少选择一个选股公式"));
                return FALSE;
            }
        }

        //获取日期区间
        {
            COleDateTime dtStart, dtEnd;
            m_dtStart.GetTime(dtStart);
            m_dtEnd.GetTime(dtEnd);
            //获取日期字符串
            t::query_condition.strDateStart = dtStart.Format(_T("%Y/%m/%d"));
            t::query_condition.strDateEnd = dtEnd.Format(_T("%Y/%m/%d"));
        }

        //获取选股范围
        {
            t::query_condition.vKinds.clear();
            GetKinds(t::query_condition.vKinds);
            if(t::query_condition.vKinds.empty()) {
                AfxMessageBox(_T("请选择选股范围"));
                return FALSE;
            }
        }

        //标志正在选股
        m_bFilter = bFilter;
        //启动线程
        filter_tread::Start(this);
        return TRUE;
    }
    else {
        //停止选股线程
        filter_tread::Stop();
    }

    return m_bFilter;
}
```

10.7.3 运行公式

前面已经对公式的相关信息进行了解析，并将它们存储在数组 vFuncs 中。接下来，我们依次遍历这个数组，针对每一个公式进行相应的处理。具体代码如下：

```
//辅助函数 ：判断股票数据是否符合特定条件
    BOOL CheckStock(VDayDataEntry const &vdd, BOOL bAndOr, std::vector<SFunc> vFuncs)
    {
        //判断是否满足连涨 N 天的条件
        auto CheckUPN = [](VDayDataEntry const & vdd, int N)->BOOL {
            if(N <= 1)
            {
                return FALSE;
            }
            //需要至少有 1+N 天的数据，才能判断是否连续上涨 N 天
            if(vdd.size() <= N)
            {
                return FALSE;
            }
            //从最后一天开始向前判断是否连续上涨了 N 天
            int cnt = 0;
```

```
        for(unsigned i1 = vdd.size() - 1; i1 >= 0; --i1)
        {
            unsigned i0 = i1 - 1;
            //将字符串转换为浮点数，比较大小
            wstringstream ss0(vdd[i0].close), ss1(vdd[i1].close);
            float d0, d1;
            ss0 >> d0, ss1 >> d1;
            //如果前一天的收盘价大于或等于第二天的收盘价，则说明股票没有上涨，不符合连续上涨的条件
            if(d0 >= d1) {
                //跳出循环，无须继续判断
                break;
            }
            else {
                cnt++;
            }
            if(cnt >= N) {
                return TRUE;
            }
        }
        return cnt >= N;
    };
    //是否满足连续下跌 N 天的条件
    auto CheckDOWNN = [](VDayDataEntry const & vdd, int N)->BOOL {
        if(N <= 1)
        {
            return FALSE;
        }
        //需要至少有 1+N 天的数据，才能判断是否连续下跌了 N 天
        if(vdd.size() <= N)
        {
            return FALSE;
        }
        //从最后一天向前判断是否连续下跌了 N 天
        int cnt = 0;
        for(unsigned i1 = vdd.size() - 1; i1 >= 0; --i1)
        {
            unsigned i0 = i1 - 1;
            //将字符串转换为浮点数，比较大小
            wstringstream ss0(vdd[i0].close), ss1(vdd[i1].close);
            float d0, d1;
            ss0 >> d0, ss1 >> d1;
            //如果前一天的收盘价小于第二天的收盘价，则说明股票上涨，不符合连续下跌的条件
            if(d0 < d1) {
                //跳出循环，无须继续判断
                break;
            }
            else {
                cnt++;
            }
            if(cnt >= N) {
                return TRUE;
            }
        }
        return cnt >= N;
    };

    //如果全部条件与：判数是否不符合条件，如果不符合，就提前跳出循环
    if(query_condition.bAndOr) {
        //对当前股票数据应用过滤条件
        for(SFunc &fun : query_condition.vFuncs) {
            if(fun.strFunc == _T("UPN")) {
                //解析参数并将其转换为天数，以表示连涨 N 天
                wstringstream ss(fun.vParams[0].GetString());
                int N = 0;
                ss >> N;
```

```
                TRACE("连涨%d 天\r\n", N);
                if(!CheckUPN(vdd, N)) {
                    return FALSE;
                }
            }
            else if(fun.strFunc == _T("DOWNN")) {
                //解析参数并转换为天数，表示连跌 N 天
                wstringstream ss(fun.vParams[0].GetString());
                int N = 0;
                ss >> N;
                TRACE("连跌%d 天\r\n", N);
                if(!CheckDOWNN(vdd, N)) {
                    return FALSE;
                }
            }
        }
        return TRUE;
    }
    //全部条件或：判断是否符合条件，如果符合,就提前跳出循环
    else {
        //对当前股票数据应用过滤条件
        for(SFunc &fun : query_condition.vFuncs) {
            if(fun.strFunc == _T("UPN")) {
                //解析参数并转换为天数，表示连涨 N 天
                wstringstream ss(fun.vParams[0].GetString());
                int N = 0;
                ss >> N;
                TRACE("连涨%d 天\r\n", N);
                if(CheckUPN(vdd, N)) {
                    return TRUE;
                }
            }
            else if(fun.strFunc == _T("DOWNN")) {
                //解析参数并转换为天数，表示连跌 N 天
                wstringstream ss(fun.vParams[0].GetString());
                int N = 0;
                ss >> N;
                TRACE("连跌%d 天\r\n", N);
                if(!CheckDOWNN(vdd, N)) {
                    return TRUE;
                }
            }
        }
        return FALSE;
    }

}
```

10.8 数据管理模块设计

10.8.1 数据管理模块概述

数据管理模块被划分为 3 个子模块：基础数据维护、导入导出数据以及历史数据查询。接下来，我们分别介绍这些子模块的功能实现。

10.8.2 实现基础数据维护功能

基础数据维护模块包括两部分功能：一是股票信息的操作，例如股票名称、股票代码及股票所属种类的

增加、修改、查询、删除操作；二是股票日线数据的增加、修改、查询、删除操作。用户可以通过选择程序主窗体菜单“系统”→“基础数据维护”来打开基础数据维护模块，如图 10.7 所示。

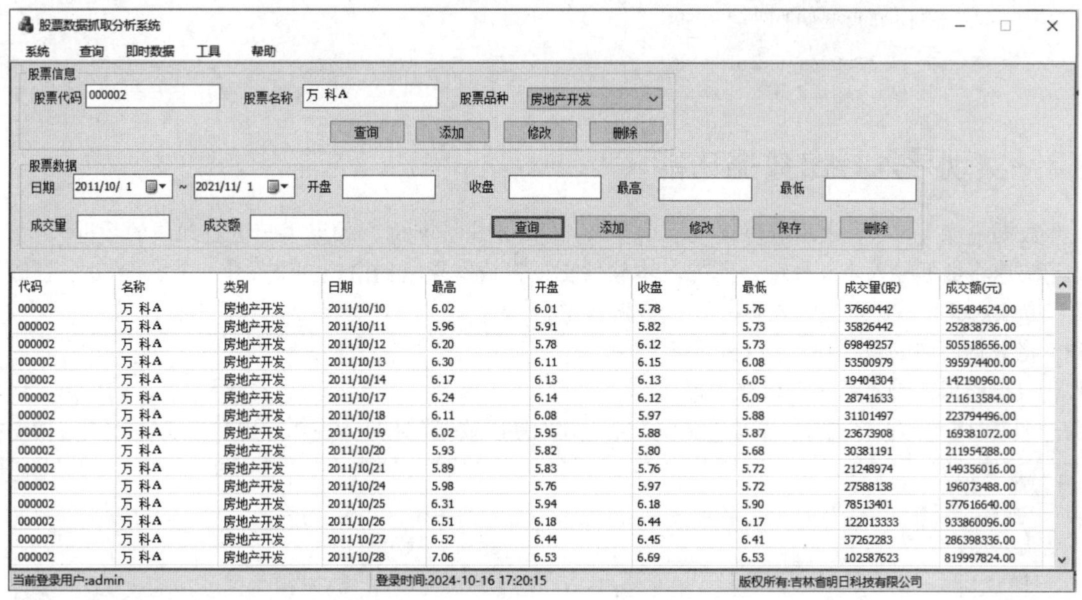

图 10.7　基础数据维护模块

实现代码如下：

```
//子对话框：数据维护
CDialogDataMaintenance *m_pDlgDataMaintenance{new CDialogDataMaintenance()};


//只显示自己的窗口,隐藏其他窗口
void CMrkjSystemDlg::ShowChange(CDialogEx *pDlg)
{
    //查找当前已经显示的窗口
    for(auto p : m_vDlgPtr) {
        if(p->IsWindowVisible()) {
            m_pDlgLastShow = p;
            break;
        }
    }
    //更新窗口数据
    {
        if(pDlg == m_pDlgDataMaintenance) {
            m_pDlgDataMaintenance->UpdateKindList();
        }
        if(pDlg == m_pDlgHostoryData) {
            m_pDlgHostoryData->UpdateStockInfoComboBox();
        }
        if(pDlg == m_pDlgRealtimeData) {
            m_pDlgRealtimeData->UpdateStockInfoComboBox();
        }
    }
    //显示新窗口
    if(pDlg && pDlg->GetSafeHwnd()) {
        pDlg->ShowWindow(SW_SHOW);
    }
    //隐藏其他窗口
    for(auto p : m_vDlgPtr) {
        if(p != pDlg) {
            p->ShowWindow(SW_HIDE);
        }
```

```
    }
    m_statusBar.ShowWindow(SW_SHOW);
}
//基础数据维护
void CMrkjSystemDlg::OnMenuDataMaintenance()
{
    ShowChange(m_pDlgDataMaintenance);
}
```

10.8.3 实现导入导出数据功能

股票数据量庞大，尽管用户可以逐条手动输入，但这会非常耗时。如果用户拥有现成的数据，可以使用导入功能快速将数据导入本软件中。此外，本软件支持将数据导出到指定的文件中。本部分功能主要包括：

☑ 从 Excel 表格读取股票数据并导入数据库中。

☑ 将数据库中的数据导出到 Excel 表格中。

☑ 根据股票代码显示所有日线数据。

用户可以通过选择程序主窗体菜单“系统”→“导入导出数据”来打开导入导出数据模块，如图 10.8 所示。

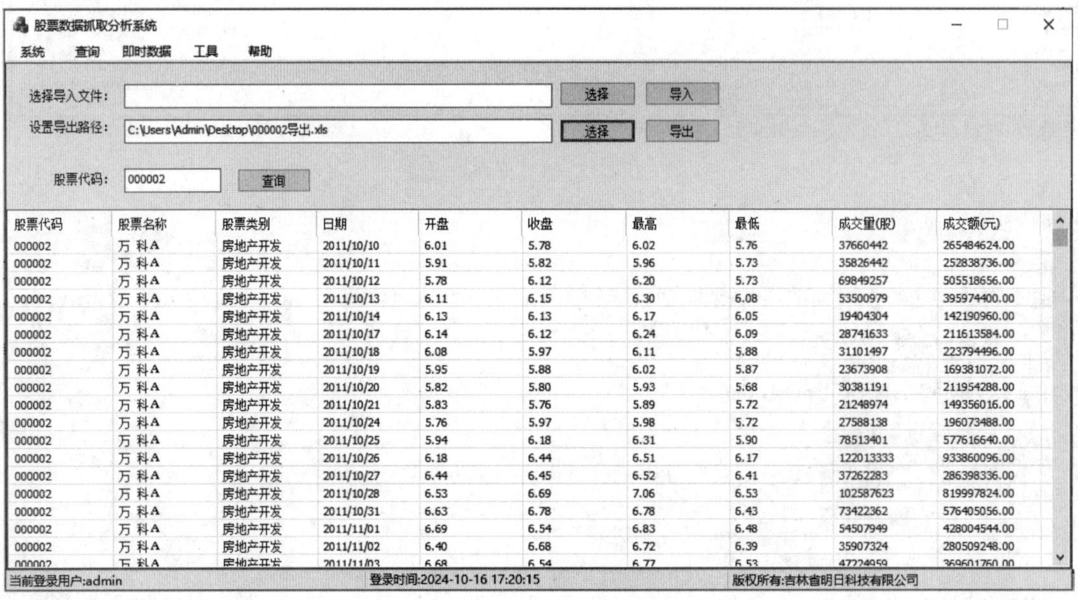

股票数据抓取分析系统
系统
查询
即时数据
工具
帮助
选择导入文件：
选择
导入
设置导出路径：
C:\Users\Admin\Desktop\000002导出.xls
选择
导出
股票代码：
000002
查询
股票代码 股票名称 股票类别 日期 开盘 收盘 最高 最低 成交量(股) 成交额(元)
000002 万 科A 房地产开发 2011/10/10 6.01 5.78 6.02 5.76 37660442 265484624.00
000002 万 科A 房地产开发 2011/10/11 5.91 5.82 5.96 5.73 35826442 252838736.00
000002 万 科A 房地产开发 2011/10/12 5.78 6.12 6.20 5.73 69849257 505518656.00
000002 万 科A 房地产开发 2011/10/13 6.11 6.15 6.30 6.08 53500979 395974400.00
000002 万 科A 房地产开发 2011/10/14 6.13 6.13 6.17 6.05 19404304 142190960.00
000002 万 科A 房地产开发 2011/10/17 6.14 6.12 6.24 6.09 28741633 211613584.00
000002 万 科A 房地产开发 2011/10/18 6.08 5.97 6.11 5.88 31101497 223794496.00
000002 万 科A 房地产开发 2011/10/19 5.95 5.88 6.02 5.87 23673908 169381072.00
000002 万 科A 房地产开发 2011/10/20 5.82 5.80 5.93 5.68 30381191 211954288.00
000002 万 科A 房地产开发 2011/10/21 5.83 5.76 5.89 5.72 21248974 149356016.00
000002 万 科A 房地产开发 2011/10/24 5.76 5.97 5.98 5.72 27588138 196073488.00
000002 万 科A 房地产开发 2011/10/25 5.94 6.18 6.31 5.90 78513401 577616640.00
000002 万 科A 房地产开发 2011/10/26 6.18 6.44 6.51 6.17 122013333 933860096.00
000002 万 科A 房地产开发 2011/10/27 6.44 6.45 6.52 6.41 37262283 286398336.00
000002 万 科A 房地产开发 2011/10/28 6.53 6.69 7.06 6.53 102587623 819997824.00
000002 万 科A 房地产开发 2011/10/31 6.63 6.78 6.78 6.43 73422362 576405056.00
000002 万 科A 房地产开发 2011/11/01 6.69 6.54 6.83 6.48 54507949 428004544.00
000002 万 科A 房地产开发 2011/11/02 6.40 6.68 6.72 6.39 35907324 280509248.00
000002 万 科A 房地产开发 2011/11/03 6.68 6.54 6.77 6.53 47224959 369601760.00
当前登录用户:admin
登录时间:2024-10-16 17:20:15
版权所有:吉林省明日科技有限公司

图 10.8　导出导入数据模块

实现代码如下：

```
//将文件内容导入数据库中
    void ToDatabaseCodeName(const std::wstring& filename)
    {
        using namespace std;
        //  读取文件内容
        wstring code, name;
        VDayDataEntry v;
        if(!GetFileContent(filename, code, name, v)) {
            return;
        }
        //确认表存在，如果不存在，则创建表
        if(!DB.MakeDayTable(code)) {
            return;
        }
        DB.AddStock(code.c_str(), name.c_str());
    }
```

```
using namespace std;

CString headers[] = { _T("股票代码"), _T("股票名称"), _T("股票类别"), _T("日期"), _T("开盘")
                    , _T("收盘"), _T("最高"), _T("最低"), _T("成交量"), _T("成交额")
                    };

//将内容写入 Excel 中
void ToExcel(const wstring& filename, const vector<vector<CString>>& v)
{
    CString strFile = filename.c_str();
    COleVariant covTrue((short)TRUE);
    COleVariant covFalse((short)FALSE);
    COleVariant covOptional((long)DISP_E_PARAMNOTFOUND, VT_ERROR);
    CApplication app;
    CWorkbook book;
    CWorkbooks books;
    CWorksheet sheet;
    CWorksheets sheets;
    CRange range;
    if(!app.CreateDispatch(_T("Excel.Application"))) {
        CTools::MessageBoxFormat(_T("创建接口失败"));
        return;
    }
    //向下一层一层地获取操作对象
    books = app.get_Workbooks();
    book = books.Add(covOptional);
    sheets = book.get_Worksheets();
    sheet = sheets.get_Item(COleVariant((short)1));
    //显示
    //app.put_Visible(TRUE);
    range = sheet.get_Range(COleVariant(_T("A1")), COleVariant(_T("A1")));
    //表示写入的是第几行
    _variant_t varRoleIndex(1);
    //写入表头
    {
        for(int i = 0; i < _countof(headers); ++i) {
            //第几列
            _variant_t varColumnIndex((long)i + 1);
            range.put_NumberFormat(COleVariant(L"@"));
            range.put_Item(varRoleIndex, varColumnIndex, _variant_t(headers[i].GetString()));
        }
    }
    //写入内容
    {
        for(auto vline : v) {
            varRoleIndex.intVal += 1;
            for(unsigned i = 0; i != vline.size(); ++i) {
                //第几列
                _variant_t varColumnIndex((long)i + 1);
                range.put_NumberFormat(COleVariant(L"@"));
                range.put_Item(varRoleIndex, varColumnIndex, _variant_t(vline[i].GetString()));
            }
        }
    }
    //保存
    book.SaveCopyAs(COleVariant(strFile));
    book.put_Saved(true);
    //释放
    range.ReleaseDispatch();
    book.ReleaseDispatch();
    books.ReleaseDispatch();
    sheet.ReleaseDispatch();
    sheets.ReleaseDispatch();
    app.Quit();
    app.ReleaseDispatch();
}

//从 Excel 中读取内容
```

```
    void FromExcel(const wstring& filename, vector<vector<CString>>& v)
    {
        CString strFile = filename.c_str();
        COleVariant covTrue((short)TRUE);
        COleVariant covFalse((short)FALSE);
        COleVariant covOptional((long)DISP_E_PARAMNOTFOUND, VT_ERROR);
        CApplication app;
        CWorkbook book;
        CWorkbooks books;
        CWorksheet sheet;
        CWorksheets sheets;
        CRange range;
        if(!app.CreateDispatch(_T("Excel.Application"))) {
            CTools::MessageBoxFormat(_T("创建接口失败"));
            return;
        }
        //向下一层一层地获取操作对象
        books = app.get_Workbooks();
        book = books.Open(strFile, covOptional, covOptional, covOptional, covOptional, covOptional, covOptional, covOptional,
    covOptional, covOptional, covOptional, covOptional, covOptional, covOptional, covOptional);
        sheets = book.get_Worksheets();
        sheet = sheets.get_Item(COleVariant((short)1));
        //获取使用范围
        range = sheet.get_UsedRange();
        //获取行数
        range = range.get_Rows();
        long rows = range.get_Count();
        //获取列数
        range = range.get_Columns();
        long cols = range.get_Count();
        if(_countof(headers) != cols) {
            //数据列数不匹配
            goto __Cleanup;
        }
        //得到所有的单元格
        range = sheet.get_Cells();
        //读取数据(注意下标从 1 开始)
        for(int i = 2/*不要表头那一行*/; i <= rows; ++i) {
            vector<CString> vLine;
            COleVariant varRowIndex(static_cast<long>(i));
            for(int j = 1; j <= cols; ++j) {
                COleVariant varColumnIndex(static_cast<long>(j));
                VARIANT vResult;
                CString strResult;
                vResult = range.get_Item(varRowIndex, varColumnIndex);
                strResult = (wchar_t*)(_bstr_t)vResult;
                vLine.push_back(strResult);
            }
            v.push_back(vLine);
        }
__Cleanup:
        //释放
        range.ReleaseDispatch();
        book.ReleaseDispatch();
        books.ReleaseDispatch();
        sheet.ReleaseDispatch();
        sheets.ReleaseDispatch();
        app.Quit();
        app.ReleaseDispatch();
    }

}
```

10.8.4　实现历史数据查询功能

本模块用于显示和分析股票的日线历史数据。用户可以输入查询的时间范围，查询之后可显示数据表格和当前时间段的 K 线图。历史数据查询模块如图 10.9 所示，历史数据 K 线图如图 10.10 所示。

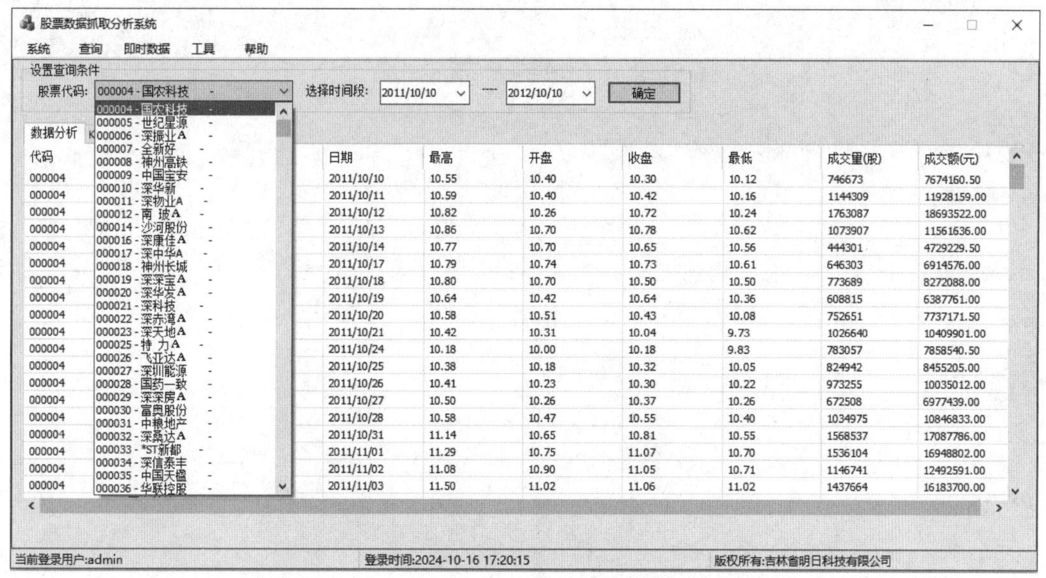

图 10.9　历史数据查询模块

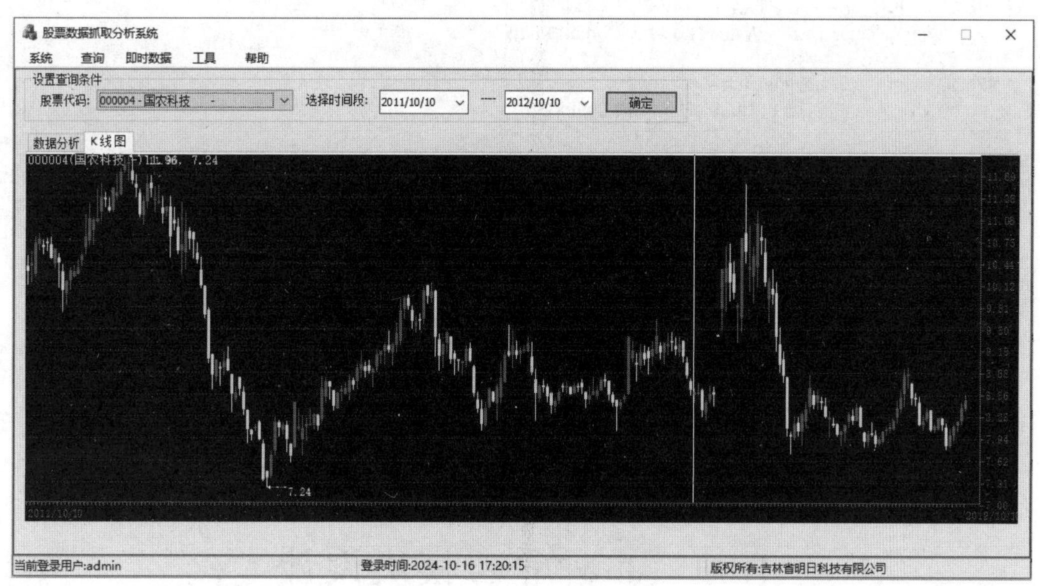

图 10.10　历史数据 K 线图

实现代码如下：

```
//股票的历史数据
CListCtrl m_lst;
enum {
        EListIndexCode = 0,
        EListIndexName,
        EListIndexUpPercent,
        EListIndexPrice,
        EListIndexMax,
        EListIndexOpen,
        EListIndexClose,
        EListIndexMin,
```

```
        EListIndexTurnover,
        EListIndexTradingVolume,
        EListIndexMaxLimit,
    };
//历史数据
afx_msg void OnMenuHostoryData();

void CMrkjSystemDlg::OnMenuHostoryData()
{
    ShowChange(m_pDlgHostoryData);
}
//只显示自己的窗口,隐藏其他窗口
void CMrkjSystemDlg::ShowChange(CDialogEx *pDlg)
{
    //查找当前已经显示的窗口
    for(auto p : m_vDlgPtr) {
        if(p->IsWindowVisible()) {
            m_pDlgLastShow = p;
            break;
        }
    }
    //更新窗口数据
    {
        if(pDlg == m_pDlgDataMaintenance) {
            m_pDlgDataMaintenance->UpdateKindList();
        }
        if(pDlg == m_pDlgHostoryData) {
            m_pDlgHostoryData->UpdateStockInfoComboBox();
        }
        if(pDlg == m_pDlgRealtimeData) {
            m_pDlgRealtimeData->UpdateStockInfoComboBox();
        }
    }
    //显示新窗口
    if(pDlg && pDlg->GetSafeHwnd()) {
        pDlg->ShowWindow(SW_SHOW);
    }
    //隐藏其他窗口
    for(auto p : m_vDlgPtr) {
        if(p != pDlg) {
            p->ShowWindow(SW_HIDE);
        }
    }
    m_statusBar.ShowWindow(SW_SHOW);
}
```

10.9　品种管理模块设计

10.9.1　品种管理模块概述

品种管理模块被划分为两个子模块：品种维护、选择品种。下面，我们分别介绍这两个子模的功能实现。

10.9.2　实现品种维护功能

品种即股票所属的“板块”，例如“万科 A”这支股票，属于房地产板块。当我们录入“万科 A”这支股票的数据时，数据库中应该事先存在“房地产板块”这个品种，否则无法设置“万科 A”的品种。本功能是对品种的增加、删除、修改和查询操作。

用户可以通过选择程序主窗体菜单“系统”→“品种维护”来打开品种维护模块，如图 10.11 所示。

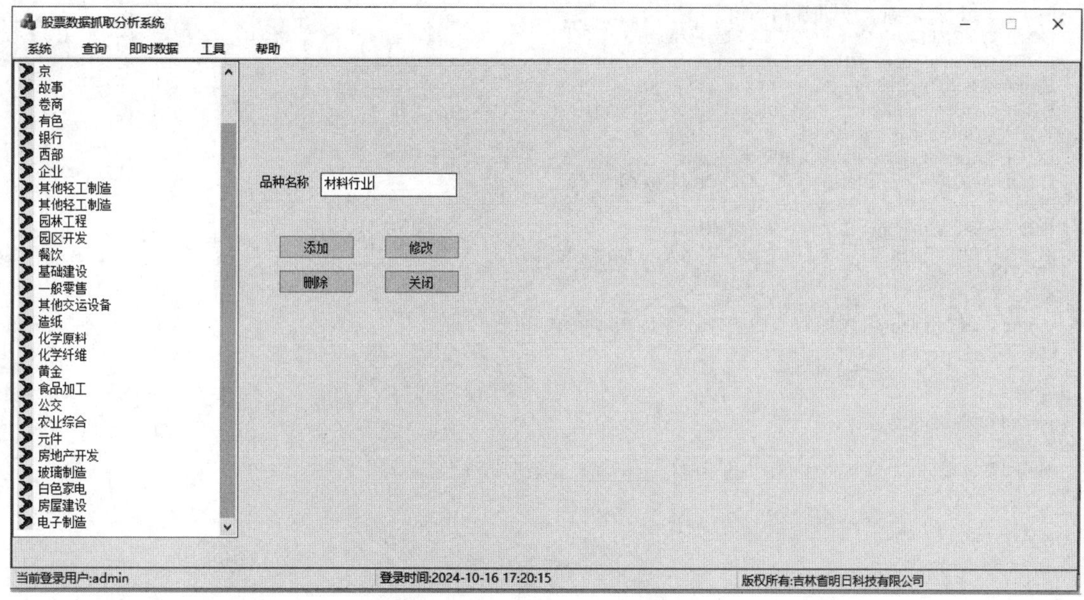

图 10.11　品种维护模块

实现代码如下：

```
class CButton : public CWnd
{
    DECLARE_DYNAMIC(CButton)

//构造函数
public:
    CButton();
    virtual BOOL Create(LPCTSTR lpszCaption, DWORD dwStyle,
                const RECT& rect, CWnd* pParentWnd, UINT nID);

//属性
    UINT GetState() const;
    void SetState(BOOL bHighlight);
    int GetCheck() const;
    void SetCheck(int nCheck);
    UINT GetButtonStyle() const;
    void SetButtonStyle(UINT nStyle, BOOL bRedraw = TRUE);

    HICON SetIcon(HICON hIcon);
    HICON GetIcon() const;
    HBITMAP SetBitmap(HBITMAP hBitmap);
    HBITMAP GetBitmap() const;
    HCURSOR SetCursor(HCURSOR hCursor);
    HCURSOR GetCursor();

    AFX_ANSI_DEPRECATED BOOL GetIdealSize(_Out_ LPSIZE psize) const;
    AFX_ANSI_DEPRECATED BOOL SetImageList(_In_ PBUTTON_IMAGELIST pbuttonImagelist);
    AFX_ANSI_DEPRECATED BOOL GetImageList(_In_ PBUTTON_IMAGELIST pbuttonImagelist) const;
    AFX_ANSI_DEPRECATED BOOL SetTextMargin(_In_ LPRECT pmargin);
    AFX_ANSI_DEPRECATED BOOL GetTextMargin(_Out_ LPRECT pmargin) const;

#if (NTDDI_VERSION >= NTDDI_VISTA) && defined(UNICODE)
    CString GetNote() const;
    _Check_return_ BOOL GetNote(_Out_writes_z_(*pcchNote) LPTSTR lpszNote, _Inout_ UINT* pcchNote) const;
    BOOL SetNote(_In_z_ LPCTSTR lpszNote);
    UINT GetNoteLength() const;
    BOOL GetSplitInfo(_Out_ PBUTTON_SPLITINFO pInfo) const;
```

```
    BOOL SetSplitInfo(_In_ PBUTTON_SPLITINFO pInfo);
    UINT GetSplitStyle() const;
    BOOL SetSplitStyle(_In_ UINT nStyle);
    BOOL GetSplitSize(_Out_ LPSIZE pSize) const;
    BOOL SetSplitSize(_In_ LPSIZE pSize);
    CImageList* GetSplitImageList() const;
    BOOL SetSplitImageList(_In_ CImageList* pSplitImageList);
    TCHAR GetSplitGlyph() const;
    BOOL SetSplitGlyph(_In_ TCHAR chGlyph);
    BOOL SetDropDownState(_In_ BOOL fDropDown);

    HICON SetShield(_In_ BOOL fElevationRequired);
#endif //(NTDDI_VERSION >= NTDDI_VISTA) && defined(UNICODE)

//定义虚函数，该函数可重载
    virtual void DrawItem(LPDRAWITEMSTRUCT lpDrawItemStruct);

//实现细节，定义成员变量及成员函数
public:
    virtual ~CButton();
protected:
    virtual BOOL OnChildNotify(UINT, WPARAM, LPARAM, LRESULT*);
};

    //品种维护
    CButton m_btn003;
    BOOL m_b003;
//增加
void CDialogDataKind::OnBnClickedButtonAdd()
{
    UpdateData(TRUE);
    if(DB.IsExistsKindName(m_strKindName)) {
        CTools::MessageBoxFormat(_T("同名种类已经存在:%s"), m_strKindName.GetString());
        return;
    }
    if(!DB.AddKind(m_strKindName)) {
        AfxMessageBox(_T("增加失败"));
    }
    else {
        UpdateTree();
    }
    UpdateData(FALSE);
}


//修改
void CDialogDataKind::OnBnClickedButtonUpdate()
{
    UpdateData(TRUE);
    HTREEITEM hItem = m_treeKind.GetSelectedItem();
    if(!hItem) {
        CTools::MessageBoxFormat(_T("未选择修改项"));
        return;
    }
    if(DB.IsExistsKindName(m_strKindName)) {
        CTools::MessageBoxFormat(_T("已经存在:%s"), m_strKindName.GetString());
        return;
    }
    int id = (int)m_treeKind.GetItemData(hItem);
    if(!DB.UpdateKind(id, m_strKindName)) {
        AfxMessageBox(_T("修改失败"));
    }
    else {
        UpdateTree();
    }
    UpdateData(FALSE);
}

//关闭
```

```
void CDialogDataKind::OnBnClickedButtonClose()
{
    this->ShowWindow(FALSE);
}

//删除
void CDialogDataKind::OnBnClickedButtonDelete()
{
    UpdateData(TRUE);
    if(!DB.DelKind(m_strKindName)) {
        AfxMessageBox(_T("删除失败"));
    }
    else {
        UpdateTree();
    }
    UpdateData(FALSE);
}
```

10.9.3　实现选择品种功能

选择品种模块，该模块使用树形控件展示数据库中的品种信息。当单击某个树形结点时，会列出该品种下的所有股票。用户可以通过单击股票名字，快速选定一支感兴趣的股票。单击之后，系统将跳转到历史数据查询页面，用户可以在该页面上对历史数据进行分析。

选择品种模块如图 10.12 所示。

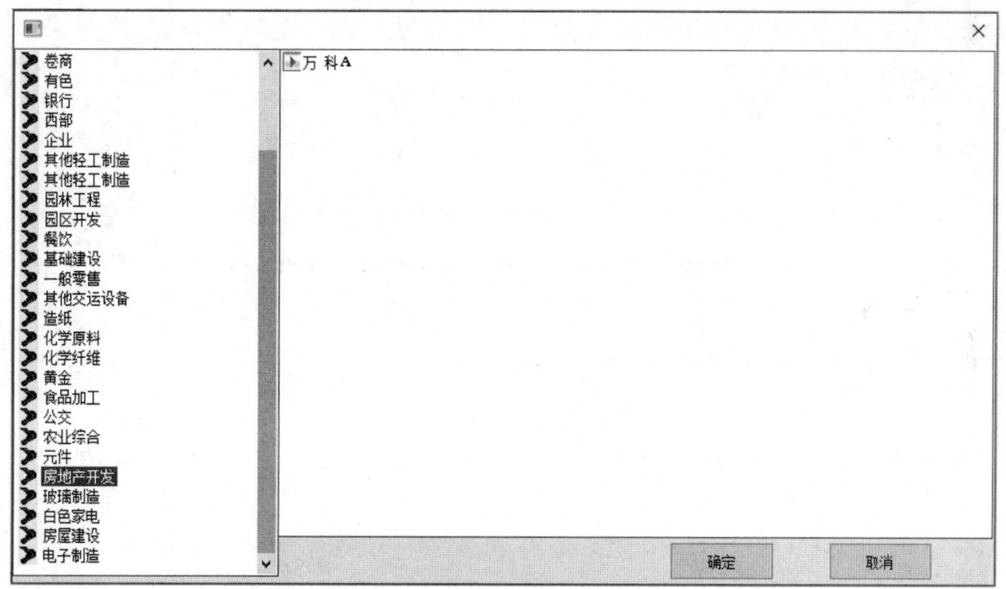

图 10.12　选择品种模块

实现代码如下：

```
//检查控件变量的合法性
bool CDialogDataMaintenance::IsInputValid()
{
    try {
        //开始日期
        COleDateTime::DateTimeStatus s = m_odtDateStart.GetStatus();
        if(s == COleDateTime::invalid) {
            return false;
        }
        //结束日期
        COleDateTime::DateTimeStatus send = m_odtDateEnd.GetStatus();
```

```
        if(send == COleDateTime::invalid) {
            return false;
        }
        //股票品种
        wregex reg(L"^[+-]?(\\d*.\\d{2}|\\d*)$");
        //开盘价
        if(!regex_match(m_strOpen.GetString(), reg)) {
            return false;
        }
        //收盘价
        if(!regex_match(m_strClose.GetString(), reg)) {
            return false;
        }
        //最高价
        if(!regex_match(m_strHigh.GetString(), reg)) {
            return false;
        }
        //最低价
        if(!regex_match(m_strLow.GetString(), reg)) {
            return false;
        }
        //成交量
        if(!regex_match(m_strTurnover.GetString(), reg)) {
            return false;
        }
        //成交额
        if(!regex_match(m_strTradingvolume.GetString(), reg)) {
            return false;
        }
    }
    catch(...) {
        TRACE("发生异常\r\n");
        return false;
    }
    return true;
}

void CDialogDataMaintenance::OnNMClickListData(NMHDR *pNMHDR, LRESULT *pResult)
{
    LPNMITEMACTIVATE pNMItemActivate = reinterpret_cast<LPNMITEMACTIVATE>(pNMHDR);
    int iItem = -1;
    //获得选中行
    {
        POSITION pos = m_lst.GetFirstSelectedItemPosition();
        if(pos != NULL) {
            iItem = m_lst.GetNextSelectedItem(pos);
        }
        if(iItem < 0 || iItem >= m_lst.GetItemCount()) {
            goto __Cleanup;
        }
    }
__Cleanup:
    *pResult = 0;
}

//查询股票信息
void CDialogDataMaintenance::OnBnClickedButtonQueryStockInfo()
{
    UpdateData();
    //根据代码进行查询
    CMRKJDatabase::TupleStockInfo info;
    if(DB.QueryStockInfoByCode(info, m_strCode)) {
        UpdateStockInfo(info);
    }
    //根据名字进行查询
    else if(DB.QueryStockInfoByName(info, m_strName)) {
        UpdateStockInfo(info);
    }
    //没有找到
```

```
    else {
        CTools::MessageBoxFormat(_T("没有此股票相关信息[code:%s, name:%s] ")
                                , m_strCode.GetString()
                                , m_strName.GetString());
    }
    UpdateData(FALSE);
}
```

10.10 工具模块设计

10.10.1 工具模块概述

工具模块包含 3 个子模块：金融计算器、屏幕截图、系统设置。下面，我们将分别对这 3 种子模块的功能实现进行介绍。

10.10.2 实现金融计算器功能

金融计算器模块包括一些与金融计算相关的小工具，具体包括：

☑ 股票盈亏计算
☑ 涨跌停计算
☑ 购房能力评估
☑ 购房提前还款计算
☑ 所得税计算

单击左侧的树控件节点，即可打开相应的计算器。

金融计算器模块如图 10.13 所示。

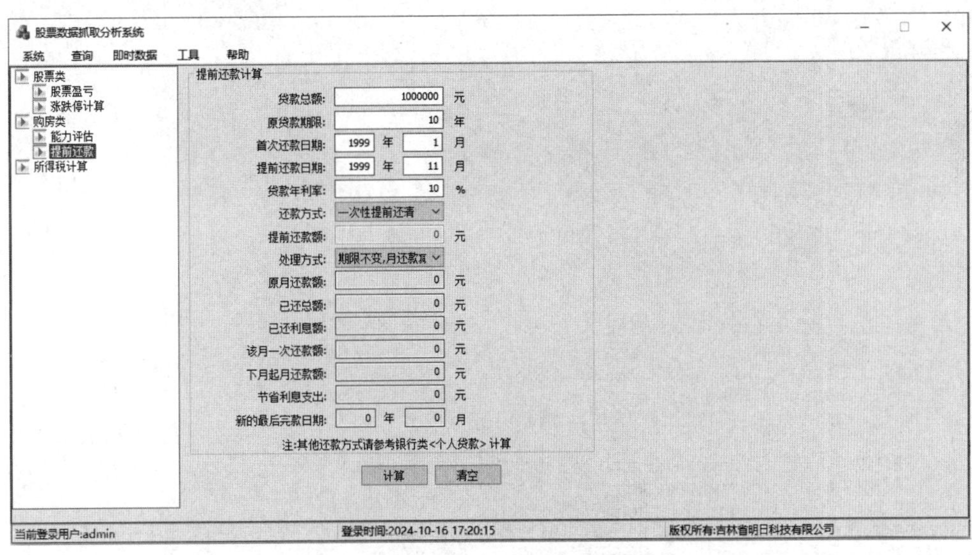

图 10.13 金融计算器模块

实现代码如下：

```
public:
    CTreeCtrl m_tree;
    afx_msg void OnNMClickTree1(NMHDR *pNMHDR, LRESULT *pResult);
    virtual BOOL OnInitDialog();
```

```
    CDialogCalc01 dlg01; //股票收溢计算器
    CDialogCalc02 dlg02; //股票涨跌停计算器
    CDialogCalc03 dlg03; //购房能力评估
    CDialogCalc04 dlg04; //购房提前还款计算
    CDialogCalc05 dlg05; //所得税计算
    std::vector<CDialogEx*> m_vDlgPtr;
    virtual void OnOK();
    virtual void OnCancel();
    virtual BOOL PreTranslateMessage(MSG* pMsg);
};

//CDialogCalc 消息处理程序


void CDialogCalc::OnNMClickTree1(NMHDR *pNMHDR, LRESULT *pResult)
{
    DWORD dwPos = GetMessagePos();
    TVHITTESTINFO ht = {0};
    ht.pt.x = GET_X_LPARAM(dwPos);
    ht.pt.y = GET_Y_LPARAM(dwPos);
    ::MapWindowPoints(HWND_DESKTOP, pNMHDR->hwndFrom, &ht.pt, 1);
    TreeView_HitTest(pNMHDR->hwndFrom, &ht);
    HTREEITEM hItem = ht.hItem;
    if(hItem) {
        struct {
            CString str;
            CDialogEx* pDlg;
        } keymap[] = {
            {_T("股票盈亏"), &dlg01},
            {_T("涨跌停计算"), &dlg02},
            {_T("能力评估"), &dlg03},
            {_T("提前还款"), &dlg04},
            {_T("所得税计算"), &dlg05},
        };
        CString str = m_tree.GetItemText(hItem);
        for(auto pp : keymap) {
            if(pp.str == str) {
                pp.pDlg->ShowWindow(SW_SHOW);
            }
            else {
                pp.pDlg->ShowWindow(SW_HIDE);
            }
        }
    }
    *pResult = 0;
}

BOOL CDialogCalc::OnInitDialog()
{
    CDialogEx::OnInitDialog();
    {
        {
            static CBitmap bmp;
            bmp.LoadBitmap(IDB_BITMAP_CALC);
            static CImageList imgList;
            imgList.Create(16, 16, ILC_COLOR32, 1, 1);
            imgList.Add(&bmp, RGB(0, 0, 0));
            m_tree.SetImageList(&imgList, TVSIL_NORMAL);
        }
        HTREEITEM hItem0 = m_tree.InsertItem(_T("股票类"));
        HTREEITEM hItem1 = m_tree.InsertItem(_T("购房类"));
        HTREEITEM hItem2 = m_tree.InsertItem(_T("所得税计算"));
        HTREEITEM hItem00 = m_tree.InsertItem(_T("股票盈亏"), hItem0);
        HTREEITEM hItem01 = m_tree.InsertItem(_T("涨跌停计算"), hItem0);
        HTREEITEM hItem10 = m_tree.InsertItem(_T("能力评估"), hItem1);
        HTREEITEM hItem11 = m_tree.InsertItem(_T("提前还款"), hItem1);
        m_tree.Expand(hItem0, TVE_EXPAND);
        m_tree.Expand(hItem1, TVE_EXPAND);
        m_tree.Expand(hItem2, TVE_EXPAND);
        m_tree.SetItemData(hItem00, (DWORD_PTR)&dlg01);
        m_tree.SetItemData(hItem01, (DWORD_PTR)&dlg02);
        m_tree.SetItemData(hItem10, (DWORD_PTR)&dlg03);
```

```
        m_tree.SetItemData(hItem11, (DWORD_PTR)&dlg04);
        m_tree.SetItemData(hItem2, (DWORD_PTR)&dlg05);
        dlg01.Create(IDD_DIALOG1, this);
        dlg02.Create(IDD_DIALOG2, this);
        dlg03.Create(IDD_DIALOG3, this);
        dlg04.Create(IDD_DIALOG4, this);
        dlg05.Create(IDD_DIALOG5, this);
        m_vDlgPtr.push_back(&dlg01);
        m_vDlgPtr.push_back(&dlg02);
        m_vDlgPtr.push_back(&dlg03);
        m_vDlgPtr.push_back(&dlg04);
        m_vDlgPtr.push_back(&dlg05);
        CRect rc;
        GetClientRect(rc);
        CRect rcTree;
        m_tree.GetClientRect(rcTree);
        for(auto ptr : m_vDlgPtr) {
            ptr->MoveWindow(rcTree.Width() + 10, rcTree.top, rc.Width() - rcTree.Width() - 40, rcTree.Height());
            ptr->ShowWindow(SW_HIDE);
        }
        m_vDlgPtr[0]->ShowWindow(SW_SHOW);
    }
    return TRUE;   //返回 TRUE 以表示成功处理了消息
}
```

10.10.3 实现屏幕截图功能

屏幕截图模块允许用户截取屏幕的一部分，甚至可以截取整个屏幕，并将截取的图像保存为图片文件。在程序主窗体的菜单中选择“工具”→“屏幕截图”，之后整个屏幕会被一层淡蓝色的“蒙版”覆盖。此时，用户按住鼠标左键并拖动至合适的位置，然后释放鼠标左键，系统将弹出保存文件对话框。在此对话框中，用户输入文件名，即可保存截取的图片。屏幕截图模块如图 10.14 所示。

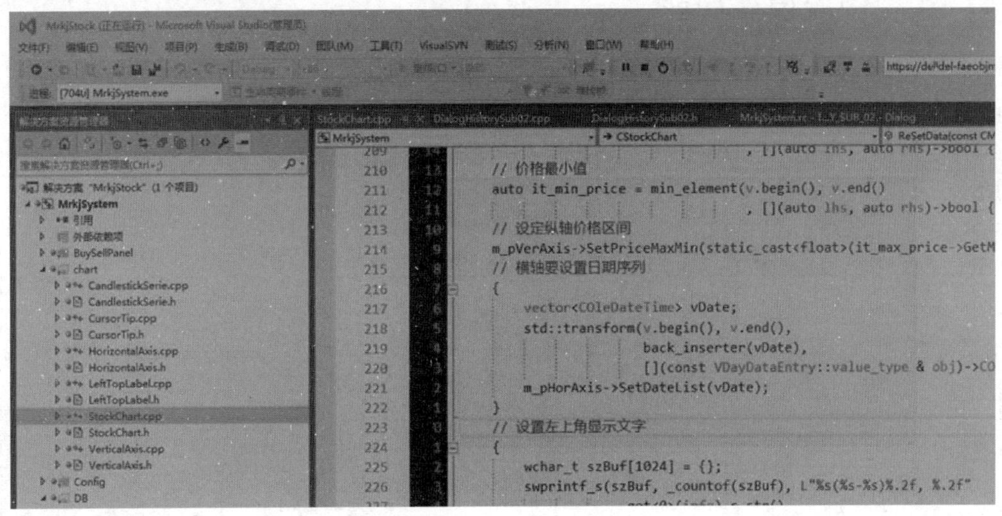

图 10.14 屏幕截图模块

实现代码如下：

```
void CMrkjSystemDlg::OnMenuScreenShot()
{
    //隐藏自己
    ShowWindow(SW_HIDE);
    //显示模态对话框
    CDialogScreenShot dlg;
    HBITMAP hBmp = NULL;
    if(IDOK == dlg.DoModal()) {
```

```
            //获取鼠标选中的区域
            CRect rc = dlg.GetSelectRect();
            //先获得选中区域的图片（以防止被其他弹出窗口遮挡）
            hBmp = CScreenTools::CopyScreenToBitmap(&rc);
            //弹出一个对话框，获取保存图片的位置
            static CString strFilename = (CTools::GetDir() + _T("\\截图.bmp")).c_str();
            {
                static TCHAR szFilter[] = _T("bmp(*.bmp)|*.bmp|所有文件(*.*)|*.*||");
                CFileDialog dlg(FALSE, //创建文件打开对话框:FALSE 保存对话框
                                _T(".txt"),
                                strFilename.GetString(),
                                OFN_HIDEREADONLY | OFN_OVERWRITEPROMPT,
                                szFilter
                               );
                if(IDOK != dlg.DoModal()) {
                    goto __End;
                }
                //显示选择的文件内容
                strFilename = dlg.GetPathName();
            }
            if(!strFilename.IsEmpty()) {
                //将指定区域保存为图片
                CScreenTools::SaveBitmapToFile(hBmp, strFilename);
            }
        }
__End:
    //删除位图句柄
    if(hBmp) {
        DeleteObject(hBmp);
    }
    ShowWindow(SW_SHOW);
}
```

10.10.4 实现系统设置功能

为确保信息安全，本程序在启动时要求用户先进行登录，并且每位登录的用户都具有不同的权限。用户的管理和权限配置是通过“系统设置模块”来完成的。该模块的界面分为左右两部分：左侧显示所有用户及其相应的权限；右侧则是用户编辑区，用户可以增加、删除、修改、查询以及授权等操作。系统设置模块如图 10.15 所示。

图 10.15 系统设置模块

关键代码如下：

```
void CDialogSetting::UpdateListData()
{
    CMRKJDatabase::VDBEntryUser v;
    if(!DB.QueryUser(v)) {
        return;
    }
    UpdateListData(v);
}

//清理 m_lst 中的数据
void CDialogSetting::ClearList()
{
    m_lst.DeleteAllItems();
}


//更新 m_lst 中的数据
void CDialogSetting::UpdateListData(const CMRKJDatabase::VDBEntryUser& v)
{
    ClearList();
    for each(auto data in v) {
        int index = m_lst.GetItemCount();
        m_lst.InsertItem(index, data.id.c_str());
        m_lst.SetItemText(index, EListIndexUsername, data.username.c_str());
        m_lst.SetItemText(index, EListIndexPassword, data.password.c_str());
        m_lst.SetItemText(index, EListIndexP001, data.p001.c_str());
        m_lst.SetItemText(index, EListIndexP002, data.p002.c_str());
        m_lst.SetItemText(index, EListIndexP003, data.p003.c_str());
        m_lst.SetItemText(index, EListIndexP004, data.p004.c_str());
        m_lst.SetItemText(index, EListIndexP005, data.p005.c_str());
        m_lst.SetItemText(index, EListIndexP006, data.p006.c_str());
        m_lst.SetItemText(index, EListIndexP007, data.p007.c_str());
        m_lst.SetItemText(index, EListIndexP008, data.p008.c_str());
        m_lst.SetItemText(index, EListIndexP009, data.p009.c_str());
        m_lst.SetItemText(index, EListIndexP010, data.p010.c_str());
    }
}

//获得某行数据
void CDialogSetting::GetListData(CMRKJDatabase::DBEntryUser& data, int index)
{
    assert(index >= 0 && index < m_lst.GetItemCount());
    UpdateData(TRUE);
    data.id = m_lst.GetItemText(index, EListIndexID).GetString();
    data.username = m_lst.GetItemText(index, EListIndexUsername).GetString();
    data.password = m_lst.GetItemText(index, EListIndexPassword).GetString();
    data.p001 = m_lst.GetItemText(index, EListIndexP001).GetString();
    data.p002 = m_lst.GetItemText(index, EListIndexP002).GetString();
    data.p003 = m_lst.GetItemText(index, EListIndexP003).GetString();
    data.p004 = m_lst.GetItemText(index, EListIndexP004).GetString();
    data.p005 = m_lst.GetItemText(index, EListIndexP005).GetString();
    data.p006 = m_lst.GetItemText(index, EListIndexP006).GetString();
    data.p007 = m_lst.GetItemText(index, EListIndexP007).GetString();
    data.p008 = m_lst.GetItemText(index, EListIndexP008).GetString();
    data.p009 = m_lst.GetItemText(index, EListIndexP009).GetString();
    data.p010 = m_lst.GetItemText(index, EListIndexP010).GetString();
}

void CDialogSetting::OnBnClickedButtonAdd()
{
    UpdateData();
    if(DB.IsExistUsername(m_strUsername)) {
        CTools::MessageBoxFormat(_T("用户名'%s'已经存在"), m_strUsername.GetString());
        return;
    }
    CMRKJDatabase::DBEntryUser user;
```

```
    user.id = m_strID.GetString();
    user.username = m_strUsername.GetString();
    user.password = m_strPassword.GetString();
    user.p002 = StringHelper::ToString(m_b002);
    user.p003 = StringHelper::ToString(m_b003);
    user.p004 = StringHelper::ToString(m_b004);
    user.p005 = StringHelper::ToString(m_b005);
    user.p006 = StringHelper::ToString(m_b006);
    user.p008 = StringHelper::ToString(m_b008);
    user.p009 = StringHelper::ToString(m_b009);
    user.p010 = StringHelper::ToString(m_b010);
    if(!DB.AddUser(user)) {
        CTools::MessageBoxFormat(_T("增加用户[%s]失败"), m_strUsername.GetString());
    }
    UpdateData(FALSE);
    UpdateListData();
}

void CDialogSetting::OnBnClickedButtonUpdate()
{
    UpdateData();
    {
        CMRKJDatabase::DBEntryUser user;
        if(!DB.QueryUser(user, m_strID)) {
            AfxMessageBox(_T("没有此用户?"));
            return;
        }
        //如果当前输入的用户名与数据库中该 ID 对应的用户名不同
        //并且这个新输入的用户名已经存在于数据库中
        //则不应该修改该用户信息，因为这将导致用户名重复
        if(user.username != m_strUsername.GetString()) {
            if(DB.IsExistUsername(m_strUsername)) {
                CTools::MessageBoxFormat(_T("用户名'%s'已经存在"), m_strUsername.GetString());
                return;
            }
        }
    }
    CMRKJDatabase::DBEntryUser user;
    user.id = m_strID.GetString();
    user.username = m_strUsername.GetString();
    user.password = m_strPassword.GetString();
    user.p001 = StringHelper::ToString(m_b001);
    user.p002 = StringHelper::ToString(m_b002);
    user.p003 = StringHelper::ToString(m_b003);
    user.p004 = StringHelper::ToString(m_b004);
    user.p005 = StringHelper::ToString(m_b005);
    user.p006 = StringHelper::ToString(m_b006);
    user.p007 = StringHelper::ToString(m_b007);
    user.p008 = StringHelper::ToString(m_b008);
    user.p009 = StringHelper::ToString(m_b009);
    user.p010 = StringHelper::ToString(m_b010);
    if(!DB.UpdUser(user)) {
        CTools::MessageBoxFormat(_T("更改用户[%s]失败"), m_strUsername.GetString());
    }
    UpdateData(FALSE);
    UpdateListData();
}

void CDialogSetting::OnBnClickedButtonDelete()
{
    CMRKJDatabase::DBEntryUser d;
    //获取选中的用户
    int index = GetSelectLineIndex();
    if(index >= 0) {
        GetListData(d, index);
    }
```

```
    else {
        return;
    }
    //如果是当前登录的用户，则不能进行删除操作
    if(d.id == g_loginUser.id) {
        AfxMessageBox(_T("不能删除正在登录的用户"));
        return;
    }
    if(!DB.DelUser(d.id.c_str())) {
        CTools::MessageBoxFormat(_T("删除用户[%s]失败"), m_strUsername.GetString());
    }
    UpdateListData();
}


void CDialogSetting::OnBnClickedButtonClose()
{
    OnOK();
}


void CDialogSetting::OnBnClickedCheckSystem()
{
    UpdateData(TRUE);
    m_b002 = m_b001;
    m_b003 = m_b001;
    m_b004 = m_b001;
    UpdateData(FALSE);
}


void CDialogSetting::OnBnClickedCheckTools()
{
    UpdateData(TRUE);
    m_b008 = m_b007;
    m_b009 = m_b007;
    m_b010 = m_b007;
    UpdateData(FALSE);
}


int CDialogSetting::GetSelectLineIndex()
{
    int index = -1;
    POSITION pos = m_lst.GetFirstSelectedItemPosition();
    if(pos) {
        index = m_lst.GetNextSelectedItem(pos);
    }
    return index;
}
void CDialogSetting::OnLvnItemchangedListData(NMHDR *pNMHDR, LRESULT *pResult)
{
    LPNMLISTVIEW pNMLV = reinterpret_cast<LPNMLISTVIEW>(pNMHDR);
    NM_LISTVIEW* pNMListView = (NM_LISTVIEW*)pNMHDR;
    if(pNMListView->iItem >= 0) {
        CMRKJDatabase::DBEntryUser data;
        GetListData(data, pNMListView->iItem);
        m_strID = data.id.c_str();
        m_strUsername = data.username.c_str();
        m_strPassword = data.password.c_str();
        m_b001 = StringHelper::StringTo<int>(data.p001.c_str());
        m_b002 = StringHelper::StringTo<int>(data.p002.c_str());
        m_b003 = StringHelper::StringTo<int>(data.p003.c_str());
        m_b004 = StringHelper::StringTo<int>(data.p004.c_str());
        m_b005 = StringHelper::StringTo<int>(data.p005.c_str());
```

```
            m_b006 = StringHelper::StringTo<int>(data.p006.c_str());
            m_b007 = StringHelper::StringTo<int>(data.p007.c_str());
            m_b008 = StringHelper::StringTo<int>(data.p008.c_str());
            m_b009 = StringHelper::StringTo<int>(data.p009.c_str());
            m_b010 = StringHelper::StringTo<int>(data.p010.c_str());
            UpdateData(FALSE);
    }
    *pResult = 0;
}
void CDialogSetting::OnDestroy()
{
    CDialogEx::OnDestroy();
}
```

10.11 项目运行

通过前述步骤，我们设计并完成了“股票数据抓取分析系统”项目的开发。接下来，我们运行该项目，以检验我们的开发成果。如图 10.16 所示，在 Visual Studio 2022 中打开该项目的项目结构，选择 Debug、x86，然后单击“本地 Windows 调试器”，即可运行该项目。

图 10.16　项目运行

该项目成功运行后，将自动打开项目的登录界面，如图 10.17 所示。用户需要在此界面输入用户名和密码：如果登录成功，就可以进入主窗体界面；如果登录失败，系统会提示“连接数据库失败”。这样，我们就成功地检验了该项目的运行。

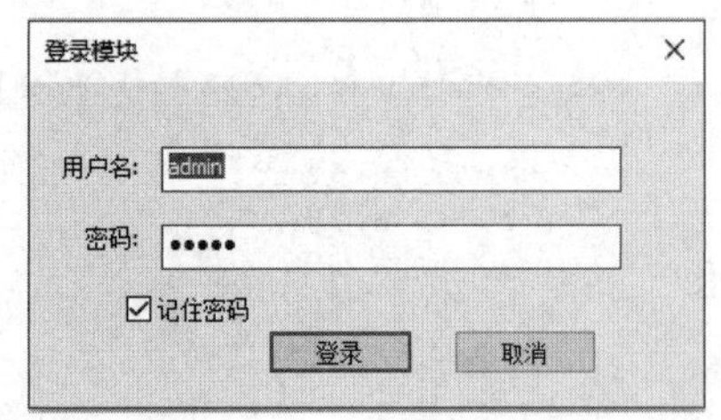

图 10.17　登录界面

本章主要介绍了如何使用 C++开发一个股票数据抓取分析系统。本项目的重点内容包括以下两方面：一是股票数据的抓取技术，包括如何使用 C++库和第三方库从多个数据源获取股票数据，以及数据的存储；二是数据分析和可视化，包括通过使用 SQL Server 数据库进行数据处理、分析及可视化展示。通过本章的学习，读者不仅能够掌握股票数据抓取的基本方法，还能熟练应用 C++进行数据分析和可视化，从而对股票市场有更深入的理解。

10.12 源码下载

本章虽然详细地讲解了如何编码实现“股票数据抓取分析系统”的各个功能，但给出的代码都是代码片段，而非完整的源代码。为了方便读者学习，本书提供了用于下载完整源代码的二维码。

源码下载